U0790618

《转型升级与管理创新》

编辑委员会名单

前 言

目前，煤炭行业转型升级、稳中求进正处于关键时期。作为煤炭经济管理工作者更要高瞻远瞩、精心筹划、抢抓机遇、无私奉献，为促进河南煤炭工业繁荣做出自己应有的贡献！

金秋如画，催人奋发。收获的季节也是大家分享丰收喜悦的时候。为切实促进河南煤炭工业加快转变经济发展方式，强化创新驱动作用，推动企业加快产业转型升级，推进实践基础上的理论创新，河南省煤炭行业会计学会组织了2012年煤炭经济管理工作研讨会，并对评选出来的优秀论文进行了表彰。经精心整理，本书共收录近百篇优秀论文，分别从企业股权管理、财务管理、审计监督、会计信息化、企业财务文化建设等方面出发，提出了自己的见解和思考。这些论文既有理论研究，又有实务总结；研究具有实用性和先进性，全面彰显了河南省煤炭经济管理和实践的较高水平。

承前启后，继往开来。随着中原经济区的快速推进，2012年河南煤炭经济发展呈现稳中有进的良好势头。形势喜人，形势逼人。更为可喜的是，河南煤炭经济工作管理者又在加强煤炭企业管理，提升创新能力方面下了很大工夫，旨在使河南煤炭经济注入更多的创新元素，从而驶入健康、文明的快车道，造福亿万人民，以优异的成绩向党的十八大献礼！

播种希望，放飞梦想。让乌金在中原经济区建设中闪闪发光，发挥更大的作用！

陈富刚

2012年8月

目　录

第三篇 会计委派、内部控制、提高会计信息质量

第四篇 会计信息化与会计职业道德

第五篇　审计工作

第六篇　其他

第一篇　加强内部管理、提高经济效益

煤炭企业资源整合与财务管理问题研究

赵海龙　全世其

近几年来，煤炭经济运行持续走好，煤炭企业在解决了一些历史欠账的基础上步入了一个快速发展的通道，企业的规模和实力有了较大的提高，许多煤炭企业都选择了资源整合作为企业快速发展的一个途径。就河南省而言，在政策驱动下，兼并重组小煤矿已成为煤炭资源配置的重要方式，这也助推了我省两个"双千亿"（收入和资产规模）企业的快速形成，成为河南省经济发展的一大亮点。只有做好煤炭企业资源整合及整合后财务管理工作，才能确保我省煤炭企业兼并重组工作落到实处，才能真正把企业做强做大，使企业高效、长期稳健地运行。

一、河南省煤炭企业战略重组中相关财务问题

河南省煤炭企业战略重组是在政府主导下进行的，先是永煤集团、焦煤集团、鹤煤集团、中原大化集团、省煤气集团等5家单位战略重组成立河南煤化集团，平煤集团、神马集团战略重组为中国平煤神马集团，然后是两大煤业集团对其周边小煤矿进行资源整合。河南省煤炭企业在重组过程中普遍存在以下问题。

（一）资金支付量大

目前，国有大型煤炭企业集团在兼并整合重组地区性小煤矿的过程中，一些地区性煤炭主漫天要价，造成大型煤炭企业兼并重组的计划难以实施，并面临巨大的资金压力。就河南省而言，重组小煤矿均是控股合并，兼并主体需要支付巨额的资金；劝退一家小煤矿，仅整合主体需要支付1100万的补偿资金。以中国平煤神马集团为例，在2010年的兼并小煤矿的资源整合工作中，共需要兼并重组地方小煤矿130多家，在融资较为困难的局面下，兼并主体资金支付压力相当大。此外，对被兼并企业的技术改造和进行产业技术升级也需要整合主体企业投入大量的资金。资金问题构成大型企业兼并小企业时的主要财务风险。

（二）资产评估不规范

在进行实质性收购的过程中，往往涉及对整合小煤矿进行资产评估，由于受到三个方

作者单位：中国平煤神马集团财务资产部

面因素的影响,评估结果偏离真实情况时有发生。一是财务报表信息的准确性,一些单位为达到一定的评估结果,在评估之前人为地修改财务报表,致使财务信息失真,失去应有的参考价值;二是评估方法的有效性,如用重置成本法来评估无形资产时,会遇到成本资料缺乏完整性和原始成本的不确定性等问题,这些问题使评估产生失真的风险;三是评估环境的影响,例如人为干预,致使评估工作失去应有的独立性。受上述因素的影响,在重组资产评估过程中,评估工作不规范,评估报告往往数易其稿,而且结论相差较大。

(三)财务制度不统一

企业兼并重组后财务制度的统一也是非常重要的一环。煤炭企业之间重组财务制度统一问题不难解决,但也往往存在"多元化"经营策略下不同类型企业间的战略重组,在这种情况下,企业间的财务制度往往不一致,情况也很复杂,统一起来难度很大。如平煤集团与神马集团的战略重组,两个企业的财务制度有很大差别,一个是煤炭企业,一个是尼龙化工企业,两个企业的核算制度、资金管理、成本管理模式、资产管理、折旧政策和财务人员管理等存在较大差异,有些问题到目前为止还不能很好地进行统一。

(四)重组后投资缺乏规划,投资风险较高

企业并购重组发生之前,并购双方是个相互独立的企业,双方都拥有各自的投资规划。并购重组完成之后,诞生的新企业必须对企业的投资进行科学规划,以有效降低投资风险。这有两方面的原因:一是企业重组行为往往是一个企业在发展中遇到了困难或者问题,比如资金问题、资质问题、技术问题等,特别是资金问题比较普遍,往往是企业盲目投资、摊子铺得太大,资金"转不动"的时候被迫参与重组过程,在这种情况下,重组后的企业必须对投资项目进行科学规划;二是企业的重组行为在很多情况下属于被动行为,对重组主体同样如此,特别是两个企业产业关联度不高的情况下进行重组,新企业成立后,对投资行为更应该慎重决策,避免铺摊子过大,资金链断裂。

(五)财务文化不能有效融合

财务文化实质上是以文化的形式实现财务人员群体的凝聚力,从而使财务人员群体发挥出最大的整体功能。企业财务文化不仅可以对企业各部门及员工理财行为起导向作用,而且对企业整体的财务目标取向起导向作用,从而有效地规范企业各种理财活动。但一个企业的财务文化是一个逐步形成、长期的过程,在煤炭企业资源整合过程中,参与重组各方企业财务文化在短时间内往往很难有效融合。

(六)财务人员素质亟待提高

在煤炭企业资源整合过程中我们发现,部分被兼并企业财务人员财务理论素质不高,影响重组后财务管理效果的发挥。以整合小煤矿为例,很多小煤矿财务人员配备不足,没有配备正规的财务人员,有些虽配备了财务人员,但这些财务人员连最起码的会计从业资格都没有,还有一些财务人员没有系统地学习过财务知识,财务理论知识匮乏,财务借贷关系搞不懂。所有这些都严重制约着重组后财务管理水平的提高,阻碍新公司财务战略的实施。

二、煤炭企业资源整合相关财务问题探析

针对河南省煤炭企业在资源整合过程中存在的一些问题,煤炭企业在实施整合过程

中应该慎重决策,未雨绸缪。

(一)强化资金统一管理,降低资金支付风险

针对煤炭企业在资源整合过程中需要支付大量资金的问题,兼并主体企业应制定完善的资金统一管理办法,努力降低资金支付风险。一是科学制定资金支付方式,在签订重组协议的时候,尽量避免一次性大额支付,可以结合整合进度等制定分期分批的资金支付方案,以减少资金支付压力。二是结合资源整合总体进度,制订与之配套的融资方案,进一步密切银企合作,结合资金需求计划,加强与战略银行的沟通和联系,在融资结构、贷款利率上争取更多的优惠。三是努力争取优惠政策,包括资金支持、补贴、税收优惠、人员安置等,特别是政府补贴资金,在一定程度上能够缓解企业资金支付上的压力。四是制定细致严格的资金管理制度,充分发挥资金集中优势,有效调度资金。

中国平煤神马集团成立后,及时采取有效措施,进一步规范资金预算管理,实现集团资金流动的全面监控。首先,细化资金管理,充分利用NC财务系统这一集团财务信息化平台,实现资金管理与预算管理的有机结合,真正实现资金流动"事前预算、过程监控和事后分析"。其次,通过集团财务资产部的统一结算中心,实现集团资金、信用额度以及银行账户的统一调度分配使用,有效避免以往资金分散管理的风险。再次,加强集团票据管理,合理安排票据的使用计划,充分发挥票据在集团资金回笼以及再融资过程中的作用。最后,通过制定全面的资金管理制度,定期或不定期地组织资金稽查工作,明确责任,制定合理的奖惩制度,进一步确保资金流动的安全。

(二)规范重组过程中的资产评估行为

资产评估风险的控制,应从改变信息不对称状况和选择适当的资产评估方法两方面着手。为降低资产评估过程中由于信息不对称而带来的资产评估风险,企业应聘请信誉良好的评估机构及专家,准确收集目标公司财务信息,并对信息进行实证,扩大调查取证范围。一方面,合理使用财务报表信息,它是目标企业价值评估最重要的信息来源之一;另一方面,注重表外资源,表外资源对于目标企业价值评估的影响主要体现在表外融资和某些重要信息没有在财务报表上反映而引发的财务风险。在评估方法的选择上,应首先确定合理的评估标准和评估范围,使各项资产的评估建立在一致的基础之上,从而使评估结果具有可比性。在评估中范围的确定也是一个关键性的问题,在资产评估中,既要包括有形资产的评估,又要包括无形资产的评估。

(三)统一财务制度,规范财务管理

企业重组成功的关键因素是财务整合,而财务整合的关键是财务管理制度体系的整合,主要是整合与公司战略管理、财务控制体系、薪酬激励体系、税费系统相关的财务制度,而资金管理则是财务管理体系的基础。为了保证重组后公司执行统一的财务制度,保障重组整合以后各级财务会计机构的有效运转,还需要加强公司财务管理信息系统的建设,在总公司内部形成统一的会计核算技术平台和财务管理信息网络,执行统一的会计政策和核算流程,在企业集团化管理体制下构建"资金集中管理、会计统一核算、全面预算控制、数据集中分析"的财务管理新体制。合并重组后中平能化集团在集团范围内统一推行NC财务系统,该系统的运用不仅实现了集团一套账核算,而且提高了集团合并财务报表数据的准确性和及时性。同时,平煤集团和神马集团的账务处理方式也发生了较大变化，通过一次性设置集团统一报表及表间勾稽关系，省去了财会人员复杂的核算过程，减少了工作量，缩短了工作周期，使得中平能化集团能有效获取下属各公司的财务状况。与此同时，财务信息化的进一步推行，也提前为以预算管理、成本管理以及资金监控等为核心的管理会计做了铺垫，为集团统一围绕战略目标开展全面预算打下了基础，确保了集团财务的统一集中管理。

（四）规范投资行为，降低投资风险

煤炭企业在战略重组后必须对新集团的投资行为进行规范，避免上项目太多，摊子铺得太大，给企业带来资金上的风险，有以下几个方面的问题需要关注：一是产业关联度。重组以后，企业应该选择与主业关联度比较高的投资项目，这样才能充分发挥产业集聚放大功能，充分发挥企业的传统优势，使企业快速发展壮大，而不能一味地多元化。企业的投资方向应该符合企业的总体发展战略，应以提高经济效益、提高市场竞争力为核心目标，切忌单纯追求短期效益而误入歧途，只有当短期效益与企业的长期发展规划相协调时，投资计划才是可行的。二是要充分了解自身实力，特别是资金实力。在项目投资开始就要制订详细的还贷计划，不仅要考虑初期投入，还要考虑正常运转中需要追加的投资。三是要严格落实项目投资的后评价制度，应该建立并严格落实项目投资的后评价制度，看一看项目投资是否超计划，项目收益水平是否达到预期效果，成功的投资项目，在实施过程中投资不超计划，投资后的效益超计划。企业必须实施项目投资责任制，对没有达到预期效果的投资项目，集团公司应追究相关责任人的责任，要与其年度工作考核、年薪、职务晋升挂钩，避免不合理投资项目的发生。

（五）积极引导，做好财务文化的融合

企业战略重组以后，重组双方必然在许多方面存在企业文化的差异，这其中包含企业财务文化的差异，企业财务文化具有融合功能，不同企业财务文化交流过程中，各自都会进行一些适应性变革和调和，进而在新的基础上融为一体，作为重组后新集团的财务主管部门应该积极引导，努力将原有企业优秀的财务文化传承下来，结合集团实际进一步地发展，最终形成企业独特的财务文化，引导企业财务管理工作健康发展。

（六）加强财务人员学习培训，不断提高财务人员业务素质

在集团范围内组织对财务人员进行培训，从财务制度、核算软件的使用、资金管理系统的使用等入手，对新加盟集团的财务人员进行系统培训，尽快提高这部分人员的财务应用水平。在培训的手段上可以采取分期、分批、分层次进行。

河南省的煤炭企业在进行资源整合时所面临的财务管理问题具有一定的复杂性和广泛性，各种风险最终都会影响到整合后新企业的财务运行工作和企业今后的发展，因此参与整合的主体企业应谨慎对待各种细节问题，在资金支付、资产评估、财务制度统一、整合后投资管理、财务文化融合、财务人员培训等方面，积极采取措施，确保煤炭企业资源整合工作的顺利进行和企业的健康持续发展。

创新企业管理模式提高经济效益研究

王红敏

管理创新，将使企业在市场竞争中树立起自身崭新的形象，产生强大的竞争力。郑煤集团供电处以"三个代表"重要思想为指导，解放思想，与时俱进，创新管理，一心一意谋发展，超额完成了集团公司下达的各项指标任务。从制度管理，精细管理，绩效管理到有效执行管理法出台，各种管理手段不再是各自为战，而是形成一个完整的闭环管理链条，形成合力。

一、提出的背景

2002年，霍尼韦尔国际总裁和CEO拉里·博西迪(Larry Bossidy)所著的《执行》一书问世，由此，掀起了企业运营管理的一场革命。执行力从此成了企业管理不可回避的问题和课题。所谓执行力，就是企业组织完成任务的能力。其实执行力的问题由来已久，只是从没有像现在这样大规模地进行研究。

执行是实现既定目标的具体过程，是一种暴露现实并根据现实采取行动的系统化方法。

郑煤集团供电处作为煤矿内部供电企业在管理的道路上经历了漫长的实践—理论—实践的摸索过程。在摸索过程中，总结管理经验，提出了有效执行管理法这一概念，旨在推动企业各项工作的高效执行。

(一)实施有效执行管理法是实现战略发展目标的需要

供电处是郑煤集团下属的供电企业，2005年煤炭市场趋于稳定，煤炭价格稳中有升，煤炭行业经济处于高位运行；集团公司新整合资源矿井47处，供电管理的范围不断扩大，企业规模不断增长。在这种形势下为实现集团跨越式发展，把集团的各项目标、决策更好、更快地落到实处，为矿井更好地做好供电服务，就必须建立一个快速反应、高效运行的团队和运转机制，有效执行管理法应运而生。

(二)实施有效执行管理法是煤炭供电行业安全形势的需要

煤炭行业是一个高危行业，为煤炭企业供电更是责任重大。集团的矿井多属于高瓦斯矿井，这几年随着集团的不断扩大，新整合矿井的供电基础薄弱，这都为供电管理提出了新的、更高的要求。同时在企业内部，由于安全管理没有形成真正的闭环，员工违章现象还时有发生，企业的安全生产存在一定的不稳定因素。

(三)实施有效执行管理法是管理现状的需要

供电处作为企业内部的供用电经营管理单位，经过多年的发展，无论在管理上，还是在经营上，一定程度上已经进入了相对发展的稳定期，但是作为国有企业的许多通病也逐

作者单位：郑煤集团供电分公司

步显现出来。

二、基本内涵

有效执行管理法是以岗位绩效为核心,以提高执行意识、明确执行责任为基础,以正确执行、高效执行、闭环执行为要求,以日清周评月结为工作机制,以绩效考核为手段的管理法。

三、主要内容和做法

有效执行管理法由目标责任、岗位(团队)执行、绩效考核构成。

(一)统一思想,提高认识,让执行入脑入心

强化执行意愿教育。提高执行力建设,首先要靠执行人员的自觉行动。通过举办执行力建设专题讲座、管理干部培训班和召开执行力建设动员会、推进会,研读《没有任何借口》,制定下发有关执行力建设的制度、意见、通知等,大张旗鼓地宣传、倡导执行力,将执行理念"尽职尽责、没有借口"作为每名干部员工的行为规范,使大家充分认识到:卓越的执行力是决定企业兴衰成败的关键,只有牢固树立全新的执行理念,建设先进的执行力文化,才能提高企业的核心竞争力,把企业做大做强,最终实现愿景目标。

(二)完善制度,明确责任,做好基础工作

1. 完善制度

所有的管理都需要健全的规章制度作为基础,在 2005 年进行了"基础管理年"活动,把制度建设作为重点。根据企业的实际和发展的需要,对企业原有的管理制度进行筛选,重新梳理,通过几年的管理基础的完善、细化,为执行体系的建立奠定了基础。

2. 明确责任

根据精简、高效、统一的原则,对所有部门定岗、定编、定员,建立覆盖全岗位的标准体系,编制部门职责说明书和岗位说明书,确定每个人、每件事、每一天、每一处的具体工作内容和工作标准,达到人人有标准、事事有标准、时时有标准、处处有标准。

(1)明确部门职责。编制部门职责说明书,明确部门的职责,量化工作标准,制定考核细则,实现每件事都有部门管理,每个部门都按照各自职责开展工作。

(2)明确岗位职责。部门对每个岗位职责进行重新详细的明确,编制岗位说明书(主要包括职位名称、任职条件、沟通关系、职位设置的目的、权限、工作内容和职责、职业道德、职业生涯发展规划),确保每件事都有人干。每个岗位按照职责,开展工作,并确保职责履行到位。

(3)职责的贯彻。通过多种形式对部门、岗位职责进行贯彻,使部门、员工明确责任,拥有履职的能力,规范部门、岗位的工作流程,做到:①制订计划(预案)。每项工作必须制定切实可行的计划(预案),确定工作目标、要求、完成期限等。②执行。按照要求进行工作,并适时向布置工作的领导或部门进行反馈。③总结。工作完成后,向布置工作的领导或部门反馈结果,及时总结得失。④提升。在总结的基础上提升工作效能,并进入下一个工作循环。

(三)加强团队建设,创建高效执行团队

一个好的执行必须有一个优秀的执行团队,只有优秀的执行团队,才有强大的执行力。通过团队建设来打造优秀的执行团队。

(四)控制过程,高效执行

执行是实现企业战略目标和任务的过程。有效执行以制度执行为基础,突出执行目标的正确,强化执行结果的高效,做到过程的责任闭环,使岗位执行和团队执行始终处于螺旋上升的状态,始终贯穿日清、周评、月结的工作机制。

1. 执行控制

正确执行。执行主体按照岗位说明书、部门职责说明书、团队愿景等标准要求严格履职,即正确做事。按照岗位责任严格履职,即做正确的事。

高效执行。执行主体发挥主观能动性,快速完成工作任务,同时做到质量精、效率高、效益好。

2. 执行机制

工作目标、计划、任务一经确定必须一丝不苟地执行,在执行过程中必须做到:日清,周评,月结。

日清。对每个人当班履职绩效进行评价。由职工对当天的工作进行记录,由负责人依据每个岗位的职责、考核细则进行评价。由职工、负责人共同填写"日清表",内容应包含工作任务、工作质量、工作成本等。

周评。由负责人根据"日清表"反映出的职工一周表现,进行一周工作讲评。一是明确本周重点工作任务以及上一周的工作任务完成情况;二是对人员履职表现进行讲评;三是指出履职缺陷,明确努力方向和具体要求。周评要认真作好记录,填写"周评簿"。

月结。在月末对日清周评情况进行汇总。由负责人对月工作进行总结,安排部署下一月的工作,并就汇总结果进行交流,实行局部微调、纠偏,最后双方对评价结果形成共识。

(五)考核提高

对执行的结果进行量化评价,是执行成败的关键。处在层层下达工作责任制的同时,建立了必要的奖惩机制,通过严格的量化考评,给员工适度的物质奖励、培训机会和可持续发展的预期等,激发员工执行工作的积极性和创造性。

1. 绩效考核

绩效考核是检验执行的重要手段。同时通过绩效考核才能将规章制度落到实处,才能调动干部职工的工作积极性。

通过借鉴其他企业成功的案例,对部门考核的主要依据有"部门职责说明书"、"绩效考核细则"。

2. 管理人员(中层干部)考核

中层管理者既是领导的参谋,同时又是各项制度具体落实者、执行者,在管理链中起至关重要作用。因此,建立了干部考核评价体系,使其恪尽职守,成为管理工作中的中坚力量。

四、实施效果

通过实施有效执行管理法,企业发展持续快速,实现了员工执行意识和能力、企业管理水平、经济效益和企业发展的显著提高。

(一)员工执行意识和能力得到明显提高

执行理念已渗透到各级管理人员和广大员工的思想意识领域,成为广大干部员工的自觉行为,员工的执行意识、责任意识、参与意识、危机意识明显增强,员工的执行能力、学习能力、协作能力、创新能力、创造能力明显提高。

(二)促进了企业整体管理水平提高

企业的管理制度和工作程序得到了极大的完善和规范,人人参与制度建设,全员遵守制度,上至部门领导,下至普通员工,在制度面前人人平等。

(三)促进了企业发展与经济效益提高

每年都制定责任目标,并向各个部门分解成为部门的年度业绩目标,各个部门向每个岗位分解核心指标。每个员工、部门都认真履行职责、严格执行各项目标任务,都超额完成了工作,连续五年实现安全供电。

创新管理,彻底改变组织运营的方式,促进了企业各项工作的提高,最终全面提高了企业的经济效益。随着企业的发展和外部环境的变化,管理创新也要不断地与时俱进。

关于政策性兼并重组地方煤矿财务管理探讨

——中国平煤神马集团实践

赵运通 陈晓凌

煤炭是我国的主要能源,煤炭工业健康发展关系国家能源安全和经济安全。2010年3月,为提高煤炭产业集中度,提升煤矿安全生产水平,促进河南省煤炭工业安全发展、节约发展、清洁发展和可持续发展。河南省政府下发《河南省煤炭企业兼并重组实施意见的通知》,在继山西煤炭改革之后,拉开了河南省煤炭企业兼并重组的帷幕。

按照河南省委、省政府的工作部署,中国平煤神马集团作为省属六大煤炭企业之一,承担了周边平顶山矿区、韩梁矿区、临汝矿区、禹州矿区、郏县矿区110家地方煤矿兼并重组工作。本次以河南省政府为主导的煤炭资源整合是一项利国利民的系统工程,功在当代、利在千秋。财务作为兼并重组过程中的关键环节,贯穿着整个兼并重组的始末,为重组的顺利完成起到了至关重要的作用。现结合中国平煤神马集团在兼并重组地方煤矿实践中出现的有关财务问题进行探讨与研究。

一、兼并重组地方煤矿初级阶段存在的财务问题及解决办法

(一)现场摸底排查存在的财务问题

中国平煤神马集团拟重组的矿井大多储量不高,安全生产条件差,生产工艺落后。这些企业的会计基础工作比较薄弱,财务制度不健全,加之很多矿主没有提供矿井真实资料的诚心,对矿井的真实情况遮遮掩掩。严重的信息不对称现象为财务分析工作带来了困难,导致我们无法通过账面准确判断拟重组煤矿资产价值的盈利能力。为尽可能降低重组风险,减少企业累赘,防止资金的浪费,我们紧紧把握了以下几点:

(1)抽派财务人员随同现场工作组,实地勘测拟重组矿井的资源储量,了解产能情况,技术装备、盈利能力、资产构成状况以及负债构成等情况,特别重点关注或有事项及潜在风险。

(2)统一制定"煤矿投入产出经济效益分析"模板,本着审慎性原则,以现场摸底排查为基础,采用净现金流量法,依据勘测的剩余可采储量,确定矿井的可采周期,在可采周期内,考虑折现因素、未来年度煤炭价格波动影响、复工复产期资本投入、井上下质量标准化投入以及正常生产期"六大避险"系统完善的后续投入,兼顾或有事项等因素,对110家地方煤矿进行全生产周期经济效益分析。通过分析结果作出合理的经济价值评定。

(二)制定兼并重组方式的财务方案

按照河南省政府下发的《河南省煤炭企业兼并重组实施意见的通知》,"企业可以通

作者单位:平顶山天安煤业股份有限公司

过并购、转让、联合重组、控股等多种方式实现兼并重组”。我们通过前期的经济价值评定，结合相关部门提交的安全评价、技术评价，研究决定将110家地方煤矿归为三种类型的矿井：第一种，储量少、井上下条件差、没有再持续经营价值、投资方不配合矿井。第二种，储量多、井上下条件好、经济价值评定较高，投资方配合好的矿井。第三种，储量较多、井上下条件一般，经济价值评定一般的矿井。针对上述三类矿井，我们制定了以下两种特殊重组方案：

（1）劝退关闭方案：我们通过数据对比分析，总结得出一个地方煤矿若要达到复工安全生产标准，按照现存的生产布局，投入均价至少应在5000万元（基建矿井将更高）左右，一旦矿井储量小或接近枯竭，投入资金根本无法收回。降低重组成本规避投资风险的最好办法就是关闭矿井。我们依据国务院、河南省政府相关的政策规定，将界定为第一种类型的地方煤矿提交劝退关闭重组方案。运作模式是由政府牵头，以支付劝退补偿资金的方式协商地方矿主退出并关闭矿井。

（2）资产收购与新设合并相结合的并购方案。对于拟进行并购界定为第二种、第三种类型的地方煤矿，如何选择一个尽可能规避并购风险又能够使兼并重组效益最大化的方案？按照《河南省煤炭企业兼并重组领导小组关于印发全省煤炭企业兼并重组工作推进方案的通知》中“三真”（真控投、真投入、真管理）“三到位”（人员到位、资金到位、管理到位）工作要求，结合本集团周边地方煤矿普遍存在的股权结构不清、资产隶属和债权债务关系不清、未决诉讼等现象。经过研究探讨，我们认为采用资产收购要远比股权收购更能规避或有负债带来的风险，但是全资产收购又会为企业带来筹集资金及协商小煤矿主谈判退出的双重压力。综合以上因素，我们提交资产收购与新设合并相结合的重组方案。运作模式是本着“就近管理”的原则，按照矿井分布将并购任务下达到平煤股份、许平煤业两个专业化子公司，由其下达到下属子公司，以下属子公司作为投资主体，与小煤矿签订《合资协议》，成立新公司。投资主体以货币出资，最低占51%股权。

二、兼并重组地方煤矿实施阶段的财务处理

中国平煤神马集团通过兼并重组初级阶段的摸底排查，提出了“三个一批”（即关闭一批、复工复产一批、稳步推进一批）的工作思路，上报河南省政府批复后进入下一步实施阶段。

（一）实施劝退关闭地方煤矿的财务工作

1. 制定劝退补偿标准

我们通过分析省政府出台的小煤矿退出政策，在考虑双方利益的基础上，结合拟关闭地方煤矿的存续现状，平均市场价值，提出每处矿井补偿1100万元的标准并上报河南省国资委批复同意。

2. 补偿价款的支付

为规避风险，经河南省国资委批复，平顶山市政府同意，由矿井所辖地、区政府作为见证人，与地方煤矿签订《煤矿退出关闭协议》，我们将劝退补偿款支付到矿井所辖地、区政府财政。由其负责劝退价款的支付及矿井的关闭工作。

截至2011年末，集团通过劝退关闭方式整合矿井60处，占整个河南省关闭矿井总数

的32.4%。此项举措，不仅为企业大大节约了重组成本，更为河南省政府淘汰落后产能，优化产业结构做出了贡献。

(二)界定拟并购矿井资产评估范围的财务办法

按照《河南省财政厅省政府国资委支持煤炭企业兼并重组资产评估政策》的相关要求，并购双方需聘请省国资委圈定的具有资质的资产评估机构对煤矿主拟投入资产进行评估备案。双方在评估时间、评估方法上达成了共识。但就评估资产的范围(越层越界巷道、证内无用巷道、国家已明令禁止使用淘汰设备、房屋建筑物、土地、库存材料备品备件、不具备下井实测条件的资产)等问题上出现分歧。经研究，我们提出确定资产评估范围的宗旨就是权属清晰与生产直接相关的有用资产。此方法站在合法、公平、公正的角度，既维护了矿主的合法权益，又有效保证了集团最大限度降低并购成本。

截至2011年末，集团拟重组50家矿井中，除2处因故未进行资产评估外，其余矿井已全部完成评估备案，备案资产总值26.7609亿元。

(三)拟并购矿井资本金投入办法

对于已完成评估工作的48家矿井，若要一次性投资到位，将会使企业面临巨大的资金压力。如何将有限的资金投资于未来效益较好的煤矿，实现投资收益最大化？我们按照河南省委、省政府“三真”“三到位”要求，本着稳步推进的工作宗旨，经过研究决定采取一矿一策的方法对界定的第二种、第三种类型矿井进行资本金注入。具体注入金额按以下办法进行。

(1)对于界定的第二种类型矿井，依据最新数据测算“矿井投入产出经济效益分析报告”，据此确定最佳出资金额。

(2)对于界定的第三种类型矿井，执行分步投资到位的政策，为达到绝对控股的目的，投入资金按煤矿主投入实物资产评估价值的51%出资。

(3)属于基本建设期的上述两种类型矿井，按照矿井的工程施工进度分步实施投资。

本着上述分类、分期投资的理念，截至2011年末，集团共计实现了45处地方煤矿的绝对控股，投资总金额19.317亿元。既按时按量完成了河南省政府布置的兼并重组工作任务，又缓解了一次性投资所带来的资金压力。

三、兼并重组地方煤矿后财务管理机制建设问题

通过兼并重组地方煤矿，截至2011年末，中国平煤神马集团共成立合资公司45个，新成立的合资公司数量众多，地域分散，股权结构多元，利益协调复杂。如何将集团的财务文化、财务理念、财务管理制度深入贯彻，以达到协同效应？我们结合合资公司的实际情况，经过反复研究制定了以集权为主，分权为辅的财务管控模式。集权指的是：以产权为纽带，“迫使”合资公司在其划定的范围内开展财务活动。将涉及合资公司发展前景乃至影响集团战略目标实现的重大财务事项的决策全部纳入集团管理。分权指的是集团适当下放一些管理权限以促进合资公司的经营管理积极性。具体财务管控模式如下。

(一)分层管理财务框架

投资主体即各级子公司是合资公司的直接管理者，对合资公司的财务负责。每一个子公司设立一个会计服务中心用于对合资公司代理会计核算、报表编制汇总和直接财务

管理。设立一个资金结算中心用于对合资公司资金结算与资金管理。集团的财务政策通过专业化子公司下达至会计服务中心,会计服务中心负责合资公司财务政策的贯彻执行。各级子公司负责财务政策的监督、管理与上报工作。具体财务管理框架如图1所示。

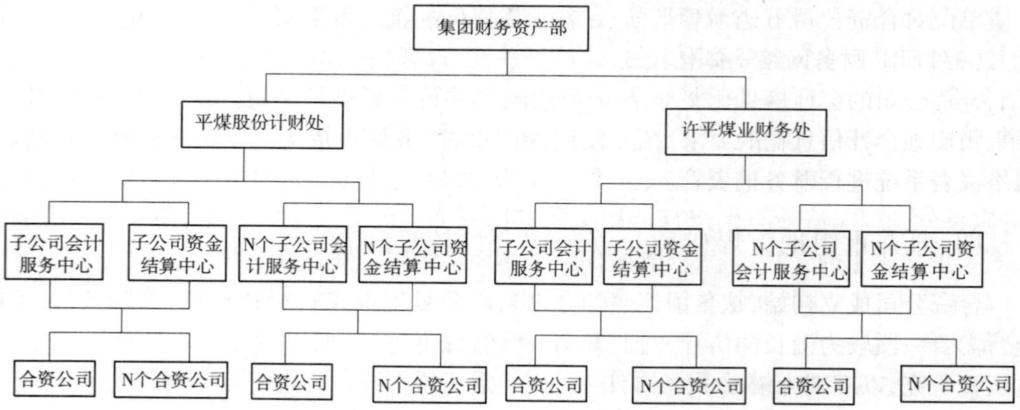

图1　财务管理框架

(二)财务人力资源配置

投资主体单位负责财务岗位设置方案的拟定和上报工作。方案的设置综合考虑所辖合资公司的个数,未来经营年限、经营规模等因素。投资主体单位"两个中心"财务负责人实行委派制,由集团从主体矿中抽调具有丰富管理经验的人员担任,并对集团财务部负责。其他财务人员由投资主体单位按照经审批通过后的岗位设置方案自行安排人员配置。

(三)资金管控模式

建立集团母公司、专业化子公司、投资主体单位、合资公司管控适度、运转高效、责权明确的"自下而上,自上而下"的四级资金管理体系。合资公司在投资主体单位资金结算中心开立内部资金账户,投资主体单位按照集团统一的货币资金管理政策,本着"以收定支,收支两条线"的基本原则,依据授权申批流程,具体开展对合资公司的货币资金预算管理、结算管理、信贷管理、监督检查等方面的工作。

(四)投资管控模式

集团对合资公司重大项目投资实行集权式管理。投资主体单位按照集团下达的战略发展方向确定合资公司的投资规划,办理合资公司的投资业务,接受集团的监督和管理。对于维持矿井简单再生产的一般资本性支出按照授权管理权限,由合资公司提交,投资主体单位负责审批和监督。

(五)融资管控模式

合资公司权益性筹资,筹资方案经投资双方协商一致后逐层上报至集团审批、备案,并根据公司章程履行法定程序。负债性筹资,由投资主体单位根据合资公司总体资金规划情况、负债情况、资本结构确定筹资规模,上报至上级母公司核定后,在核定范围内实施并备案。

（六）财务预算管控模式

合资公司的财务预算纳入集团的全面预算管理体系，由投资主体单位的会计服务中心根据合资公司实际情况代为编制，上报至集团审核后，逐层下达至投资主体单位，投资主体单位对合资公司下达预算指标，并就预算指标的执行效果进行监督。

（七）ERP 财务网络一体化模式

合资公司的会计信息化工作由集团统一规划、统一管理、统一实施。投资业务主体按照集团实施会计信息化的要求，统一使用 NC 网络财务核算系统设置会计账簿。使用 iufo 网络报表系统进行财务报表管理。

四、兼并重组地方煤矿后合资公司会计核算问题

合资公司成立初始，从各项证照的办理到矿井复工维修直至达到复产标准进入生产经营需要一段较为漫长的历程，在此期间一些特殊业务处理，准则中没有明确的规定，通过认真研究，以准则为依据，结合矿井实际，制定了符合合资公司特点的会计处理办法。

（一）复工复产期会计处理

复工复产期，新公司接收的矿井类型不同，加之资产大部分需要维修、改造后方可使用，因此统一制定了技术改造型矿井、基本建设期矿井的会计处理方法。

（二）复工复产后（基建矿井除外）的会计处理

新公司复工复产进入生产期后，部分矿井煤炭储量有限，生产周期有限，为了更真实地反映企业的收入成本情况，选择结合生产周期制定资产摊销办法与会计核算办法。

通过对兼并重组地方煤矿财务问题的探讨与实践，我们总结出一套切实可行的财务管理措施，节约了企业的重组成本、降低了重组风险。同时，配合集团兼并重组进程，建立了完善的财务管理机制，统一了会计核算，实现了集团与新公司之间财务的有效协同，圆满完成河南省政府下达的兼并重组任务。2012 年，随着河南省政府出台新的兼并重组文件精神，兼并重组工作更加深入，财务工作又将面临新的问题与挑战。

对当前煤炭企业财务管理的思考

常巧霞　张秋云

企业管理工作对企业经营发展来说是尤为重要的，高水平的企业管理，能有效促进企业经营效益的提高。财务管理作为企业管理中最重要的一个系统，它承担了维持企业正常运转的重要任务，在参与企业管理的过程中，必须将财务管理贯穿于企业生产经营。作为以安全生产为基本指导思想的煤炭企业，其内部财务管理环节比较薄弱，为了积极应对市场竞争，必须有效加强煤炭企业的财务管理，提高企业的竞争力，促进企业经营效益的持续稳定上涨，并始终保持强劲的生产势头。

首先，政府要加强立法工作，加快制定针对煤炭企业的法律、法规及优惠政策，尽快建立健全有利于大中型企业发展的政策体系。其次，拓宽煤炭企业的融资渠道，由于煤炭企业前期投入以及在安全生产防范方面投入的比重比较大的问题，政府以及金融部门一方面应该严格监管企业资金运用，另一方面还要拓宽企业的融资渠道，并通过贷款贴息、无偿资助、资本投入等方式来鼓励企业进行技术创新。最后，尽快建立健全以安全生产为宗旨的企业信用担保体系，引导企业增强安全生产观念，同时要把信用担保制度和其他社会化服务体系的建立结合起来，为优质企业融资提供多样的服务。

一、现阶段我国煤炭企业财务管理中存在的问题

（一）财务管理体制不健全

我国目前有不少煤炭企业都是由几个企业组合构建而成的，而一个企业集团内部又有一个核心企业作为领导，这就使煤炭企业内部管理体系变得十分复杂，财务管理是采用分权管理还是集权管理，煤炭企业还没有一个明确的规定，加上财务人员将财务管理看成是领导阶层的事情，自己只是执行而已，整个财务管理缺乏主动性，影响了企业效益水平的提高。

（二）无形资产研发意识不足

煤炭企业的资产都是以有形资产为主，无形资产几乎没有。而研发无形资产，在企业税收方面有优惠，我国企业所得税法规定企业为开发新技术、新产品、新工艺发生的研究开发费用，未形成无形资产的按照50%加计扣除，形成无形资产的，按照无形资产成本的150%摊销。所以，研发无形资产越来越得到人们的重视，煤炭企业应加强研究开发以取得税收方面的优惠。

（三）信息严重失真，难以为科学的决策提供依据

我国很多煤炭企业管理方式落后、传统，无法正确使用财务管理系统获得正确的会计信息，管理阶层对财务信息系统的使用满足于相关指标的考核，为了业绩好看而弄虚作假

作者单位：郑州煤炭工业（集团）有限责任公司煤炭运销公司

的行为屡见不鲜，这就引发了相当多的会计信息失真问题，企业领导者也难以作出正确的决定，严重影响到了煤炭企业的经营发展。

（四）预算编制不科学，执行力不强

一些单位为了赶进度，可行性研究和论证不足就开工，项目的预算编制未能考虑全局，预算编制方法不科学、预算数额不准确。有些概算额较低，导致项目资金无法支付而被迫停工，影响建设进度；而有些概算额较高，建设中弹性较大，增加工程成本。虽然有的单位制定了详细的投资预算，但执行力不够，方案形同虚设，不能及时发现问题，造成资产的损失，整体工程成本增加，效益降低。

（五）财务人员素质制约了财务管理的发展

煤炭企业财务机构的设置大多数是金字塔型，中间层次多、效率低下，缺乏创新和灵活性，对财务人员重使用、轻培训，财务人员工作负荷大，经常要被迫处理各种杂事，很难集中精力去落实财务管理，而财务人员也习惯听从领导指挥，缺乏创新精神和创新能力，对财务管理工作缺乏主动性，也没有主动学习的动力，没有及时更新知识，不能突破传统的思维定势，财务人员的整体素质有待提高。

二、强化财务控制，加强财务管理

（一）加强内部管理

煤炭企业内部各职能部门都应强化财务管理，保证资金的合理流动，实现有效资金的全方位应用，而企业经营管理者也要对财务管理有新的认识，财务管理不仅是管理好、用好资金，而是要通过财务管理提高生产效益，促进企业的发展。

（二）提高资金的使用效率

提高资金的使用效率是完善资金合理流通的有效手段。资金的来源和利用要有效配合；财务人员要准确预测收回和支出资金的时间，适当地储存现金，以备不时只需。如果煤炭企业缺少必备的流通现金，就无法应付必需的业务开支，会使企业蒙受损失。对于应收的款项什么时候该收回，都要心中有数，否则，易造成收支失衡，资金拮据。

（三）加强财产控制

健全的财务管理系统有利于财务管理方案的有效实施，在物资采购、领用、销售及样品的管理上建立规范的操作程序，维护企业财产安全。财务管理中，应将财产的管理、记录、检查、核对等工作分开，实现企业内部财务管理的互相监督。结合企业的特点，采取定期盘点和轮番盘存的方法，检查财产的实际数量，妥善处理盘盈盘亏，确保账实相符。

（四）加强对存货和应收账款的管理

完善存货管理，减少库存货物数量，避免资金呆滞，科学确定存货的最佳结构并制定完善的赊销和收款管理办法。加强应收账款管理，及时评估赊账客户的信用等级，定期计算应收账款的数量，制定完善的收款管理办法，严格控制账龄。对挂账已久的死账、呆账，要在取得确凿的证据后，采取有效的财务措施进行管理与解决。应收账款管理主要包括：信用政策的确定、应收账款回收情况的监督，坏账损失的事先准备和制定适当的收账政策。

三、煤炭企业财务管理改进的策略

（一）树立起新的财务管理观念

传统的煤炭企业财务管理观念已经无法满足现代市场经济的发展需求了，企业领导者必须重视财务管理工作，以前的重技术、轻管理的思想要逐渐改变过来。现在还有一些财务管理仍然在使用传统计划经济时期的财务管理模式，我们也应该从计划经济的影响中跳出来。现代管理理念认为，应对财务人员在企业中的作用予以肯定，并赋予他们一定的决策权和管理权，所有与企业经营发展相关的问题都应先咨询财务人员，同时将煤炭企业中的财务管理机构与会计核算机构划分开来各自单独设立相应的机构。

（二）完善企业的风险防范与预防机制

在市场经济环境下实施生产经营，每个人都要承担风险，并有遭遇风险的可能。所以，煤炭企业财务人员必须有风险意识，可以准确地抓住各种不确定因素，分析风险，有计划、有措施地进行预防，把风险降低到最低程度，减少企业遭遇风险的可能性。为了预防各种可能存在的风险，企业内部首先要建立一套完善的风险控制与预防体系，同时，企业的投资业必须通过论证后再进行，以保证投资的科学性与可行性。

企业建立的风险防范机制必须重视投资过程中可能遇到的各种风险，积极收集各方信息，以提供给企业各部门制定相应的预警机制，与此同时，财务管理部门必须对企业的外部经济环境进行充分的评估，为企业的投资做出建议，完善投资计划，为企业的投资扩大提供可靠依据。

（三）加强企业内部审计

企业财务管理在进行内部核算的同时，也应注意完善内部审计监督。煤炭企业需要设立单独的财务部门，以及单独设立一个审计部门，对财务部门做出的预算、核算、投资决策分析等进行监督和审核，审计部门要定期、单独对财务部门的工作进行审查，对不合理、不正确的提出疑问，并让财务部门进行改正，提高企业内部审计工作的科学性，使各项经济活动的进行都能有序、合理。

（四）提高财会人员素质

全面发挥财务部门的作用，能有效提高财务工作质量，促进企业的发展。近年来，煤炭企业财务部门会计信息失真的问题时常出现，这是财务部门管理职能没有充分发挥的重要表现。加强财会基础工作，必须要求企业的经营者和财务人员严格执行国家的各项财经法律、法规，坚持原则，廉洁奉公，严格按照国家和企业制定的财务管理制度办事。还有就是健全会计内部监督机制，提高财会人员素质。培养财会人员爱岗敬业、敢于管理的精神，并注重财会人员知识的更新。

煤炭企业要在市场经济环境中谋求发展，提高竞争力，就需要不断适应新会计准则的变化，完善财务管理制度，提高企业会计信息质量，从而为煤炭企业在安全生产的条件下创造辉煌的经营业绩提供前提条件。

河南省煤炭企业重组后的战略发展研究

崔展伟　刘可芳

煤炭工业是河南重要的基础产业和支柱产业之一。改革开放以来，在国家的大力支持和河南省委、省政府的正确领导下，河南煤炭工业发生了翻天覆地的变化。截至2010年底，河南煤炭采选行业中规模以上工业企业达到595家，从业人员56.59万人，创造工业增加值946.55亿元，其中：规模以上公有制企业数量占16.47%。目前，已经形成了以河南煤化集团、平煤神马集团、义煤集团、郑煤集团四家国有重点煤矿为主体，地方国有煤矿、乡镇煤矿共同发展的煤炭生产开发布局。

一、河南省煤炭企业后续发展的机遇

（一）金融危机为煤炭企业实施国内并购提供机遇

每一次金融危机中都孕育着重大机会，金融危机为资金实力雄厚的大企业提供了难得的发展机遇。危机使中小煤矿濒临破产关停困境，恰好给资金实力雄厚的大企业集团提供了并购的良机。目前，煤炭行业龙头神华集团、中煤集团在悄悄地进行"抄底"行动，通过整合购并，壮大自己的资源储量，为下一轮的经济和能源需求增长做好准备。危机为"走出去"提供了机遇，虽然目前正在遭受国际金融危机影响，但从长远来看，煤炭的需求仍将增加。国家鼓励国内有实力的企业走向海外以获取资源和开拓市场，同时人民币坚挺也为中国企业海外收购创造了有利条件。

（二）国家"一二五"期间发展政策的大力支持

为加快转变煤炭工业发展方式，2012年国家发改委根据《国民经济和社会发展第十二个五年规划纲要》，印发《煤炭工业发展"十二五"规划》（以下简称《规划》），阐述了今后一段时期内我国煤炭工业发展的重点，对河南煤炭工业的发展来说，也是一个重大的机遇。

1. 煤炭企业兼并重组继续推进

《规划》明确提出，大力推进煤矿企业兼并重组，淘汰落后产能，发展大型企业集团，提高产业集中度，提升安全保障能力，有序开发利用煤炭资源，有效保护矿区生态环境。山西、内蒙古、河南、陕西等重点产煤省（区），要以大型煤炭企业为主体，进一步提高产业集中度，促进煤炭资源连片开发。这为今后河南煤炭工业的发展指明了方向，也为河南大型煤炭企业兼并重组指明了后续发展道路。

2. 鼓励建设大型现代化煤矿，提升小煤矿办矿水平

《规划》指出，稳步建设大型现代化煤矿。新建煤矿以大型现代化煤矿为主，优先建设露天煤矿、特大型矿井和煤电一体化项目。按照一个矿井一个工作面或不超过两个工

作者单位：河南煤化集团永煤集团财务部

作面的模式,采用先进技术装备,设计和建设大型现代化煤矿。按照一次建设、分期投产的原则,储备一批煤矿产能。晋陕蒙宁甘新重点建设年产300万吨及以上煤矿,河北、黑龙江、安徽、山东、河南重点建设年产120万吨及以上煤矿,四川、贵州、云南等重点建设年产90万吨及以上煤矿。

3.积极开展国际合作,深入实施走出去战略

充分利用国际国内两个市场、两种资源,坚持多元发展、互利共赢,加强国际交流与合作,积极参与境外煤炭资源开发利用,深入开展对外工程承包和技术服务,进一步拓展煤炭国际贸易。支持优势煤炭企业参与境外煤炭资产并购,加大境外煤炭资源勘查开发力度,提高境外权益煤炭产能。鼓励大型煤炭企业投资境外煤炭加工转化项目,延伸产业链。

二、河南省煤炭企业后续发展面临的问题

(一)省内煤矿普遍日益老化

在河南煤炭企业高速发展的背后,也有不少隐忧。2010年3月27日,义煤集团为借壳上市,将下属几个煤矿的可开采数据公之于众,颇具典型意义。

义煤集团公告披露,按照已探明储量和核定生产能力,该集团旗下15年左右将被采光的有千秋煤矿、常村煤矿、杨村煤矿、耿村煤矿、石壕煤矿、义络煤业,其中,千秋煤矿、义络煤业可开采年限为7年,耿村煤矿可开采年限仅剩5年。上述煤矿已探明储量能更真实地反映河南地区煤矿实际经营情况,河南省内煤炭资源已经进入枯竭期。综观近5年河南省内煤炭产销量历程,河南省内成熟矿井的扩产能力已十分有限,矿井日益老化、开采日渐艰难的问题突出,内生增长缓慢。

(二)煤矿兼并重组后小煤矿安全隐患严重

河南省对小煤矿的规范、引导和治理工作从未停止过。统计显示,从全国情况来看,2009年小煤矿产量约占全国煤炭产量的38%,但事故起数和死亡人数占到煤炭总事故的75%,生产百万吨煤死亡率是骨干煤矿事故的7倍。2009年,河南省小煤矿所发生的事故共造成94人死亡,占全省煤矿事故死亡总数的65%。百万吨煤死亡率是骨干重点煤矿的11倍。2010年上半年,河南省小煤矿更是成为事故的重灾区,死亡人数高达123人,占到死亡人数的87%。

(三)煤炭企业后备煤炭储量问题

河南是中国比较典型的以煤为主要能源的大省,已有112年煤炭规模化开采的历史。煤炭占全省一次能源生产和消费能源的比重分别为93%和88%。截至2010年,全省煤炭资源总储量约1130亿吨,保有储量273亿吨,主要分布在平顶山、焦作等6个矿区。改革开放以来,河南生产的煤炭有40%调往临近的缺煤省区,为保证这些省区的用煤需求和国家能源安全作出了重要贡献。河南煤炭长期处于高强度的开采状态,后续资源严重不足,而且资源禀赋条件复杂,灾害防治难度大,安全事故时有发生,煤炭产能增加受到了很大限制。

三、河南省煤炭企业后续发展的策略

(一)煤电化综合一体化发展战略

在“十二五”期间,河南省应依托煤炭资源优势,积极建设大型煤电化一体化项目,使煤电化一体经营成为能源和重化工产业发展的重要形式,促进煤炭、电力、化工等产业的持续快速发展。具体做法可以概括为:打造一个平台,发挥一个优势,引导一批企业。

“打造一个平台”,就是顺应我国能源产业发展的趋势,从河南省煤炭、电力、化工产业实际出发,统筹相关资源、产业的发展,在产业定位、区域布局等方面做好规划,为煤电化一体经营搭建平台。

“发挥一个优势”,就是充分发挥煤炭资源丰富的优势,以资源换投资,以资源兴产业。借鉴内蒙古自治区的置换政策:对在省内投资办电厂的大型企业集团,按其电厂用煤量1:2的能源配置煤炭资源,煤炭产量的50%由电厂自用或就地转化为煤化工产品,其余50%运往本地企业在省外的电厂发电。

“引导一批企业”,就是在做好规划的基础上,把发展煤电化一体化经营的主体定位在国内实力雄厚、竞争力强的大型能源或化工企业集团,运用产业政策吸引有实力的企业进行资源开发和加工转化,为能源和重化工产业发展提供有力的保证。

(二)积极进行资源扩展 确保后备资源充足

(1)河南省要尽快建立完善煤炭资源勘查开发的投融资体制,加大资源勘探力度,增加可供开采后备资源量;完善煤炭资源管理体制,进一步强化资源管理;按照综合开发、合理利用、集约化经营、可持续发展的原则,做好大型煤炭企业后备资源的认定;建立资源合理利用的激励机制,用经济手段管理资源;有偿转让或折卖煤炭资源,要优先考虑衰老矿区(井)的资源接续,解决国有重点煤矿的后备资源。

(2)煤炭企业要加强煤炭后备资源勘察,重点加大对老矿区以及外围资源的勘察力度,积极推进预测区的资源勘察,增强资源的攫取能力,坚持一个矿区主体开发的原则,全面开展矿产资源的整装勘察,开发利用好较为富裕的煤炭伴生资源,特别是金属矿资源,提高煤炭工业的综合效益。

(三)积极促进衰退煤炭企业战略转移

与一般企业一样,煤炭企业的生命周期也划分为初创、成长、成熟、衰退等主要阶段。但煤炭企业的生命周期除符合一般企业生命周期的共同规律外,它受资源依赖型行业特点的影响,又呈现出自身的特点,煤矿资源的有限性和不可再生性决定其发展的周期性更加明显,它与自身所拥有煤矿的寿命存在着一定的对应。

在国务院2008~2009年公布的44个资源枯竭型城市中,绝大部分都是煤炭资源枯竭型城市,可见煤炭衰退企业和城市的产业转型问题是有关省市的一个重要问题。建立衰退产业援助机制和衰退企业转移机制是解决这一问题的重要途径。从国际和国内有关省份的做法来看,衰退煤炭企业战略转移的主要途径有产业转型、跨区域开采、循环经济和改制重组等四种。

(四)加强兼并重组小煤矿的安全监管

(1)政府部门要加强对兼并重组煤矿的安全监管。坚决依法查处非法违法生产建设矿井。对有非法违法生产经营建设行为、抗拒监管、冒险蛮干的企业,要充分利用行政、经济和法律手段,严肃处罚,及时曝光,该关闭的要依法坚决关闭;严厉打击非法违法生产。对擅自复工复产、边技改边生产、超层越界拒不退回等非法违法生产行为,要从严从快查处,发现一处关闭一处。

(2)各兼并重组主体企业要切实加强对兼并重组、资源整合矿井的安全管理,切实加大投入,派出专业技术和管理人员,认真抓好兼并重组过程中的每一个环节。坚决淘汰落后生产工艺、作业方式,坚决禁止盲目决策、盲目开工,坚决取缔以包代管、层层转包,坚决杜绝重组期间组织生产现象,统一将安全、生产、技术、人员、考核等工作纳入到本企业的统一指标体系中去,切实推动煤矿兼并重组工作有序、安全、顺利进行,提高这些矿井的安全生产水平。

环形闭合财务管理模型在煤炭企业中的应用

张五星

随着煤炭企业战略性重组,组建了一批跨地区、跨行业、跨所有制的特大型煤炭企业集团,以充分发挥大型煤炭企业的管理、技术、融资等优势,带动整个煤炭工业产业升级。但煤炭企业组建大集团后,必须加强大集团的财务管理,根据运行中出现的问题,构建起具有自己特色的财务管理模式,以促进企业管理,进而提高整个企业集团的核心竞争力。本文通过建立环形闭合财务管理模型,对财务管理的行为实行环形闭合管理,强化前置引导、过程参与、末端监督的财务管理行为,努力加强"财务预算、成本核算、财务监督"三重管理,突出财务管理在煤炭企业管理中的重要作用,强化财务管理与生产管理、技术管理的融合,增强财务管理的上下贯穿力、渗透力,强化财务执行力建设和预警分析能力,充分体现财务管理的过程参与程度和深度,努力推进企业财务工作由核算服务型向主动管理型转变,实现企业效益最大化目标。

一、环形闭合财务管理模型的概念

环形闭合财务管理模型是按照财务管理参与企业管理全过程的方式,将各种细化的财务管理行为依托运作过程方式,建立"行为发起、过程运行、监督检查、闭合落实、分析反馈、管理创新、行为修正、持续提升、行为再发起"的环形循环闭合财务管理模型,将财务管理行为进行系统规范、交流互动、融通提升,提升财务管理制度的渗透力、贯穿力、执行力,夯实财务管理基础,防范企业经营风险。

当前,财务部门参与企业管理程度不深是比较普遍的现象,财务管理行为执行者站在经济行为发生的最末端,对经济行为运作过程"看到摸不到",在末端参与企业财务管理监督,最后对"生米做成熟饭"既成事实的结果,只是进行事后的监督和反映,对整体过程的参与程度不够深入,对其过程中存在的情况无法有效地进行过程监督。环形闭合财务管理模型,是将财务管理方式进行细化和规范,注重财务管理的融通渗透,由传统的直线形核算向强化财务管理环形转变,延伸财务管理触角,参与企业经济行为的过程管理,由末端变起端、起端变末端,实现"首尾相连、前后呼应",提升财务管理的执行力和管理效果。

二、环形闭合财务管理模型的建立

(1)制度建立环节。财务管理作为现代企业制度中"科学管理"的重要内涵,在煤炭企业内部,要使企业管理科学化,就必须通过狠抓企业内部财务管理来带动整个企业的全面科学管理。财务管理制度作为强化财务行为的制度保障,要结合煤炭企业的实际发展

作者单位:河南煤化焦煤集团财务处

情况，以规范内部财务管理行为、提高运行效率和效果、提升企业经济效益、规避经营风险、推动企业持续发展为根本目的，按照煤炭企业内部经济行为实质，健全财务管理制度，确保财务管理制度具备贴近性、适应性、前瞻性、控制性、规范性、指导性，以此作为企业经济行为的规则和指南。对煤业集团制定的各项制度必须要求基层单位结合自身实际进行制度细化，并做好细化制度的备案和落实工作，明确责任主体，完善管理措施，细化工作方案，强化财务管理制度贯穿。

（2）过程运行环节。在经济行为过程运行环节，重点做好财务管理的延伸，强化过程参与。对各级管理人员尤其是财务人员，要加强财务管理制度的培训和贯彻工作，让各单位尤其是财务负责人对上级部门的各类财务管理制度做到“懂规则、知流程、明操作”，延伸财务管理在生产经营管理各个环节的贯穿力和渗透力，增强财务管理参与过程管理的程度。

（3）监督检查环节。财务管理制度的执行优劣，除加强政策引导外，还要重点加强财务制度执行环节的日常监督监管工作，通过各类重点环节的日常监督检查，提升财务管理制度的执行力。

（4）闭合落实环节。对财务管理工作检查出的问题，重点在于整改落实，按照煤炭企业抓安全管理的模式，对问题的整改按照“五定”原则实行闭合管理，确保发现问题及时予以整改落实，堵塞管理漏洞，防范经营风险。对监督检查情况要及时反馈给各基层单位，要求各单位认真进行整改落实，并将落实整改情况结合自身实际，切实采取有效措施予以调整优化、持续增强。

（5）分析反馈环节。通过经济行为运行过程的监督、考核、整改落实等工作，对贯彻执行情况有更深层次的了解后，要对执行过程中存在的问题进行剖析，正视问题、总结经验、持续提升。

（6）管理创新环节。管理创新环节是在分析反馈的基础上，结合企业经济运行的实际情况，不断完善财务管理制度、优化财务管理行为、提高运行效率、增强企业获利能力，从而持续提升经济运行质量。

（7）运行评价环节。运行评价环节是对财务管理行为运行效果的检验和评价，通过健全后评价机制，完善事后的责任追究，增强内部监督效果，实现多措并举防范风险。

（8）持续提升环节。通过实施闭合控制，增强经济行为各个环节的相互渗透和贯穿，将各类信息进行反馈，持续优化财务管理行为，夯实财务管理基础。

三、环形闭合财务管理模型的应用

（1）依托作业成本理念，健全成本管理闭合控制，增强财务管理与生产管理、技术管理的融合。煤炭企业财务管理的一项重要职责是强化成本控制，实现既定的经营预算目标。为实现此项目标，依托作业成本理念，健全财务预算目标的环形闭合财务管理模型：“计划预算的编制环节—过程实施环节—业绩评价考核环节—信息反馈环节—修正提升环节—计划预算的再编制环节”，实现经营预算目标的全过程控制和参与，确保实现既定的经营目标。依托作业成本对多过程管理环节进行全面梳理，通过优化作业环节、增强作业责任、强化作业控制、提升单元控制力。例如，煤炭企业材料费用的投入不构成产品实体,材料投入的环节过程需进一步细化和剖析,从而更加有效地控制成本。以材料控制为例,材料费用管理环节,从采购、验收、使用的各个经济行为健全闭合管理模型,强化集中招标采购,建立稳定的客户供应关系,确保材料采购招标等环节的公开、透明,使得采购成本优化、材料成本投入降低。具体的环形闭合:“专业部门提出需求计划—内部的审查程序—采购招投标—客户选择—定价政策—合同签订—付款方式—质量数量验收—使用环节跟踪—效果评价—信息反馈—计划修订”的良性闭合管理模式,对每一个管理环节都需要设定相应的指标体系,规范内部运行程序,财务部门作为重要的参与部门,要参与到以上各个环节中去,参与过程监督和管理,实现采购环节公开透明、采购物品物优价廉、使用过程现场监督、效果评价改进方法、信息反馈持续提升,逐步形成良性的材料管理控制氛围,增强财务管理与生产管理、技术管理的融合贯穿。

(2)财务管理税收风险的闭合控制。税收风险的环形闭合财务管理模型:“经济行为—涉税事项规范核算—风险评估—基础优化—足额上缴”。税收风险的防范方面,要加强财经法规的学习,梳理内部管理流程,注重日常核算基础工作,做到“规范核算应缴尽缴诚信纳税、超前筹划应享尽享创利部门”。实现税收风险超前谋划、过程控制,合理摆正企业、个人、国家三者的利益关系,实现三者共赢。

(3)财务管理资金管理的闭合控制。在资金管理方面,要对每一项资金业务规范内部运作程序,强化内部资金安全防范意识,按照核定的收费标准和项目,通过各类载体合理反映信息,做到应收尽收。在制定闭合管理措施时,要结合实际情况,对所有经手现金的业务必须核定标准、完善项目、明确载体,做到不缺不漏。同时,通过内部管理流程的梳理和规范,做到不相容岗位相互分离,使内部资金流动环节无可乘之机,防范资金风险。

(4)财务管理绩效评价的闭合控制。财务管理绩效评价环节的闭合管理,能够最大限度地激发考核的导向评价作用,真正起到优化控制的目的,通过“经营业绩指标的设定—过程的跟踪管理—结果的导向考核—考核结果的信息反馈”,最大限度地增强业绩评价考核的触动性、贴近性、严肃性、促进性。

(5)财务管理制度的落实执行闭合控制。再好的制度不执行就等于零,对于煤炭企业而言,很多制度往往一下了之,以考核促管理、以罚款代管理,存在制度棚架和管理棚架,缺少制度的执行力,造成有令不行。为加强财务管理制度的执行落实,建立制度闭合管理机制,形成“拟定制度—基层贯彻—细化措施—制度备案—监督检查—评价考核—信息反馈—落实闭合—修订完善”模型,强化制度的跟踪落实,增强制度的执行力和操作性。

四、环形闭合财务管理模型的注意事项

(1)健全制度是基础。健全财务管理制度,从资金管理、成本控制、风险防范等各项经济行为明确财务管理行为规范,并要求基层单位结合自身实际情况,制定相应的财务管理制度,实现制度的横向体系、纵向贯穿的全面覆盖性。

(2)强化培训是根本。制度制定后,要通过多种形式,加强财务管理制度的培训和引导,增强财务管理制度的贯穿力和渗透力,让每一名管理人员知道规则、遵守规则。增强财务管理工作的贯穿力和渗透力,增强生产管理、技术管理等过程管理的主动性和积极

性，提升整体财务管理水平。

（3）注重落实，强化执行力建设是重点。执行力建设是保证制度能够有效运行，体系规范建设的必然要素，如何更好地做好此项工作，要从几个方面进行系统的优化和控制。正确执行力的体现需要良好的条件与环境，首先是财务管理制度要求的正确性；其次是财务管理人员对工作的热情，信念的坚定和行为的坚韧；再次需要专业技术能力，综合的协调能力，富于创造的主动性能力；最后还要加强人才建设，要采取措施不断完善财务人员岗位培训、人才评价、竞争上岗和交流轮岗等制度，逐步建立公开招聘、广纳群贤、人尽其才、能上能下的人才队伍培育和循环机制，努力做到用岗位成就人才，用氛围凝聚人才，用机制激励人才。

（4）注重事后的分析、反馈，增强财务管理持续创新性，提升管理水平。创新是企业持续发展不竭的动力和源泉，财务管理制度要不断适应企业发展的需要，根据各种情况适时地进行创新，以保障财务管理行为更加符合企业的经济发展需要，夯实管理基础。

基于经济增加值(EVA)的企业绩效评价

李贝贝

一、概述

随着企业所有权与经营权的日渐分离,如何正确地评价企业的经营绩效成为大家共同关注的问题。长期以来,国内外对企业业绩评价的研究主要集中在会计利润指标如净利润、净资产收益率、每股收益等。这种建立在会计收益指标基础上的绩效评价系统存在以下几个问题:

(1)忽略了对权益资本成本的确认和计量,容易使企业经营者形成"资本免费"幻觉;

(2)按照现行会计制度计算出的净利润存在某种程度的失真和扭曲;

(3)未与企业经营者的报酬和奖励真正挂钩。

21世纪是价值管理的时代,企业的目标经历了由利润最大化到价值最大化的转变,随着资本市场的发展,企业价值最大化已成为目前企业经营管理的终极目标。这就要求一种新的衡量企业价值的指标来反映企业绩效状况。经济增加值(Economic Value Added,简称EVA)价值评估方法应运而生,作为一种优于传统会计指标的绩效评价指标,EVA很好地解决了两权分离的问题,促使管理者像所有者一样思考,为股东最大限度地创造价值。

2009年底,国资委以主任令的形式发布,于2010年起在央企全面推行经济增加值考核的相关方法。EVA考核办法是国资委规划、驱动中央企业战略的集中体现,它意味着中央企业的管理模式将由现行、传统的战略(全面预算)管理转型为价值管理,将逐步以EVA取代传统指标作为考核中央企业负责人经营绩效的核心指标,央企将由此进入以股东价值创造、追求企业价值最大化为核心的价值管理新阶段。

二、*EVA*的基本概念和计算方法

(一)*EVA*的基本概念

经济增加值即经济利润、剩余收益等,代表企业为股东或出资人创造的价值。其核心理念是:企业所有资本,无论是股权资本还是债务资本都是有成本的,只有当企业创造的利润超过所有成本后的结余才是真正为投资者带来了财富。若*EVA*大于0,说明公司为股东创造了价值,若*EVA*小于0,则公司损害了股东的财富;若*EVA*等于0,说明利润刚刚弥补所有资本成本,公司既未创造也未毁损股东的财富。

*EVA*可用公式表示为:

$$EVA = ROC - COC$$

作者单位:鹤壁福源煤炭购销有限公司财务部

式中　ROC——资本回报(Return of Capital);

COC——资本成本(Cost of Capital)。

上述公式可进一步表示为:

$$EVA = NOPAT - TC \times WACC$$

式中　$NOPAT$——税后净营业利润(Net Operating Profit After Tax);

TC——资本总额(Total Capital);

$WACC$——加权平均资本成本率(Weighted Average Cost Capital)。

由上可知 *EVA* 主要取决于三个基本变量,即 *NOPAT*、*TC* 和 *WACC*。其定义图解如图 1 所示。

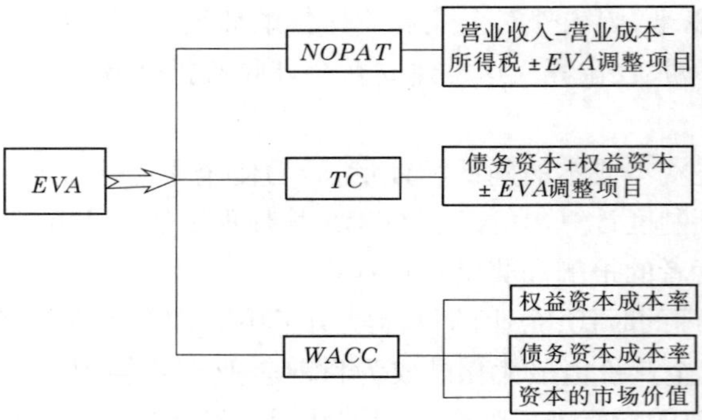

图 1　EVA 的定义图解

(二)EVA 的计算

由上述分析可知,*EVA* 的计算分为三个部分,即 *NOPAT*、*TC*、*WACC*,下面分别讲解各个部分的计算。

1. *NOPAT* 的计算

NOPAT 是税后息前营业利润,也就是公司的营业利润减去除利息支出以外的全部营业成本和费用的税后净值。

NOPAT 具体计算数据无法从相关财务数据中直接得出,必须进行一些会计事项调整,以消除权责发生制会计基础和谨慎性原则形成的会计数据的主观随意性和人为操纵问题。在实际操作中,根据成本效益原则,结合公司所处行业和业务的特征,出于价值最大化的考虑,我们可以根据自身情况决定调整项目,达到准确与简便的一种平衡。同时,企业一般不要轻易改变已确定的调整事项,对事项的调整要遵循重要性原则、现金收支原则、连续性原则、灵活性原则、可影响性原则等。同时必须明确,会计调整项目在不同企业规模、不同企业性质、不同组织形式、不同发展时期下都是不一样的。

为了更加形象地说明会计利润与税后净营业利润的对应关系,我们用图 2 表示。

2. *TC* 的计算

TC 的计算较为简单,可以通过资产负债表获得,下面将 *TC* 的计算与资产负债表中的资产来源进行对比(见图 3):

EVA 计算资本总额时要减掉无息流动负债,包括应付账款、应付票据、其他应付款,这部分负债并不会产生其他支出;加上各项减值准备,减值准备部分也是企业现有资产的一

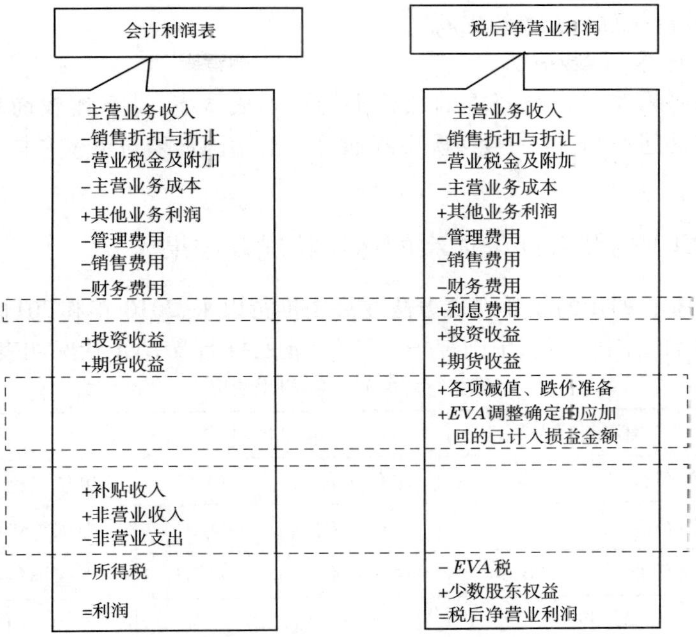

图2　会计利润与税后净营业利润的对应关系

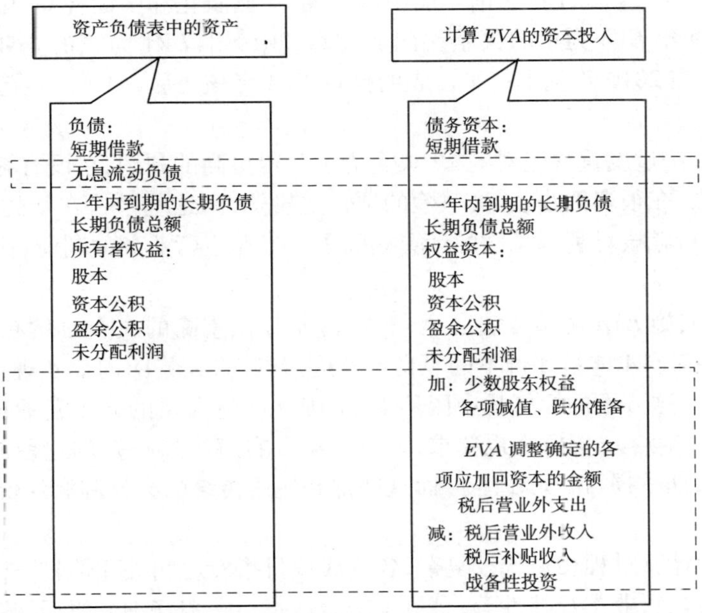

图3　资本总额与资产负债表中资产对应关系

部分；研发费用的费用化额因为不在本期费用化处理，所以计算资本总额时要加上；税后营业外利润因为不反映在*NOPAT*中，所以要在本部分有所反映；特别是计算时要减掉在建工程净额，因为在建工程虽然属于企业的资产，但它并没有在使用状态，最重要的是这种处理不会阻碍企业对于资产的更新。

3. *WACC* 的计算

WACC 是债务资本和权益资本的加权平均资本成本率，计算比较简单，本文不再对 *WACC* 的计算方法进行赘述，一般情况下我们可以沿用国资委对央企考核中用到的 5.5% 的资本成本率。

三、基于 *EVA* 的绩效评价体系的运用状况及结果

自 2010 年基于 *EVA* 的绩效评价方法在央企推行以来，2010 年和 2011 年 *EVA* 排名前三甲的为中国石油、中国石化、中国神华，三家企业的排名及 *EVA* 状况如表 1 所示。

表 1　央企前 3 名 *EVA* 情况　（单位：亿元）

项目	第 1 名		第 2 名		第 3 名	
	单位名称	*EVA*	单位名称	*EVA*	单位名称	*EVA*
2010 年	中国石油	873.55	中国石化	604.31	中国神华	277.38
2011 年	中国石油	896.94	中国石化	468.03	中国神华	381.04
EVA 增减	23.39		−136.28		103.66	

2010 年和 2011 年 *EVA* 排名前三的中国石油、中国石化和中国神华，中国神华的 *EVA* 改善最大。2009 年 *EVA* 为正的央企占四成左右，2010 年 *EVA* 为正的企业数量上升到 7 成左右，2011 年与 2010 年基本持平。表明推行 *EVA* 考核之后，*EVA* 已经起到了引导企业发展的作用。

以往考核方法过度重视绝对规模，央企为了获得更高的利润，在没有考虑资本成本的情况下盲目扩张，在很多低收益、高风险的项目上投资，而这些项目在新的考核中 *EVA* 均为负值。另外，新考核对利润总额的计算剔除了一半非主营业务的利润，让多业务的模式成为鸡肋。

可以相信，实施 *EVA* 考核方法之后，非主营业务比重高的央企必然有加快调整业务的冲动，倾向于将 *EVA* 体系评价下的不良资产进行剥离，在集团内部实现重组，实现精细化、专业化发展。这方面的标杆是中国移动，中国移动将大量的非主营业务外包，降低了对资本的占用。事实上，国资委也要求，力争三年左右解决掉央企的遗留问题，这些遗留问题主要包括长期亏损、扭亏无望等，而这些都是使用传统的会计利润评价模式所带来的恶果。

EVA 指标的计算过程相对比较复杂，各构成项目指标之间关联性较强，涉及面涵盖业务运营、财务运作、行业本身特性等，是一个综合性指标。但仔细分析后，我们仍然能得到一些主要结论：

（1）利润总额与净资产利润率分别是 *EVA* 绝对值和相对值的高相关指标，占据最重要地位。

（2）重视资产的配置结构和使用效率。

（3）重视战略性投资和并购带来的价值增加，但要注意到适度使用。

尽管形成 *EVA* 的要素相当复杂，但最终形成 *EVA* 的不过三类指标，即销售收入、经营成本和资本。其中销售收入和经营成本是形成利润总额的核心要素，与 *EVA* 高度相关，可以被视为 *EVA* 的同类要素。净资产利润率是税后利润与净资产的比值，仍然与资本相关，在传统增加销售和减少成本之外，资本也应该被重点关注。虽然导入了诸多调整项，但税后净利润总额对 *EVA* 绝对值、净资产利润率与 *EVA* 相对值仍然是首要关联项目。其中，运营效益和效率是至关重要的影响。通俗地说，虽然不能说业务运营赚得钱越多 *EVA* 就越高，但如果业务运营较差的，*EVA* 肯定低。

随着近几年基于 *EVA* 绩效考评体系的成功推行，以 *EVA* 为核心的绩效考评体系已经在央企范围内初见成效，很多地方国资委如北京、辽宁、山东、湖南、湖北也与时俱进，在对省企的考评中引入了这一指标。

随着 *EVA* 思想的推行，国内也出现了很多优秀的 *EVA* 和绩效评价方面的专家学者，开始涓现出一些专门化的 *EVA* 研究和咨询中心，为 *EVA* 在中国发展奠定了基础。相信随着基于 *EVA* 的绩效考评体系在央企和省企范围的成功推行，全国范围内会有越来越多的企业了解以及采用这一绩效考评体系。煤炭企业在绩效评价方面一直有所欠缺，我们可以借鉴中国神华的成功经验，对企业管理和绩效评价方面做出适当的变革，促进中国煤炭企业的新发展。

论现代企业制度下的管理会计

马跃强

管理会计主要是为适应经济组织内部的经营管理需要而逐步形成和发展起来的,它的主要职能是为提高经营效率和效益而建立的各种内部会计控制制度,编制和提供内部管理需要的各种数据、资料等。它的方法和手段视不同的需要而不同,其模式视不同的经济组织性质、规模大小、经营管理方式而异。

一、管理会计在我国企业中应用的现状

管理会计是20世纪初伴随着泰罗的科学管理的产生而产生的,并随着经济的发展而在国外的企业中得到了推广运用和发展。管理会计在我国企业中的运用是在20世纪70年代末伴随着管理会计理论开始的,其历史并不长,而作为管理会计主要内容的中国式责任会计在企业中的推广与应用却有近50年的历史。因而一般的企业均运用了本、量、利分析,责任会计、绩效考核等管理会计的主要内容,但仍有很多企业对全面预算、风险分析、差量分析、长期投资决策方法、企业员工业绩评价等了解较少,企业会计人员仍缺乏管理会计的基本观念,更不用说把这些方法渗透到经营管理之中了,因而可以说,管理会计理论在我国只是在部分地区、部分企业得到零星、分散的应用,彼此之间缺乏有机的联系,并未形成真正意义上的管理会计应用体系,没有真正解决企业改善管理所急需解决的问题,远远没有达到改善企业经营管理、提高经济效益的目的,实际应用情况并不尽人意。这一切都表明管理会计在我国还未引起足够的重视,驱使企业应用管理会计的动力明显不足,管理会计深入民心并广为应用还任重而道远。

二、管理会计实践的局限性

(1)管理会计在我国企业运用中受到宏观环境的制约。管理会计的实行必须要有一个完善的经济体制环境。在不断的企业改革过程中,从利润留成、盈亏包干到实行企业承包经营责任制,以至进行企业的股份制改造和现代企业制度试点,整个改革思路都是沿着对企业放权让利这个中心进行的。同时,政府在一定程度上对市场功能进行了培育,市场机制开始发挥作用,一批能够适应市场变化的国有企业纷纷涌现,并把目光转向市场和企业内部,向管理要效益,在建立、完善和深化各种形式的经济责任制的同时,将厂内经济核算纳入经济责任制,形成了以企业内部经济责任制为基础的责任会计体系。20世纪80年代末,与经济责任配套,许多企业设置了责任会计,企业内部银行,由此,我国责任会计进入高潮期。不过,与中国经济体制改革相适应,20世纪90年代以前的管理会计实践侧重于企业内部,没有明显的市场特征。进入20世纪90年代,我国管理会计实践有所

作者单位:义马煤业集团股份公司

突破。

(2)在管理会计的方法体系中,有些方法与决策者的需要无关,有些方法由于付诸实践的代价太高,从而不经济以至于形成制约。目前的管理会计主要是以工业企业为主,对于商品流通企业、建筑施工企业、交通运输企业、金融保险和其他服务行业、非盈利机构等,管理会计中的很多方法很难满足决策者的需要,其相关性就随之减弱。譬如,定价决策中的均衡价格的形成,对于一个微观企业来说,模拟供应曲线和需求曲线是相当困难的;在确定最优价格时,收入函数和成本函数的模拟也较为困难,不同产销量情况下边际收入和边际成本的计算也不容易做到精确、准确,然而以公式制定的最优价格计算并不完全符合市场的实际现况,所以说定价决策的一些方法不能满足决策者的需要。另外,在管理会计方法体系中大多都是以变动成本计算法为基础的,而企业在会计实务中若采用变动成本法,在对外编制会计报告时,因变动成本法不能满足对外报告的需求,就必须按照完全成本法对外提供会计报告,很明显这会导致企业人力、物力的很大消耗,而变动成本法与完全成本法相结合的"单轨制"虽有理论上的可行性,由于企业会计人员素质和其他因素的限制,实际操作起来却困难重重。

三、现代企业制度下管理会计的新动向

(一)当今社会经济环境及企业制造环境变化

众所周知,当今世界正步入信息社会的高科技时代。电子计算机的出现带动了一大批高新技术的发展,使人类社会的信息处理方式发生了翻天覆地的变化,从而根本上改变了现代社会的运作结构,使人类进入了信息时代。社会经济环境的巨大变化,必然导致企业内部生产组织与管理的变革。即使用电脑帮助产品的开发分析和设计;使用电脑计划执行和控制产品生产;在电脑控制下,利用机器人及其他自动化设备,以弹性方式生产少量或多样的产品。这样以计算机对生产进行监控确保生产出高质量的产品的行为就是新的制造环境的形成。

(二)新制造环境下管理观念的变化

在新制造环境下,管理方面纷纷采用适时采购与制造系统,包括一系列崭新的管理观念和技术:①降低库存量,追求"零库存";②以需求带动生产,即以"顾客驱动"为目标;③选择供应商并保持良好的关系;④训练员工担任各种工作,对员工全面培训,熟练操作机器,并掌握设备的维护、保养、检修及调整准备等多种技能;⑤全面质量管理,它是以实现"零缺陷"作为出发点,由操作工人进行连续性自我监控,强调设计制造过程原材料全面管制。

(三)新制造环境下决策模式的变化

1. 投资决策模式的改变

投资决策常用的分析法有静态分析法和动态分析法。在新制造环境下,动态分析法也就是贴现现金流量法,仍是其主要分析方法。但由于电脑一体化制造的全面应用,工厂实现全面自动化,投资数额巨大。如丰田和通用汽车公司投资额高达几十亿元。然而一旦获得效果,即可发挥效益,改善竞争地位。所以,在进行此类项目投资分析时,一定充分考虑投资的全部成本和可能带来的利益,要高瞻远瞩。

2. 经营决策模式的改变

(1)成本相关模式的变化。在新的制造环境下,传统的成本相关模式继续发挥效用并在此基础上提高相关成本的正确性。在产品制造中,不是所有的变动成本都严格地随数量变动,固定成本中有一部分虽不随数量变动,但是随其他产品生产相关的作业变动。在制造系统下,因运用作业成本制,相关成本的确定不只考虑一个数量因素,要考虑多个成本动因,因而提高了相关性分析的正确性,使分析结果更精确、可信。

(2)本—量—利—分析模式的变化。传统的本—量—利—分析模式,是假定变动成本是唯一的成本动因—产销量的函数,公式为:$y = a + bx$。计算利润的基本公式:$P = px - (a + bx)$,从产量水平、售价、变动成本、固定成本的变化分析总成本总收入和营业收益的习性,为规划过程提供充分的财务信息。在新制造环境下,本—量—利—分析成本依然划分为变动成本和固定成本,但由于作业成本制的广泛运用,成本模型随之发生了较大的变化。变动成本不再是唯一的成本动因——产销量函数,同时也是产销量之外的多个成本动因函数。

即公式表示为:

$$y = a' + b_1x_1 + b_2x_2 + \cdots + b_nx_n$$

利润公式为:

$$P = px_1 - (b_1x_1 + b_2x_2 + \cdots + b_nx_n) - a'$$

式中 P——单价;

x_1——产销量;

$x_2, \cdots, x_n$——除数量以外的其他多个成本动因数量;

$b_1, b_2, \cdots, b_n$——斜率参数,在相关范围内,每一单位成本动因变化所引起的总成本变化;

a'——基本参数,表示总成本中在相关范围内不随成本动因(x_1、$x_2, \cdots, x_n$)变化而变化的部分。

四、管理会计在煤炭企业的应用

当前,我国煤炭企业在管理会计的应用方面,整体水平表现较差,其主要表现在以下几个方面:①管理会计没有得到广泛普及应用,很多企业至今也没有形成一套完整的管理会计理论体系;②企业的管理环境满足不了管理会计的要求;③很多企业管理层缺乏对管理会计的正确认识;④企业缺乏高素质的管理会计人员等。为了更好地发挥管理会计作用,煤炭企业应重视以下几个方面。

(1)要做好财务会计与管理会计协调发展。提高管理会计职能的基础是提高财务会计的工作质量,只有财务会计提供真实准确的财务信息,才能为管理会计的使用者,也就是企业管理者的决策提供依据。

(2)要重视管理会计的应用。企业的会计工作,不仅仅是算账,更重要的是提供财务信息,参与经营决策,尤其是煤炭企业,由于受所处地域和环境的影响,很多煤炭企业不重视管理会计的应用,甚至没有开展。因此,需要管理层给予高度重视,为企业管理会计业务的开展创造有利条件,充分发挥管理会计的作用。

(3)要建立管理会计的运行机制。一方面,煤炭企业要建立起专门的管理会计组织结构,制定相关的运行目标,使得管理会计真正参与到管理的过程中来;另一方面,对管理会计的工作实行激励机制,促进管理会计业务的全面发展,并结合煤炭企业的特点,制定符合本企业和本行业的工作原则,制定管理会计人员的基本规范,约束管理会计人员的行为。

(4)管理会计的应用对煤炭企业会计人员提出了更高的要求。一方面,会计人员需要对国内外的管理会计理论和方法不断地进行学习和研究,并且能够应用到本企业和本行业中。另一方面,会计人员要多多收集企业中其他管理人员的意见和建议,对现有管理会计的理论与方法进行改革,这样才能更好地促进管理会计业务的应用和发展。

总之,在现代企业制度下,管理会计的应用与推广是一项庞大的系统工程,在我国虽然受到种种因素的制约,但是随着我国市场环境的不断改善和管理会计的继续推广其进程会逐步走向深入。在不久的将来管理会计必将为大多数人所应用,成为我国企业的内在需求,形成适合我国基本国情的管理会计体系。

煤化工企业基本建设项目财务管理问题的研究

刘忠伟

当前,我国煤炭行业迅猛发展,煤化工企业投资规模也在逐步扩大,纵观全国产煤大省,转型发展逢煤必“化”的态势依然不减。但由于上马速度较快,一些煤化工基本建设项目已经暴露出会计核算不规范、资金筹措不及时、资金管理不严格、竣工结算不合理等问题,这主要是由于在基建项目建设各环节中财务管理缺位。因此,应以项目投资建设过程为主线,加强项目估算、概算、结算和竣工财务决算全过程中的财务管理工作,通过对项目投资进行事前、事中、事后的动态跟踪与财务监管,以提高企业的经济效益,促进煤化工企业不断发展进步。

一、煤化工企业基本建设项目财务管理存在的问题

(一)基建项目会计科目设置不全,会计核算不规范

有些基建单位仅将会计科目特征设置为一般性质科目,并未设置为项目核算类科目,造成日后会计查询和准确提供各项财务数据的困难;有些基建单位对建设单位管理费的核算只进行到二级核算,无法分清核算的具体内容。

(二)煤化工企业财务管理风险意识不强,工程建设项目管理有待加强

(1)货币资金的管理问题。一些单位大规模举债,结存大额的货币资金,同时又要承担借款利息,导致建设成本增加。

(2)超范围列支费用。如个别单位把本不在概算范围内的办公设备购置费和部分公用经费列入了工程项目的费用予以开支,或者工程早已完工,却迟迟不办理竣工财务决算,继续在工程列支项目经费等问题。

(3)对往来款的账务处理不当,催办不够及时。如未按规定收取履约保证金,或者把应收回的往来款直接计入成本费用,还有对应付的欠款未及时进行账务处理等,没能真实准确地反映项目投资情况。

(三)施工程序不规范,竣工结算不合理

目前,部分煤化工建设单位没有按照要求认真进行基本建设前期准备工作,没有执行必要的基本建设程序,致使造成“边设计、边勘探、边施工”的三边工程,以及“超计划、超面积、超概算”的三超项目。有些基本建设单位不按规定办理工程竣工结算,由施工队伍包工头自行进行工程结算、收款,造成不能定时与施工队伍核对往来账目。

(四)内部审计制度不健全

由于基本建设会计管理制度和管理办法的缺失,导致会计监管无章可循。一些基建单位的内部审计部门往往重视基本建设预算审计,忽视了基本建设的财会审计,缺乏对地

作者单位:河南煤化永煤集团龙宇煤化工有限公司

方财政拨款、合作资金以及其他资金等建设资金的去向以及效益的审计监督，给违法违规行为的发生创造了机会。

二、强化财务监管的对策与路径

（一）以确定项目建设条件为中心的项目前期阶段

工程项目建设前期，即财务管理的事前控制阶段。这个时期是基本建设程序中一个非常重要的阶段，是项目成败的基础。财务人员应参与前期的立项，了解概预算及造价方面的知识，合理安排资金，降低资金成本。

（1）强化基本建设项目经济效益、财务效益的分析和评价。在项目立项、初步可行性研究阶段，加强财务监管就是对专业机构所作的财务预测分析要客观公正和实事求是地评价，对收益的预测要结合基本建设项目的行业指标进行分析，不宜过分乐观，对项目风险要尽可能预计，防止人为提高财务收益造成项目建设中违背经济规律的现象发生，从源头上防止工程项目亏损，确保企业又好又快发展。

（2）加强建设项目资金筹措的管理。首先要审核自有资本金是否到位，列入年度预算中的货币资金预算；其次对于借入资金，要在满足资金需求的前提下，寻求各种融资渠道，选择合理的融资结构，以保证建设项目的资产负债比达到合理的水平。

（二）以确定施工单位和监理单位为中心的工程招投标阶段

工程项目实施阶段，也就是财务管理的事中控制阶段。在这个阶段加强财务监管，就要对参与竞标企业的财务状况进行分析评价，确保竞标企业在项目实施工程中有足够财务履约能力，保证项目能够按合同约定的工期完成；要参与标的审核与招标全过程的监督特别是招标说明书的制定，严把工程价款审核关；要建立合同台账，严把合同关。

（三）以建筑安装施工为中心的投资实施阶段

1. 进一步规范会计核算

建设单位要根据煤化工建设项目实际情况，按照《会计基础工作规范》要求，抓好会计基础工作；基建单位财会人员按照《基本建设财务管理规定》和《企业会计准则》，设置完整规范的会计科目。

2. 严格资金支付程序

基建会计部门应制定相关的财务管理制度，明确财务核算具体流程，规定资金支付的统一办法和程序：审查所需付的款项是否已列入批准的计划项目中；审查付款事项是否是所签订经济合同中的事项；审查所付款的收款单位是否为已签订合同的法定单位。

3. 建立健全资金管理制度

建设项目在实施过程中，项目法人单位要加强资金控制。要完善基本建设单位货币资金管理制度，坚持专款专用、专户存储的原则，全面清晰地了解建设资金的来源和支付情况；在确保生产使用功能条件下，在批准的初步设计总概算投资范围内，可根据工程实际情况调整工程之间的资金余缺，但要控制在批准的设计概算内。

（四）以交付使用为中心的工程验收阶段

竣工验收阶段，也是财务管理的事后控制阶段。煤化工企业基本建设项目按照批准的建设内容和设计全部完成后，财务人员应与基建、审计、资产管理部门等相关部门做好基本建设项目的竣工验收工作。要按照单项工程合同约定的工期、质量进行，特别要注重投产调试验收情况，保证基建项目移交的完好性。对于未完工程，按审定的剩余工程量（建筑、安装）乘以单价后，列入相对应的科目，做好基建项目尾款的管理和监督。

（五）以资金考核为中心的竣工决算编制和审核阶段

为真实准确反映项目建设总体情况，为领导决策提供依据，财务人员在工程竣工后，要及时做好竣工财务决算的编报，并按规定办理竣工财务决算的审核工作。

1. 及时编制基本建设项目竣工财务决算

在编制基本建设项目竣工财务决算前，建设单位要认真做好各项清理工作，抓好完工项目财产物资、债权债务的清理。基本建设项目完工验收后，应对各种固定资产、设备、材料、债权债务及时清理和移交，并办理规范的交接手续，做到工完账清。对于未完工工程及费用的预提，要充分考虑后期可能发生的各项费用，合理测算。竣工验收时，将未完工程及费用的详细情况提交项目竣工验收委员会予以确认。

2. 做好基本建设项目审计工作

基本建设项目竣工决算验收后，会计人员应做交付使用资产入账处理，并将该项目封口不再发生费用，及时送交相关审核部门予以审计。要定期审查建设单位工程结算报告和财务决算报告等资料，加强工程价款结算管理和监督，对于与工程投资无关的支出一律不得在项目成本中列支。

总之，财务管理在煤化工企业基本建设项目工程的运作过程中有着举足轻重的作用。为了保证建设项目的顺利进行和建设资金的有效利用，必须将财务管理切实贯穿于项目的每一环节，真正发挥财务部门的管理监督作用。

煤炭企业兼并重组与财务风险防控体系研究

李尚歌

一、有关煤炭企业兼并重组政策依据

2007年1月国家发改委发布的《煤炭工业发展“十一五”规划》明确指出，“要综合运用经济、法律和必要的行政手段加快中小型煤矿的整合改造，实行集约化开发经营。”随后，山西、内蒙古、河南、山东等地出台了推进煤炭企业兼并重组的实施意见，为煤炭企业的兼并重组提供了强有力的政策依据和方向指引，吹响了煤炭企业大规模兼并重组的号角。

二、煤炭企业兼并重组存在的财务风险

从2008年开始，山西、内蒙古、河南、山东等地相继进行了煤炭企业战略性重组；2009年以来，山西、河南等地启动了煤炭企业兼并重组小煤矿工作；同时，煤炭企业在经营过程中也有自发的兼并重组行为。

煤炭企业一系列紧锣密鼓的兼并重组，使煤炭资源的开采和利用更加集中、合理，使煤炭这一国民经济支柱之一的资源性行业显得日益重要。然而，随着煤炭企业兼并重组的不断深化，煤炭企业不得不面对以下财务风险：

(1)煤炭企业兼并重组中，政府行为明显，给煤炭企业带来一些不应有的经营和财务管理风险，使其偏离作为企业所追求的目标。不管是煤炭企业战略性重组，还是大中型煤炭企业兼并重组小煤矿，都带有浓厚的政府行为色彩，这让煤炭企业处于两难的境地。即，作为国有性质的大中型煤炭企业，不仅要像一般企业那样追求企业价值和利润，还要兼顾政府对其的行政要求，使得煤炭企业兼并重组的目的模糊不清，容易使煤炭企业一味地创造更高的收入、更多的资产，却不能带来理想的利润。

(2)兼并重组可能会带来无力偿还债务的风险。目前，一些煤炭企业集团的经营范围已经打破了区域和行业的界限，经营规模日益庞大，要求企业资金的使用更加高效、合理。然而，煤炭企业的兼并重组需要大额的现有资金和潜在付款，可能会带来大量的贷款或债务，甚至会因资金紧张拖垮企业。

(3)兼并重组可能会带来筹资风险。作为企业而言，煤炭企业本身也允许存在一定的资产负债率。但是，如果自身经营情况欠佳，还图谋兼并重组的话，就会造成企业的资产负债率节节攀升，把企业带进无限循环的贷款与还贷付息的深渊，甚至会给企业的筹资、融资带来极大困难，最终将无处筹资，深陷资金短缺的困境。

(4)煤炭企业在兼并重组中持股比例问题，会带来财务管理上的风险。在兼并重组

作者单位：中国平煤神马集团财务资产部

中，煤炭企业可能会认为只要具有控股地位，不管是形式上的还是实质上的都会给企业带来业绩。然而事实却并非如此，兼并重组中，如果煤炭企业只是以 51% 对 49% 等微弱的优势具有控股权；或者 50% 对 50% 的相对控股权；或者持有 10% ~50% 的股权比例，与众多小股东共同持有被兼并重组企业的股权，都可能会因不同的投资主体顾及各自的经济利益而产生分歧，造成财务管理困难，使相关制度和措施落实不到位，损害企业整体利益。

三、煤炭企业兼并重组中财务风险防控措施及体系建设

针对上述风险，本着扩大整合资源规模、实现企业价值最大化的目标，提出以下措施建立煤炭企业兼并重组中财务风险防控体系。

（一）兼并重组前，要明确财务管理目标，做好前期论证工作

煤炭企业要明确企业价值最大化的目标，根据企业复苏、发展、繁荣、衰退、萧条等发展阶段的不同特性，在发展和繁荣阶段，从自身相关产业的长远发展需要出发，组织企业内部相关部门，对即将采取的兼并重组行为进行可行性论证（如兼并重组是否能够带来更多的可开采资源、是否可以发展相关产业等），来决定是否实施兼并重组，避免盲目地兼并重组行为给企业带来不良影响。

（二）兼并重组前，要对被兼并重组单位进行资产评估，理清债权债务

煤炭企业的兼并重组不能见“肉”就吃，要聘请专业的评估机构对被兼并重组单位进行资产评估、工艺技术评估和产品评估，并理清债权债务，确定这块“肉”是否无“毒”，然后再决定是否实施兼并重组。譬如个别企业资产总额大，但其所属行业产能过剩、回款周期长、生产成本高，造成产品滞销，债权收回周期长，债务不能及时偿还，资金周转困难，在被兼并重组后不仅不能为整体经营业绩做贡献，而且还会削减企业经营绩效。

因此，兼并重组中，不仅要看资产总额的增加、收入的提高，还要考虑潜在的风险，避免因兼并重组带来巨大的经营困境或债务负担，确保企业稳步发展。

（三）兼并重组中，要集中资金对有兼并重组价值的单位实施兼并重组，并确保能取得绝对控股地位

经过前期论证和评估之后，对有价值的兼并重组对象要采取“集中力量办大事”的策略，集中资金实施兼并重组，确保兼并重组取得成功，并占据绝对控股地位，为以后实施统一的财务管理制度、组织生产等经营活动提供强有力的保证。相反，如果利用有限的资金，对多个兼并重组对象同时投资，且大都以微弱的股权比例优势进行兼并重组，就会分散资金力量，还可能会在日后的财务管理中存在分歧，在及时性、可靠性等方面影响会计信息质量，给企业的财务管理活动和经营成果带来不良影响。

（四）兼并重组后，要向被兼并重组单位统一委派主要经营管理人员、财务负责人员和主要会计人员

兼并重组后，要委派主要经营管理人员、财务负责人员和主要会计人员，能够在实质上影响到被兼并重组单位的财务管理和经营决策活动，带动被兼并重组单位贯彻落实统一的财务管理制度，并制定针对财务人员的考核、奖惩和任命制度，确保被兼并重组单位财务管理工作的平稳过渡，提高财务工作效率，促进被兼并重组方尽快融入到统一管理

之中。

（五）兼并重组后，要在被兼并重组单位实施统一的财务管理制度，使其真正融入煤炭企业的整体财务管理之中

随着煤炭企业的不断做大做强，已形成跨行业、跨地区、跨所有制的局势，在兼并重组之后，只有实施统一的财务管理制度和内控制度，才能更加合理地利用被兼并重组的资源，才能更好地提升企业的经营成果和经济价值。否则，将使管理处于混乱之中，影响企业财务信息质量。

（六）兼并重组之后，要对被兼并重组单位实行货币资金统一管理

资金是企业流动的血液，资金流动不畅，或者管理不到位，都会形成资金管理的潜在风险，影响企业的财务管理质量。所以，在煤炭企业兼并重组中，只有统一货币资金管理，才能对被兼并重组单位进行有效控制，才能盘活资金，使资金的利用更加合理，为企业带来更高的经营效益。

（七）兼并重组之后，要对被兼并重组单位进行年度检查、审计，确保会计准则和财务管理制度落实到位

没有监督的管理是不完善的。煤炭企业对被兼并重组单位不仅要进行管理，更要进行监督，要对其进行年度检查、审计，充分发挥企业内部控制和财务管理的监督职能，保证其资产状况良好、经营成果真实可靠，促使其健康、持续地发展，为煤炭企业的整体经济效益作贡献。

（八）兼并重组失败的补救策略

是决策就有成功和失败的可能，煤炭企业的兼并重组亦是如此。因此，兼并重组前应制定有效的财务策略，降低因兼并重组失败给企业带来的经济损失。具体策略主要如下：

（1）及时转让闲置或不良资产。煤炭企业可以在兼并重组后，将不能满足生产经营需要或闲置不用的资产出售，获取资金抵偿因兼并重组形成的债务，降低财务风险。

（2）果断撤资或出售股权。兼并重组后，如果经营成果与预期效果差距较大，应果断撤资或出售股权，降低财务风险，避免造成更大的损失。

总之，煤炭企业只有建立事前论证、评估，做好成败两手对策；事中集中资金使用，确保绝对控股地位；事后统一委派人员、统一内部制度、统一资金管理，进行年度检查审计的风险防控体系，才能最大限度地降低兼并重组带来的财务风险及其造成的经济损失。

煤炭企业战略重组与财务风险防控体系研究

陈建华

河南煤炭工业正面临着一次历史性变革,它将结束散、乱、差的低层次工业发展格局,形成大企业、大集团的煤炭规模运行模式,兼并重组可以加快该运行模式的形成。但是我们需要注意的是,如果仅仅追求重组的表面效应而忽视重组的本质,没有关注风险,缺乏财务整合能力,将不能发挥兼并重组的优势,如何构建煤炭企业重组后的财务整合总体框架和运作模式,已经成为企业在资产重组中必须面对和亟待解决的问题。

在全球经济一体化的格局中,竞争成为一种必然。从世界能源集团和我国大型煤炭企业的发展中,可以看到煤炭经济的规模化效应。发达国家煤炭工业已在向大型化、集团化发展,实现了生产遥控和自动化,洁净煤技术已进入工业化应用阶段,焦化、气化已实现了产业化和商品化,形成了较为完备的规模经济效应。与之相比,我国煤炭工业和多元化发展的实力还比较弱,因此在新的历史转折时期,实施兼并重组提升煤炭工业的整体实力,是一种必然的选择,现结合当前河南省煤炭工业的状况分析如下。

一、兼并重组小煤矿是做大做强煤炭企业的现实选择

2010年3月2日,河南省政府正式公布《河南省煤炭企业兼并重组实施意见》(以下简称《意见》)。这是继山西煤炭改革基本完成之后,河南煤炭资源整合大戏再次拉开兼并重组的帷幕。河南这次煤业改革坚持"一个矿区以一个主体开发为主"和"就近适量"的原则,大力支持兼并重组主体优先兼并相邻煤炭企业,整合煤炭资源。

煤炭企业兼并重组的目标是获取利润及股东投资回报率的最大化。河南此次兼并重组以全省年生产规模15万~30万吨为底线,高于30万吨以上的煤矿,若具备《河南省人民政府关于印发加强煤矿安全生产若干规定的通知》所规定的条件,可单独组织生产,规模处于15万~30万吨的实现"重组",低于15万吨的则进行"关闭"。该政策符合市场经济发展规律,有利于淘汰落后产能和优化煤炭产业结构。

二、煤炭企业兼并重组后加强财务管理的必要性

财务管理处于企业管理中的核心地位,对强化企业管理、提高效益起着决定性的作用。特别是在煤炭企业兼并重组不断扩大,不断深化的形势下,深化煤炭企业财务管理,对煤炭企业有着重要的现实意义。

(一)企业扩张需要财务整合

扩张有两种途径,一是内部积累,二是外部扩张。内部积累是企业利用留用的自有资金用以资本化来实现企业扩张,这种方式具有时间长、风险大、投资多的特点;外部扩张就

作者单位:义马煤业集团股份有限公司内部审计部

是通过兼并、收购、联合其他企业等方式，充分利用其他企业的资产、设备、技术等来实现企业的扩张，这种方式具有速度快、风险低、投入少等特点。兼并重组对企业进行有效的财务整合，实现财务管理体系的统一化和规范化，重新配置和调整企业的内部资源，以实现资源优势互补和资本优化配置，可使企业获得超常规发展，实现企业价值最大化。

（二）加强财务管理是实现兼并重组的重要保障

企业兼并重组后加强财务管理，就是利用特定的财务手段，对财务事项、财务活动、财务关系进行整理、整顿、整治，以使企业的财务运作更加合理、有效，相互融合。

（三）财务信息的沟通有利于兼并重组的实施

有效了解及时、真实、正确的信息，能对被重组企业生产经营实施有效控制。通过财务提供的资料，是了解被重组企业信息的重要途径。因此，统一财务会计口径、统一沟通渠道，才能实施有效控制并实现重组的战略意图。

三、煤炭企业兼并重组后如何加强财务管理

目前，经济运行放缓，煤炭行业竞争加剧，资金周转极度困难，加强内部资金管理，挖掘企业内部潜力对企业来说更为重要，因此我们认为应着重抓好以下几项工作。

（一）深化财务管理要做到成本精细管理

实行成本精细管理就是落实管理责任，降低成本。煤炭企业深化财务管理要积极引入精细化管理方法，并重点做好以下工作：

（1）建立和健全财务管理制度，明确各部门及员工的成本责任，加强成本意识，实行全员、全过程、全方位的财务成本管理。如严格审批手续、推行无纸化办公、压缩办公成本、加强车辆使用管理等。

（2）进一步加强定额管理，扩大定额管理的范围，增加物资采购、工程设计、资金筹措等定额管理。在材料计划、采购、仓储、消耗等已经实行定额管理的环节，进一步有效降低定额成本。

（3）加强工程建设项目的审批、设计、优化、施工、招标采购、安全等各方面的管理，降低工程造价，为项目建成后的运营打好成本管理基础。

（二）明确企业兼并的财务目标

随着我国经济市场化步伐的加快，越来越多的企业将直接参与到国际竞争中，追求企业经济规模化、战略多元化成为兼并的目的。

（1）要真实、正确、全面、客观地反映被兼并企业的资产负债情况、盈利情况、经营状况、资金状况等。

（2）通过对资产质量、业务质量、管理质量和现金流的分析和评价，发现被兼并企业的优势和不足，进一步发挥整合资源优势。

（3）针对现状提出可行的财务建议。加强财务管理、会计核算、责任成本核算，健全各项管理制度，完善资产安全管理。

（三）加强资金管理

目前，国有煤炭企业在资金管理中存在三个问题：一是资金入不敷出，存在资金缺口；二是资金被挪用、被挤占；三是陷入三角债。如何解决好这三个问题，是企业财务管理中

的当务之急。

（1）加强货币资金管理，建立集中管理的资金控制体系，动态的把握现金流动规律，确保现金循环的畅通，同时开源节流，增收节支。

（2）加强资本结构管理，提高资金管理效率，既要避免现金流动过程中的资金沉淀，造成企业现金流量不足，又要防止现金存量失衡降低现金的利用效率，必要时可通过短期筹款调剂

（3）加强对专款专用的管理，防止资金被挪用和形成新的三角债。由于煤炭行业的特殊性，安全生产是关键，加强专款资金的管理，分清轻重缓急，提高专项资金使用效率。

（四）加强财务管理信息化建设

煤炭企业信息化管理应包括：生产经营、劳动人事、经济合同，财务预算、财务结算、财务决算，固定资产、流动资金和各项专用资金统一调度使用，物资、供应统一管理，等等。对大型能源企业集团，可以利用 ERP 加强信息化建设。ERP 项目的财务管理系统可以帮助企业加强集中管理、优化资源配置、降低成本、协同商务，实现信息共享，提高决策水平。

（五）整合前后做好财务监管工作

兼并重组是一项复杂的工作，为了防范风险，顺利实现整合，需要对被兼并企业财务进行详尽细致的财务审查。其内容包括审查被兼并企业财务报表及附注等。整合前的财务审查同步于对被兼并企业的财务分析，因此它有两个作用：一是为兼并企业的运行提供可行性分析；二是通过审查可以发现被兼并企业财务上存在的问题，以利于整合过程中有的放矢，提高整合效率。

（1）通过财务审查，可以确定整合前被兼并方所提供的财务报表是否充分地反映该企业的财务状况，充分了解和掌握被兼并企业的各项资产、债务，防止在兼并后又发现账面上没有体现的负债或不良资产等。

（2）兼并后应对被兼并企业进行财务控制，在财务模式方面，要选择一个适合于兼并后企业的控制模式，进行责任中心的控制和成本控制。

通过事前和事后的双重控制，可以实现兼并重组后企业正常高效的财务运行体系。同时兼并企业通过引入财务预警管理理念，建立财务预警管理系统的运行模式、管理流程、组织职能、运行环节、人力资源配置、策略体系等，可以有效地预控兼并企业在整合期内的财务风险和财务危机，以确保兼并企业的生存与发展。

企业管理创新,提高经济效益问题研究

徐国强

管理是企业的永恒主题,是提高经济效益最显著的途径。创新是企业生存和发展的不竭动力,也是企业提高管理水平的重要手段。创新是企业持续快速发展的灵魂,只有与时俱进,不断强化企业管理创新,才能全面提高经济效益,提升核心竞争力。在知识经济时代,企业运行的外部环境发生了极大变化,相应地对企业管理提出了更高的要求。管理创新,将使企业在市场竞争中树立起自身崭新的形象,形成强大的竞争力。

随着中国成为WTO的一员,从国外发达国家引入先进的管理理论和管理模式已经成为中国走向国际化的重要手段。我国企业目前正处在一个巨大变革的时期,即经济体制从计划经济向市场经济转变的时期,对我国企业而言,既是一种很好的发展机遇,也是一种严峻的挑战。企业内部要求和外部环境的变化必然促使企业管理的管理理念、经营战略、组织机构、人力资源、企业文化等方面的创新。企业为了在当前激烈竞争的市场中取得生存和发展的良好机会,就必须要把目光转向全方位的管理创新模式上来。推进企业管理创新是企业摆脱困境,实现效益增长的有效方式。因此,对企业管理创新问题进行研究具有重大理论意义和现实意义。

一、企业管理创新概述

企业的创新由企业的制度创新、技术创新以及管理创新三个方面所组成,企业的发展就是由这三个方面相互促进所产生的结果,其中企业管理创新在企业创新之中处于综合统筹和指导协调的特殊地位。管理创新的概念应源于管理的概念,管理创新是指企业在现有资源的基础上,发挥人的积极性和创造性,通过一种新的或更经济的方式来整合企业的资源,并能有效地加以实施,以达到管理效益最大化的动态过程。管理是组织为了适应内外部环境变化,对组织的资源进行有效配置和利用,以达成组织既定目标的动态创造性过程。管理创新是对企业管理理念、管理工具、管理方法以及管理模式的创新,它是企业针对技术和市场的不断变化而做出相应的改进以及调整的措施。从经济学的观点看,人类始终面临着稀缺资源与无限需要之间的尖锐矛盾,必须不断调整系统活动的内容和目标,以适应环境变化的要求,这就是管理的创新职能。

管理创新的内容是多方面的,它不仅体现在更新岗位设计和工作流程,更体现在对经营观念、经营战略、组织结构、激励和约束制度、组织行为、管理规范、管理方法和管理技术乃至在企业文化整合上进行系统性的调整。其内容主要包括管理观念的创新、战略管理创新、组织机构创新、人力资源创新和企业文化创新。企业管理创新具有企业管理创新系统性、企业创新管理全员性、企业管理创新变革性三大特点。企业是一个很复杂的系统,

作者单位:平顶山工业职业技术学院

而系统内部的各要素是相互联系和相互影响的,如果企业系统内部的某个或某些要素处于不良的状态,那么企业系统从整体上而言也会处于不良的状态之中。企业的很多管理创新都是一场深刻的变革,变革的程度有大也有小,依靠员工来解决企业管理创新的问题已经被认为是改变现代管理面貌的十种创新措施之一。

目前,绝大多数人都认为企业创新的主体是企业家,但从企业管理创新的实践来看,只要是企业中具有创新意识与能力并将自己的创意付诸实施的人,都可以成为创新主体。具体地说,管理创新主体是由企业家、管理者和企业员工三部分所构成的有机整体。企业家是企业的核心,也是企业管理创新活动的主导力量。企业家往往由于其所处的特殊地位,总能从企业发展战略的高度把握创新目标,对创新活动进行直接或间接控制。企业中有许多管理者,但是并非所有的管理者都是管理创新的主体,只有当他们的创意得到上级的认可,并且在企业中顺利实施时,才能成为管理创新的新的主体。同时,企业员工也可成为管理创新的主体,这是因为作为群体的员工可以包含大量的创意,当他们的创意得到企业家的认可并决定试行时,这些员工们就成了真正的管理创新主体。

二、企业管理创新提高经济效益的策略

为了提高企业的经济效益,就要充分认识加强管理的重要性。企业一般比较注重规模扩张、技术进步,对依靠管理进步提高企业核心竞争力重视不够。实践证明,管理是企业永恒的主题,管理也是生产力。只有切实加强管理,才能培育出企业核心竞争力,才能确保企业长盛不衰。所以要在夯实产品经营的基础上,积极探索资产经营和资本经营新途径,要积极探索品牌经营新途径,因势而为,优化企业盈利模式。加快产业链两端创新,企业在原材料市场价格上涨时,可采用套期保值等办法,减少企业市场风险,化解原材料价格波动导致的风险。创新销售渠道,根据市场变化来调整经营策略,研究分销体系,降低成本,创新经营。现今许多企业基础管理还很薄弱,没有扎实的管理基础,就不可能实施管理创新,也不可能实现管理现代化。所以,要持之以恒地强化基础管理。

在市场经济条件下,企业作为自主经营、自负盈亏的经济实体,以最小的投入获取最大的利润,实现效益的最大化,是企业经营发展的方向和追求的终极目标。目标是行动的方向,所以要在创新目标上,坚持经济技术创新与企业建设发展战略目标一致,提升企业的核心竞争力。提高产品的知识含量和科技含量,形成企业自己独特的技术优势,经营方略和核心竞争能力,使企业的产品和服务处于领先地位。开展经济技术创新活动要与时俱进,经济技术创新要与企业经营发展目标相一致,坚持以市场为导向,以提高效益为中心,紧紧围绕企业生产经营任务。战略是公司前进的路径地图,是公司经营的蓝图,战略有助于决策者从琐碎的日常事务中解脱出来,有助于用战略眼光将企业经营活动的视野放在广阔的市场竞争中,获得更大的发展。因此,实践战略管理已刻不容缓。

当前,人类社会已经进入了信息时代,全球信息网络化等高新技术正改变着人们的生产方式、生活方式和思维方式,信息管理已渗透到企业的方方面面。企业只有树立“信息至上”的观念,以开放的头脑及时把握各种不断变化的企业内外信息,才能有针对性地进行企业管理创新。信息时代的到来,迫使企业具备“以快应变”的能力,以最快速的反应适应外部环境的变化。在这种情况下,集中体现员工的创造性和主动精神的智力资本成

为企业竞争力的核心资源。在传统经济概念中，生产取决于所用生产要素特别是劳动、资本、设备和资源的数量，知识被视为外部要素，并不是生产函数的完整组成部分。而在经济增长的新概念里，经济增长更直接地取决于知识的投资。因此，改变对知识的传统观念，确立知识是创造价值主要的、直接的因素的新观念，对于我国中小型企业来说具有很重要的意义。

三、结语

企业间竞争的实质就是高素质、高创新能力人才的竞争，因而企业的管理核心也应该演化为培养人的学习能力、发挥人才的创造性，侧重于人的智力和创新能力开发的管理，走向人本管理的高级阶段。企业只有做到与时俱进，以新的思维、新的观念、新的手段以及新的方法去不断推进企业的创新管理，在创新形式上，把经济技术创新活动与企业生产经营紧密结合，着力提高企业经济效益；在创新机制上，健全完善激励约束制度，确保经济技术创新活动的持续健康开展。同时在企业的经营和管理的过程中，要不断地超越自我和否定自我，才能在当前市场竞争中站稳脚跟，以谋求生存与发展的权利。

浅谈集团化管控模式下煤炭企业的财务风险及防范对策

张雪锋

从世界煤炭工业的发展趋势来看,生产集中化、多元化、集团化,经营跨行业、跨地区是煤炭工业发展的潮流。组建与煤相关一体化的大企业集团,也是国内煤炭企业发展的方向,当前国内大型煤炭企业也都呈现出集团化发展状况,集团化管控也就成为当前煤炭企业管理的高级组织形式。在煤炭集团一体化管理的大背景下,随着煤炭企业多元化发展,资产置换、投资融资、兼并重组、抵押担保、上市融资等各种资本运作活动增加,财务管理中蕴含的风险也逐渐加大。笔者对煤炭企业存在的财务风险进行简要分析,提出了加强防范的意见。

一、煤炭企业财务风险的主要形式

对于集团化管控模式下的现代煤炭企业来说,其财务风险主要体现在以下四个方面:一是经营风险。即在每一项决策、每一笔投资、每一个项目的实施过程中,可能影响预期目标顺利实现的风险。二是资金风险。主要表现在:资本过度运作和金融贷款不能按时到位导致资金链条断裂;应收账款不能按期收回产生的坏账风险;进行融资担保时,由于被担保方无法偿还到期债权,导致承担连带责任。三是技术风险。主要表现为电算技术应用、软硬件的可靠性不强而发生的系统风险,包括计算机安全管理职责不落实,软件使用和升级维护相脱离,密码使用、数据更改没有追踪记录,数据的安全备份不及时等。四是制度风险。虽然大部分煤炭企业都有自身的财务管理办法,但往往侧重于成本费用审批程序等会计基础工作,忽视了预算管理、收入管理、资产管理、财务分析等财务管理中重要的职能作用,没有形成系统的、完善的财务制度体系,缺少财务管理的监督制衡机制,容易导致会计信息失真、成本失控、财务监督失灵等风险。

通过对企业财务风险分析,测算出各类风险的发生可能性、影响程度及风险水平,根据风险发生的概率和影响程度,将财务风险分为高风险、中度风险和低微风险。高风险,其发生的概率和影响程度均较高,企业应该根据风险的属性和风险管理偏好来选择风险管理方案。中度风险有两种情况:一是一些非常事件,发生可能性不大,但影响程度较大,对于这类风险,应该在采取防范措施的同时,制定应急计划;二是一些常规事件,影响程度不是很高但发生概率偏高,这些风险的累计影响不可低估,对于这类风险要注意日常的管理和监控。低微风险,是指那些发生概率和影响程度均极小的风险,可以考虑取消与此风险相关的、多余的风险控制措施,以减少成本和资源消耗。

作者单位:郑州煤炭工业(集团)有限责任公司审计监督部

二、防范煤炭企业财务风险的措施

针对煤炭企业存在的财务风险，需要从以下几方面做好防范工作：

(1)建立财务风险管理系统。针对以上风险类型，为有效防范各种财务风险，必须构建一套完善的财务风险管理体系：一是财务风险识别系统。在财务风险出现或出现之前，就能予以识别，以准确把握风险信号及其产生原因。二是财务风险预警系统。要在财务风险实际发生之前，捕捉和监视各种细微的迹象变动，以利预防和为采取适当对策争取时间。三是财务风险应急预案。明确不同风险事件的处置流程，采取相应的报告制度、应急处理措施和善后工作，控制财务风险扩大和造成的损失。

(2)选择适当的财务控制模式。通过合理把握财务管理集权和分权程度，处理好集团总部和子公司之间的财务管理，减少财务控制的环境障碍，解决财务控制一抓就死、一放就乱的问题。在适度集权的基础上，集团总部应建立权、责、利相结合的机制，针对不同情况规定不同的经济责任，划分不同的经济职能。集团总部应加强对投资决策、资本安全和增值、资本收益、预算考核、成本控制等方面问题的研究，通过内部结算中心来优化财务管理行为。

(3)夯实财务风险管理基础。煤炭企业财务风险管理的成效主要取决于企业内部环境，因此要重点把握以下几方面：一是健全完善现代法人治理结构，规范股东会、董事会、监事会、经理层的责任权限，配备健全的财务管理机构和人员，防范经营决策失误和程序上的漏洞。二是提高从业人员的专业素质，严格执行财经法律法规和会计制度。三是解决企业资产遗留问题，健全完善各种手续，实现企业资产的完全独立，避免遗留问题造成不良影响。

(4)建立健全内部控制机构。应围绕煤炭企业的财务风险，加强以内部控制为主要内容的制度体系建设：一是建立不相容职务相互分离的制度，合理设置财务会计及相关工作岗位，明确职责权限，形成相互制衡机制。二是建立企业授权审批控制制度，规范授权的范围、权限、程序和责任，以提升效率和防范风险，以不断优化决策体系。三是建立会计系统控制制度，确保会计信息的真实性，形成对财务活动事前、事中、事后的全过程监控。四是建立企业内部审计控制制度，保持内部审计相对于财务组织系统的独立性和权威性，保证内部审计工作能够有效实施。

(5)搭建风险管理信息平台。通过“制度+流程+科技”的方式，将信息技术应用于风险管理的各个环节，搭建煤炭企业财务风险管理信息平台，实现财务管理信息的收集、整理、分析、评价、预警的网络化传输，确保财务管理信息的时效性。创建集团总部和子公司多层级的网络办公环境，涵盖财务管理业务流程，有效管控财务风险。同时，加强计算机系统操作控制，执行信息系统财务管理业务操作规定，加强口令、加密和权限管理，加强磁介质档案管理，做好信息化设施设备的升级、防毒、维护和更新工作，保证信息化系统的安全有效运行。

(6)加强会计制度建设，完善核算体系。煤炭企业应根据自身特点，抓好企业内控制度建设，依据国家相继出台的相关法规、准则和制度，建立健全适应企业自身的会计核算制度和流程，同时要建立健全与会计核算相配套的一系列管理制度，做到会计程序严谨有序、会计控制细致入微，要详细规定经济核算的基本程序，多层次跟踪，实时分析可能产生的财务风险。

浅谈煤炭企业精细化管理

牛　林　姬素红

精细化管理思想源于泰勒的“科学管理”理论，是一种意识、理念和认真的态度，也是一种精益求精的文化。它是通过各种管理方法和手段将管理工作的每一个执行环节做到精确化、数据化，提高组织的执行力和效率，从整体上提高效益。正因为如此，精细化管理成为一种先进的管理理念。深入强化煤炭企业精细化管理，有利于不断提升企业管理水平，提高企业效益，增强企业竞争能力，是煤炭企业在激烈市场竞争中取胜的法宝。

一、对精细化管理的认识

(1)精细化管理是一种意识。在煤炭企业管理中，我们要树立精细意识，将每一天、每一件事都做精、做细、做强，在精细中体现人生的价值，在精细中展示出自己的风采。

(2)精细化管理是一种理念。精细化管理作为一种理念，是在日常做事过程中体现出来的，任何事情，只要我们坚持精细管理和精细操作，都能做好，再困难的事也能做得比较完美。

(3)精细化管理是一种健全的内部控制。好的制度让坏人不得不做好事，坏的制度让好人不得不做坏事。虽然没那么绝对，但也足以说明制度的重要性。内部控制，就是精细化管理。明确什么该做，该怎么做，什么不该做。该如何遵守，若违反了该怎么处罚等，都要有明确的制度和规定来加以规范，使大家养成习惯、形成意识，进一步形成理念。

二、煤炭企业精细化管理的实施

其实这些年，特别是近几年，煤炭企业的各种管理制度越来越规范，员工也一直是按规范的要求来约束自己，按章办事，规范操作，企业文化深入人心，企业凝聚力日益增强。每一细节都体现着精细化管理的作用。

(一)制订切实可行的内部控制制度及管理办法，为精细化管理提供保障

任何一个企业，都要有明确的发展目标，要有为保障目标实现的有力措施。最首要的就是要制订切合实际、行之有效的内部控制制度和管理办法，保障目标的实现。就我单位而言，我们对精细化管理工作的实施主要表现在：每年最后一季度，根据前三季度实际发生情况，考虑各种因素，及时做好下一年度的财务预测；12 月份再据实做一次更为精确的财务指标测算，然后制订下发各种管理办法：财务管理办法、目标成本指标分解管理考核办法、差旅费管理办法、资金管理办法、资产管理办法等，分解各种经济指标，横向分解至科室，纵向分解到区队、班组，形成网状管控模式，将压力层层传递，层层分解。形成“人人肩上有指标，人人都是成本源”的控制体系。上下努力，全矿动员，有力地促进各项指

作者单位：义马煤业集团

标的完成。

(二)加强定额管理,促进成本管控,实现管理精细化

凡事预则立不预则废,由此可见预算和定额的重要性。煤炭企业要加强成本管控,实现管理精细化,定额管理是不可缺少的关键一部分。

根据我单位的实际情况,我们首先在材料和薪资管控上推行定额管理,严格执行,成果显著。就材料管理而言,具体做法如下:

(1)严格定额控制:每月初根据各单位的生产作业计划制订材料消耗定额,在保证安全生产以及工程质量的前提下,严格坚持定额不变原则,以维护定额的严肃性。由于井下地质条件变化需要调整定额的,需有关人员到井下进行现场评估,并由相关区队提出申请,经评估人员、生产科长、主管矿长签字后,方可调整。

(2)严格过程管理:根据月初材料限额,严格执行按阶段领用材料,每5天为一个阶段进行控制,严禁月初多领滥领材料,月末定额材料费不够的现象发生。建立材料运输交接卡制度:由仓库发料员将准备发出的材料按品种、规格、数量详细记录在固定卡片上,领料员清点数量后,双方在卡片上签字确认完成材料的第一次交接;领料员再将经运输人员核对后的材料及卡片交由运输人员;运输人员按同样的方法交付给现场使用人员,环环相扣,保证物卡相符,基本杜绝了材料运输途中的丢失浪费现象。

(3)严格事后跟踪:为进一步强化现场管理,供应、企管、财务派专人不定期对各区队小仓库及井下作业地点进行跟踪落实检查,了解材料费的实际耗用情况,发现问题及时处理,避免浪费。

(4)严格定额外材料追加,严格执行论证会材料追加制度。论证会每月按旬召开,由管理、技术、基层区队派专人参加,对该不该追加,追加多少,由集体讨论决定。改变过去领导单独批示追加的做法,使材料定额管理更加科学合理。

(三)严考核,固成果,实现精细化管理目标

再完美的制度不落实没结果等同于零。因此,作为传统煤炭企业要加强执行力、加大对结果的考核力度,对照计划指标,看哪些完成了,哪些没有完成,好在哪里,差在哪里,做到心中有数。要按月考核,奖罚兑现,做到风险和利益共担,以调动相关人员积极性和主观能动性,从而使其进一步通过分析总结,找出不足和差距,明确下步工作重点,制定出有针对性的对策措施,有的放矢地开展工作,促使精细化管理目标的实现。

(四)加强培训,提高员工素质,提升精细管理水平

企业实施管理精细化,必须要有全体员工的共同努力。企业员工是第一要素,一切制度和办法的落实都是靠人工来管理和实现的。只有员工的素质得到提升,企业的各项管理工作才能落实到位,各项制度和办法才能得到有效执行,才能体现出企业精细化管理的效果。

作为煤炭企业,在用人方面,无论管理人员还是一线员工,都实行层层把关,选用德才兼备的高素质、责任心强的员工。

三、强化煤炭企业精细化管理的建议

（一）设计优良工程，精细化管理从源头起步

煤炭生产企业，是以生产原煤为主，主要战场是在井下，所以有人讲：最大的浪费在井下，最大的节约也在井下，这是现实情况。因此，井下工程巷道的设计是精细化管理的重中之重，我们要从源头上加强管控，设计要优良，用料要质量。

（二）改变过分强调数字的观念，要重视过程管理

管理者的任何决策，必须要有科学的、准确的和可操作的数字来支持，需要我们提供准确无误的信息。但是，有时过分强调数字和数据的重要性，忽略了过程管理，导致出现为考核而考核的局面，远离最初的目标。因此，要重视过程管理，找出问题的实质和根源，不断修正和完善，使其向既定的方向发展。

（三）改善员工素质低、责任意识不强的状况

企业的任何工作都要由人来完成，所以员工的素质和责任意识非常重要。工作中，往往由于个别人的专业素质或道德素质低下，导致工作不得力，失误不断或人为调整，结果与预期远远不符，违背了工作目标。因此，通过各种教育宣传培训，提升员工素质，加强责任意识，显得非常重要。具有强烈责任心的人会拥有强烈的自信心和使命感，会不断进取，对工作投入极大热情，会按时保质保量完成工作，从细节来体现精细化管理。

（四）改变重制度轻执行的现象，重视执行

企业实施精细化管理，最终要落到实处，这就离不开人的执行。制度是一个标准而不是一张网，仅凭制度创造不出效益。执行力就是把想法变成行动，把行动变成结果，从而出色地完成任务。然而，个别人的执行力有欠缺，职责范围内的工作推推动动，创新意识不高，职责范围外的工作老好人思想严重。结果是企业的各种制度非常健全，但是执行力往往欠缺，工作效果极不理想。为此，我们要强化执行力，把制度办法转化为效益成果。

精细化管理是一个不断改善和提高的过程，需要企业从各自的管理实践中不断归纳、总结，从而找到适合自己的方式，别人的经验只能借鉴，绝不能简单复制，更不能将其作为一种固定模式照抄照搬。精细化管理没有固定的模式，也就是讲，企业实施精细化管理必须与其现状相适应，才能解决以往制约企业发展的弊端，在常规管理的基础上实现质的飞跃，达到尽可能地减少资源占用、降低管理成本、提高企业效率的目的。

煤炭企业兼并重组与财务风险防控体系研究

申小丑

随着煤炭企业的不断发展,兼并重组成为煤炭企业发展中非常重要的战略之一,是社会资源重新优化配置的必然选择。企业规模过小、竞争激烈的现实迫使煤炭企业不得不进行战略重组。可以看到,企业实施兼并重组,将企业做大做强,是我国煤炭企业发展的必然趋势。企业兼并重组并不等同于企业竞争力,兼并重组过程中存在着大量风险,尤其以财务风险最为突出,是决定重组是否成功的重要影响因素。因此,笔者结合企业兼并重组实际,针对煤炭企业兼并重组存在的风险,谈谈如何构建煤炭企业财务风险防控体系。

一、兼并重组风险的种类

(1)重组失败。是指企业不仅没有达到预期目标,而且使企业承受巨大的资产损失,甚至使企业破产。

(2)重组后业绩下滑。重组后企业绩效下滑,长期利润率并未得到明显改善。

(3)重组后被动出售与分离。企业重组后经营遇到严重困难,没有达到企业重组的预期目标,和预期目标相差很大。

二、重组财务风险的种类及成因

笔者根据企业实际认为:煤炭企业兼并重组面临的主要财务风险有:①价值评估财务风险;②融资财务风险;③支付财务风险;④)整合财务风险。

以上风险的形成的原因如下。

(一)信息不对称带来的价值评估风险

煤炭企业兼并重组的动机是为了扩大其整合资源的界域,使其能够在更为宽广的平台配置资源,以实现企业整体价值的最大。但由于信息不对称,被兼并重组的煤炭企业为了获得更多利益而向兼并重组方隐瞒对自身不利的信息,甚至杜撰有利的信息。兼并方很难在相对短的时间内对对方的盈利状况、资产质量、或有事项等作全面的了解,发现不了隐瞒着的债务、诉讼纠纷、担保事项、资产潜在问题等关键情况。企业之间进行的重组,由于涉及双方资产或负债的全部或部分转移,需要对目标企业的资产、负债进行评估。资产评估部门在有限的时间内,不可能对被兼并重组企业进行彻底清查,一般只能采取抽样核算方法,由于评估方法、评估参数和标准不同,都会导致评估结果存在一定的误差。

同时,由于我国资产评估行业处于发展阶段,在评估的技术或手段上尚不成熟,评估经验尚缺,造成我国会计师事务所提交的审计报告水分较多,对公司信息的披露不够充

作者单位:焦煤集团神华重机公司

分,严重的信息不对称使得重组企业对目标企业资产价值和盈利能力的判断难于做到非常准确,尤其是目标企业已经进行了“包装”,将使兼并重组方企业债务压力加大,徒增财务风险,因此给企业并购带来了信息不对称的价值评估风险。

(二)兼并重组带来的融资风险

兼并重组行为需要大量资金的支持,动辄涉及上千万亿元的资金。如何利用企业内部和外部的筹资渠道在短时间内筹集到所需资金是关系到重组活动能否成功的关键。不同的融资方式存在不同的融资风险。

融资方式主要包括:内部融资和外部融资两种。

(1)内部融资。是指企业所需的资金均来源于内部的自留资金,它的好处是不存在还本付息的压力,但也具有缺点;完全运用自有资金,会影响企业对于外部市场的反应能力及抗风险的能力,

(2)外部融资。主要包债务性融资、权益性融资和混合性证券融资三种。由于企业兼并重组风险较大,需要资金量也大,商业银行难以支持。债务融资风险来源于收购方的债务风险和目标企业的债务风险。债务融资由于债务放大了收益的波动,它比股权方法风险更大。权益融资虽然可以通过发行股票迅速筹集到大量资金,没有固定的到期日和付现的上下限,资本风险较小,但是,企业为达到融资标准,跨度时间长,不利于抢占兼并重组时机,而且股票融资具有稀释大股东控制权的风险。

(三)兼并重组带来的支付风险

企业并购支付方式主要有现金支付、换股并购、杠杆支付和混合支付等方式。

(1)现金支付方式将增加企业产生流动性困难的风险,在企业其他流动性资产不足和不能通过外部筹资方式筹资等情况下,企业偿债能力下降,这将会增加企业债务到期不能偿还的财务风险。

(2)股权对价支付方式将降低并购企业的股权控制能力,从而增加并购企业股权稀释风险,削弱其在企业中的控制权,摊薄每股收益和每股净资产,股价下降,导致合并企业原有股东利益受损,从而加大其财务风险。

(3)杠杆支付方式增加企业的财务风险,杠杆支付方式虽然可以增强企业的收购能力,实现以小博大式并购,但与之相伴的偿债风险也将数倍放大,当面临债务风险时,杠杆支付系数越高,其财务风险也就越大。

(4)混合支付方式,即以现金、股权、实物资产、无形资产等多种形式作为支付工具。企业应该立足于长远目标,结合自身的财务状况和经营情况等,在支付方式上尽量选择现金、债务、股权等方式的混合支付方式。

(四)兼并重组后整合带来的财务风险

兼并重组后更加重要的工作是对新成立企业的资源如何进行有效的整合,怎样做好资产划转、资产过户手续、账务处理,真正与母体企业在财务管理上无缝对接,兼并重组后企业如果不能实现财务上的协同效应,将对并购的成功及并购后企业的发展造成严重影响。

三、建立煤炭财务风险防控体系

(一)建立价值评估风险的控制与防范措施

(1)改善信息不对称情况。当前煤炭企业应大量收集目标企业的信息,包括产业环境信息、财务状况信息(资本结构、盈利能力)、生产经营、管理水平等,以解决并购方面所面临的信息不对称的问题。企业在进行重组活动时,可聘请经验丰富的中介机构对信息进行进一步的证实,并扩大调查取证的范围。也可以与目标企业签订相关的法律协议,对并购过程中可能出现的未尽事宜明确其相关的法律责任,对因既往事实而追加的并购重组成本要签订补偿协议,如适当下调价格等。

(2)合理选择价值评估方法。采用不同的价值评估方法对同一目标企业进行评估,可能会得到不同的并购价格。企业价值的估价方法有贴现现金流量法、账面价值法、市盈率法等方法,并购企业可根据并购动机、并购后目标公司是否继续存在以及掌握的资料充分与否等因素来决定目标公司的合理评估方法,合理评估企业价值。

(二)建立融资风险防范措施

为取得兼并重组成功,兼并方通常需要的资金不仅包括由定价所决定的购买价格,还包括债务成本、中间费用、税收成本、意外成本、整合与营运成本和并购机会成本等。对于任何一个收购企业来说,完全依靠自有资金来完成并购交易是不现实的,而借助外部融资支持则是企业并购资金来源的常例。实践中收购方如何选择并购融资工具通常需要作两个方面的考虑:①现有融资环境和融资工具能否为企业提供及时、足额的资金保证;②哪一种融资方式的融资成本最低而风险最小,同时又有利于资本结构优化。企业融资依据融资成本而遵循"啄食原理",即按照内部融资—债券融资—信贷融资—股权融资的顺序选择具体的融资方式,融资的风险主要表现为债务风险。对债务风险控制的主要方法是最优资本结构决策。不过,由于受市场和企业自身条件的约束,在信号选择和传递过程中,重组方还需要进一步考虑企业自有资金和并购方案成功的概率等因素,从而使得融资风险控制落脚于自有资金约束条件下的最优融资结构设计。

(三)建立支付风险防范措施

企业单一的支付方式很少采用,并购企业应该立足于长远目标,结合自身的财务状况和经营情况等,在支付方式上尽量选择现金、债务、股权等方式的混合支付方式。对于实力雄厚的并购企业,其未来的现金流量稳定,当发行股票代价较大或市场上企业的股票价值被低估时,可采用以自主资金为主的混合支付方式;当并购企业财务状况不佳,债务负担重,资产流动性差,财务风险大时,可以采取股权置换为主的支付方式;当并购企业发展前景看好,预计并购后通过有效的整合,能获得更大的盈利空间时,可采用以债务资金为主的混合支付方式。

(四)建立并购整合后财务风险控制措施

(1)加强财务人员管理。重组后,要确保财务管理平稳过渡,并购企业要尽快委派财务负责人进行财务监督。财务人员被委派后,全面负责被兼并整合矿井的会计核算和财务管理工作,掌握被整合矿井经济运行的第一手资料,对矿井管理者的行为信息有着充分的了解;委派财务人员的人事和经济利益应独立于矿井管理者的控制之外,可以客观公正地提供包含矿井管理者行为的真实信息，便于各股东客观真实了解被整合矿井的生产经营状况。

(2)实现财务管理的有效对接。企业实施整合后，财务必须实施一体化管理，目标企业必须按主体企业的财务管理模式进行整合。主体企业对目标企业的生产经营实施有效控制，并做出及时、准确的决策。使整合双方的会计核算体系、定额体系、考核体系、财务制度基本保持一致，实现与并购企业的无缝对接。

(3)加强资金管理。资金管理关系到企业正常生产经营，是财务管理的核心。应尽快建立与并购企业相配套的资金管理系统，采取全面预算、动态监控及内部审计等手段，实现资金的集中统一管理，加大资金使用的监管力度，最大限度地发挥资金的使用效率。

(4)制定并购整合失败的补救策略。并购后企业如果不能实现财务上的协同效应，将对并购的成功及并购后企业的发展造成严重影响。因此，并购前企业应制定出有效的财务策略，一旦出现财务整合失败就可以从容应对，以免造成更大的损失。这些财务策略包括：一是套利出售。并购后，妥善处理被并购企业财产，将不符合经营战略的资产出售，以抵消筹资所引起的债务。也可采取各种方式将不良资产转让出去，以减少财务风险。二是果断撤资。并购后，如果出现某些预料之外的情况，使得并购整合的结果与原来设想制定的战略规划差距较大，或者因企业生存环境发生变化使并购目标不能实现，企业应果断撤资，以降低财务风险，避免持续下去造成更为严重的损失。

企业融资机制浅析

杨慧敏

中小企业是我国经济的重要组成部分。近些年来,我国中小企业得到迅速发展,但中小企业融资难的呼声也越来越高。本文从财务管理的角度对中小企业面临融资难的现状,以及形成这种状况的主要原因进行了分析,提出几点解决融资难的对策。

一、中小企业融资现状

(一)中小企业融资渠道窄

由于进入证券市场的条件较高,创业投资体制不健全等因素,中小企业想在证券市场获得资金支持的可能性很小。我国的企业在改革开放以后,随着多种所有制经济的发展目前已经分离出三个层次:第一层次是像海尔、蒙牛这样年销售额上百亿,品牌无形资产价值达到数百亿的著名企业。这类企业是银行信贷钟情的对象,其融资也就不存在障碍了。第二层是经过多年发展已打下坚实基础的集团公司,这类企业因已具备一定规模的生产能力、资产和信誉,与银行打交道尽管比位于第一层的企业困难,但融资渠道相对来讲还是有较多的选择。第三层是中小型企业,这类企业数量最多,又普遍具有信用水平低或尚未建立起信用、可抵押资产少、财务制度不健全、资金需求数量少但频率高等问题,银行部门不敢轻易放款,贷款条件也相当严格。为求得发展,这类企业往往只能从其他金融市场中寻求自己发展所需要的资金。

(二)中小企业获得信贷支持少

因中小企业规模小,效益不稳定,抵御风险的能力低,很难形成对信贷资金的吸引力,银行不愿对企业放贷。同时,中小企业因资信等级低,缺乏抵押资产,融资成本高等,难以得到银行资金支持。

(三)中小企业信用资源的不足

中小企业信用不足在当今的社会中是一个很普遍的现象,主要体现在银行信用、商业信用等方面。中小企业信用不足应该说是先天不足造成的,绝大多数中小企业的固定资产是很少的,经营规模也较小,流动资金也少,从而很难形成较大的、稳定的资金来源,因而在需要融资时,相关的部门就会怀疑企业的偿还债务能力。

(四)经济发达的大中城市资金充裕,但县级以下地域资金匮乏

随着经济环境的发展,信贷资金的分布显现出越来越向大中城市集中的趋势,一些经济不发达的县级以下地域甚至出现资金供给空白。据调查,有的县贷款为零增长或负增长,甚至有的地区从来没有得到国有商业银行的新增贷款支持。

作者单位:河南省煤炭高级技工学校

二、中小企业融资难的原因

（一）直接融资市场体系不健全，发展缓慢，直接融资难

证券市场是直接融资市场的重要组成部分，然而目前我国中小企业却很难通过这一方式进行融资。这主要是由于一部分小企业缺乏现代经营管理素质和经营理念不愿上市。不少中小企业经营思想落后，不懂得只有把企业做大做强，才是提高竞争力、抵御经营风险有效措施这一现代经营理念，还抱着陈旧的观念，采取的是家族式、经验式的管理；上市公司还必须依法披露人事、财务状况和可能影响公司收益的投资、交易等各类重大事项，而中小企业由于对会计制度和财务报表的重要性缺乏认识，报表不规范，一直有着不愿透露财务情况的思想的影响，不愿公布其财务状况。

（二）中小企业自身及银行方面的原因造成其获得信贷资金支持难

造成中小企业获得信贷支持困难局面的原因来自两个方面：

（1）中小企业在发展过程中自身存在许多不利条件。首先，在企业的规模和其产业结构方面，中小企业的资产规模和经营规模较小，产业层次较低，产品竞争能力不是很强，获得利益的能力不佳，从而造成自身信誉等级低。其次，在经营组织方面，中小企业大多生产经营中间产品，所以市场导向性差，产业协作化水平较低，其发展主要取决于终端产品的生产者的生产经营状况，因而其发展必然缺乏后劲，货款资金回笼不稳定。再次，在经营管理体制方面，中小企业管理粗放，信息不够灵通，财务管理薄弱、不规范以及经营者自律能力不强，有的将贷款资金用于投机操作，这些都易产生高风险。最后，在抵押、担保方面，中小企业由于规模小，可供抵押的资产有限，同时也难以找到符合要求的担保人。加之不愿向金融部门披露真实的财务信息，主动接受金融部门的监督。中小企业这些自身不利条件制约了银行信贷资金的流入。

（2）银行等金融机构的发展还不够完善，所有制差别仍然存在。首先，银行过去老的思想仍然存在。我国银行机构大多属于国有性质，过去传统的经营模式是从城镇居民那里吸收存款，然后将资金按照计划要求或行政部门意图贷给国有大型企业，对中小企业尤其是非国有性质的中小企业在具体问题上采取消极的态度，再加上社会上又无独立的、信誉高的资信评估机构，银行因缺乏了解企业风险的足够信息而担心自身的风险，所以只能对中小企业的贷款采取保守态度。

（三）中小企业信用担保机制不健全及内部管理不规范

现在我国已有很多城市建立了一批为中小企业提供融资担保、信用担保的机构，虽然有了这批担保机构，但是国内许多担保机构都有非常明显的政府行为。在实际操作当中，它们不是根据市场的实际和中小企业的现状作为担保的标准，而是政府包办的太多，商业行为不充分，资金投向也不够明确，从而导致扶持的中小企业的成功率明显不高，并没有从根本上解决中小企业融资难的问题。在我国中小企业信用担保体系的实际工作中，存在着担保机构不多、担保资金不充足、担保手续繁杂等诸多问题。而且，许多担保机构还实行会员制，中小企业需要交纳一定的押金才能成为会员，这也就增加了企业的融资成本，也增加了担保的难度。

三、解决中小企业融资难的对策

若要从根本上改变中小企业融资难的现状，需要从多个环节入手。基于前面分析的各种原因，笔者认为应该从以下几个方面着手。

（一）理顺间接融资渠道，积极寻找新的融资渠道

（1）扩大对中小企业的信贷支持。中小企业难以从银行获得信贷支持，一方面原因固然是中小企业信用风险、经营风险高于大企业，但另一方面，银行对中小企业信贷业务的不够重视，甚至存在歧视也是一个重要原因。银行应该认识到服务中小企业的重要性。银行在商业化发展过程中需要有正确的定位，选择相应的目标市场，认识到中小企业中存在的商机，积极为中小企业提供金融服务，摒弃原有的偏见思想，做到与大企业一视同仁。

（2）发展融资租赁。融资租赁是企业进行长期资金融通的一种有效的手段。通过融资租赁，企业可以不必仅仅依靠自我积累的方式去购买设备，而只需用现有的资产、效益以及未来的收益作为保证就可以占用并使用设备。一般来说，融资租赁方式灵活、成本也较低、风险也较小，可以缓解中小企业资金周转的压力。

（3）寻求合作。努力寻求与大公司联合，成为这些大公司的子公司，或成为长期合作伙伴。与大公司联合，不仅可以获得大批的订单，获得大企业的技术支持和资金支持，同时还可以利用为其加工配套设施的机会减少对资金的需求，甚至可以直接获得大企业的资金支持。

（二）拓宽直接融资渠道，建立风险投资体系

拓宽融资渠道是解决中小企业融资难问题的关键。要解决中小企业融资困难问题，必须在发展中小企业间接融资市场的同时，积极发展中小企业的直接融资市场。

（1）建立以中小企业为主的融资激励约束机制。应出台具体政策，鼓励和支持股份制银行、城乡合作机构等以中小企业为主的服务对象。鼓励国有商业银行在注意信贷安全的前提下，建立向中小企业发放贷款的激励和约束机制，保证贷款质量的同时，切实提高对中小企业的贷款比例。

（2）大胆尝试股权融资。股权融资是中小企业融资的重要形式，而加快中小企业发展，扶持高科技企业创新，离不开股权融资。应有选择、有条件地对一些中小科技企业进行产权交易试点。引导推动并规范中小企业通过合资、合作、利用外资等方式进行改组改造。

（三）切实加强中小企业自身建设，提高企业的信誉度和市场竞争力

中小企业融资难，并非是所有中小企业都融资难，素质对融资问题有着重要影响。中小企业要在竞争激烈的市场中立足，并取得金融机构的支持，应加强自身建设。

以企业管理创新提高经济效益，推动中原经济区崛起

许喜梅　张　慧

2011 年 10 月 7 日，国务院《关于支持河南省加快建设中原经济区的指导意见》正式发布，河南迎来跨越发展的重大机遇。加快企业管理创新步伐，提高经济效益，对推动中原经济区崛起具有特别重要的现实意义。

一、企业管理创新的内涵

企业管理创新是把新的管理要素引入企业管理系统以更有效地实现组织目标的创新活动。它包括思路创新、组织创新、技术创新等诸方面。

二、企业管理创新的必要性

(一)内在需要使企业管理创新成为必然

企业管理创新的内在动因包括以下几方面：第一，人的心理活动特征。第二，实现自我价值的愿望。创新主体对成就的追求、对自我价值实现的向往、对社会责任的道义渴望，强化了人们创新的冲动。

(二)企业管理的高要求使企业管理创新成为必然

首先，企业要求实施战略管理，作为管理形态的一种创新，企业战略管理是一种面向未来的管理。企业应着手制定并实施人才战略、创新战略、形象战略、文化战略等职能战略。其次，要求实施知识战略，作为一种全新的管理思想，知识管理继承了人本管理思想的精髓，又结合知识经济这一新的经济形态的特点予以创新。

(三)社会经济文化的发展使企业管理创新成为必然

随着社会文化环境的变迁，人们的价值观念、兴趣、行为方式、社会群体，随着时间的延续都在变化之中，这要求社会组织的行为必须随之作相应调整，以适应这些变化。同时，经济的发展最直接地影响着人们的生活方式、消费选择，呼唤着消费者对各种新产品、新服务、新时尚、新款式、新功能的追求。这极大地促使人们发挥创新的才智，发展生产力以满足上述丰富多彩的企盼。

三、企业管理创新的方法

(一)进一步解放思想，坚持理念创新

世界经济一体化与经营战略的多样化，使得管理对象、管理目标和管理方式出现了新

作者单位：河南煤化集团焦煤公司方庄二矿

情况、新问题。在面对这些新情况和新问题时,需要企业以新的管理理念来应对。

管理观念是企业从事经营管理活动的指导思想,是企业进行管理创新的灵魂。企业要想在复杂多变的市场竞争中生存和发展,就必须在管理观念上不断创新。

(二)继续深化改革,坚持制度创新

制度创新可以使企业成为富有活力、自主经营,自负盈亏,自我积累,自我发展的经济细胞。企业管理创新必须深化企业改革,建立现代化企业制度。企业制度创新是搞好企业管理的基础,是企业管理创新的前提。管理制度的创新是企业管理创新的核心,对于企业的领导者来说,制定良好的管理制度,会起到事半功倍的效果。

(三)顺应市场环境变化,坚持组织创新

现代企业面临的市场环境是一种瞬息万变的复杂环境,鉴于人们不断对速度的追求,权利下放的扁平化组织将取代金字塔型领导结构。扁平化组织结构由于减少了管理层次更能提高组织效率和效能。

(四)抢占制高点,坚持技术创新

知识经济时代,高新技术渗透到商品产、供、销各个环节,谁率先进行技术创新,拥有先进技术,生产出成本更低、效用更大、更能满足消费者需要的新产品,谁就会在竞争中立于不败之地。技术创新包括新发明、新创造的应用和实施过程,还包括这些新技术成果的商品化、产业化的扩散过程,即新技术成果从开发研究到市场推广的全过程。

(五)把握竞争核心,人力资源创新

首先,企业要破除单纯的"资源观",向"人才就是资源"和"人才就是资本"的理念转变。其次,企业要有以人为本的人性化管理理念,要依靠人、激励人、培育人、关心人。再次,企业还要有相应的制度作保障,对员工的积极性产生巨大的激励作用。最后,把企业的价值与员工个人的价值结合起来,并且为员工个人才能的发挥和个性的发展提供及创造良好的平台与环境。

(六)紧跟时代发展潮流,坚持文化创新

企业文化创新有两个层次的目标:形成现代企业应有的基本文化和拥有更为先进的创新文化。企业文化创新应明确以下思路:一是把"科学技术是第一生产力"的思想融入企业文化建设中,以"科学兴企"为核心,真正形成尊重知识、尊重人才的良好企业文化环境。二是注重企业整体观念与团队意识的培养。构筑职工与企业的命运共同体,强化企业内部凝聚力。三是企业家是企业文化建设和创新的关键。企业的竞争实质上是企业家和企业文化的竞争,企业家的素质决定企业文化建设的效果及企业经济效益。

四、河南煤化集团管理创新的实践

煤化集团管理创新的实践,不仅证明了管理创新对提高经济效益的作用,而且对推动中原经济区崛起作出了突出贡献

2008 年 12 月,河南省委、省政府批准河南煤业化工集团进行组织创新,重组了永煤、焦煤、鹤煤、中原大化、省煤气 5 家企业。重组后,河南煤业化工集团在人事管理、战略规划、财务管理、资源配置、市场布局、技术研发"六统一"原则基础上,通过理念创新、机制创新、科技创新等一系列管理创新工作的开展,提升了企业核心竞争力,具体举措如下:

(1)构建高效统一的管控体系。一是强化内控制度,明确各企业各层级内外部投资管理的权限,集中投资决策权。特别是进行并购重组、国有股权处置等重大决策时,严格履行内部决策程序和审批程序,以实现国有资产的保值增值。二是完善法人治理结构,切实发挥董事会作用,提高董事会的决策效率和决策水平。按照市场化、制度化、规范化的要求,建立了煤炭交易市场和产品价格管理委员会、招投标委员会、人才招聘委员会、资金管理委员会等,强化规范管理。

(2)统一财务管理,统一采购和招投标,增强资金调控能力,节约了采购成本。通过集团统一招标,一年的合同累计金额近70亿元,节约采购成本6亿多元。

(3)整合金融服务,成立了财务公司,对集团的全部子、分公司提供金融服务,每年可聚集资金300亿元以上,降低财务费用5亿元以上。

(4)统一资本运作。重组后的河南煤业化工集团账上有40多亿元的现金沉淀。重组前,鹤煤的60万吨甲醇项目迟迟得不到银行授信,而在重组以后,农行主动找到鹤煤,为其提供了8亿元授信,利率下浮10%。河南煤业化工集团还利用资金优势,帮助中原大化新上一条三聚氰胺生产线,每年消耗25万吨二氧化碳,正好消化甲醇项目的二氧化碳排放,不仅综合了几个企业的优势,大大降低了生产成本,更增强了市场竞争力。

(5)建立科学的激励机制。实施技术、管理双通道的"H"型人才发展战略,形成高效的选人用人新机制,使各类人才脱颖而出。

正是这些管理创新措施的实施,使得河南煤业化工集团由2008年12月5日重组之时资产规模、营业收入分别只有733亿元、821亿元,实现1年后营业收入1016亿元,资产总额1051亿元,成为河南首个"双千亿"企业。截至2010年底,资产总额突破1400亿元,较重组之初翻了近一番;国有资产保值增值率达114.15%。实现了"1+1>2"的倍增效应。企业综合实力位居中国企业500强第60位,中国煤炭企业100强第2位。2011年又成功跻身世界500强企业,这对于提升河南工业企业的市场竞争力和社会形象、推进中原经济区建设具有重要意义。

综上所述,创新决定发展,在当今科学技术不断更新大趋势下,企业面对的外部市场不断变化,必须依靠创新,才会不断发展、持续壮大并且走出国门。

作为国家战略,中原经济区建设是一项统揽全局、着眼长远的战略部署,是带动中部地区崛起的核心地带之一,引领中西部地区经济发展的重要引擎。河南煤业化工集团以其创新实践所生发的惊人效益为中原大地的各类企业成就了一个典范,必将带动企业加快创新步伐,加速中原经济区发展,撑起中原经济区的美好明天。

运用管理的方法提升财务在事前和事中的管控能力

姜洪标

在企业发展的过程中，使财务资源得到充分发挥，让财务数据作用于生产经营过程，不再“事后诸葛亮”，真正做到财务创造效益，这是现代企业财务应该重视的课题。本文通过分析目前企业财务的现状，结合管理学的相关知识，在企业内部管理方面，就如何提升财务在事前和事中的管控能力做出分析。

一、财务管理工作的现状

(1)财务核算的事后性。随着市场经济的快速发展，企业要做到可持续发展，财务的管理职能显得日益重要，但在现实工作中，财务核算都是事后行为，财务数据对生产经营的指导性不强，往往会造成不必要的损失，使企业发展受阻。

(2)财务数据的指导性不强。现有成本采用完全成本法核算模式，在完全成本法下，都是有关过去经济活动的反映，核算出来的成本信息价值不大，且固定性成本分摊具有很强的主观性，如果固定成本金额较大，还掩盖了变动成本对产品成本的影响，会扭曲企业正常生产经营规律。这种模式最大的缺陷就是不能适应内部管理需要。

(3)财务管理只是财务部门的工作。根据企业内部组织机构的设置，造成其他人员认为财务核算和管理都是财务部门的工作，且由于财务工作专业性强，更造成了只有财务人员能做，财务管理与我无关的思想。思想观念的僵化对企业生产经营造成了很大的阻碍。

二、提升财务管控能力的方法

(一)实施全面预算控制，保证企业战略目标实现

生产经营中的一切行为都是围绕着企业发展使命进行的，作为企业的管理者，在企业组织中首先要做好的就是：制定企业的总体战略目标，将其分解并贯彻下去，并通过实际生产经营数据与分解指标对比，做出评价和修订。将企业战略目标分解的过程就是全面预算的过程。

全面预算是根据企业目标所编制的经营、资本、财务等年度收支总体计划，包括销售预算、资本支出预算与财务预算三大类内容。全面预算是企业内部控制的一种主要方法，也是现代企业的重要管理工具。它是建立事前引导、事中控制、事后监督财务管理体系的重要手段。全面预算的整个过程如图 1 所示。

作者单位：河南煤化永煤集团中美铝业有限公司

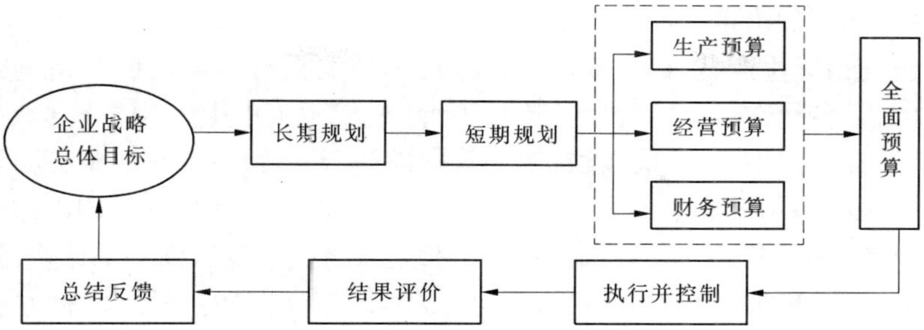

图1　全面预算过程

正如PDCA循环一样，全面预算也是按照计划、执行、检查、行动这样的流程不停地指导企业开展日常的生产经营，在循环不断的执行和总结评价过程中，保证企业每一个时期生产经营计划的顺利完成，不仅如此，通过全面预算管理，经营者不仅关注利润的总额，而且关注利润的质量，对企业的控制和规划也就从经营结果扩大到经营过程，进而延伸到经营质量，从而避免企业经营者的短期行为，实现了对生产经营的事前和事中管控，最终实现企业战略的总体目标。

实际工作中，每年初，通过制定企业当年的全面预算，并将预算按月和按单位等责任主体进行分解，做到时时有预算、处处有预算，并将预算严格贯彻和执行，利用预算管理，能够实现事前有规划、事中有管控，保证企业发展目标的顺利实现。

（二）强化责任，建立内部市场结算考核体系

好的管理制度，如果没有得到很好的贯彻执行，也就是一纸空文，没有丝毫意义。尤其是企业发展到一定规模，企业的经营者没有精力既做决策管理，又做执行管理，要贯彻执行好全面预算，就需要在企业内部设立不同的责任主体，将预算分解。通过设立不同角色的责任主体，使得执行管理者能够对生产经营中的实际情况反应更迅速，提出更为有效的决策，同时，将任务层层分解，也是将问题逐级分解，由大到小，不仅降低了问题的复杂性，而且，群策群力，使复杂的问题更容易解决。

根据企业的实际需要，可以将责任主体划分为利润中心、收入中心、成本中心、投资中心等，根据其扮演的不同角色，制定不同的规则（即考核标准）根据规则，对每个责任主体的不同表现进行考核，奖优罚劣。

要真正做到奖优罚劣，最好的做法就是建立内部市场机制，利用市场经济的运行规律，增强不同责任主体之间、同一责任主体内部的竞争意识，建立内部人、财、物的市场价格，赋予每个责任主体必要的责、权、利，构建内部市场，促进企业内部生产物资的加速流动，通过每个市场主体的最终内部受益进行工资奖金的结算，这样就会刺激每个主体的成员加倍努力，着眼全局，实现责任主体的利益最大化，从而充分挖掘企业潜力，增强企业活力，实现企业的总体战略目标。

（三）集中财务核算，改善内部成本管理方法

作为现代企业，尤其是大型企业集团，要做好财务管理工作，提升管理效率，就必须采取会计集中核算制，实行财务一套账，基础资料按集团要求统一设置，这样不仅可以通过核算口径，便于分析管理，而且可以降低企业的成本费用，基础会计信息的真实性得到保证，有利于企业的正确决策。

用财务数据指导生产，前提是要保证财务成本数据具有指导价值。完全成本法往往受销售收入的大小所影响，一定程度上掩盖了生产过程中的问题，不能直观地反映生产中存在的不足，所计算出来的分期损益难以为管理部门所理解，不便于决策，同时，核算的成本不能动态反映产品制造成本的变化情况，在做内部成本控制时，可采用以作业成本法为基础的全面成本管理进行产品成本的核算管理，通过将成本深入到每个作业，按照成本动因进行费用的分配，更加准确地核算出产品的成本，便于成本的管控，这种方法能够提供各种有益的会计信息，有利于进行决策和经营控制，同时便于正确进行不同期间的业绩评价，避免了完全成本法的局限。

（四）加大信息化系统建设，提高财务管控效率

财务核算系统的目标是规范、准确、及时、完整地核算和反映产品的成本信息，以及利用这些信息进行分析和管理。随着企业的不断发展壮大，企业对管理效率的要求空前提高，应建立信息化系统，使企业的信息更加快捷化和便捷化，同时，通过提高财务核算效率，使财务数据更及时地反馈到生产经营中去，为企业经营者决策提供准确的数据支持。

三、管理中应树立的理念

（1）每一项工作的计划制定、落实、反馈都离不开人，所有的工作都是人在操作，同时，人既是制度的制定者和考核者，同时也是被考核者，如何减少制度执行过程中的人为因素，避免小团体利益，这就要求企业经营者树立以人为本的理念，尊重员工，正确引导员工利益导向，强化员工客观、公平、公正的道德理念。

（2）全面预算要基于企业总体发展战略做出，只有这样，才能避免短期行为，实现企业的持续健康发展。同时，编制全面预算时，要面向市场，充分考虑企业的实际，合理规划企业未来战略，保证全面预算的可行性。

（3）以考核和奖惩作为所有工作管理的核心。没有考核，预算工作无法执行，财务预算管理变得毫无意义。严格考核不仅是为了将预算指标值与预算的实际执行结果进行比较，肯定成绩，找出问题，分析原因，改进以后的工作，也是为了对员工实施公正的奖惩，以便奖勤罚懒，调动员工的积极性，激励员工共同努力，确保企业战略目标的最终实现。

通过全面预算对企业战略目标的分解，事前规划好企业发展的目标，建立内部市场机制，增强每个责任主体的竞争意识，实现企业生产经营的过程控制，同时，改进现有成本核算方法，加大信息化建设，缩短财务核算的滞后性，从而实现财务参与到生产经营中来，保证了财务事前和事中的管控能力。

第二篇　会计核算与财务分析

煤炭企业并购重组小煤矿财务风险防范研究

郭矿生

继“山西煤改”之后，河南省政府于2010年3月正式公布《河南省煤炭企业兼并重组实施意见》（下称《（实施意见》），拉开了新一轮煤炭资源大整合的序幕。由于本次兼并重组所涉及煤矿企业的复杂性，所需货币资金的巨量性以及外部环境的不确定性、相关信息的不对称性、管理协调和文化整合的难度等综合因素影响，兼并重组活动所引发的风险非常大，对兼并主体企业带来了极大的挑战。各种风险因子所导致的损失必然在财务上予以体现，所以财务风险是并购过程中的各种风险的综合反映。狭义的财务风险表现为企业并购资金的短缺和融资成本的上升。广义的财务风险是各种风险因子的综合反映，是各种风险的综合表现。本文从广义的角度来分析并购中的财务风险，并基于并购流程将并购财务风险分为决策风险、定价风险、融资风险、支付风险和并购后财务整合风险。

一、郑煤集团并购重组背景

（一）我国煤炭工业发展现状

由于历史原因，我国煤炭工业长期粗放发展积累的矛盾十分突出。一是资源配置不合理，资源破坏浪费严重；二是产业集中度低，全国各类煤矿企业多达1.12万个，企业年均产能不足30万t，无序竞争现象突出；三是技术落后，煤炭资源回采率低，资源浪费和环境污染严重；四是资源综合利用程度不够，矿区生态环境亟需改善；五是煤矿生产企业安全基础薄弱，安全生产形势严峻，安全事故多发，社会矛盾突出。

（二）政府推进煤炭企业兼并重组

基于煤炭工业发展现状，大力推进煤炭企业兼并重组，提高煤炭行业集中度、煤炭资源利用率和安全生产条件，实现煤炭工业可持续发展，已经势在必行。中央和河南省相继出台了煤矿企业并购重组的各项政策，对煤矿企业并购重组工作做出了重要部署。

二、并购重组过程中的财务风险分析

（一）并购前的决策风险

企业在进行并购活动前，首先要制定符合企业本身发展规划的并购方案，对并购方案

作者单位：郑州煤炭工业（集团）有限责任公司

进行可行性分析。同时要对目标企业进行尽职调查，确定合适的目标企业。在并购前的决策阶段，由于受到外部环境的影响，使得在决策时面临着很多的不确定性，从而产生一定的风险。郑煤集团的兼并重组是基于政府的强力推动，并按区域划定并购对象，所以并购前不存在对并购对象进行选择（决策）的问题。但由于部分纳入并购重组任务的小煤矿资源储量很少，没有进一步开采的价值，需要进行关闭，从而出现关闭与不关闭的选择（决策）问题。关闭与否需要对政策进行研判，对小煤矿条件进行分析，和小煤矿主进行谈判博弈，这中间会产生因决策失误而带来的决策风险。

（二）企业并购定价风险

在并购过程中，确定好目标企业后，就要对目标企业进行评估，同时要与被并购方进行谈判。由于信息不对称以及在评估过程中使用方法的局限性，导致对目标企业的评估存在误差而出现损失。根据河南省兼并重组政策，本次兼并重组主要以实物资产评估结果和资源价款评估结果为基础进行资产交易，所有债权债务进行剥离，不纳入评估范围。实物资产评估主要采取重置成本法，资源价款评估则根据省政府政策，按已交国土资源部门的资源价款乘以剩余可采储量占报告储量的比率后，再乘以1.5～2的系数。由于评估方法和交易定价原则基本确定，所以并购定价风险主要集中在目标企业价值评估风险上。具体来说主要是实物资产评估风险和剩余资源储量确定风险。

（三）企业并购融资风险

在并购过程中，融资风险是指企业需要大量资金而通过借款产生的风险，这种风险包括企业可能丧失偿债能力的风险和举债而导致股东的利益受损失的风险。郑煤集团目前资产负债率已经达到70%，本次兼并重组需要资金量65亿元，如果全部采取债务融资，负债率将升高到75%。加上近期由于通胀影响，银根收缩，金融环境趋紧，融资难度和融资成本大大增加，在财务风险已经较高的情况下如何筹措资金，也给企业带来很大压力。同时，部分小煤矿资源储量较少，服务年限在3～5年，能否收回投资成本存在很大变数，未来债务偿还没有足够的保障，所以郑煤集团本次并购重组的融资风险非常大。考虑负债率过高的实际情况，增加权益融资、降低债务融资比例是控制融资风险的有效途径。

（四）企业并购支付风险

并购规模的大小、并购成功与否受到并购方现金流量和融资能力的约束，并购中资金流动性风险是支付风险的主要方面。支付风险与定价风险和融资风险相互联系。在信息不对称的条件下，不同的支付方式向投资者传递不同的信息，是影响并购财务风险的重要因素。目前企业并购支付方式有现金支付、混合支付、股权支付、杠杆收购等，但前三种是主要的支付方式。使用现金支付过度，则会影响并购后新公司资金的流动性，从而会产生债务风险，资金流动性风险是现金支付风险最主要的表现。郑煤集团本次兼并重组的支付方式选择现金支付，并且付款期限很短，所以面临的并购支付风险比较大。不同支付方式选择带来的支付风险最终表现为支付结构不合理，使用混合支付方式可以抵消部分风险。

（五）并购后财务整合风险

在完成并购交易活动后，并购后的整合是并购成功与否的关键环节。并购后整合涉及员工安排、队伍建设、文化重组和业务重建等，是每次兼并活动必须面对和完成的工作。

并购的整合风险包括战略整合风险、文化整合风险、人力资源整合风险、财务整合风险等。根据表现形式的不同,并购后的财务整合风险包括财务组织机制风险、理财风险和财务行为人风险。由于小矿和国有大矿的管理模式存在较大差异,财务理念、财务文化、财务制度和人员素质也大不相同,加上小煤矿数量众多,财务不规范,财务整合的难度很大。影响财务机制风险的因素有并购财务协调性、财务组织更新、财务制度建立与完善、财务职能分解等。影响理财风险的因素主要是企业战略和经营策略不合理、不科学,并购后企业协调不好使得并购后的新企业营运成本增大,并购后财务管理监督机制不完善使得财务信息失真等。影响财务行为人风险的因素是财务腐败、财务管理者的内耗、财务人员素质低、财务监管和激励力度弱等。

三、并购重组财务风险应对措施

(一)并购决策风险应对措施

(1)并购前筹划。并购前先对集团公司的资金、人力资源等进行筹划,为以后确定融资额的大小做好预测,同时根据资金、人员条件选择合适的并购小煤矿的数量。依据资源储量、地质条件、安全状况、资产情况、合作人合作诚意等因素建立并购重组小煤矿的基本标准,作为合理确定并购对象和关闭对象的依据。

(2)政策环境及自身评估。认真研究河南省兼并重组小煤矿的所有政策文件,把握煤炭兼并重组的大趋势,准确判断未来煤炭企业发展的大方向,充分利用政策的有利条件,化解不利因素。借助于波士顿矩阵分析法来衡量自身的优势和劣势,从而在煤炭兼并重组中取长补短,有效地识别和防范并购风险。

(3)组建并购团队。为全面推进兼并重组工作,集团公司成立兼并重组领导小组,总经理任组长,安全、生产、经营等专职副总经理任副组长,各相关职能部门负责人为成员,下设资产评价组、资源评价组、法律事务组、综合谈判组等四个专业组,明确职责,分工合作。

(4)开展尽职调查。制定尽职调查提纲,分资源储量调查、生产条件调查、安全状况调查、人员状况调查、财务状况调查、周边工农关系调查等,组织集团公司、区域子公司相关人员分组到各小煤矿进行调查摸底,调查结果经相关部门集体研究后向领导层提交尽职调查报告。建立并购决策程序,涉及并购小煤矿的取舍、关闭等重大事项,经班子成员集体研究后报董事会通过。

(二)并购定价风险应对措施

做好资产评估及交易定价博弈谈判工作是防范并购定价风险的主要措施。

1.健全组织机构,明确职责分工

集团公司成立评估委员会,由各相关部门主要领导组成,负责重大评估事项的决策,评估报告的内部审核。评估委员会下设资产清查、评估审核、评估督导三个工作小组。资产清查组由井巷、机电、地面房屋建筑等工程技术人员组成,负责对土建、矿建资产,材料、设备物资进行清查核实。评估审核组由财务、基建、矿建、机电、资源勘查、供应等方面的专家组成,负责处理评估过程中出现的技术问题,对相关资产是否纳入评估范围作出鉴定,审查评估报告初稿。督导组由纪委监察处负责,审计监督部配合,全过程参与,对资产

评估各项工作进行监督检查。

2. 坚持三分开原则,相互监督和制约

一是坚持“清查、评审和谈判相分开”的原则。参与现场清查的人员不参与评估报告的审核工作,参与评估报告审核的人员不参与谈判工作。二是坚持“实物资产评估和资源价款评估相分开”的原则。本次兼并重组所收购的资产包括实物资产和采矿权两部分,实物资产由具备资质的资产评估机构进行评估,资源价款按照《省国土资源厅支持煤炭企业兼并重组资源配置政策和采矿价款核准及处置政策》(豫政办〔2010〕55 号)规定,由具备资质的矿业权评估机构对剩余可采储量的采矿权价款进行核算并出具评估报告。三是坚持“资产评估与法律尽职调查相分开”的原则。资产评估师和律师各司其职、各负其责,从不同视野和角度对被并购重组煤矿的情况进行分析,相互核对,降低信息不对称风险。

3. 完善评估程序,实施风险控制

为降低评估风险,郑煤集团从中介机构选聘、评估范围界定、资产清查、评估配合和协调、评估初审和沟通、评估备案、总结归档等方面对评估程序进行完善,促使评估工作规范有序开展。

(1)中介机构选聘。根据省国资委《资产评估机构选聘管理办法》、《省财政厅、国资委支持煤炭企业兼并重组资产评估政策》等文件规定,在省国资委和兼并重组办公室划定的 30 家评估机构范围内,通过公开招标的形式选聘 8 家评估机构进行评估。评估过程中根据中介机构执业能力和服务水平高低实行优胜劣汰,确保评估质量。

(2)评估范围界定。根据《郑煤集团兼并重组矿井资产评估实施方案》的规定:为降低风险,除资源价款单独评估外,只对矿井所拥有的、有效的、产权清晰的实物资产进行评估,判断标准是“看得见、摸得着的资产”。

(3)资产清查。从集团公司八个大矿抽调井巷、机电、供应、基建等工程技术人员,组成八个清查小组,同时,各区域公司和五职矿长也必须参与,深入小煤矿现场,全程参与、监控财产清查和评估工作,其中:机电部门人员负责井上下设备和管线清查核实;基建部门人员负责井下巷道、井上建筑物清查核实;供应部门人员负责材料、配件的清查核实。凡纳入评估范围的所有实物资产,均应取得并购双方以及评估机构三方签证,有效防范实物资产的虚报风险。

(三)并购融资风险应对措施

本次并购重组具有四个特点:并购煤矿数量多(并购 124 家小煤矿),并购资金量大(初步资金需要 65 亿元),并购时间紧(一年内必须完成),资金支付压力大(全部现金支付,半年内付清)。在集团公司整体负债率超过 70%、外部融资压力变大的大环境下,融资风险成了本次并购的主要风险,融资风险控制也就成了重点把握的关键环节。融资风险控制包括三个方面:一是准确预测并购资金需要量,二是正确选择融资方式,三是合理确定融资结构,控制融资风险。

(四)并购支付风险应对措施

并购支付方式的风险控制主要是现金支付方式的风险控制。现金支付可以迅速完成并购重组,实现对小煤矿的实质性整合,但付款压力太大,冲击集团公司的现金流和融资能力，进而影响企业的生产经营。现金支付时应当考虑并购重组后的现金流量能否偿还到期债务，以及并购重组后的收益率是否大于并购资本成本率。所以，在现金支付方式下，采用一次性支付，还是分期支付，用权益资金支付，还是债务资金支付，应当在认真分析目标小煤矿未来收益、债务情况和现金流量的大小后来决定。对于资源储量大、未来收益好、债务纠纷少的煤矿，用债务筹集的资金一次性支付，因为有未来的现金流量作保障；对于资源储量较少、未来收益较差、或有负债较多的煤矿，用权益筹集的资金分期支付，必要时根据情况降低首付比例，延长付款期限，尽可能降低风险；对于资源储量很少、预期没有收益、债务关系复杂的关闭煤矿，其关闭补偿金尽可能用权益资金进行支付，因为该资金未来没有收回的可能性。集团公司财务部门根据不同煤矿的情况，把不同来源的并购资金、支付方式和其匹配，化解支付风险。

（五）并购后财务整合风险应对措施

并购小煤矿后，由于双方在背景、文化、管理体制、思想理念等方面存在差异，必须进行有效的管理整合，才能达到预期的并购目标。可以说，企业并购成功与否，最关键就要看并购后整合是否成功。河南省政府要求本次兼并重组必须实现“三真”，即真出资、真控股、真管理，其核心是实现真管理。所谓真管理，实际上就是实现管理的有效整合。在管理整合中，财务整合是其核心，只有实现了财务整合，才能实现并购重组的目的，从而有效化解并购风险。

1. 健全财务组织机构，统一会计核算体系

郑煤集团对并购重组煤矿实行“集团—区域子公司—兼并重组煤矿”三级管理模式，每个区域子公司由郑煤集团独资或与中央企业（分别持股51%和49%）合资成立，作为投资主体控股经营30家左右小煤矿。区域子公司设财务经营处，下设会计核算科、成本管理科、财务管理科、经营管理科，负责所辖小煤矿的会计核算、财务管理、经营考核等工作。每个兼并重组煤矿设立财务科，至少配备三名会计人员，一名负责人，一名出纳，一名会计。区域子公司的财务人员由郑煤集团直接委派，兼并重组煤矿的财务科长由区域子公司委派，其他会计人员公开招聘，竞聘上岗。由于小煤矿会计基础薄弱，基本上是手工账，甚至“口袋账”，与大型国有煤矿规范的会计核算有很大差距，所以我们把“会计规范达标”作为各煤矿复工复产验收的必要条件之一。会计规范标准是：三名以上合格会计人员（有会计证），专用的财务办公室和财务档案室，实行会计电算化，统一安装用友财务软件，按新会计准则要求统一会计核算、建立规范账套，建立财务管理制度。

2. 规范资产移交和负债确认手续，防范潜在法律风险

（1）针对2010年新兼并重组的煤矿，采取收购资产方式。为规避债权债务风险，先对原公司进行注销清算，严格执行债务公告—企业清算—工商注销等法定程序，清算结束以后，原公司债务基本剥离，清算资产归原股东所有，资产产权归属确定后对实物资产和采矿权进行资产评估，然后原股东用实物资产出资49%、郑煤集团所属区域子公司用现金出资51%组建新的煤矿公司，原股东多出的资产作为新煤矿公司的负债。

（2）针对2010年以前的整合矿井，采取收购股权（或增资扩股）的方式。从风险规避考虑，该类矿井也应当采取注销清算、剥离债务、资产入股的方式，从而将错综复杂的债务挡在新公司之外。但由于该类矿井采矿证名称无法变更，原公司无法进行注销清算，所以

只有采取收购股权的形式。鉴于原煤矿债务关系的复杂性和财务的不规范性，债务风险非常大，但又无法完全回避，只有尽力采取措施化解风险。一是郑煤集团和原煤矿股东双方共同聘请审计机构对原煤矿的负债进行专项审计，摸清债务；二是郑煤集团和原煤矿股东签订债务交接确认书；三是按程序进行资产移交，移交的资产价值减去负债价值后的金额乘以51%作为股权转让的交易价格。

3. 完善财务管理制度，强化集团财务控制能力

兼并重组小煤矿都是私人老板经营，除税务局要求其提供报表外，基本上没有别的部门或单位对其进行财务监督，所以财务管理极不规范，财务支出随意性很大。国有企业的财务管理体系和民营小煤矿有很大的差异，建立健全统一的财务管理制度是有效降低财务整合风险的必要措施。

4. 实行预算管理，推行业绩考核

郑煤集团对并购小煤矿实行三级预算管理，逐级实行业绩考评，即集团公司—区域子公司—并购小煤矿。小煤矿、区域子公司根据实际生产经营情况，认真做好全面预算，层层上报至集团公司，集团公司核定后以业绩考核指标的形式下达区域子公司，区域子公司再分解下达至小煤矿。经营业绩考核分季度和年度考核，考核结果同经理层、管理人员的绩效工资和风险奖金挂钩。季度考核主要对产量、收入、吨煤成本、利润总额进行考核，其他指标辅助参考。年度考核是综合考核，汇总各项财务指标，运用沃尔评分法进行打分，既考核各自的经营指标，也考核他们对集团公司的贡献。

5. 构建财务文化，约束财务行为人的行为

财务文化的整合、重塑，关键是人的问题，即财务行为人的整合。根据国内外大量并购案例分析，并购企业对被并购企业的最直接、最有效的控制方法就是选派忠诚于母公司、有专业管理才能、精明能干的得力人员前往被并购企业担任主管，如委派财务主管。郑煤集团通过公开考试、面试，从三个渠道选聘财务人员，一是集团公司内部，二是兼并重组煤矿现有人员，三是应届和往届大中专毕业生。考虑工作经验和企业忠诚度，各煤矿的财务负责人优先从集团公司内部选聘。区域子公司组织财务知识培训和财务人员业务指导，帮助建立财务制度、会计核算流程和财务收支程序，按照省工信厅“财会升级创优”的要求制定具体标准，纳入集团公司统一的财会升级创优范围中来，用制度和文化来约束财务行为人的财务行为，降低财务执行风险。

煤炭企业作业成本管理探究

王长利

作业成本管理是一种全新的成本管理模式，是适应当代高科技生产以及管理新观念、新方法的需要而产生的全面成本管理制度。目前，作业成本管理已被国内一些大型企业（如美的集团、海尔集团）等应用于企业管理的诸多方面，取得了一定的成功。在我国煤炭企业中，自实施企业全面市场化以来，成本管理工作受到不同程度重视，采取了一些卓有成效的方法，并取得了一定的效果，但是煤炭企业成本管理工作还不能很好地适应企业变革的要求，还存在许多问题。笔者认为可以引入作业成本管理，创新煤炭企业成本核算和控制机制，并在此基础上，改善煤炭企业的经营管理水平，从而促进经济效益的提高。

一、作业成本管理的基本理论

作业成本管理是一种新型的集中化成本管理方法，是企业利用作业成本计算所获得的信息进行作业管理，以达到不断消除浪费、实现持续改善、提高客户价值，并最终实现企业战略目标的一系列活动。

作业成本管理涉及资源、作业、成本对象和成本动因四大要素。资源作为一个概念外延非常广泛，涵盖了企业的所有价值载体，包括物料、能源、设备、资金和人工等。但在作业成本管理中的资源，实质上是指为了产出作业或产品而进行的费用支出，换言之，资源就是指各项费用的总体。作为分配对象的资源就是消耗的费用，或可以理解为每一笔的费用。作业就是指在一个组织内为了达到某一目的而进行的耗费资源的工作，是作业成本管理的核心要素。根据企业业务的层次和范围，可将作业分为四类，即单位作业、批别作业、产品作业和支持作业。通常认为前三个类别以外的所有作业均是支持作业。成本对象是指企业需要计量成本的对象。成本对象可以分为市场类成本对象和生产类成本对象。生产类成本对象是在企业内部的成本对象，包括各种产品和半成品，用于计量企业内部的生产成果。资源、作业和成本对象是成本的承担者，是可分配对象，在企业中资源、作业和成本对象往往具有比较复杂的关系。成本动因则是导致生产中成本发生变化的因素，只要能够导致成本发生变化的就是成本动因。

在作业成本管理过程中，企业是一个为最终满足顾客需求、实现投资者报酬价值最大化而运行的一系列有密切联系的作业的集合体。企业生产运作消耗作业，作业消耗资源，而资源消耗的同时又是价值的积累过程，最后全部积累到最终的商品或劳务上，最终商品或劳务既是全部作业的集合，也是全部价值的集合。作业成本管理将成本管理的起点和核心由商品转移到作业层次。它通过对作业及作业成本的确认、计量，最终计算产品或服务成本，同时将成本计算深入到作业层次，对企业所有作业活动追踪并动态反映，进行成

作者单位：河南煤化焦煤集团财务处

本链分析,包括动因分析、作业分析等,最终为企业决策提供准确信息,指导企业有效地执行必要的作业,消除和精简不能创造价值的作业,从而达到降低成本、提高效率的目的。作业成本管理的原理如图 1 所示。

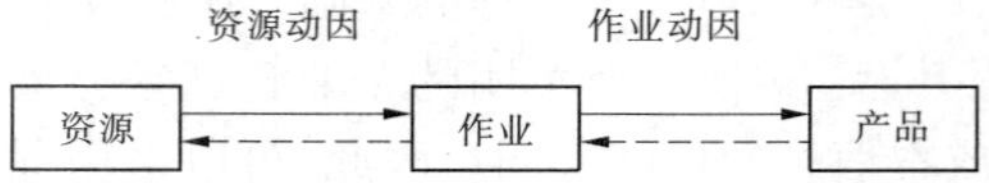

图 1　作业成本管理原理

二、煤炭企业应用作业成本管理的优越性和可行性

(一)煤炭企业应用作业成本管理的优越性

作业成本管理突破了传统成本管理把成本局限于生产这个狭小层面上的缺陷,把中心转向了企业整体战略这个更为宽阔的研究领域,提出了以"作业"为中心的管理思想,即作业管理。作业管理是把重心深入到作业层次的一种新的管理观念,强调成本动因以及由此引起的作业链、价值链的改善问题。为了降低成本,作业管理提出了有效的措施:消除不必要的作业,选择成本最低的作业,减少完成某项作业所需的时间或耗费,尽量实现作业共享,为降低作业成本创造有利条件,利用作业成本计算提供的信息,编制资源使用计划,重新配置未使用的资源。这些举措贯穿于煤炭企业整个生产经营过程,可使企业不断改进生产经营环境、逐步降低成本、优化生产系统。有利于企业进行正确的成本预测和决策,从而正确选择企业的经营战略,正确处理企业发展和加强企业管理的关系,提高企业的整体经济效益。同时,作业成本管理在继承传统成本管理经验的同时,还借鉴了国外先进的管理经验,此外,在管理手段方面,大规模地运用了电子计算机和各种管理软件,把具体工作人员从繁重的事务性劳动中解放出来,腾出时间和精力去从事成本预测和分析等工作。成本管理电子化不仅能加速会计信息处理,提高成本信息的正确性,还便于企业建立成本管理信息系统并将其纳入企业的整体信息管理系统中来,方便管理人员及时做出正确的决策。

(二)煤炭企业实施作业成本管理的可行性

作业成本法适用于自动化程度高和多品种生产的企业。尽管煤炭企业相对一般制造业而言,自动化程度较低、产品单一,但从成本管理角度看,由于原(选)煤生产过程可分为掘进、回采、运输、提升、通风、排水等环节,每个环节都要消耗一定量的资源,因此可把每个生产环节确定为一个成本中心。先按环节归集作业成本,实现作业成本的确认和计量,然后再把各环节的作业成本汇集到原(选)煤以计算最终产品成本,并在此基础上实现作业业绩的评价和考核。可见,把作业成本管理应用于煤炭企业的成本控制是可行的。

三、作业成本管理在煤炭企业实施的步骤

根据煤炭企业自身特点和现实基础,煤炭企业实施作业成本管理的步骤如下。

(一)辨识资源成本

资源成本是指为完成各个作业而发生的支出费用,包括人工费、材料费、折旧费、修理费、特殊费(安全费、塌陷补偿费)等项目。这些是现有原煤成本的主要明细项目,但是,

完成各个作业的成本目前尚未在会计账目中直接反映,需要详细划分、具体辨别。

(二)确认主要作业,划分作业中心

一个作业或作业中心就是生产程序的一部分,每一个作业就是成本核算对象。进行作业分析,确认主要作业,是实施作业成本管理的基础。作业成本系统根据煤炭生产的作业流程划分作业确定作业中心。由于煤矿集团的企业管理是分级分层次的,各级决策的范围和内容不同,运用的成本信息的程度不同。因此,可以采用混合方式来定义作业,主要有两种方法:第一,在部门内部划分作业。由于煤炭生产将资源消耗先按照各个部门如开拓队、掘进队、采煤队、通风队、安装队、机电队等进行归集,那么在成本核算时就根据不同的部门划分作业核算对象,如开拓作业中心、掘进作业中心、采煤作业中心等,辅助作业部门可划分为机电作业中心、运输作业中心、通风作业中心、巷修作业中心、钻机作业中心、机修作业中心、皮带作业中心等与煤炭生产有关的支持系统。第二,根据业务流程再划分作业项目,如开拓作业中心包括作业前准备、爆破作业、出矸作业、支护作业和修理作业等,确保资源准确追溯至成本标的并控制作业中心的成本。这样,向企业集团汇总时只反映流程作业的成本信息,而对煤矿内部可提供详细的信息。

(三)将归集的资源或投入成本分配到每一个作业中心的成本库中

成本库是指以某一成本动因解释其成本变动的成本。成本库是按作业中心设置的,每一个成本库代表它所属的作业中心所引发的成本。在煤炭企业中,由于开拓、掘进、回采三个主导工序分别由不同的区队组成,因此,同质作业的区队可以归入同一成本库,即同质成本库。同质成本库是指可以用一项共同的成本动因解释其成本变动的成本。这样可以减少成本核算的工作量。

(四)将各个作业中心的成本分配到原煤成本

按成本动因划分作业中心和分配各项生产资源,计算出各作业中心的成本。然后将各作业中心的成本分配到原煤成本,再平行结转到最终原煤总成本和平均成本上。

四、煤炭企业实施作业成本管理应注意的问题

总结作业成本管理实施的成功经验和取得的理想效果,煤炭企业在推行作业成本管理的过程中应注意以下几方面的问题。

(一)高级管理人员的支持和认可

由于成本管理涉及全体员工,并且不是一件令人欢迎的事情,因此必须由最高当局来推动。对企业领导层的要求是:重视并全力支持。作业成本管理系统的运行涉及面广,并需要一定的人力、物力、财力支持。最高管理当局的支持与否,是作业成本管理系统能否实施的前提,是成功实施作业成本管理的关键。

(二)推动组织再造

作业成本管理从某种程度上说是一项全员实施的工程,因为作业成本管理必须清楚企业运作的过程、作业成本核算体系的设计、基础数据的收集及改善行动,这些都需要全员参与,然后实施作业成本管理,成本在产品之间的重新分配和对作业进行的核算,不可避免地会导致对个人和组织绩效的影响,受到影响的组织和个人可能会抵触作业成本的实施。因此,推动组织再造是成功实施作业成本管理的重点之一。

（三）建立科学的管理制度

科学的管理制度是实行作业成本管理的基础和保证。只有实现了企业管理的现代化，才能有效地划分费用产生的环节和区域，才能准确地分析费用产生的原因和后果。只有企业管理实现了科学化，才能对成本信息的准确率要求得更高，才能使作业成本会计的实施具有客观保证。

实施作业成本管理，应制定相应的激励和考核制度。变革常常会遭遇抵制。通过提供必要的激励，引导员工支持并参与作业成本管理的设计和运行，并保证依据他们的业绩进行恰当的评价和奖惩，将有助于系统的推进。

科学的管理制度还要求有良好的企业文化，企业文化是员工的思想背景，包括他们共同的信念、价值观以及目标，一种强有力的企业文化具有清晰可辨的信念、价值观和目标。这样的企业文化通常表现为员工的高度投入与参与，长期雇用和一种团队意识。组织行为研究者认为，从长期来看，一种强有力的文化有助于计划的成功执行和不断改进。

（四）开发作业成本软件，加快与现有信息系统的集成

作业成本的实施离不开软件的支持。作业成本管理作为现代企业管理的一个重要领域，在企业中的应用越来越广泛。而在作业成本管理的实施过程中会涉及复杂的运算和大量数据的处理，如果凭借人工手动进行数据收集和处理显然是不合理的，也是不可能的，所以在此需要运用先进的计算机软硬件技术、网络技术，借助相应的设备和工具，设计和开发作业成本管理信息系统，实现数据的全面收集、快速处理和高效输出。在国内，财务软件普及率越来越高，而实施作业成本管理还需要处理作业成本数据与原有财务软件的衔接问题，目前还没有出现成熟的作业成本软件工具。作业成本管理的实施必须开发相应的系统软件，同时加快与企业现有信息系统的集成，以促进作业成本在煤炭企业规模化实施。

（五）加强对相关人员和相关内容的培训

作业成本管理适应了新制造环境，提出了新的管理理念和方法，是企业管理和成本核算的一次大变革。对管理层及全员进行有关作业成本管理设计、实施及系统有效性等方面的培训，并结合成功案例推广经验，使他们明白作业成本的概念并正确评价其优势，有利于激发大家的参与热情，这是满足企业进一步推行作业成本管理的知识保证。该培训对象不仅包括会计人员，还应对企业全体员工进行培训。对于运用作业成本管理的主要人员——财务人员，除了具备一定的财务知识，更好地运行作业成本管理，还必须掌握一定的生产流程知识，还需加大对生产流程认识的培训力度。

浅析煤炭企业安全费用政策的演变

陈晓光

一、背景

煤炭行业一直以来被认为是具备高风险、高投入、高回报等特性的产业，而煤矿安全问题也往往是公共生产安全中最为严峻的一个问题。新中国成立以来，煤炭企业在生产过程中对安全责任的认识不到位，对安全设备资金的投入不及时，给人们造成了矿难高死亡率和高损失率的印象。

安全生产费用（以下简称安全费用）是指企业按照规定标准提取在成本中列支，专门用于完善和改进企业或者项目安全生产条件的资金。为扭转我国安全生产基础薄弱局面，加大对安全设备资金的投入，加强安全生产教育，我国分别在2004年、2005年以及2012年对煤炭企业安全费用提取标准做出了规定（见表1）。

表1　2004～2012年煤矿安全费用提取标准变化表　（单位：元/吨）

项目	2004年	2005年	2012年
高瓦斯、瓦斯突出矿井	3～8	>8	30
低瓦斯矿井	2～5	>5	15
露天矿	2～3	>3	5

注：煤炭生产企业依据开采的原煤产量按月提取。

通过表1可知，财政部和安全监管总局在2012年对煤矿生产提取安全费用标准做出了全新的规定：高瓦斯矿井实行不得低于30元/吨的标准，低瓦斯矿井和露天矿分别实行不低于15元/吨和5元/吨的标准，同2005年的数据分别增加了275%、200%和66%。同时明确规定，安全费用按照“企业提取、政府监管、确保需要、规范使用”的原则进行管理，该费用应专户核算，优先满足与安全监察部门、行业主管部门对企业安全生产提出的整改要求或达到安全生产标准的支出，不得挤占、挪用。年度结余资金结转下年的使用，当年计提安全费用不足的，超出部分按正常成本费用渠道列支。主要承担安全管理责任的集团公司经过履行内部决策程序，可以对所属企业提取的安全费用按照一定比例集中管理，统筹使用。而对于安全费用的适用范围，相比较于2004年和2005年的标准（以下简称旧标准），2012年的新标准（以下简称新标准）规定了十大支出新范围。与旧标准相比，新标准更加系统、全面、具体地规定了安全费用在煤矿企业中的适用范围，避免了因界限模糊不清致使安全费用资金投入不到位等情况的产生。2004年旧标准规定了安全费

作者单位：中国平煤神马集团一矿财务科

用适用于煤矿安全建设中的安全硬件建设，而2012年新标准对煤矿安全宣传教育做出了新的规定，通过对企业职工安全教育，从意识上打好安全基础，加大教育宣传投入，对建立长期有效的煤矿安全机制有着极其重大的作用。

二、安全费用的合理性分析

（一）从安全数据上看，安全形势开端良好

国家安全生产监督管理总局数字显示，2000～2005年，全国每年矿难死亡人数在6000人左右，2005年后，逐年下降到了2011年仅有1973人（见图1）。

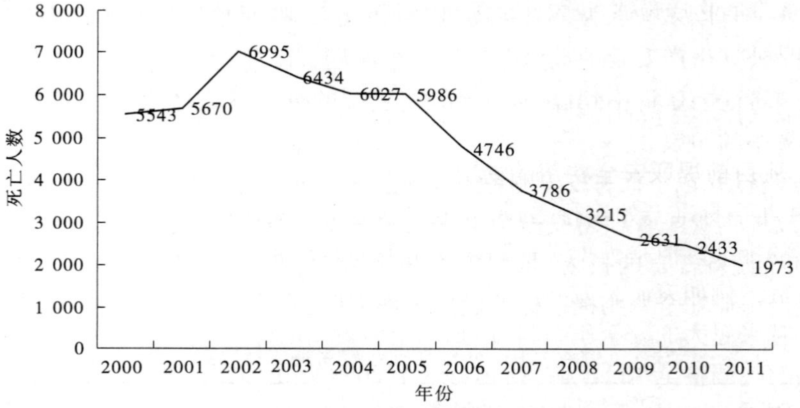

图1　2000～2011年全国矿难死亡人数

从图1中可以看到，由于从安全费用的资金投入到形成预期的安全效果具有一定的滞后性，在2004年旧标准实行初期，矿难死亡人数仍然居高不下；但是从2005年始至今，死亡人数有了非常明显的下降，这表明安全费用投入在煤矿安全生产中起到了关键的作用。根据国家煤矿安监总局最新的数字表明：2011年煤矿事故1201起，同比下降14.4%，重特大事故同比下降12.5%，百万吨死亡率同比下降24.7%。这都表明了目前我国的煤矿安全生产已经具备了良好的基础，事故发生率以及死亡率逐年下降，煤矿安全生产开创了良好的开端。

（二）扭转了安全费用不足的局面

国家通过设立法规政策，使得企业加大资金投入来购买设备，研发技术，要求企业对不合格的安全设备更新换代，对企业的安全资金来源提供保障，有效地开创了良好的安全基础，逐步扭转了我国煤矿安全生产底子薄、基础弱、意识淡的局面。据统计，2003年前，国家仅国有重点煤矿安全欠账就达689亿元，安全投入少，安全隐患大，矿难死亡率高造成了公众对煤炭企业高风险、高事故死亡率的不良印象。而到了2011年底，国有及国有控股煤矿累计提取安全费用2474.76亿元，使用安全费用2120.07亿元，累计提取安全费用超过百亿元的省有8个，基本上解决了安全欠账问题，并且使安全费用投入有了资金的保障。

（三）提高企业凝聚力和竞争力

为建立煤矿安全长效机制，在中央政策的指导下，企业合理地计提安全费用，支持对

适合煤矿生产新技术新设备的推广，提高采煤效率，增加废物利用率，对不符合安全标准的老设备和仍在服役的废旧设备进行更新、更换，提高了企业生产的技术水平、设备水平，为煤矿生产打下扎实稳定的安全生产基础。同时，在新标准的要求下，企业将继续加大安全教育宣传工作，建立安全教育基地，重视对职工的安全教育培训，培养职工的安全意识，使职工在实际操作中有章可循、有法可依，使得安全责任到人，制度深入人心。此外，企业还可利用安全费用建立应急救援机制，建立煤矿生产监控系统，把安全风险分散到各个细节，从而有效地控制安全隐患。

只有保证了生产过程中职工需要的安全环境，才能使企业职工建立良好的企业自信心，产生深厚的企业归属感，迸发出企业自豪感，上传下达，从而提高企业的凝聚力和行业内外的竞争力。

三、企业对安全费用提取的状况

（一）企业目前提取安全费用的情况

从2004年旧标准开始实行之际，各地根据经济发展情况和煤矿安全生产的实际条件制定了不同的标准。但是为了实现国家规定的安全生产条件，各地的标准均高于旧标准所规定的数额。例如衮矿8元/吨，而山西则达到了15元/吨。近年来，随着物价上涨，煤矿生产面临越来越大的安全压力，各地则制定了更高的标准。西山煤电于2010年将安全费用由30元/吨调整至40元/吨；靖远煤电于2009年由原来的8元/吨调整为20元/吨；皖北煤电集团的2009年度和2010年度安全费用提取标准也不低于33元/吨；中国平煤神马集团在其《专项费用管理方案》中也规定，安全费用计提标准将按35元/吨实行，且已实施多年。而2012年后国家安全费用政策改变后，面对复杂的地质情况，各大煤炭企业也将不断更换和淘汰煤矿安全设备。

随着国际经济发展形势渐缓，资金筹集难度陡增，而逐年增高的安全费用标准无形中占用了企业的流动资金，给企业资金管理短期内造成了一定的负担。2012年的新标准第十四条规定：中小微型企业和大型企业上年末安全费用结余分别达到本企业年度营业收入的5%和1.5%时，经当地县级以上安全生产监督管理部门、煤矿安全监察机构商财政部门同意，企业本年度可以缓提或者少提安全费用。这一规定虽然一定程度上缓解了企业的资金压力，但是仍然不能从根本上解决这个问题。

（二）国家税收政策变化的影响

2011年国家税务总局公告第26号规定：从2005年5月1日起，煤矿企业实际发生的维简费支出和高危行业企业实际发生的安全费用支出，属于收益性支出的，可直接作为当期费用在税前扣除；属于资本性支出的，应计入有关资产成本，并按企业所得税法规定计提折旧或摊销费用在税前扣除。企业按照有关规定预提的维简费和安全费用，不得在税前扣除。这一规定实施后，使煤矿企业提取安全费用时需要细化收益性支出还是资本性支出，不再全部享有税前扣除的优惠政策，无疑又给企业增加了交税压力。

（三）亟需建立长期有效的监管体系

国家在2004年旧标准实施以来一直未明确规定安全投入的监管部门职责以及行业企业职责，致使生产安全费用投入监管不到位，资金到位不及时、资金去向不明朗等严重问题。2012 年新标准的实施，对安全费用的监督管理内容进行了补充完善，分企业责任和监管监察部门责任两个层面。然而，为建立长期有效的监管体系，笔者认为应该加强审计工作，加大专业审计人员监督的执行力，安检人员应积极履行职责，不能只注重形式，应发挥其应有作用，在这一点上，我们还需要做出更多努力。

（四）安全费用投入潜在的优惠政策

前文提到，2011 年国家税务总局规定企业预提的安全费用不能税前扣除，这极大地削减了企业对计提安全费用的积极性。在迎接严峻的经济形势的同时，搞好生产安全工作是非常必要的，笔者认为若要调动企业积极性，国家应出台一些有利于企业提取安全费用的政策法规或者优惠政策，类似于“科研开发费用”的税前扣除一样，安全费用同样可以出台类似法规，以减轻企业资金负担，减轻社会承受负担，造福于社会，造福于人民。

四、结语

2012 年新标准对煤炭企业提取安全费用标准做出了新的高标准规定，对安全费用使用方向做出了全面的规划，不再局限于安全设备方面，更加注重于安全生产教育培训，安全重要性的宣传，灾害预防与隐患排查制度，对企业的安全生产发挥了极大的促进作用。但是为了面对当前严峻的经济形势，国家应出台更加有利于提取安全费用的政策，对企业予以指导鼓励，以提高企业的积极性。文中提到的仿效科研开发费用税法优惠政策或可对制定政策起到一定的参考作用。

对煤炭行业成本核算制度的思考

李　华

现阶段，我国煤炭企业实行的依旧是20世纪90年代原煤炭部针对煤炭行业当时的企业特点下发的成本核算方法，该成本核算办法历经20余年的发展，伴随着我国会计改革的深入，会计政策的变化，依旧保留了计划经济的色彩，已经与当前煤炭行业特点不相适应。以至于煤炭企业在对成本进行核算时都是"各自为政"，导致煤炭价格虚高，成本扭曲。

2012年2月，财政部为改进和加强企业产品成本核算，提高企业产品成本管理水平，促进企业和经济社会的可持续发展，在广泛调查研究的基础上起草下发了《企业产品成本核算制度(征求意见稿)》(财会便〔2012〕4号)。该征求意见稿第三十二条明确规定，除材料、电费等正常的直接制造成本项目外，还列出了停工损失、环境成本等支出，与2006年5月国务院宣布"煤炭工业可持续发展"政策(建立煤炭开采综合补偿和生态环境恢复补偿机制；强化行业管理，优化资源配置；完善安全生产责任制，提高安全生产技术水平；深化企业改革，完善煤炭成本核算办法；推进资源市场化管理，完善矿业权有偿取得制度；建立煤炭企业转产、煤炭城市转型发展有效机制)不谋而合。下面笔者就现阶段煤炭成本核算制度谈一下个人看法。

现行煤炭企业成本反映的只是煤炭制造成本，仅包括煤炭直接开采成本，成本项目开支偏低，不能真实全面反映煤炭在生产过程中的实际耗费。为理顺煤炭价格，形成新的煤炭价格链，很有必要将费用已经发生而没有汇入成本的隐性负担体现出来。

一、改变煤质成本核算方式，努力实现提质增效

目前，大多煤炭企业沿袭的是原能源部制定的核算办法，以原煤为成本核算对象，即无论企业生产的产品是否已经销售，都按照生产过程中产生的实际产品为核算对象。笔者认为对成本核算行为进行梳理，首要问题就是要解决是以原煤还是以商品煤为核算对象的问题。

原煤是指从地下采掘出的毛煤经筛选加工去掉矸石等杂物后的煤。商品煤是指按热值转化后的煤。两者最大的区别就是热值转换后量差问题导致的产品单位成本的差异。当成本对象是原煤时，即使不卖掉，只要被开采出来就会相应发生一定的费用，而商品煤是以销售量为基础，销售量和生产量之间自然存在差异。

以开采100吨煤为例，由于煤炭中存有矸石等其他杂物或热值低，那么在销售时，或许只销售了90吨，剩余的10吨煤折标下来且不说浪费人力物力运输上来，还要交各种税金，提取各种基金，造成煤炭企业成本流失严重。

作者单位：义煤集团新安煤矿

因此，通过折标成商品煤核算，会促使企业按照市场化要求，正确地处理好产量与煤质的关系，切实抓好煤质管理，努力实现提质增效。以商品煤来作为成本核算对象算出的单位成本也更符合煤炭企业的实际，因为商品煤可以更加全面地反映煤炭企业的成本，而不像原煤那样核算的只是生产制造成本。

二、注重安全成本管理，消除事故隐患

安全是煤矿最大的效益，事故赔偿、后期影响等要远远高于完善安全设施，强化安全管理的投入。就煤炭企业而言，安全成本产生于煤炭生产经营的全过程，是煤炭企业产品生产的一种附加性成本，我们可以把安全成本看成由“预防费用”（直接安全成本）和“事故费用”（间接安全成本）两大部分组成，其中，“预防费用”包括安全管理、安全技术成本和安全设备成本三部分，为了保证安全生产，需要采取安全管理措施进行安全管理监督活动以及相关的安全培训，安全装置的采购和安装等，这些投入在于提高企业系统安全性，预防各种事故的发生，防止因工伤亡，消除事故隐患和保证员工安全。而“事故费用”表现出来的是被动投入，是因为安全问题或安全水平影响生产而产生的损失，是企业为处理事故而被迫投入。

随着和谐社会建设和社会进步，对安全生产的要求越来越严，对安全的投入和支出也越来越高，目前安全投入占煤炭的成本已达20%以上，但由于与安全有关的费用没有单独核算，安全成本散见于固定资产、在建工程、流动资产、管理费用和营业外支出中，致使安全的技术先进性和经济合理性相脱节，从而使安全生产在安全工作中不能发挥更好的作用，为了加强安全成本的核算与管理，建议设置“安全成本”一级科目来归集煤炭企业的一切安全性支出，用于核算与安全相对应的内容，从而使企业注重安全生产，提高员工安全意识，保进企业效益最优化。

三、适应社会发展，增强环境成本意识

随着社会的进步和经济的发展，人们环境意识逐步强化，环境保护的法律、法规体系不断完善，这必然导致煤炭企业环境保护的投入和支出的增加，致使企业环境成本构成内容和数额的逐步增加。煤炭企业生产活动特点决定了煤炭环境成本随着开采年限的延长不断上升。这就要求我们对过去年度或当期环境污染而发生的环境成本的确认。其中，以前年度的污染就要求企业用新会计准则追溯到该环境事项发生的起始期，对企业以前年度损益进行调整。

现阶段煤矿企业在成本核算中，环境成本不仅分散而且发生额明显偏小：在原选煤成本表中列支了地面塌陷补偿费和环境治理费两项，在原煤产品制造费用表中列支了排污费和造育林费两项。在期间费用表中列支了绿化费一项。这5项费用在现行财务会计核算中，环境成本远未反映出来。同时，如此少的环境成本支出又分散列支，其信息“碎片化”，不能给人以完整系统的印象。

就矿山设计和开采来说，绝大多数煤炭企业没有将矿区环境治理和闭坑后的生态恢复等投入纳入生产成本。基于环境成本的特殊性，就要求我们对煤炭资源有偿使用，使矿产资源补偿金与矿区环境破坏成本相对应。以适应政府大力倡导保护生态环境与节约资

源能源的要求。

当前、煤价始终处于高位运行,煤炭行业因此被社会各界普遍认为是暴利行业。为了澄清社会各界将煤炭行业认定为暴利行业的误解,也为了更真实地核算煤炭企业的成本,就要求对煤炭成本实行全口径核算,对煤炭产品的成本核算延伸为“生产成本+煤质成本+安全成本+环境成本”,以适应煤炭企业发展需要。这不仅可以帮助企业明晰产品的成本构成从而促进企业的成本管理,还可以帮助政府了解企业真实的负担水平,从而正确地制定出可以兼顾企业和社会双方承受能力的相关政策。

国有资产境外投资风险规避问题浅析

阮朝刚

自“走出去”战略实施以来，我国对境外的直接投资迅速发展，快速成长的国有企业正以全球竞争参与者的雄心进入陌生的海外市场。然而，由于经验的缺乏和国际市场环境的复杂性，中国企业在进入海外市场的过程中也遭遇了许多困难与挫折。国企境外投资中的风险问题也更加引起各方的关注。

近年来，国有企业境外投资迅猛增长，据商务部统计，截至 2011 年底，中国对外投资累计额达 3220 亿美元，投资涉及世界 178 个国家和地区。有研究显示，过去 20 年里，全球大型企业兼并案中，真正取得预期效果的比例不到 50%。根据商务部统计，中国企业海外投资 65% 都陷入亏损。从案例分析的结果看，近年来我国企业海外投资利益受损的风险在于：工会及利益相关者风险、法律风险、环保风险、政治风险与文化风险。2010 年全国人大会议上的《政府工作报告》再次提出“‘走出去’的企业”要“规避风险”。政府工作报告中反复提及海外投资的风险问题，凸显这一问题的迫切性。在当前，海外投资特别是跨国并购已成为中国企业的“高危游戏”，损失率之高已大大超过国内市场上的正常水平。国际上一次次投资失败的案例提醒我们，境外投资有风险，进行投资须谨慎。我们有必要重温王岐山副总理针对中国企业的海外并购冲动发出的明确警告：你吃得下来？管得了它吗？你对自己的管理能力有把握吗？分析过双方的文化差异了吗？了解当地的工会劳资关系吗？

一、要高度重视制度环境中政策法规

中国企业在进入境外市场的过程中必须高度重视制度环境中政策法规等调节机制的影响，尤其要特别注意东道国对外资的限制性政策法规，采取灵活变通的进入策略进入当地市场。当前，中国企业正处于国际化高速发展的新时期，以获取国外品牌、渠道、技术和自然资源为目标的并购活动此起彼伏，这很容易引起东道国的警觉，并加强对中国企业的限制。中国企业应该在国际化过程中学会国际化，不断提升跨国管理能力，既要抓住时机，大胆进入，又要善于规避政策法规的限制，选择切实可行的进入模式达成企业的目标。

二、应高度重视非正式制度

中国企业应该高度重视非正式制度特别是文化差异对进入模式选择的影响。非正式制度虽然不具有强制性，但其影响不容忽视。如果缺乏对东道国文化风俗、价值观和行为方式的理解，跨国企业在当地的运营会面临很大的困难。中国企业由于国际化经验不足，往往忽视文化差异对进入模式选择的影响，这会直接影响子公司的经营绩效或导致企业

作者单位：中国平煤神马集团国际贸易有限公司

内部的文化冲突。联想收购 IBM 的 PC 业务即面临文化整合的问题，导致企业经营绩效的下滑。因此，中国跨国企业应该重视对东道国文化风俗、价值观和行为方式的研究，将文化差异作为一个重要变量纳入进入模式决策之中。

三、投资前要做好尽职调查

评估风险产生的根本原因是跨国并购双方信息不对称，因此企业在跨国并购前应该尽量对目标企业进行详细审查。从审查人员构成上，应该由并购专家、律师、注册会计师等各种背景的成员组成专家团，协助企业对目标企业进行审查，出具独立的审查报告。从审查内容上，应主要包括财务审查、法律审查、公司管理状况调研、业务调查、其他方面调研，包括历史沿革、政府关系等。此外，还应该利用好当地权威的咨询机构，以及我国驻外使馆、国际商会等分支机构，从多渠道获取信息，尽可能准确评估目标企业价值，降低评估风险。

四、必要时采用隐蔽方式并购

目前，世界上主要的对外投资直接方式是基于海外跨国并购。中国应该转变海外并购策略——大型国企为主的海外资源并购转向民营企业和中型国企出手并购，以淡化"国家色彩"。同时，可以充分利用境外已取得实际控制权的私募股权基金，由这些私募基金收购其他国家的资源型、能源型企业股权，借此来控制海外资源型企业。这样隐蔽的并购方式，从政治角度讲，相比我国资源型国企直接收购外国能源企业会更为容易。使用这种隐蔽的投资方式，在我国可以用于海外投资的资金日益增多现实条件下，会越来越有必要，也越来越能发挥其优势。

五、制定投资战略规划，着眼于长远发展

直接投资对于优化资源配置、引进先进技术、实现规模经济、促进生产与资本的迅速扩张，都是非常有效的手段，但是潜在投资机会并不会自动实现为真实收益，全面、明晰的战略规划是转化的关键因素。中国企业海外投资之前一定要对投资目标做充分的尽职调查，全面评估各种风险；在确保投资目标与企业整体发展目标一致的前提下，制定长远的战略规划，明确投资目标未来的发展方向，同时充分考虑交易后的整合计划。

六、选择合适的融资方式规避汇率风险

要最小化汇率变动的风险，就要灵活正确使用各种融资技巧。比如利用目标公司所在国的金融市场及国际金融市场进行融资，采取杠杆收购方式进行并购；还可以在外汇市场上运用货币互换、远期汇率协议、期货交易与期权交易等工具减少因汇率变动带来的汇率风险。2011 年，央行启动人民币境外直接投资试点，国内企业境外并购时，可以和目标企业在充分协商的基础上，使用人民币作为支付货币。

七、高度重视并购后的整合

有研究表明，在全球范围内，80% 左右的投资失败直接或间接地归因于并购后整合

的失败。与国内并购相比，境外并购除了业务、技术、人员、经营理念等方面的差异需要整合外，还有更复杂的政治、经济、文化、制度等方面的差异需要整合，这加大了整合的难度。企业在整合上要处理好三个问题，一是人才整合，二是管理整合，三是文化整合，在整个过程中要充分重视劳资问题和当地政治文化环境，通过有效的整合实现技术管理的协同效应。

八、加强境外投资监督管理

一是国资委依法对境外投资进行监督管理，督促企业建立健全境外投资管理制度，引导企业防范境外投资风险，指导企业之间加强境外投资合作，避免恶性竞争。二是企业应当根据企业国际化经营战略需要制定境外投资规划，建立健全企业境外投资管理制度，提高决策质量和风险防范水平，组织开展定期审计，加强境外投资管理机构和人才队伍建设，加强对各级子企业境外投资活动的监督和指导。三是企业应严格执行内部决策程序，做好项目可行性研究、尽职调查，发挥境内外社会中介机构和财务、法律等专业顾问的作用，提高境外投资决策质量。四是企业应当加强境外投资风险管理，收集投资所在国（地区）风险信息，做好对风险的定性与定量评估分析，制定相应的防范和规避方案，加强风险预警，制定突发事件的应急预案和风险发生后的退出机制，做好风险处置。

国有资产境外投资是我国企业发展自主创新、开拓市场、谋求发展的需要，是使新兴的科技成果走向国际的重要桥梁，是促成高技术成果与国外经济联姻的红娘，是发展新兴产业的导向。实践证明，“走出去”战略确已成为“关系我国发展全局和前途的重大战略”，迅速发展的对外直接投资对于我国改革开放的深化和更公平地参与经济全球化进程有长远的战略意义，伴随着对外投资而来的海外利益则对维护和实现我国的发展利益更具有极为重要的现实价值。需要予以高度关注的是，国有资产境外投资具有系统性、复杂性、艰巨性和渐进性，虽然我国国有资产境外投资监管在理论上取得了重大突破，在实践中也取得显著成果，但仍任重道远。中国海外投资在迅速增长的同时，其所面临的风险也在迅速累积。因此，必须高度重视投资的风险规避，进行风险投资制度创新，完善相关的法律法规，整合国有企业资金、人才以及资源等方面的优势，快速提高企业对外投资能力和国际化经营管理能力，进一步完善监管体系，推动、保障国有资产境外投资又好又快发展。

国有资产省外投资风险规避与利益监控问题研究

左 伟

目前,国有企业基本上都是骨干企业,为地方经济发展做出巨大贡献,因此深受当地政府的扶植,但到省外投资,失去地方保护后就会遭遇诸多风险,但只要深入实地认真调研,掌握当地各种政策,了解政风、行风,严格内控,规范运作,坚守国有企业的社会定位,不唯利,就可以消除或规避这些风险。

国有资产利益监督要从国资委(局)做起,做好国有企业的定位、考核和监督,强化董事会、监事会、财务总监职能,并全面开展厂务公开,将监督置于阳光下,并健全法律体系,依法治理。

出于资源、成本、管理等诸多因素,许多企业会向外省拓展,到省外投资会面临诸多风险,如何规避国有资产省外投资风险和利益监控呢?

一、国有资产省外投资风险规避

(一)省际政策风险及规避

1.省际政策风险

分税制把更多的权力转移给地方政府,导致地方自主权迅速扩大,地方政府也有了相对独立的经济利益。在自身利益的驱动下,地方政府积极发展本地经济,出台各自的招商引资优惠政策,为了形成所谓政策洼地,颁布的政策往往省与省不同,省政策与国家政策也不符,有时甚至严重越权,但中央也无可奈何。如在探矿权投资入股方面,有的省份可以以探矿权投资入股,如广东省、河南省;有些省份则不许投资入股,如山西省。

2.省际政策风险规避

在投资前不仅要熟悉国家有关政策规定,还要掌握该省政策与国家政策的差异,熟悉该省对企业欲投资项目的各种明文政策和不成文土规定,从而明了企业的处境与位置,进而规避掉省际政策风险。

(二)地域政风、行风风险及规避

1.地域政风、行风风险

有些地方重招商,轻安商,开门迎客,关门拔毛。开始时政府很热情,可企业进来后,刁难、吃拿卡要的就出现了。或者初期能享受各种优惠甚至减免政策,一旦项目建成运行,各种名目的收费、罚款就一拥而上。

有些地方甚至失信违约。由于政府领导的换届、政策变化、政府办事不规范、承诺不

作者单位:河南神火煤电股份有限公司财务部

兑现甚至有些政策在法律法规上本来就站不住脚而无法兑现等因素导致“政府失信”，也会让企业吃不少苦头。由于是政府违约，国有企业就是胜诉但执行判决也难。

有些地方办事效率低。政府层面往往是“上热下冷”，上面强调改善投资环境，但在一些具体问题的操作过程中，政府的中间层不时会出现“梗塞”，门难进，脸难看，服务态度不好。

2. 地域政风、行风风险规避

一个地方的政风、行风一般都有连贯性，事前通过不同角度调研该地的政风、行风，从而判断出企业对该地的政风、行风能否承受，能否抵制住不良风气，进而规避风险。

（三）管理风险及规避

1. 管理风险

辰州矿业自2007年上市以来，除在湖南省内主导金锑钨矿的兼并收购外，还不断向甘肃和新疆等地拓展，然而，对外投资却屡屡受挫。公司将此归咎于探矿效果不理想或生产不正常。但据分析人士指出：探矿技术应该是没问题的，主要是内部管理方面存在问题，风险控制不严格，没有经过充分的认证就拍板投入巨资进行收购勘探，导致勘探效果大大低于预期。

针对辰州矿业对外投资接连受损，湖南证监局在对公司进行现场检查后，于2010年11月10日向辰州矿业发出《责令改正书》，指出公司存在“三会”运作不规范、募资未达预期、董事会权力过大和对外投资缺乏严格评审程序等内部控制问题。

2. 管理风险的规避

企业应该制定完善的内控制度并严格执行，运用信息技术加强内部控制，建立与经营管理相适应的信息系统，促进内部控制流程与信息系统的有机结合，实现对业务和事项的自动控制，减少或消除人为操纵因素。同时规范运作董事会、监事会、股东会，各行其责，各负其责。

（四）逐利天性隐藏的投资风险及规避

1. 逐利天性隐藏的投资风险

资本具有逐利性，总是流向投资报酬率高的行业和企业，为了追逐热门行业的高利润，一些国企不局限省内，纷纷去省外“开疆拓土”，改弦更张，偏离核心主业投资其他行业，介入多元化经营领域，特别是前期频频流向以房地产业为首的一些热门行业，以求投资回报更快、利润更丰厚，但也导致企业面临较大的产业政策风险。随着国家宏观经济政策的调整，热点行业首当其冲受到压缩，从而导致企业处于风险之地。

2. 逐利天性隐藏的投资风险规避

国有企业从其开办之时就不是或主要不是为了盈利，而是为了实现国家调节经济或其他国家政策，为了国民经济的总体和长远发展或其他方面的国家和社会利益。因此国有企业不能只注重盈利而忽视其政策性使命，要围绕核心主业来投资其他行业，投资其他行业是为主业服务，是主业的产业链的延伸和深化！

（五）其他风险及规避

企业投资风险除上述四项外还存在利率风险、汇率风险、购买力风险、市场风险、技术风险、融资风险、经营风险、财务风险、人力资源风险等，但对于国有企业来说，作为各地的骨干企业,都是各级政府的宝,受当地政府的全力扶植,因此上述风险都是可控的,也是容易规避或解除的,不再详述。

二、利益监控问题

多年来,国有企业改革的重点在"放权让利"、加大对经营者的物质激励和增强其工作动力上,虽取得很大成效,但也存在明显的局限性,突出表现为贪污腐败现象时有发生和国有资产的大量流失。据2011年中国企业家犯罪报告,2011年国企高管贪腐金额平均数是2010年的3倍多;2009年我国可统计的落马国企企业家有95位,2010年上升到155位,2011年则突破200,也在警示着除规避国有资产投资风险外,还要更好地做好国有资产监管!

(一)合理确定国资委(局)的职能范围和权、责关系及严格行使监管

国资管理机构作为所有者代表,承担其保值增值的管理监督责任,因此,国资委(局)虽然不能对企业经营层的经营直接干预、过度干预,但是又必须按照有关法律法规对企业的重大经济活动进行监督和审批、核准,并委托有资质的专业机构对国有企业进行定期审计和监管,并对企业受托层实施严格的离职审计,从而保证国有资产利益不受损害。

(二)合理划分不同功能的国有企业类型,科学确定不同类别国有资产管理运作的控制方式与目标要求

通过制定不同的国有企业发展目标、资产责任目标及其他经营管理目标责任体系,制定不同的企业行为规范,对不同类型的国有企业实行不同管理方式,适用不同的监控约束机制。

(三)强化董事会、监事会、财务总监

强化董事会的权责及监督。董事会作为公司法人的代表机构,整体承担受托责任并实行集体决策和个别承担决策责任的运作方式,按照多数原则来保证公司决策符合股东的基本利益。但现行"法定代表人"的有关规定,客观上形成企业最高委托权力与责任的特定代理人控制和事实上的集权管理。因此要对董事会的运行进行监督,避免一言堂,做到群策群力。

强化监事会职能,要切实解决三个问题:一是其职责、权限的科学定位;二是组织机构健全,要有专职监事、专职主席和专业素质人员;三是要强化考核,对监事会及其成员的任期职责、绩效进行定期考核、评价与奖惩。

强化财务总监监督职能,财务总监是公司董事会对经理运作系统实施监督控制的职能设置,执行企业财务管理监督、参与重大决策等职责,还可实行大额资金运用的总经理与财务总监"联签制度",以直接保证财务信息、资金运用与管理等重大事项的董事会控制。同时,对公司下属企业财务管理的监控,亦可采取财务总监甚至财务主管"下派一级"的"链控制"方式,从而维护国有资产利益。

(四)全面开展厂务公开

将国有企业管理层的权、责、业绩考核等内容公示,让广大干群及时了解厂情,更好地参与企业决策、管理和监督,将监督置于阳光下,从而维护国有资产利益。

(五)健全法律体系

以健全的法律体系为保障,形成监督约束的制度机制。健全法律体系,具体细致地规定经营者对企业所负的各种责任和义务以及有效追究经营者责任的法律手段和程序。

国有资产投资风险及防范措施

杨　敏

随着科学技术不断发展以及市场竞争的日益激烈，企业生命周期的缩短，企业发展的不确定性加剧，迫使企业寻求新的出路。有些国有企业为了摆脱困境，搞多元化投资，有些国有企业为追究利益最大化进入风险高的行业领域，有些国有企业为了抢占市场，扩大产业规模等进行了一系列投资。多方面的原因造成国有资产严重流失，社会资源严重浪费。

一、国有企业对外投资存在的主要风险

国有企业投资的主要风险有投资项目的风险和自身经营管理的风险，按照风险发生的要素主要分为战略风险、投资风险、融资风险、财务风险、法律风险、项目运营风险、内部管理风险等。

（一）战略风险

企业战略是企业以未来为基点，为寻求和维持持久竞争优势而做出的有关全局的筹划和谋略。在经济全球化，技术日新月异，新的经营方式不断涌现及信息交流过程发生根本性变革的背景下，战略管理越来越显示出其重要性。如果企业战略定位不准、发展规划和长远目标不切实际，业务选择出现偏离等将导致风险。

（二）投资风险

投资风险主要表现在以下几方面：一是决策风险，指投资缺乏严格的决策程序，或对投资项目论证失真，对投资对象的价值评估与定价失真导致决策失误。主观方面，可能由于评估人员知识背景和能力局限，对项目技术可行性、财务及投资报酬预测判断不准确，导致对项目的错误选择；客观方面，主要是信息的不对称以及未来不确定性导致的风险。二是环境风险，指投资的外部环境发生变化产生的风险，表现在政治环境、经济环境、市场环境、技术环境等方面。三是政策风险，因宏观经济与产业投资政策，管理体制、规划的变动，税率、利率、汇率变化或行业专项整治，双边或多边贸易摩擦等影响导致的风险。

（三）融资风险

主要考虑融资的结构风险，成本风险，信用风险和偿债能力风险等。如债务的长短期结构与投资期限不匹配，或因融资成本过高，导致投资效益低下。

（四）财务风险

财务风险指因财务管理不善而造成的风险。主要是在投资收益、现金流量、成本费用控制等方面出现的风险或不确定性。如投资周期长，前期投入资金大，资金回笼缓慢等。

（五）法律风险

外部法律环境发生变化或由于企业自身内在法律主体未按照法律规定或合同约定有

作者单位：河南煤化焦煤集团财务处

效行使权利、履行义务,而对企业造成负面法律影响。

(六)项目运营风险

如果立项的可行性研究不到位,决策不当,可能导致难以实现预期效益或项目失败;项目招标暗箱操作,存在商业贿赂,可能导致中标人实质上难以承担工程项目;工程造价信息不对称,概预算脱离实际,可能导致项目投资失控;工程监理不到位,可能导致工程质量低劣;资金不到位,可能导致进度延迟或中断;竣工验收不规范,把关不严,可能导致工程交付使用后存在重大隐患。

(七)内部管理风险

因管理流程不完善,制度执行不力,激励机制欠科学,监督约束机制不严,监督不力造成管理失控等。

二、投资案例简要分析

(一)投资失败案例分析

纵观中国很多垮掉的企业,在于它的投资太多。企业把钱东投西投,遵循着"东方不亮西方亮"、"鸡蛋不能放在一个篮子里"的道理,投资了很多领域,哪些领域赚钱,就投到什么地方。投资与主业无关、不熟悉的领域会拖累企业。譬如四川长虹的多元化进程。

1985 年	1997 年	1998 年	2000 年	2004 年
引进最后一条彩电生产线	进军空调、VCD 行业	进入化学、电源行业	投资数字视听网络产品	形成 13 大产业群

虽然长虹集团遍地撒网、多方位投资,但彩电和空调仍是其主要收入来源,反而费用与收入的比从 4% 上升到 12%,资产收益率也仅为 0.68%,远低于彩电行业的 2.46% 和空调行业的 3.3%。最后承担着 37 亿元的巨亏,以失败而告终。

(二)投资成功案例分析

"娃哈哈"纯净水就是非常具有代表性的成功案例。"娃哈哈"纯净水定位就是水,只要保证自己所生产出的"娃哈哈"矿泉水是干净、卫生、能解渴就行了。当然,其他品牌的水也可以和它竞争,在浙江"娃哈哈"的市场份额并不是最高的,但是走出浙江,它的天地就无限宽广。它为了打败其他的竞争对手,选择的途径就是两个:第一,降价。第二就是销地产,在销售的地方生产,以降低成本。"娃哈哈"在湖北、广安、黑龙江、西北都开设了分厂。在这些地方,其他的品牌就无从与"娃哈哈"竞争了。全国最多的就是"娃哈哈",这就是它成功的原因。它已经在纯净水方面形成了寡头垄断。

三、加强国有资产投资风险控制机制

长虹、TCL 家电企业至今一蹶不振,源于当年战略决策失误而巨亏;新加坡中航油炒作石油期货濒临破产,其根源在于企业内部控制机制失灵。这些案例引起了国民对国有资产管理及安全的担忧。原国资委主任李荣融提到"企业最大的本事就是化解风险。"风险管理与控制已成为现代企业重点研究的内容,对于国有资产及国有企业经营来说,风险管理也是实现资产安全保值增值的重要保证,所以在国有资产投资主体的培养与建设中应当将风险管理作为重要方面，在投资管理决策的整个过程中将风险意识摆在突出位置。

（一）要建立国有资产投资风险的管控机制

国有资产投资主体作为独立法人，以公司制实施内部治理，既担负投资经营确保资产增值义务，也要承担投资失败带来的风险，以往不注重投资效率、投资浪费或投资失败造成的损失无人问责的状况也要改变。

1. 完善风险管理组织机制

提高全面风险管理能力，首先要有完善的全面风险管理架构。设立独立的风险控制部门，也可将风险控制职能纳入现有的职能部门，如内审部、法律部等。建立由审计委员会、内审部、法律顾问部、财务部及各子公司内设风险管理组织体系，明确风险管理职责，制订公司风险控制制度，建立健全风险防范、监控体系。对企业经营管理活动的各类风险进行管理，对公司风险状况和风险管理能力及水平进行评价，提出防范建议。

2. 明确投资主体承担风险的责任

作为一种约束机制，有利于投资决策者树立风险意识，规范投资决策过程。

3. 建立风险评估和分析机制

根据企业内外部环境的变化，对企业所面临的风险进行风险辨识、风险分析和风险评价。建立风险预测系统，运用风险管理技术，通过定性分析、定量分析手段进行预测分析，量化风险。

4. 建立风险预警机制

明确风险预警标准，确定预警线，建立科学的风险预警系统。对可能发生的重大风险或突发事件，制订应急预案，规范处理程序，以确保突发事件的及时妥善处理。

（二）加强对投资项目可行性的研究

国有资产投资效率低下一直困扰着经济发展和产业结构优化，对投资项目缺乏科学性、系统性、可行性研究造成目前国内经济中部分行业投资过热、重复建设，生产性企业产能过剩、浪费严重；而部分行业由于投资回报期长、规模大、技术复杂等造成投资不足，产业结构不合理。所以，在进行投资决策时，既要依据国家宏观经济政策，对所投资的行业及其外部环境进行系统分析和可行性研究，又要立足长远战略，注重投资的长期稳定回报。

（三）根据企业自身条件，选择最适当的投资方式

企业应根据本企业资金情况、人力资源情况、运营经验情况等自身条件，选择最适当的投资方式，以达到投资资金效率的最优化。

几种不同投资方式的比较见图1。

（四）规范投资决策和投资实施过程

任何投资决策和投资实施都有过程（如投资前期的调研分析、专家报告、可行性分析等）以及投资实施过程中的监管（如项目实施质量、工作时间、财务审查等）。投资决策和实施过程的每一个环节出现问题都会影响投资的最终效果，给投资主体带来损失，所以投资决策和实施过程中每一个环节都存在风险。

对投资要做到“事前预防、事中控制、事后总结”，具体来讲，首先投资主体的投资活动要按计划方案有步骤实施，并依客观情况作必要调整，对投资项目进行追踪管理与控

合资建厂	独资建厂	兼并收购当地公司
总体资金及人力投入不大；可以利用合资方信息和渠道优势；几种方式中风险最小	完全的控制力；独占在利润收益	现在的设备和熟练工人；可迅速移植新产品；现在的销售渠道；可迅速打入当地市场
对公司的控制力稍弱；存在由于合资双方管理风格、价值观等方面不同而带来的合作失败；寻找合适的合资伙伴较难	成本高；政策限制；渠道困难；风险大	成本最高；价值观和文化差异带来的管理难度最大；风险最大；寻找合适经营管理者困难

图1　几种不同投资方式的比较

制，尽可能排除不确定性因素干扰；其次加强对投资实施后的后续分析与评价，比如将实际回报收益与预期收益作比较分析，分析差距原因；最后提出风险管理策略。

后危机时代大型煤炭企业低成本战略应用研究

王　爽

自2008年下半年以来,受国际金融危机的影响,全球主要经济体遭遇重创,如今全球经济逐步渡过金融危机的恐慌而进入"后危机时代"。世界经济的不确定性和不稳定性对我国经济特别是煤炭行业冲击很大。本文试就大型煤炭企业在后危机时代如何实施低成本战略应对危机予以探讨。

一、后危机时代对我国煤炭企业的影响

目前,经济下行压力导致国内煤炭需求骤降,煤炭市场呈现供大于求格局,买方市场态势明显。大型煤企效益下滑,经营风险增加:综合售价快速下降,库存压力迅速上升;应收账款大幅增长;油价、电价、煤矿安全投入、劳动力成本增加等增支因素使得煤企成本呈现刚性上升态势,企业效益下滑严重。面对这样的现状,煤炭企业需要重新审视和调整自己的发展战略

二、实施低成本战略的理论和现实意义

企业在市场竞争中有三种基本的竞争战略,即低成本战略、差异化战略和集中化战略。通常情况下,大型煤企可同时选择上述三种战略作为组合,利用各种发展战略不同条件来调整竞争要素。考虑到煤炭是刚性需求,弹性系数较小,本人认为应优先选择低成本战略作为自身积极参与市场竞争的发展战略。

(一)低成本战略的内涵

所谓低成本发展战略,是指企业在提供相同的产品或服务时,通过在内部加强成本控制,在研究、开发、生产、销售、服务和广告等领域内把成本降低到最低限度,使成本明显低于行业平均水平或主要竞争对手,从而赢得市场占有率或利润,成为行业中成本领先者的一种竞争战略。

(二)实施低成本战略的现实意义

(1)实施低成本战略是煤炭企业落实科学发展观的需要。对企业而言,有什么样的发展观,就有什么样的发展道路、发展模式和发展战略,最终会对企业自身和社会产生根本性的影响。大型煤炭企业只有采用低成本发展战略,才能保证企业的发展同资源消耗、企业与自然的协同进步有机联系起来,在最低成本基础上得以全面发展、协调发展和可持续发展。因此,采用低成本发展战略是企业落实科学发展观的现实需要,是客观存在的必

作者单位:平煤神马集团创投公司

然选择。

(2)实施低成本战略是大型煤炭企业基于自身特点谋求发展的内在需要。低成本战略的实施是在保持产品价格和消费者剩余不变的条件下压缩企业综合经营成本,进而提高企业竞争力。我国大型煤炭企业都有着自身的产业集群,相对市场占有率高,战略用户多也较为稳定,核心竞争力明显且发展后劲强,低成本战略的实施恰恰能使这些优点发挥得淋漓尽致。

(3)实施低成本发展战略是大型煤炭企业积极应对经济危机挑战的需要。大型煤炭企业实施低成本战略的主要优势体现在:第一,当大型煤炭企业以低价格占领或进入市场的时候,其竞争对手只能被动地降低价格来抵抗冲击,而大型煤炭企业却能低价获利;第二,靠低成本占领市场的企业已经拥有相当大的规模和成本优势,行业潜在进入者除非有很强的实力或在技术上绝对领先,很难在煤炭行业中站稳脚跟;第三,成本领先的煤炭企业都在借助国家和地方政府的政策扶持不断扩大产能,从而在供货源头有很强的议价优势和能力;第四,成本领先煤炭企业的产品价格在同行业中很低,而其他企业在成本上不具备明显优势,降价空间不如成本领先企业。所以在与购买者讨价还价的时候,成本领先的煤企有较大优势;第五,在面对新能源替代品的竞争冲击时,成本领先企业可以在保证盈利的前提下降价,维持市场吸引力,在这点上,低成本企业比其他企业更具竞争优势。因此,面对经济危机的负面冲击,大型煤炭企业如想提升自身实力,就要坚定不移地实施低成本战略。

三、实施低成本战略的措施与对策

(一)改变经济发展方式,提高运营水平

首先,在煤炭市场价格滑落、需求减弱的市场环境下,重新确立市场定位,优化煤炭产品结构,在保证安全生产的前提下,生产适销对路的产品,保证并适度扩大市场占有份额,对于市场暂时不需要的煤炭产品要减少生产,最大限度创造企业价值。其次,要调整产业结构,提高盈利水平。结合销售情况对产品的盈利能力进行认真分析,及时进行必要的产品结构调整,对缺乏竞争力的辅业要果断处理,使煤炭企业将有限的资金、人才资源用在对企业发展最有利的产业中去。再次,要不断调整营销理念,稳定市场份额,全面关注市场动态,跟踪电厂、钢铁市场,捕捉厂矿现场库存情况,及时掌握煤价变动规律,根据市场来定价和发货,提高整体营销运营水平和效率。

(二)加强整体成本管控,强化资金监管,提高资本运营管理水平

(1)加强物资采购管理,降低物料消耗。应建立材料物资集中采购制度,实行招标比价采购,做到质优价廉,提高采购性价比;建立优质优价、稳定可靠的供应渠道,准确把握市场动态,及时判断供求关系,合理确定原料库存;采购部门应根据单位实际情况核定经济批量,降低采购成本,同时及时跟踪、掌握市场信息,控制并降低采购价格;降低综合成本。

(2)加强人力资源管理,控制劳务成本。应深入推行市场化劳动用工制度改革,采用人事代理、劳务输出等多种用工形式,优化配置,合理用工,减轻企业负担。

(3)优化工艺、管理流程,提高效率。坚持以市场为导向,以提高效率为中心,进一步

优化岗位设置、部门设置,优化业务流程,优化管控节点,通过管理流程再造,促进企业管理效率的持续改善,不断降低管理成本。

(4)严格控制资本性支出。严禁对超计划工程、超概算工程的资金投入。暂缓非生产性项目的投资,生产项目的投资要分清轻重缓急。折旧资金重点用于工艺优化,用于产品结构调整,依托技术革新和技术进步,努力改进产品质量,降低成本消耗,合理处置、积极盘活废旧闲置资产。

(5)做好预算管理。预算是一种系统的方法,用来分配企业的财务、实物及人力等资源,以实现企业既定的战略目标。通过预算来监控战略目标的实施进度,有助于控制开支,并预测企业的现金流量与利润。

(6)加强资金管理。第一,通过扩大适销对路的煤炭产品销售及积极的货款回收政策,从主源头上增加资金供给;第二,强化财务资金管理,严格资金使用范围。坚持以销定产,优化库存,减少资金占用,加快资金流转,提高资金利用效率。加大清欠力度,降低应收、预付账款余额,将应收款项回收与各业务部门的绩效考核及奖惩挂钩,切实降低经营风险;第三,通过合理的筹资策略多渠道融资,有效降低资金使用成本;第四,切实加强现金流管理。加强资金管理的信息系统建设,运用信息化手段实现对所属各级子、分公司资金的实时监控和管理。

(三)积极推动规模化经营和煤与非煤一体化经营

我国煤炭行业的规模化经营和一体化经营已经是个必然的趋势。面临疏散化的市场主体,构建以市场为焦点的成长机制,煤电一体化、煤焦一体化、煤运一体化和煤化工一体化,争取以市场化推动煤与非煤的一体化经营,这种前向一体化对大型煤炭企业能大大降低成本作用和平衡市场供需。

(四)加强新能源等煤炭产品替代品的研究

采取低成本策略并不意味着保守的控制支出,而是在成本可控的基础上进行市场拓展,大型煤炭企业在进行传统煤炭商品市场运营的同时,要加强新能源的研究,如太阳能、风能、核能、水能和生物能等新能源领域的研究对于煤炭企业长期保持成本领先有着非同一般的意义。可以说,谁先掌握了新能源的开发主动权,谁就在煤炭行业内保持了相当程度上的成本领先主动权。

综上所述,大型煤炭企业应该采取低成本发展战略,多角度、多领域、多层次地进行规划和部署,以便控制综合成本,使得企业在市场竞争中保持核心优势,从而更能变危为机,走在行业的市场前端。

基本建设项目的财务管理、会计核算等问题研究

李若峰

基本建设项目管理是企业基础管理的一部分，是公司从筹划、投资、发展、壮大、循环的一个基础，而其中的财务管理及核算是项目管理中很重要的一个环节，它以国家的法律、法规为依据，对基本建设项目中的经济业务进行核算，反映全面真实的会计资料，以利分析和监督，提高项目投资的经济效益。尽管基本建设项目财务管理与核算极其重要，但是，中国在经济改革的过程中，由于制度的滞后性，基本建设财务管理及核算仍然存在一些问题与不足，现与大家探讨，以寻解决之道。

（1）会计人员对当前基本建设项目的会计政策了解不多，业务不熟。这主要是因为，中国处于经济改革的时期，一些经济法规已不能适应经济发展的需要，会计政策也是如此，比如，基本建设的制度有《国有建设单位会计制度》、《国有建设单位会计制度补充规定》等，由于会计要与国际会计趋同，《新会计准则》基本上取代了原来的会计制度；基本建设会计不常用，没有引起重视。建议财务人员自觉学习研究基建会计制度，新企业会计准则，严格内部控制，形成良好会计监督。

（2）会计科目设置不规范，会计核算不准确，给项目投资的审计与决算带来很大的难度。在一些项目核算过程中，单个项目没有单独建立明细账，而是好多项目合在一个项目里核算。以煤矿行业为例，按照新的会计准则规定，基本建设项目核算一般设置以下一些科目：工程物资；在建工程—土建工程；在建工程—矿建工程；在建工程—安装工程；在建工程—待摊支出等，在此基础上根据公司的实际情况或工程大小再设置二级及多级科目或项目辅助核算等。但在实际工作过程中，一些单位并没有按此要求去做，甚至一些投资巨大的工程项目也是如此。还有一个突出的问题是，科目设置也是按此设置的，但在具体核算过程中生搬硬套，结果造成往来账项错误，这种情况，一般在大的工程项目且该工程项目由不同的公司同时施工、结算时最容易出现，仍以煤矿工程项目中的井巷工程为例，假设该项工程同时有多家公司承建，按照会计准则要求，在付工程款时，会计分录为：借：在建工程 - X 井巷工程，贷：银行存款，这种会计处理与教课书的确是一致的，业务量很小的时候还可以分得清楚，随着业务量的增大或者跨年度结算的时候，就会出现分不清的现象，造成往来账项错误。本人在实践过程中，设计的以下核算办法就能解决此问题：支付往来账时，借：应付账款—X，贷：银行存款，同时根据工程进度表、结算单据等资料，借：在建工程—X，贷：应付账款—X（暂估价工程）设置成客商辅助核算，以此归集支付金额，工程结束开具发票时，借：应付账款—X（暂估价工程）（冲平原挂账余额），贷：应付账

作者单位：河南神火煤电股份有限公司

款—X，再结合工程备查档案和内部控制程序，从而保证往来账项准确及时，同时投资进度从资产负债表上也能真实反映。

（3）工程施工过程中所产生的试运营收入处理不正确，涉税处理考虑不全面，面临涉税风险。按照会计准则的规定，在建工程项目取得的试运转过程中形成的库存商品，其发生成本应计入在建工程成本，销售或转为库存商品时，按实际销售收入冲减工程成本，但是相关税收法规规定，纳税人在计算应纳税所得额时，其财务处理办法与税收法规相抵触的，应当依照税收法规的规定计算纳税。煤矿建设期间取得的工程煤销售收入应按相关税收法规的规定缴纳公司所得税、增值税、资源税等其他税费。实际操作过程中，由于工程预销售收入不多，对当年或以后年度应纳税所得额影响不大，税务一般会默认会计处理，不需年年调整折旧费，相关的增值税及其附加或资源税必须按规定缴纳，但当前一些单位相关的税费大都没有缴纳，从而造成一定的涉税风险。

（4）财务核算与基建工作协调不一致，存在“两张皮”现象，直接影响会计核算的质量，为以后的概算与执行情况比对造成困难。主要是部门之间沟通不够，特别在机电设备安装过程中更是如此，机电部门应该按工程项目及该项目所消耗的材料、设备向关联部门报送工程项目表并及时按工程概算的原始名字命名，相关部门及时在统计表或财务报表中反映出来，但是，施工工作已经做了，因没有用表格或文字及时报送，造成实际工程项目客观存在，但是个没有户口的“黑孩”工程，机电设备及安装工程最多。工程项目要按项目投资概算的名字进行命名，并保持一致性，工程管理单位要督促参建单位将工程项目名称、进度、消耗及时反馈到相关部门，使资源共享，信息共用，在总指挥的领导下，步调一致向前推进，以便节约资金、时间，提高效率。

（5）资金筹措及使用与项目建设不同步，造成项目的延期或资金的浪费。俗话说，兵马未动，粮草先行，但凡事要有度。任何一个项目的建设都离不开资金的支持与保障，针对基建投资项目的不同特点，灵活采取不同的筹融资渠道、方式以及资金投放的时间、金额大小等，这些都会直接影响工程成本及股东投资回报。财务部门要发挥主观能动性，结合工程管理部门制订年度资金需求计划，采取不同的筹资渠道、方式，合理投放资金，把利息降至最低。财务部门与工程管理部门要多沟通，既要保证工程项目资金需求，又要提高资金的使用效率，减少资金占用。

（6）基本建设项目手续不完备。有的单位建设项目不符合当前的法律法规，建设项目就是领导说了算，没有按照法律法规的要求去积极准备前期资料，没有执行必要的基本建设程序，造成边设计、边勘探、边施工、边周旋的多边工程，存在着很大的风险，一旦政策收紧，上千万甚至上亿的投资面临报废，给投资者造成巨大的损失。领导者要树立一种正确的决策观，认真研究国家的法律法规及相关产业政策，树立一种稳健发展的理念，不急功近利，不搞面子工程。

（7）内部控制不严密，管理不规范，财务人员发挥不出应有的监督职能。主要表现为：①前期准备工作缺少财务人员参与，项目已经开工了，财务人员还不知道该项目是怎么回事，一些与项目相关的批复、合同、概算等相关资料，财务人员还未看到，财务监督形同虚设；②会计核算以真实的业务作为核算的基础，财务人员由于见不到投资概算书，对项目内容一无所知，只能归集在某几个科目里，竣工决算时，需要反映该工程投资概算与决算执行比对时，才知道日常所归集的科目与项目所列示的内容无法配比，严重影响工程预决算报表的质量；③项目成本列示不完整，在筹建期时，前期的调研费、论证费、设计勘察费、相关管理费等已经发生，该项目可能还没开立基本建设账户，这些费用就可能没有列支在该项投资项目中，结果是，投资概算中已安排的勘察设计等相关费用在项目决算的资料里却找不到。在项目实施前，如果多部门要统筹规划，统一协调，按内部控制要求去做，按程序去实施，此种情况就不会发生。

本人从不同的侧面探讨了当前基本建设项目存在的问题，产生这些问题的原因很多，但大都与国家的相关法律法规相违背，我们在指出问题的同时，也要寻求解决问题的办法，本人认为，根本原因就是没有建立一套科学、严谨、高效的基建财务管理体系及内部控制制度。2008 年，财政部等五部委已联合下发了《企业内部控制基本规范》以及 2010 年联合下发的《企业内部控制配套指引》等指导性文件，标志着我国的内部控制体系建设已经建立，我们要以会计准则为核算基础，以内部控制为指导，建立健全公司各项制度，并按此要求认真落实。

基于可持续发展的煤炭企业完全成本管理的思考

陈　明　杨　伟

随着经济体制改革的深入，市场经济的逐步发展，煤炭价格完全放开，煤炭将完全推向市场，煤炭企业要想在竞争中取胜，必须加强企业成本管理。本文在分析煤炭企业成本构成特点的基础上，针对当前煤炭企业成本管理中存在的问题，提出基于煤炭企业可持续发展的煤炭完全成本管理的思考

目前，我国煤炭企业成本体系主要是对与原煤生产有直接联系的生产成本的核算，而未对煤炭生产的环境成本和安全成本作单独记录和核算，使煤炭企业对煤矿环境保护和安全生产不能引起足够的重视，从而导致近年来煤矿安全事故频发和矿区环境污染日益严重。为加强对矿区环境的保护和加强煤矿安全生产管理，从而使煤矿生产也能达到可持续发展，减轻矿区环境污染、减少矿难的发生，笔者认为，应将相关的支出列入煤炭成本并进行单独核算，将煤炭产品成本体系分为基本生产成本、环境成本和安全成本三部分。现主要对环境成本和安全成本如何核算作一初步探讨。

一、现行煤炭成本体系及缺陷

目前，从煤炭企业所上报的财务报表中不难发现，我国大多数煤炭企业成本核算的基本框架还是沿用1991年由原能源部制定的《煤炭工业企业会计核算办法成本管理办法》，该核算办法规定：煤炭成本核算包括矿井基本建设完成后至报废前，正常持续经营期间发生的实际支出，具体包含以下内容：煤炭生产过程中耗费的各种材料、电力、支付的人员工资和其他费用（职工薪酬）、固定资产折旧、按原煤产量和规定标准提取的矿井维简费和安全生产费用、地面塌陷补偿费，以及按规定计入成本的矿井其他费用；原煤的筛选费用；煤炭销售过程中发生的费用；企业生产经营融资发生的财务费用；其他的费用和税金等。该框架没有考虑到煤炭产品生产的自身特点，仅核算煤矿生产的直接成本，而没有考虑煤炭成本核算还应包括资源成本、环境成本、安全成本、退出成本。导致煤炭企业成本核算不完全，已经不能适应当前改革和发展的新形势，严重制约了煤炭工业的健康发展。

二、煤炭企业环境成本管理

煤炭企业属于资源开采企业，煤炭企业的环境成本源于煤炭开采过程中的环境污染和生态破坏，是指与煤炭企业环境活动相关的责任成本，煤炭资源是制约我国经济发展的

作者单位：义煤集团财务部

主要资源，煤炭开采是资源枯竭和环境破坏的过程。因此，加强煤炭企业环境成本，有利于煤炭企业的可持续发展，也有利于我国环境的可持续发展。

（一）煤炭企业环境成本的特点

煤炭企业环境成本是指一种“补偿性成本”，煤炭在生产过程中，不可避免地造成了地表塌陷、水体污染、瓦斯积聚、煤尘和烟尘污染、有害气体排放、粉煤灰、噪声等各种污染。这就决定了煤炭在开采过程中，既要支付煤炭开采本身所必须的成本，又要对所造成的各种环境问题进行补偿。

随着社会经济的发展，国家对煤炭的需求量越来越大，煤炭的开采，既是煤炭产品的生产过程，又是资源枯竭、破坏生态环境的过程，煤炭企业所支付的环境破坏、资源枯竭方面的费用占煤炭产品成本中的比例较高，而随着煤炭生产的发展，煤炭资源越来越少，大范围的地表塌陷、大量煤矸石的堆积，导致大量耕地的占用和破坏；大量废水废气的排放，引起周边耕地的劣化和空气污染。因此，煤炭企业因资源环境破坏而付出的代价和保护资源环境而支付的费用与其他行业相比更高。煤炭企业环境成本仍处于起步阶段，没有很好地结合煤炭行业的实际情况，也没有一套完整的相对成熟的核算体系。因此，针对煤炭行业生产的特点和规律，提出煤炭企业环境成本核算的方法以及成本控制非常重要。

（二）煤炭企业环境成本控制对策

1. 开展煤炭企业环境成本预评价

环境预评价是环境质量评价的一个重要组成部分，煤炭企业实施环境预评价，对煤炭企业环境成本事前控制起着重要作用。在作出环境与评价的前提下，加大预防性环境成本的投入，包括环境保护与污染预防成本事前预评价，综合考虑整个生产工艺流程，把未来可能的环境支出进行分配并纳入产品成本预算系统，提出各项可能的生产方案，然后，对各项可能方案进行评估，从各种可行的方案中选出环境支出最少的方案来实施，以达到控制环境成本的目的。这种方法在企业有能力获得环境信息以及企业各部门之间进行信息合作的基础上，优化设计生产流程，提高环境支出的可控性，减少环境维护成本、环境损失成本，从而达到减少煤炭企业环境成本的目的。环境预评价能对环境成本起着有效的控制作用。

2. 加强开采过程中的环境成本管理控制　减少环境恢复和治理成本

作业成本管理，通过作业层次上对环境成本产生的动因深入分析，有效地追溯环境成本的来龙去脉并对之实施控制，不仅可以通过减少这些环境成本的动因来减少成本，还可以通过消除不增值价值的作业、改善必要作业的效率、加强对短期内无法消除的不增值价值作业的控制，从多个不同的作业链中选择最佳的作业链。企业应结合环境成本和其他成本进行权衡，选择最低成本的设计策略，增强企业的持续竞争优势。即作业成本是成本控制可执行手段，有很强的实际操作价值。在煤炭生产过程中加强对环境的保护投入，减少对环境的破坏程度，这样可以降低煤炭开采完成后对环境治理和恢复所需投入的成本支出，坚决杜绝先发展，后治理思想的存在。

3. 延长煤炭企业产业链　综合降低环境成本

煤炭产品生命周期环境成本控制，要延长整个煤炭产业链，从产品生命周期设计开始，强调对污染的预防；紧接着在生产阶段，强化环境负荷的抑减机制，进行清洁生产，加大对资源循环利用;最终在消费、使用阶段,建立废料残渣回收体系,通过再利用、无害化的废弃物处理环节,大量减少处理后的排放量,以达到综合降低环境成本投入的目的。

三、煤炭企业安全成本的管理

(一)加强安全成本管理的意义

我国是煤炭生产和消耗的大国,同时也是矿难发生的大国。我国煤炭产量占世界的35%,但是,矿难死亡人数却占世界的80%。我国煤矿百万吨死亡率是美国的100倍,是南非的30倍。每一次矿难的发生对我们都是一次沉重的打击,是一次血的教训。因此,做到安全生产是煤炭生产的前提,而要做到安全生产就要加大安全成本的投入,并对安全成本进行有效控制,使其做到用有其效,真正降低安全事故的发生。

(二)煤炭企业安全成本管理现状

(1)煤炭企业保证性安全投资成本高,保证性安全成本起到预防作用,往往是一次性巨大投入。而且保证性安全成本投入带来的远期效益大于当期效益,当期的投入并不能获得全部回报,但减少当期的安全投入却可以使得当期的成本下降、利润提高。对于有些追求高利润的煤炭企业来说,由于承包期短,承包人更多的考虑经济利益,导致其短期行为,能不投入就不投入,少投入多挖煤,挑肥拣瘦,乱采滥挖,给煤炭企业安全生产带来极大的隐患。

(2)事前没有做到对安全成本进行有效的管理,主要表现在事故外溢于社会和事故外溢于企业职工。在实践中,事故造成的资源损失还没有统一计量标准,致使资源损失价值没有或很少,事故受害者的赔偿标准也普遍较低。由于损失性安全成本被扭曲,使得煤炭企业实际承担支付的事故损失低于事故损失成本。

(3)煤炭企业安全成本没有单独核算,煤炭企业的会计核算体系没有单独对安全成本进行核算,而且没有明确的明细科目,有关安全成本散见于固定资产、制造费用、管理费用以及营业外支出等会计科目中,例如煤炭生产企业根据国家有关规定提取安全费用时,将按照国家规定标准计算的提取金额,在制造费用(提取安全费用)科目中反映,煤炭企业安全工程成本、安全设备仪表在固定资产科目中反映,安全教育培训、安全管理成本等在管理费用科目中反映,煤炭企业安全事故处理费用和损失在营业外支出科目中反映,目前也没有专门分析安全成本费用的提取及使用情况的报表,致使无法对煤炭企业的安全成本进行科学控制、预测,无法全面反映煤炭企业的安全状况。因此,如何用最低的安全耗费满足现实社会对安全程度的要求,解决安全与成本的矛盾,已成为制约优化安全生产和提高经济效益的重要问题之一。

(三)如何提高安全成本管理

安全成本就是与安全有关的费用总和,即安全成本是为保证安全而支出的一切费用和因安全问题而产生的一切损失。要做到对安全成本有效的控制就要做到对与安全有关的费用单独核算和管理,使安全工作的技术先进性和经济合理性相结合。

为加强安全成本的核算和管理,应设置"安全成本"一级科目,并相应设置下级科目,对于安全生产有关的支出单独核算,加强对安全费用的管理,使之做到专款专用,并做好事后审计。

煤炭是我国的主要能源,煤炭生产是我国经济发展的源头,煤炭企业想要提高经济效益,不能只通过简单降低成本支出,而应通过加大环境保护的投入,完善科学规划,提高开采技术,发展产业链条,实现污染的最小化排放和废物的循环再利用。在开发资源的同时,一定先想到如何充分合理地利用资源,在追求企业自身利益的同时,一定要考虑到国家的长远利益,加大安全成本投入,减少安全事故发生,延长矿井开采寿命,从而逐步达到循环经济的生产模式。只有这样,煤炭企业才能实现真正意义上的可持续发展。

基于票据池的企业集团资金管理模式研究

陈祖亮

集团公司资金有效运作是其生存发展的保证，而大量的应收票据势必会增加集团公司资金占用成本，影响企业的经济效益。本文以企业集团为研究对象，以其持有的商业汇票为研究内容，分析了在传统的票据管理模式下商业汇票所存在的错配风险及其产生原因，从而提出了"票据池"这一票据管理模式。希望通过对这一问题的研究，对企业降低资金占用，盘活票据资源，充分地发挥商业汇票的资源价值功能有所启发。

近几年，票据结算逐渐成为上下游企业之间业务往来的主要结算方式之一，企业一般都拥有大量的应收票据。但是，受传统的票据管理模式的限制，企业一方面需要向商业银行大量融资，另一方面却将大量的票据资源白白地闲置。对于集团企业而言，由于成员企业众多，持有的商业汇票规模庞大，承兑手续费用支出十分可观，从而出现了集团企业应收票据金额居高不下，承兑手续费用居高不下的"双高"现象，资金使用效率低下，企业集团的财务协同效益无从发挥。这就迫切要求企业集团改变成员企业票据分散管理的状况，加强票据集中管理，通过建立"票据池"，盘活票据存量资源。

一、传统票据管理模式比较

近年来，随着商业信用方式的发展，商业汇票结算方式受到了越来越多企业的认可，因而大型企业集团一般都拥有大量的商业票据资源。出于信用管理的需要，并发挥企业集团的整体效应，票据管理方式已经由最初的分散管理方式过渡到目前的集中管理方式。概括而言，企业集团商业票据集中管理模式可以粗略地划分为票据实物集中管理模式、票据虚拟集中管理模式和票据内部贴现模式等三种集中模式。

（一）票据实物集中管理模式

票据实物集中管理模式是由集团公司以行政指令的方式，将本集团各成员企业的商业汇票全部集中于集团公司总部，由集团资金结算中心或集团财务公司进行集中统一管理。集团成员企业所收到的所有商业汇票均须按时送交集团公司资金结算中心或集团财务公司，票据支出时需要经过集团公司资金结算中心或集团财务公司批准。通过商业汇票的集中管理，集团公司可以全面了解各成员企业票据的收支情况，监测票据金额存量及其增减变动信息，有效监督票据收支的合理性和合法性。但是，票据实物集中管理模式忽视了各成员企业独立的法人地位，采用行政命令的方式对成员企业的应收票据进行计划管理，得不到公司法的支持，同时也缺乏相关理论的支撑，因而容易产生集团与成员企业之间的矛盾。

（二）票据信息集中管理模式

票据信息集中管理模式的核心是对票据收支信息进行集中管理，即以票据信息为手

作者单位：平煤股份计财处

段对集团成员企业的票据实物收支情况进行监督管理。成员企业发生票据收支,要通过财务系统将收支信息及时传递给集团公司资金结算中心或财务公司,票据实物仍然由成员企业自行保管。但是,由于得不到行政手段的支持,集团对成员企业票据信息的管理有可能会失控。所以,集团公司要加强对成员企业财务管理的集中控制,向成员企业委派财务总监,并统一集团财务管理制度,为票据的集中管理提供体制上和制度上的保障。

(三)票据内部贴现管理模式

票据内部贴现管理模式是指集团公司的成员企业需要融入资金时,可以将持有的商业汇票贴现给集团财务公司,财务公司资金不足时,可以再将持有的已贴现票据向商业银行申请再贴现。可见,票据内部贴现管理模式事实上也是集团公司对成员企业商业票据进行集中管理的一种管理模式。只不过它采用的是经济手段而不是行政命令的方式。这一模式的理论依据是:集团成员企业之间的融资成本低于商业银行的资金成本,即成员单位直接向商业银行贴现的成本高于集团财务公司内部贴现成本。

二、传统票据管理模式的缺陷

通过对以上三种传统的票据集中管理模式的比较可以看出,以上三种模式均没有突破传统的资金管理理念。当企业收到商业票据时,要么是将其持有至到期,要么是在其到期之前向商业银行申请贴现,或者是在票据到期之前将其背书转让给供应商,以实现票据资产的流转,因而不可避免地存在“错配风险”。

(一)背书转让与时间和金额错配风险

这里的背书转让是指企业将收到的商业汇票,在其到期之前,将其背书转让给原材料供应商,票据的背书转让容易受到交易对方的限制。例如,票据的期限和金额要符合供应商的要求。也就是说,票据的背书转让可能会出现时间和金额的错配问题,使交易无法达成,从而使企业被动地持有大量的应收票据。

(二)贴现转让与利率错配风险

票据贴现转让常常受到市场利率的限制。由于贴现利率高于贷款利率,所以只要企业不急需资金,企业通常都不会向银行贴现,从而使企业主动地持有大量的应收票据。

由于传统票据管理模式无法摆脱票据流转面临的“两个错配风险”,票据资源的沉淀便是不可避免的。不管是企业主动持有应收票据,还是被动持有应收票据,其结果并无不同,都会使应收票据发挥不出资源应当具有的价值。

三、票据管理模式改革的必要性

如上所述,票据资源沉淀的原因是商业汇票所存在的错配风险,票据改革的思路也应当是降低票据错配风险。与单一的企业组织形式相比,企业集团具有资源、协同效应及规模经济效益等优势,具有资源聚合和配置的能力。利用这一优势,企业集团可以节约交易费用、提高资本运营效率。就票据管理而言,企业集团可以将商业汇票组成“票据池”,并将票据业务外包,以规避错配风险,发挥其融资功能。

(一)企业票据管理模式变革的紧迫性

如上所述,集团公司各成员企业一般都拥有大量的商业票据资源,能否盘活这些资源,直接决定了企业经济效益的高低。随着宏观货币形势的日趋从紧,企业普遍都感受到了来自资金方面的巨大压力。快速增加的商业汇票数量,逐渐成为了企业资金管理关注的焦点。不少企业与商业银行合作,开始推进“票据池”业务,并取得了良好的成效。

(二)“票据池”的功能

所谓“票据池”,就是企业将连续多笔的应收票据汇聚成“池”,并以一个整体质押给商业银行,作为授信的担保,以获取所需资金的一种票据管理模式。当然,企业也可以根据需要,将商业汇票业务完全外包给商业银行,由商业银行提供对商业汇票的鉴别、查询、保管、托收、贴现、质押等一系列专业服务,以降低企业票据管理成本、控制票据保管风险。具体而言,一个完整的“票据池”业务主要包括以下内容:①商业汇票查验业务;②商业保管业务;③商业汇票到期托收业务;④商业汇票质押融资承诺;⑤基于商业汇票的理财服务业务。

可见,“票据池”是以未到期商业票据代保管功能为依托,集票据托管、质押融资功能于一体,是对传统的票据代保管业务的拓展和延伸,它通过对票据资源的灵活运用,盘活流动资金,充分实现了票据资源应有的价值。

(三)“票据池”的作用

从本质上讲,“票据池”就是用票据作为质押物,从商业银行取得短期周转贷款额度和商业银行对商业汇票承兑的承诺。“票据池”为企业集团加强票据集中管理提供了良好的服务平台。企业将商业汇票质押给商业银行后,就可以绕开票据贴现利率的限制,直接换取银行信贷额度,而无需选择向商业银行申请贴现,从而避免高额的贴现利息支出。“票据池”还可以使企业充分利用商业银行专业化管理和信息服务能力,降低企业集团的票据业务工作量,科学高效管理票据资源,从而使企业将全部精力集中于主业。

四、结语

传统的票据管理模式由于无法避免票据错配风险,因而不得不使企业沉淀大量的票据资源,而“票据池”通过管理模式的创新,可以有效地规避票据错配风险,提升企业的融资能力,有效地整合票据资源,因而代表了票据管理模式的发展方向。

基于外部性理论的煤炭企业环境成本控制研究

耿少刚

煤炭企业以煤炭开采为加工对象，由于其外部性的存在，不但对周围生态环境产生影响，而且增加了自身的环境成本。因此煤炭企业必须把对环境的影响置于日常管理中，通过建立完善的环境成本控制评价体系，将由外部性所带来的环境成本控制到最小，以实现经济、环境和企业的协调发展。本文从产生环境成本的外部性出发，讨论企业由于经济所带来的环境影响，探讨煤炭企业如何建立完善的环境成本控制评价体系，以期为企业环境成本控制提供一定帮助。

一、引言

外部性理论又被称为“溢出效应”，是指一个经济体的行为对另外一个经济主体的福利产生了影响，但这种影响并没有通过货币或市场交易反映出来。其实质是活动主体没有从活动中付出全部成本或收到全部收益即产生了成本或收益产溢出。当私人成本大于社会成本时，由于私人成本较小，产生额外收益，其表现为负的外部性。当私人收益小于社会收益时，个人收益得不到有效补偿，将使有效供给不足，其表现为正的外部性。无论是正的外部性还是负的外部性，都是一种低效率的资源配置状态，且游离于市场之外，即市场失灵问题。从产权角度讲，即初始产权界定的不清晰。科斯认为在产权界定清晰，交易费用为零的前提下，无论初始产权如何界定，资源的配置都是有效的。企业如何有效控制应开采活动带来的外部不经济，如何建立完善的环境成本控制和评价指标，就成为本文研究的重点。

二、煤炭开采所带来的环境问题

（一）煤炭开采导致土地资源破坏和生态环境恶化

煤炭在开采过程中将导致地表沉陷，使土地资源盐碱化，并破坏地表植被及其生态系统。资料统计显示：中国因煤矿开采直接破坏的森林面积累计达 106 万 hm^2，累计占用土地约 586 万亩，破坏草地面积为 26.3 万亩，破坏土地约 157 万亩，且每年仍以 4 万亩的速度递增，而矿区土地复垦率仅为 10%。因采因沉陷需要搬迁的村庄越来越多，已经严重影响煤矿经济效益和当地经济的发展。

（二）煤炭开采破坏地下水资源，加剧水资源供应紧张

煤炭开采作业工作面处在地表以下几百米处，随着煤炭开采深度的不断提高，不但破

作者工作单位：河南煤化永煤集团龙宇能源车集矿

坏了地下含水层原始径流，而且使缺水矿区供水更为紧张，严重影响当地居民的生产生活。据统计，全国煤矿每年排出矿井水约22亿m^3，利用率不足40%，大量的水资源被直接排出井外。

（三）煤炭开采过程中将产生大量有毒气体，污染大气

瓦斯、一氧化碳、硫化氢气体等易燃易爆有毒气体，常常在煤炭开采过程中被直接排放到大气当中，据统计，中国每年从矿井开采中排放甲烷70亿～90亿m^3，约占世界甲烷总排放量的30%，除5%左右的集中回收利用外，其余全部排放到大气中。

（四）道路运输问题将产生煤尘污染

我国是一个贫油、少气、富煤的国家，且煤炭资源在空间地理位置上的分布也极其不均衡。在中国，由于煤炭储量及消费之间的不均衡，导致"北煤南运，西煤东输"的长距离运煤格局。运输中不仅对道路本身产生巨大的破坏，而且所产生的煤尘飞扬，既损失大量的煤炭，又污染沿线周围的生态环境。

三、环境成本控制评价设计

环境治理恢复所带来的间接成本将远远超过企业从中得到的收益，因此煤炭企业必须将环境成本控制给予足够的重视。环境成本控制评价设计的目标是在外部性理论的基础上，综合利用相关学科知识，实现企业收益最大化和环境成本最小化。

（一）煤炭企业经济效益的最大化

煤炭资源属于不可再生的有限资源，因此必须合理开发利用煤炭资源，尽量提高煤炭资源的回采率，提高矿产资源的利用水平。降低环境成本来实现。如：采用高效的生产技术和工艺、减少废弃物、加强资源的回收、合理优化环境成本的投入和安排生产进度等。

（二）环境成本最小化

煤炭企业应把生产活动对环境的负面影响减至最小，为此，企业在生产经营活动中应最大限度地做到生态设计、清洁生产、绿色营销、尾矿处理等。要达到上述目标，就必须改变过去传统的粗放生产管理模式下的末端治理环境影响的成本控制模式，建立起全面、系统的经济发展与环境保护相协调的现代环境成本控制模式。

四、环境成本控制评价体系设计

（一）环境成本控制评价指标建立

在建立控制指标体系时应考虑矿井资源赋存、水文地质、环境生态、社会经济条件和企业技术装备等因素，且在设计指标时力求建立覆盖全部的因素指标体系，同时应遵循以下原则：

（1）针对性原则：指标的选取必须针对特定的煤炭企业及其对环境影响的特点，因地制宜，适当取舍。

（2）覆盖全面：为使煤炭企业真正有效控制环境成本，对其环境成本控制效果进行全面评价，必须将影响环境成本的因素指标全部予以覆盖。

（3）系统性与规范性原则：选取时各评价指标的类型、结构和含义等要尽可能符合国家的有关规范，做到彼此协调。

(4)易量化:选取时要充分考虑到指标体系的可操作性,必须能够为后续的评价工作提供准确可靠的数据支持。

结合以上选取指标的原则,共选取一个主要指标——环境影响指标,三个辅助指标分别为装备技术指标、原煤入洗指标、资源循环利用指标。在每个一级指标下设置若干二级指标,力求全面覆盖环境成本影响因素,共选取十八个二级指标。环保评价指标包括污废水处理率、固废处置率、噪声控制、煤尘控制、绿化面积、万吨煤坍塌面积、青苗损害率、土地复垦率八个二级指标;装备技术指标包括回采率、工效、排矸率、生产能力四个二级指标;原煤入洗指标包括原煤入洗率、洗矸产出率两个二级指标;资源循环利用指标包括污废水复用率、矸石综合利用率、甲烷气利用率、煤泥回收利用率四个二级指标。指标体系如表 1 所示。

表 1　环境成本控制评价指标体系

环境影响指标 A_1	污废水处理率 A_{11}	固废处置率 A_{12}	噪声控制 A_{13}
	煤尘控制 A_{14}	绿化面积 A_{15}	万吨煤坍塌面积 A_{16}
	青苗损害率 A_{17}	土地复垦率 A_{18}	
装备技术指标 A_2	回采率 A_{21}		工效 A_{22}
	排矸率 A_{23}		生产能力 A_{24}
原煤入洗指标 A_3	原煤入洗率 A_{31}		洗矸产出率 A_{32}
资源循环利用指标 A_4	污废水复用率 A_{41}		矸石综合利用率 A_{42}
	甲烷气利用率 A_{43}		煤泥回收利用率 A_{44}

(二)评价过程

评价过程主要包括:①利用因素分析法确定各自指标的权重 W;②利用模糊数学理论,进行构造模糊矩阵 R;③进行复合运算,即 $W \cdot [R] = B$;④根据计算结果 B 进行评价。

1. 层次分析法确定权重

选择层次分析法作为确定指标权重的主要方法,本文以装备技术指标为例介绍权重的确定,并以此计算指标权重,从而确定各个指标对环境成本影响。装备技术指标权重矩阵见表 2。

表 2　装备技术指标权重矩阵

	A_{21}	A_{22}	A_{23}	A_{24}	W_i(权重)
A_{21}	1	3	5	5	0. 473
A_{22}	1/3	1	3	5	0. 315
A_{23}	1/5	1/3	1	3	0. 153
A_{24}	1/5	1/5	1/3	1	0. 058

将该矩阵转予以标准化后,判断其一致性:

经计算 $CR = C_i / R_i = 0.074 < 0.1$,满足一致性要求。

在矩阵一致性校验后,求解判断矩阵的权重。经计算装备技术指标中工效、回采率、排矸率、生产能力的权重分别为0.473、0.315、0.153、0.058。同理,其他类别指标的权重也可按如上步骤确定出。

2. 模糊矩阵构造

假设有两个域分别为:因素集 $x=\{x_1,x_2,\cdots,x_i,\cdots x_n\}$,$x_i$ 为评价因素(评价指标),评语集 $y=\{y_1,y_2,\cdots,y_j,\cdots y_m\}$,$y_i$ 为评语等级。通过对 x 元素中分别进行单因素评价,获得从 x 到 y 的一个模糊关系矩阵[R]:

$$\begin{bmatrix} r_{11} & r_{12} & \cdots & r_{1n} \\ r_{21} & r_{22} & \cdots & r_{2n} \\ \vdots & \vdots & & \vdots \\ r_{n1} & r_{n2} & \cdots & r_{nn} \end{bmatrix}$$

使用层次分析法确定的权重 W 与 R 进行复核运算,从而求出综合评价结果 B。本文通过查阅某矿井相关资料,并根据相关部门统计数据,确定某矿井环境成本控制评价体系,如表3所示。

表3　环境影响因素分级评价

一级指标	二级指标	指标因素分类		
		清洁(M_1)	一般(M_2)	差(M_3)
环境影响指标(A_1)	固废处置率 A_{12}(%)	>95	>80	>60
	噪声控制 A_{13}(达标率,%)	>85	>50	>30
	煤尘控制 A_{14}(%)	>95	>75	>50
	绿化面积 A_{15}(%)	>40	>30	>15
	万吨煤坍塌面积 A_{16}(%)	<0.1	<0.2	<0.3
	青苗损害率 A_{17}(次/年)	<5	>5	>8
装备技术指标(A_2)	回采率 A_{21}(%)	>90	>75	>50
	工效 A_{22}(t/h)	>10.2	>7	>3
	排矸率 A_{23}(%)	<0.1	<0.2	<0.3
	生产能力 A_{24}(万吨/年)	>100	>50	<30
原煤入洗指标(A_3)	原煤入洗率 A_{31}(%)	>95	>80	>65
	洗矸产出率 A_{32}(%)	<10	<15	<20
资源循环利用指标(A_4)	污废水复用率 A_{41}(%)	>90	>70	>30
	矸石综合利用率 A_{42}(%)	>80	>60	>40
	甲烷气利用率 A_{43}(%)	>85	>70	>30
	煤泥回收利用率 A_{44}(%)	>80	>60	>45

五、结语

我国的资源禀赋结构状况决定了在未来经济发展当中,煤炭仍将在资源消费结构中占有很大比重,由此引起的环境问题也被越来越多的人们所重视。煤炭企业只有更加重视环境成本,建立完善的环境成本控制评价体系,通过对其环境成本控制效果进行评价,根据评价结果采取相应的控制措施,最终达到从煤炭开采、加工、废物处置等环节控制环境成本的目的,以实现企业、环境、社会的协调发展。

兼并重组小型煤矿管控模式和路径选择

张志良 文秀梅

为了提高煤炭行业的集中度,提升煤矿安全生产水平,国家发展改革委出台了《关于加快煤矿企业兼并重组的若干意见》,国家安全监管总局等4部委出台了《关于推进小型煤矿机械化的指导意见》。义煤集团作为河南省整合小煤矿的6家企业之一,在实践中探索建立了新型管控模式,在河南省较具代表性,适应有效管控小型煤矿的需要。

一、概述

根据河南省政府意见,义煤集团主要负责豫西地区的小型煤矿的兼并重组,初期负责兼并84家,兼并过程中又增加4家,由于多种原因,实际整合80家,其中90%以上为年生产能力15万t的煤矿。义煤集团所兼并重组的煤矿主要分布在洛阳、三门峡市下属的9个县、市、区,最远跨度在200 km以上。由于整合的煤矿点多、战线长,为了实现对这些煤矿的有效管控,义煤集团探索建立了三个区域公司,每个区域公司所管辖煤矿在20～30个。为了保证安全生产,在认真调研、科学分类的基础上,关闭一批没有开采前景的小型煤矿,使实际复产的小型煤矿在可以有效控制的范围内。

二、管控模式选择和责权体系设计

(一)管控模式选择

为了实现集团总部对各个小型煤矿的有效控制,保障安全生产,义煤集团探索建立了三级管控模式,集团总部是管控体系的第一层级;三个区域公司是义煤集团的全资子公司,是管控体系的第二层级,也可以视作子集团;被兼并重组的小型煤矿处于管控体系的第三层级。实施分级管理,第一层级管理到第二层级,第二层级管理到第三层级,即:集团总部直接管理区域公司,区域公司直接管理小型煤矿。

(二)责权体系设计

1.集团总部责权定位

集团总部处于整个管控体系的最高层,是决策中心、管理控制中心和指导服务中心,主要责权是:

(1)决定区域公司的发展规划;

(2)对区域公司设立和撤销、投融资、资产管理、战略规划和经营计划等重大事项作出决策;

(3)对区域公司的安全生产活动进行技术指导、支持和监督检查;

(4)决定区域公司领导班子的任免和薪酬考核兑现;

作者单位:义煤集团财务部

(5)依照合法渠道向合资小型煤矿派出股权代表和高管人员;

(6)实施财务、销售、供应三统一管理。

2. 区域公司的责权定位

区域公司是产业经营和利润中心,以利益最大化和安全稳定为目标,主要责权是:

(1)承担所辖煤矿的安全主体责任,建立健全安全生产管理制度并监督实施;

(2)提出所辖小型煤矿技改方案的建议方案,并监督实施;

(3)负责矿井安全、维简和折旧费用的提取,并监督使用;

(4)负责所辖小型煤矿专项资金项目的实施和验收;

(5)贯彻执行集团总部财务、销售和供应统一管理的政策;

(6)提出所辖合资小型煤矿各项经营指标建议,并对所辖合资小型煤矿进行预考核;

(7)拟订所辖合资小型煤矿高管人员绩效薪酬考核办法,并组织实施;

(8)对所辖合资小型煤矿的劳动用工的合法、规范性进行监管。

3. 合资小型煤矿的责权定位

合资小型煤矿是煤炭安全生产中心,是具体的执行层,主要责权是:

(1)建立健全本公司的各项管理制度,并认真执行;

(2)按照有关法律、法规组织煤矿安全生产;

(3)更新落后装备,采用先进的采煤工艺,提高原煤生产效率;

(4)服从所属区域公司的管控;

(5)加强目标成本控制,实现企业利润最大化;

(6)加强员工培训,提高员工素质,提高安全保障能力。

三、实施管控的主要路径

(一)合理设计组织机构

按照精干高效、一专多能的原则设计组织机构,因事设岗位,因岗配人,确保事事有人干、人人有事干。

1. 区域公司组织机构

区域公司是义煤集团的全资子公司,领导班子设总经理、党委书记、党委副书记(兼纪委书记、工会主席)、总工程师各1名,分管安全、生产、机电、经营、运销的副总经理各1名。

区域公司下设综合办公室、党群工作部、安全生产技术部、安全健康环保部、经营管理部、财务部、物资供应部、运销部等7部1室。

2. 合资小型煤矿组织机构

合资小型煤矿设党支部,支部书记由总经理或监事会主席兼任;成立工会组织,工会主席由监事会主席副书记兼任;经理层人员配备"五职"矿长、财务总监。董事长、副董事长、总经理、副总经理、监事会主席、财务总监均要带班、跟班;人员不足时,配备专职工会主席、副书记带班、跟班。

合资小型煤矿下设综合办公室、生产技术部、安全健康环保部等2部1室。

（二）实施财务、销售、供应三统一管理

为了实现集团总部通过区域实现对合资小型煤矿的有效控制，义煤集团通过合理授权，实施财务、销售、供应三统一管理。

1. 实施财务统一管理

（1）集团总部向区域公司委派财务负责人，并对总部负责。

（2）区域公司成立会计服务中心，主要职责是：负责制定内部会计控制制度；对所辖合资煤矿实施代理记账、代理核算和资金代理支付；负责核算集团公司与合资煤矿的往来事项，核算对合资煤矿费用扣缴、专项资金使用、利润分配等；负责合并汇总所辖合资煤矿财务报告，按时、保质上报集团公司财务部；监管所辖合资煤矿依法依规经营、照章纳税。

（3）区域公司对所辖合资小型煤矿的资金管控实行"预算管理"和"集中报账支付"制度。

（4）合资小型煤矿应配备一名出纳，负责本合资煤矿的报账、资金申报、支付等工作。

（5）合资小型煤矿实行目标成本管理制度。

2. 实施销售统一管理

（1）执行集团总部下达的区域公司矿井煤炭销售价格。

（2）坚持"先收款，后发煤"的原则，煤款必须汇入区域公司煤款专用账户。

（3）集团总部销售职责：负责协调指导区域公司煤炭销售业务；负责对区域公司销售、煤质的规范管理和监督；根据市场需求和煤质变化适时按义煤集团定价机制对煤炭价格提出调整意见，并报集团公司批准后下达。

（4）区域公司销售职责：监督所辖合资煤矿执行集团公司统一制定的区域公司煤炭销售价格，并负责"发运通知单"的开具和售后开票结算；负责对所辖矿井制定相应的销售管理细则，并对其销售、煤质、计量衡器进行检查；负责向集团公司上报销售信息、煤质数据和相关报表。

3. 实施供应统一管理

（1）总部对区域公司物资采购与供应采用"统一管理与指导管理、集中采购与分散采购"相结合的管理模式。大型材料和专项设备实行统一管理、集中采购供应；其他材料实行管理指导、监督，由区域公司自主采购供应。

（2）集中采购物资由集团总部统一采购供应。

（3）建立以"代储代销仓储管理"为中心的供应管理体系。

（4）区域公司自行采购的物资，采用招议标、比价采购方式采购。

（5）区域公司的批量物资可选择具备储存条件、运输方便的义煤集团统管矿井仓库代为储存。

（三）结对扶持兼并重组矿井

为加快资源整合兼并重组矿井的复工、复产进度，保证复产后的安全生产，义煤集团制定下发了《结对扶持资源整合矿井暂行办法》，构建结对扶持体系。

（1）就近分区定向进行包保。以现有生产矿井作为责任矿井包保资源整合兼并重组小型煤矿，每个责任矿井根据区域就近原则包保 3 ~ 6 个小型煤矿，对结对帮扶小型煤矿给予安全、生产、技术、管理等方面的帮扶。

(2)结对开展技术帮扶。责任矿井技术科室及人员与资源整合兼并重组小型煤矿的对口科室及人员"结对子",帮助解决技术难题,指导小型煤矿采用新技术、新工艺,提高管理水平和生产效率。

(3)协管扶持。责任矿井对结对的小型煤矿实行协管。联合组成专家组,定期对小型煤矿存在的安全、生产、技术和管理问题进行会诊,提出整改意见。

(4)采取灵活的薪酬和劳动关系政策。各责任矿井选派到资源整合兼并重组小型煤矿的管理技术人员和技能人员,薪酬由相应区域公司或服务矿井支付,其劳动关系可根据本人意愿,留在原单位或调入相应区域公司。

(5)严格责任追究。各责任矿井是结对帮扶的第一责任人,对思想不重视、工作不力的,严格追究责任矿井主要领导的责任。

(四)建立有效的业绩评价体系

(1)区域公司作为义煤集团的子集团,纳入集团公司生产经营考核范围。

(2)集团总部根据区域公司管理性质及业务范围,设置原煤产量、安全、经费控制、制度落实等考核指标,实行百分制考核。

(3)集团总部对区域公司经理层人员的考核结果作为薪酬兑现、奖惩和人事调整的依据。

(4)区域公司对下属小型煤矿的考核,除了按照设定指标进行考核外,对班子成员不能坚持带班的,明确规定不能执行年薪,强化对安全执行力的考核。

(五)实施全员培训

(1)整合主体企业派遣到小型煤矿的"五职矿长",全部到有煤矿主体专业的大学进行"五职矿长安全资格培训"和"五职矿长任职资格培训"。

(2)特殊工种员工全部到整合主体企业安培中心按规定课时、规定内容进行培训。

(3)一般工种员工安排在整合主体企业安培中心培训,或者委托地方培训机构进行培训。

以上各层次人员培训结束后,均需要经过考试合格后,才能正式颁发证书,持证上岗。

四、存在的问题和建议

(一)存在的问题

(1)由于整合主体企业整合煤矿数量的大幅增加,按规程要求需要配备的煤矿主体专业和相应管理人员出现较大缺口,给煤矿安全生产和管理带来较大压力。

(2)被整合小型煤矿长期不规范开采,井下系统复杂,安全生产风险大,需要进行大规模技术改造,增加了企业发展成本。

(3)被整合前,小型煤矿井下采掘业务主要采取外包形式,承包商带资承包,资金压力不大;被整合后,将逐步取消以包代管,小型煤矿的资金压力将会明显增大。要解决融资问题,整合主体企业势必要为整合的小型煤矿提供担保,向银行等金融机构贷款。

(4)整合小型煤矿过程中,双方对转让的资产评估价值存在分歧,甚至分歧较大。

(5)整合主体企业向被整合的小型煤矿派遣的总经理既要懂技术又要懂管理,否则很难顺利开展工作,但对整合主体企业来说存在较大的挑战。

(二)建议

(1)鉴于整合兼并重组小型煤矿长期存在的安全欠账,企业发展成本较大,为促进其安全发展,建议给予整合兼并重组小型煤矿在一定期限内的税收减免。

(2)整合主体企业要加强对兼并小型煤矿管理团队的派驻,尤其是重要领导岗位和工作岗位。如"五职矿长"、区队长、班组长及绞车工、通风工、放炮工、瓦检工等特殊工种。

(3)严格复工复产程序和标准,保证成熟一个恢复一个,做到"不安全、不生产"。

(4)加快煤矿井下安全避险"六大系统"建设,达不到要求的要予以关闭。

(5)通过文化教育、人文关爱、愿景描绘、安全培训,加强文化融合,使每一名被整合小型煤矿职工认同整合主体企业文化,自觉投入到企业发展中。

(6)严厉打击小型煤矿违法生产。

论河南大有能源上市后的融资方式

陈建峰

资金是企业的血液，是企业经济活动的第一推动力和持续推动力，河南大有能源股份有限公司作为河南省唯一的一家国有特大型上市煤炭企业，根据大有能源的发展规划，将根据企业的发展需求，用3～5年的时间，通过多种渠道的资本运营融资300亿元以上，从而带动千亿元以上的规模投资，实现企业的不断发展增值，打造千亿级企业集团，为建设中原经济区，推进中原经济崛起、振兴河南做出贡献。因此，大有能源必须做好融资工作，在未来获得稳定的资金来源，为将来的发展提供强有力的资金保障。

融资是一个企业的资金筹集行为与过程，要切实根据自身的生产经营和资金拥有状况，以及未来大有能源经营发展的需要和目标，通过科学的预测和决策，聘请专业的上市中介机构，制定出一套切合实际的最佳融资方案，从多种渠道向投资者和债权人筹集资金，组织资金的供应，保证公司的正常生产和经营管理，为企业未来可持续发展和做强、做大打下坚实的资金基础。

一、煤炭上市公司融资存在的问题

河南大有能源股份有限公司2010年借壳南京欣网视讯成功上市，是义煤集团发展史上的里程碑，公司从此踏入了一个新的发展阶段，但是公司目前正处于高速发展阶段，资金供应愈显紧张，从我国目前上市的煤炭企业来看，煤炭上市公司在传统融资模式下虽然取得了一定的成就，但与成熟的市场经济体制下的市场融资相比，还存在较大差距，主要存在以下几个共性问题：

（一）银行贷款融资比例在融资结构中继续占有重要的地位

我国煤炭上市企业的融资构成中，以银行信贷融资为主的间接融资仍明显占有主导性优势地位，大有能源的融资体系中，银行信贷占据了主要比例，而贷款比重过大增加了融资成本。这反映了公司资源配置效率不高，融资结构有待调整和完善。

（二）政府职能尚未实现根本转换，煤炭上市公司融资结构受限

我国目前以行政审批为核心的投融资决策体制没有发生根本转变，国有企业的投融资决策权没有得到真正落实，投融资主体不到位，政企不分、权责不清的状况依然存在，煤炭权交易市场机制不够健全，企业外源融资受限。

（三）煤炭上市公司融资渠道过于单一

虽然我国的资本市场已经有相当程度的发展，但由于历史和制度等原因，相对发展不成熟，股票、债券等外源融资方式规模较小，过度依赖银行贷款。

作者单位：义煤集团杨村煤矿

（四）煤炭上市公司存在融资的偏向性问题

上市公司的融资方式主要包括内源融资和外源融资两种方式。外源融资主要包括向金融机构借款和发行公司债券。我国煤炭上市公司中内源融资所占比重小，外源融资比重呈现绝对优势，而在外源融资中又偏好股权融资。

内源融资和外源融资各有优缺点，公司应根据自身实际对这两种融资方式进行比较选择以及合理地搭配使用。

内源融资主要是公司内部的自有资金和在生产经营过程中的资金积累部分，是在公司内部通过计提折旧和留用利润等增加的公司资本，其具有以下几个优点：①自主性；②融资成本低；③不会稀释原股东的每股收益和控制权；④可以使股东获得税收上的好处。

但是，内源融资也有其自身的缺点，会受到公司盈利能力的限制，不可能实现大规模的融资，同时会受到公司股东的限制，如少发股利受到某些股东的抵制，可能很难实施，也会减少公司的投资吸引力，影响公司的外部融资。

外源融资主要有股权融资和债券融资两种方式。其中股权融资是典型代表，其所筹资金无到期日，具有永久性的特点，没有还本压力，一次筹资金额大，用款限制相对较松，有助于提高企业的知名度，为企业带来良好的声誉，有助于企业建立规范的现代企业制度；与股权融资相比，债权融资的成本较低，可以发挥财务杠杆的作用，同时可以保证股东对公司的控制权，发行公司债券可以有较长的还款期限，附加限制少，资金成本也不是太高，但是发行手续过于复杂，对企业有严格的要求。目前，我国的债权市场相对清淡，公司可以根据自身实际发行一些企业债券，但一定要控制好还款风险。

针对以上两种融资方式的特点，结合大有能源作为国有煤炭企业所具有的特殊性，我们应根据所处的不同经济环境和市场发育程度，选择合适的融资模式。

二、选择合适的融资模式

（一）强化上市公司内部积累，实现外源融资和内源融资的有效结合

公司应强化内部积累，实现外源融资和内源融资的有效结合。首先，要提高大有能源的自生能力，这是加强公司内部积累的首要条件。而提高公司的自生能力，一方面要加强经营管理，建立健全符合上市公司机制的管理制度，减少各种不必要费用的开支，提高公司的获利能力、竞争能力和可持续发展水平；另一方面，要持续完善公司的法人治理结构；其次，公司要健全具有内源融资的机制；另外，要充分利用国家政策制定出有利于企业内部积累的财务制度，规范企业的利润分配和利润滚存制度，通过各种制度，引导企业在提高经营效益的基础上，积极进行内源性资本扩张，不断增强自我发展能力。

（二）做好项目融资工作，加快项目融资发展

项目融资作为一种新型的、重要的、为大型资本密集型项目筹集长期资金的一种手段，具有筹资功能强、融资方式灵活多样，能减轻企业财政负担、实现风险分散和风险隔离，能够提高项目成功可能性等功能。公司应加强与美国 SES 公司等具有国际技术水平的企业合作，利用其先进的技术优势和公司的优势，吸引合作伙伴，上一批具有世界先进技术水平的煤化工项目，延伸煤炭化工产业链，做强、做大煤化工产业，改变公司主要依靠煤炭开采的业务局面。

（三）积极合理利用外资

我国支持条件成熟的公司到国外上市融资，这是我国煤炭公司有效利用国际资金的一种融资方式。公司应积极利用这一政策，争取在今年完成收购美国 SES 公司，实现在美国的成功上市，在国外的成功上市，可以使公司在国际资本市场上通过发行债券或股票，帮助企业筹集资金，降低资产负债率，加快改制，与国际市场接轨。通过合资、股份合作等形式，可以吸引外来资金对公司进行直接投资，在吸引国外资金的同时，应积极引进国外的先进技术和经营管理方法。尽管在国外上市筹资费用相对国内来说较高，发行价格低，但公司作为煤炭上市公司仍然可以获益。另外，在国外上市可以避免国内烦琐的程序和机会成本，可利用全球流通市场，节约税收成本。

（四）开发煤炭金融产品，促使煤炭开发向纵深发展

公司应积极引入煤炭投资信托新型金融产品，积极探索煤炭勘查权证券化和煤炭资源证券化的可行性。考虑以未来勘查成果和资源价值作抵押，发行资源支持证券，筹集勘探资金，加大煤炭资源勘探的融资力度，增强煤炭资源保障能力，促进合理有序开发煤炭资源，保护、节约和合理利用煤炭资源。

（五）完善公司治理结构

公司治理结构对企业的融资行为具有重要的影响，公司是上市的大型国有企业，二元制的股权结构使公司偏向于股权融资。但是流通股股东和非流通股股东的目标是不同的。我们要完善公司治理结构，适时减持一定比例的国有股，降低国有股在上市公司的持股比例，但是也要保持企业的国有性质不变；同时，也要发展机构投资者，充分发挥机构投资者在公司治理结构中的作用，提高公司法人的治理效率。

公司作为大型的国有上市煤炭企业，为河南省的煤炭企业发展开创了先河，公司要利用好中原崛起的有利时机，选择合理的融资方式，成功实现 300 亿元融资目标，打造千亿级煤炭企业。

煤炭开采企业成本管理探讨

牛书丽

产品成本是企业的命脉，成本管理是企业管理的重要内容。煤炭开采企业，由于受生产作业环境等因素的影响，其产品成本具有自身的特殊性。要想做好成本管理，必须认真分析和研究煤炭开采成本的特点，找出存在的问题，引入先进的理念和方法，构建完善的管理体系，才能使煤矿生产经营成本得到有效控制。

一、当前煤炭开采成本的特点及成本管理存在的问题

(一) 煤炭生产特点使得生产成本具有不确定性

煤矿属于地下开采业，受地质条件、生产技术条件等影响较大。煤炭成本的变化与许多因素有关，如煤炭储存、服务年限、地质水文条件、工艺过程、设备配备和机械化程度等，这些因素中，水文地质条件和生产技术条件对成本的影响程度要大于其他因素。地质变化的不确定性给成本管理增加了难度，加大了生产成本的不确定性。

(二) 生产管理和成本管理脱节

受传统管理模式的影响，目前的成本管理只是停留在决策层和管理层的层面上，没有从区队、班组，乃至每位员工等生产过程中的执行者入手，以致很多人认为成本管理工作只是少数财务人员和管理人员的责任，这就使生产管理和成本管理脱节，制约了成本与生产技术、成本与安全、成本与质量的有机结合。

(三) 成本管理方法和技术手段落后

煤炭企业虽然建立了成本预测、决策、控制和考核的管理体系，但仍停留在成本核算和简单的成本分析上，企业在成本管理措施上仍然是事后核算多，往往在结算时才知道出现了问题，事前预测和事中控制办调少。信息化程度不高，缺乏科学的预测、分析和决策手段，也是影响因素之一。

二、煤炭企业成本管理的方法

根据煤炭企业生产特点和经营管理中存在的问题，只有借鉴现代企业管理的成功经验，采用动态成本管理方法，加强成本事前、事中和事后全过程的控制，才能科学地有效降低成本，提高经济效益。

(一) 成本的事前控制

成本的事前控制是在产品生产之前对生产成本的经济活动进行事前规划、审核，确定目标成本，它是成本的前馈控制。主要包括以下方面：

(1) 制定标准。煤炭生产作业环节多，在产品生产之前，成本管理部门及相关职能部

作者单位：鹤壁煤业（集团）有限责任公司第五煤矿

门对影响成本的各有关因素进行分析研究,制定出一套适应企业具体情况的成本控制制度。主要是通过收集大量财务、技术等资料,统计、分析、测算,多种成本方案选择,制定出相关成本定额标准。

(2)分解指标。成本管理部门年初根据目标成本,层层分解各项成本控制指标,将指标从横向和纵向落实到内部各部门、各环节和各岗位,构建"千斤重担众人挑,人人肩上有指标"的预算执行责任体系。

(3)编制预算。以核心作业群为主体,每月根据本单位的作业计划,结合定额,充分考虑现有生产条件和标准的动态调整,编制本单位作业成本,并落实到班组,核算到岗位。

(二)成本的事中控制

成本的事中控制的重点,是正在进行的预算实施过程,是控制工作的基础,是成本控制的核心。目的在于及时发现差异,将各种成本偏差信息及时反馈给有关部门,并采取措施予以纠正,主要有以下方法:

(1)物料成本跟踪控制。其一,成本管理中心审查预算是否符合实际。其二,物资供应部门严格按预算采购,对到货物料验收入库,核对标准和最佳储备量,减少库存资金占用。其三,成本管理中心人员应从计划申报、审批发放、交旧领新、现场使用、回收复用、修旧利废等进行全程跟踪管理,并进行统计分析和考核。

(2)设备维修成本跟踪控制。要根据矿井生产特点和工艺要求,科学配置设备,防止"大马拉小车"和增加设备费用;要搞清设备使用、闲置底数,加强调剂,做好闲置设备的保管保养,保持完好;要加强在用设备的维护保养,搞好日常维修,既要保证设备的完好率,又要控制维修材料的消耗。

(3)其他费用。财务部门是综合管理一般费用的主管部门,实行严格的费用开支审批制度;应按期审查各项费用预算、严格费用开支和报销审批,做好综合平衡工作;应运用财务信息和其他相关资料监控预算执行情况。

(三)成本的事后控制

成本的事后控制是事中控制的延续,是在产品成本形成之后,对实际成本的核算、分析和考核,查明节约或超支的主客观原因,确定其责任归属,对成本责任单位进行相应的考核和奖惩,以达到降低成本的目的。

(1)跟踪报告制度。成本跟踪控制报告应由下而上逐级编制,向企业相关部门报送。每月末各生产责任单位和各职能部门召开成本分析会,实际成本与预算进行对比,写出成本分析和过程跟踪管理情况分析,提高事前和事后成本监控能力,为企业管理和领导决策提供详实准确的依据。

(2)"对标找差"制度,采取措施纠正偏差。对标工作是企业绩效改善的杠杆,也就是通过与本单位预算、同期水平、历史最好水平、本行业先进指标进行比较、分析、判断,找出差距,使自己不断改进从而达到一流水平的过程。通过确定目标、比较目标、分析数据、确定标杆、系统学习和改进以及进行评价和提高。

三、煤炭成本过程控制的保证体系

(一)建立成本控制组织保障体系

建立健全成本控制制度,要成立专门成本管理机构,形成成本决策层、成本管理层、成本执行层,分别行使职能。形成紧密联系、相互制约的成本控制责任网络。

(二)运用信息化网络平台,实现智能管控

通过采用信息化的技术手段,设置预算管理、生产作业成本管理、风险预警等功能模块进行管理。一方面可以保证结算数据准确、便捷;另一方面可以加强过程管理和管控,对材料管理实行预警材料发出进程,从而起到过程监控的效果。

(三)构建内部市场化运行机制

以市场化为基础,在工序岗位之间引入市场化运行机制,模拟内部市场,确立矿、原煤各线、区队、班组四级市场体系。以信息化技术为结算方式,将企业内部各责任主体之间的关系变为等价交换的经济往来关系,形成内部市场化运行机制。

(四)建立考核评价体系

首先,是对各原煤生产作业单位的成本管理进行绩效考核;其次,是对相关职能部门的成本管理考核。最后,针对存在的问题,解决纠正,修正指标,改进管理,提高煤炭企业成本控制水平,降低成本,提高效益。

四、煤炭企业成本管理主要措施

(一)控制工资支出

一是积极开展劳动组织整顿,理顺劳动关系,减少工资支出。二是定期岗位重新定岗定编,精简后勤服务人员,有效控制工资总额。三是加强采掘工程质量管理,建立内部工程价格体系,实施按质论价,做到既有利于矿井减少工资成本支出,又能提高工程质量,减少复修成本。四是严格控制定额外的工资性支出,控制计划外加班,控制各种工资性单项奖金的审批,做到严格程序,统一控制。

(二)控制材料消耗

在材料管理上要严格执行承包制,对每个单位的材料消耗实行严格的定额管理。材料定额(单价)与工资捆绑管理,节约作为工资收益,超支从工资中扣除。对大额材料和专项工程材料实行领用和核销审批制,同时加大材料的现场管理和跟踪管理力度,确保大型材料和专项工程材料,最大限度地提高使用效率,做到材料消耗宏观有控制,微观有管理,堵住材料管理中的漏洞。

(三)控制电力成本

一是督促各采掘工作面根据实际工作需要及时调整设备选型,避免"大马拉小车"现象,同时,加大固定提升设备的管理力度,避免空负荷或欠负荷运转。二是大力开展电费"削峰填谷"工作,按现行的峰谷电价政策,积极将主要生产活动安排在电价低谷时段,而把用电相对较低的检修等辅助工作安排在电价高峰时段,有效降低电费支出。三是对生活用电实行收费包干考核,将生活用电管理部门的工资收入与电费回收指标挂钩,以促进电费回收率的提高,同时对生活用电线路进行整改,避免各种"跑冒滴漏"现象。

煤炭企业财务预算、成本控制的研究

李瑞萍

随着经济体制改革的深入，市场经济的逐步发展，煤炭价格完全放开，煤炭将完全推向市场国际化。煤业集团公司要想在竞争中占有一席之地，必须加强财务预算控制、成本控制。财务预算控制及成本控制的好坏直接影响着煤业经营管理水平，也决定着煤业的经济效益。本文针对煤业预算管理和成本控制中存在的问题，提出相关对策。

一、预算管理中存在的不足

近年来，我国企业逐步开始重视预算管理工作，并开始完善预算编制体系和执行体系。但由于财务预算管理工作在我国实行时间并不长，且相对缺乏实践经验，导致目前的预算管理工作尚存在很多问题和不足之处。当前，财务预算管理主要存在以下几个方面的问题：

（一）缺乏完备的预算组织机构

目前，我国企业还未建立起科学完善的预算管理组织体系，导致对预算的编制和执行缺乏规范性和权威性，很多预算只流于形式而难以发挥其应有的作用。

（二）预算管理程序不够完善，各环节普遍存在问题

首先，在财务预算编制环节缺乏对企业实际情况的考虑。目前，我国企业大多采用自上而下式的预算编制方式，这种方式很容易忽视各基层部门的实际工作需要，使得预算编制缺乏科学性，与实际经营活动需求不符。

（三）预算管理不符合企业实际需求

目前，我国企业所采用的以成本为导向、以销售为导向和以现金流量为导向的预算管理模式往往并不适合企业自身特点，难以体现企业在其所处的行业和不同发展阶段的实际需求，这严重影响了预算管理的效率。随着市场经济的不断发展，企业生产经营环境中的各类影响因素更为复杂多样，在这种情况下，采用单一的成本预算方法，显然是不客观的，其势必会影响企业的整体预算编制和执行效果。

二、加强企业财务预算管理的对策

（一）完善预算组织机构，明确其工作职能

前文我们已经说过，预算是涉及企业经营全过程，并与各个部门紧密相连的一项基础性工作。这就决定了要做好预算管理工作，必须建立一套全面的预算组织结构。首先，企业管理者要提高对财务预算管理工作的重视程度，发挥主导作用，营造良好的企业预算管理环境。预算管理涉及企业各个方面各个层次的问题，关系到企业经营管理的最终成败。

作者单位：郑州煤炭工业（集团）公司供电分公司

为了推进预算管理工作的顺利完成，企业高层管理者必须负起责任，通过设置合理的预算组织机构为预算管理系统的运行提供保障和支持。

（二）优化财务预算管理流程

由于每家企业的业务范围和经济情况都不尽相同，因此企业应从预算目标、内容、涵盖范围等方面综合考虑，根据自身的生产经营性质和部门人员构成，建立一套符合本企业经营活动的预算体系，明确各部门和管理者在预算体系中的职责和权力。首先，要结合企业实际情况制定科学合理的预算目标。在预算目标制定之前，必须从企业发展角度出发，从战略角度就企业各方面的发展进行深入细致的分析，并将分析结果量化地反映到预算指标体系中，使预算目标成为企业内部各部门的工作准则和衡量其工作绩效的标准。

（三）完善预算执行过程

预算执行涉及企业各个方面，预算执行过程可以理解为企业各个部门责任分解和落实的过程，也可以理解为各个预算主体相互协调的过程。预算的各个主体和环节都必须明确落实到人，形成严密的逐级负责制，并将预算执行结果与个人收入体系挂钩，从而确保预算的执行效率。在预算执行过程中，企业预算管理部门要从宏观角度对各项预算指标的完成情况进行及时的跟踪和分析，并对预算执行过程中出现的偏差和存在的问题及时予以纠正，以保证预算数与实际发生数相一致。

（四）充分运用信息手段降低成本

随着网络技术的不断发展，企业经营管理模式也随着发生了重大变革。在信息化时代，企业可以利用网络来提高企业内部管理的效率，实现财务各个环节的幼小衔接，从而提高财务管理效率、降低成本消耗。

三、成本控制存在的问题

（一）成本控制管理观念不强

煤矿企业的决策层和主要管理层对成本管理的重要性的认识是比较高的，但在基层区队、班组，直至各个生产岗位还没有足够的认识，造成管理松懈、投入大、消耗高，丢失浪费现象比较严重，无形中增加了产品成本。在实际工作中，存在着重视生产成本、忽视销售成本；重视产品产量、忽视产品质量的情况，缺乏完全成本的观念，使得生产与经营难以统一。

（二）成本控制的范围和深度不到位

目前，煤炭企业主要围绕成本构成要素来进行控制，而对企业外部因素对企业成本的影响考虑不周。

四、完善煤炭企业环境成本控制的对策建议

（一）健全法律法规，制定环境会计准则和会计制度

在我国，要想成功推行环境会计，必须制定环境会计法律法规。首先，应完善《会计法》，将环境会计核算、监督，以及环境信息披露列入《会计法》，以法律形式确定它的地位和作用。

（二）建立统一的环境成本控制中心

煤炭企业大多规模庞大，组织机构层次多，要想环境成本得到有效的控制，必须在企业内部建立一个统一的环境成本控制中心，从全局出发考虑问题，协调企业内部各部门的关系，对环境成本作出科学的规划；对各部门的环境行为进行监督，从整体上对环境成本实施控制；避免各部门各自为政的无效行为，促使各部门在顾全大局的基础上降低本部门内部的环境成本。

（三）选择恰当的环境成本核算与控制方法

企业环境成本的发生贯穿于整个生产经营活动的始终，从开始的产品设计到最后的产品报废回收，都有可能对环境产生影响。因此，企业环境成本核算与控制也应该贯穿于整个生产经营过程，从事前的规划、事中的监控到事后的处理，进行全过程的管理与控制。

（四）提高文化控制对企业环境成本控制的影响

企业文化作为一种无形的控制力量，控制效果比传统控制手段更持久、更深刻。当文化控制实施效果良好时，全体员工具有共同的价值观念和行为规范，控制成为一种内化的自觉行动，可以减少对传统控制手段的使用，大幅降低成本。因此，将文化控制运用于企业环境成本控制之中能够对其起到推波助澜的作用。

五、财务预算管理与成本控制

预算管理是企业财务管理工作的一项核心内容，企业财务管理水平的高低在很大程度上取决于预算的执行情况。预算管理水平的高低通常能够反映企业的综合管理能力，健全的企业管理模式下，预算的执行都要按照既定目标进行。预算是一个企业对各项经济活动实施有效控制的依据，企业各项费用开支的预算情况和预定制定的科学性以及实效性等综合构成了企业的预算管理体系。总之，预算管理和成本控制工作是相辅相成的，相互促进的，不断强化这两方面的工作，对于企业财务管理水平的提高至关重要。

煤炭企业环境成本浅析

高少辉

煤炭企业在长期开采煤炭资源的过程中，常常出现地面塌陷、废矸石占地、污水排放等不良现象，煤炭企业对环境保护具有不可推卸的责任；同时在政府、社会及自身发展多重压力下，煤炭企业不得不将其生产经营活动对环境的影响纳入到日常活动中。如何有效地进行企业环境成本管理，以实现经济效益与环境效益的双赢，成为煤炭企业成本管理的一项重要内容。

一、煤炭企业环境成本的特征及构成

煤炭企业环境成本是指一种"补偿性成本"，煤炭在生产过程中，不可避免地造成了地表塌陷、水体污染、瓦斯积聚、煤尘和烟尘污染、有害气体排放、粉煤灰、噪声等各种污染。这就决定了煤炭在开采过程中，既要支付煤炭开采本身所必需的成本，又要对所造成的各种环境问题进行补偿。

根据煤炭生产的特点，煤炭环境成本的构成可归纳为：环境管理费用、环境监测费用、排污费用、环境影响赔偿费用、污染现场的清理和保洁费用、地面塌陷赔偿、矿山占用土地、复垦复田费用、村庄搬迁费用、地下充填费用、防治措施费用、耕地占用税、降低污染和改善环境的研究与开发费用、职工环境保护教育费、植树及绿化等费用。

二、煤炭企业成本核算现行方法

目前，我国煤炭企业主要成本核算包括三大类：第一类是各项生产经营成本，包括各种原材料支出、人工薪酬、勘探费用、电力、折旧基金、环境监测费、排污费等；第二类是各项专项资金，如安全、维简费、植树及绿化费、地下充填费、村庄搬迁费等；第三类是上缴国家的各项资源税费。

一方面，从实际情况来看煤炭企业的环境成本没有单独进行核算，并且绿化费、排污费、地下充填费、村庄搬迁费等这些环境费用在进行归类时带有较大随意性，有的归为产品成本，有的归为管理费用，有的归为营业外支出，有的则隐藏在其他费用或损失项目中。

另一方面，从煤炭企业成本的核算范围来看，环境成本补偿不足，不能充分体现煤炭企业在可持续发展目标下应承担的社会责任。因为只有部分内部环境成本（如监测费、排污费、绿化费等）和部分实际已经支出的外部环境整治费用（如地面塌陷赔偿、村庄搬迁费用、地下充填费用等）纳入企业成本核算范畴，而由于环境破坏而产生的机会成本基本上未予反映，如资源消耗成本、生态环境降级成本等。因此，有必要在环境成本理论研究的指导下，全面分析煤炭矿区的环境成本，对其进行规范。

作者单位：中国平煤神马集团五矿

三、煤炭企业环境成本的影响因素

(1)煤炭开采条件因素。煤炭开采条件很差,对环境造成的负面影响非常大,相对应的环境成本也很高。因此,煤炭开采条件与环境成本密切相关。

(2)经济发展水平因素。随着我国经济发展规模的不断扩大,对煤炭资源的需要也愈来愈多,煤炭资源开采量和生产量越多,对生态环境造成的影响越大,环境污染也越严重,为治理环境污染、改善生态环境的支出也越来越大,环境成本也随之增大。

(3)技术创新因素。技术创新对于矿区环境成本的影响表现为双重性:一方面,技术进步使得开采深度加深、产量增加,造成三废排放量越来越大,环境成本增加;另一方面,随着技术的发展,煤炭环境污染的保护技术、洗选技术等越来越先进,这将使煤炭环境成本不断降低。

(4)矿井开采年限因素。随着矿井开采年限的不断增加,矿井开采的范围越来越大,开采深度不断增加,将加深地下水资源的破坏、地表塌陷面积增大、煤矸石等固体废弃物的排放增加、空气污染程度加大等,致使环境成本随着开采年限的增加而不断增大。

(5)煤炭生产量因素。煤炭资源是不可再生资源,开采一吨就会少一吨。过度的、不当的开采利用,会加速煤炭资源的枯竭。根据有关理论研究,环境系统的资源供应量存在一个阈值,这就是环境系统自净力。一旦煤炭资源开采量过大,超过环境的阈值,就会使资源过早衰竭,引起环境质量的退化,进而威胁到人类的生存。

(6)环境标准和环境意识因素。随着人们对生活质量要求越来越高,社会对于生产活动产生的生态环境影响的约束增加,保护环境的法律法规日趋完善,致使环境成本越来越高。近年来,国际社会对环境治理的呼声也越来越大,这些都将使得环境标准日趋严格,进而使得环境成本不断增加。

四、煤炭企业环境成本控制对策

(1)开展煤炭企业环境预评价。环境预评价是环境质量评价的一个重要组成部分,煤炭企业实施环境预评价,对煤炭企业环境成本事前控制起重要作用。事前预评价综合考虑整个生产工艺流程,把未来可能的环境支出进行分配并纳入产品成本预算系统,提出各项可能的生产方案,然后,对各项可能方案进行评估,从各种可行的方案中选出环境支出最少的方案来实施,以达到控制环境成本的目的。这种方法在企业有能力获得环境信息以及企业各部门之间进行信息合作的基础上,优化设计生产流程,提高环境支出的可控性,减少环境维护成本、环境损失成本,从而达到减少煤炭企业环境成本的目的。环境预评价能对环境成本起到有效的控制作用。

(2)进行作业成本管理控制。作业成本管理,通过作业层次上对环境成本产生的动因深入分析,有效地追溯环境成本的来龙去脉并对之实施控制,不仅可以通过减少这些环境成本的动因来减少成本,还可以通过消除不增值价值的作业、改善必要作业的效率、加强对短期内无法消除的不增值价值作业的控制,从多个不同的作业链中选择其中最佳的作业链。企业应结合环境成本和其他成本进行权衡,选择最低成本的设计策略,增强企业的持续竞争优势。即作业成本是成本控制可执行手段,有很强的实际操作价值。

(3)延长煤炭企业产业链。煤炭产品生命周期环境成本控制,要延长整个煤炭产业链,从产品生命周期设计开始,强调对污染的预防;紧接着在生产阶段,强化环境负荷的抑减机制,进行清洁生产,加大对资源循环利用;最终在消费、使用阶段,建立废料残渣回收体系,通过再利用、无害化的废弃物处理环节,大量减少处理后的排放量。

(4)把环境成本的外在化与内在化相结合。环境成本内在化,是指把企业的环境成本计入到生产或交换成本中,从而反映在价格机制中。通过"谁污染,谁负担"的原则,污染者要付费,通过环境管理政策对企业的行为制约,对企业造成的成本增加都累积在生产成本中,反映在最终的产品价格上,进而通过价格机制调节经济与环境的关系。通过市场控制环境污染状况。

煤炭企业环境成本既有与其他行业环境成本相同的属性,如环境保护与预防成本等,同时,因为煤炭生产的特殊性使其又有自身的特点,如煤炭资源成本、生态环境降级成本等。煤炭环境成本的构成是复杂的,只有正确分析、合理规范煤炭企业的环境成本,才能正确地确认与计量,及时地提供环境成本方面的信息。另外,可持续发展是人类生存的需要,也是我国政府的选择,任何一个企业都必须将可持续发展作为经济决策的基础,保护社会经济可持续发展的客观环境是每个企业的社会责任。因此,建立全面、独立的环境成本核算制度是煤炭企业承担社会责任的体现。

煤炭企业环境成本问题研究

路福海

煤炭是我国的基础能源，也是国民经济的重要组成部分。煤炭生产为我国经济发展做出了巨大的贡献，同时不可避免地造成了环境污染、地面塌陷、生态失衡等一系列环境问题。煤炭企业如何正确认识环境成本、加强环境成本核算、完善成本控制体系，已经成为亟待解决的问题。

本文从煤炭环境成本的基础理论出发，通过对当前我国煤炭企业环境成本核算及控制中存在的问题进行分析，对如何正确核算、全面控制煤炭企业环境成本提出了措施和建议，以期为煤炭企业的可持续发展提供帮助。

一、煤炭环境成本的相关概念

人们在不同的领域、不同的背景下都广泛使用着环境成本的概念，但对于其基本定义还存在争议。对于煤炭企业的环境成本，一般认为是指在煤炭勘探、开采、生产、运输、销售、回收处理过程中，为解决环境污染和生态破坏所付出的全部耗费。煤炭环境成本主要包括以下三个内容。

（一）预防成本

预防成本主要是指按照我国环境保护法、环境质量标准、污染物排放标准等法律法规、制度文件规定，为预防环境污染超标所发生的费用。主要包括：环保项目的研发、建设、维护、更新费用，支付环保部门的管理费用，环保宣传费用等。这部分费用属于事前费用，一定程度地在源头上控制了环境污染及生态破坏问题，具有至关重要的作用。

（二）控制成本

控制成本是指煤炭开采、生产过程中发生的环保费用以及为降低污染与破坏所支出的费用。如支付的超标排污费，塌陷补偿费、环境保护基金，矿区绿化改造费，废弃物运输费等。

（三）恢复成本

恢复成本是指因遭受环境资源损害给予修复而产生的费用。包括废弃物处理，再生利用系统运营，矿山环境恢复治理保证金、塌陷区复垦支出等。

二、煤炭环境成本核算与控制的必要性

（一）可持续发展的外部环境的要求

随着煤炭资源的逐渐枯竭和生态环境不断恶化，环境问题逐渐成为人们关注的焦点。近年来，我国不断加强环境管理，一系列环境保护战略、政策和制度体系相继建立和执行，

工作单位：河南煤化永煤集团股份有限公司新桥煤矿

逐步走上了经济、社会与环境保护协调发展的轨道。环境管理要求企业提供有关环境保护状况和业绩，环境成本的总量及成本项目、环境保护业绩等信息，了解企业当前所处的环境状况，抑制企业短期行为，引导企业从长远利益出发，把企业自身的发展和社会发展协调起来。同时推行煤炭环境成本核算和控制也便于掌握煤炭资源质量下降的程度和耗减速度等有关各项环境成本的综合信息，满足宏观经济发展的需要。

(二)完善成本核算理论的需要

现行成本核算理论，往往只注重生产成本和期间费用，只为满足企业经济效益，而不顾资源损毁和环境恶化，忽视资源成本和环境成本。由于我国尚未建立环境成本核算和管理制度，对过度使用和破坏资源环境的耗费不能进行有效的计量，导致人们对自己的活动和消费行为难以明确责任，环境费用的外部性十分严重。因此，进行环境成本研究，有助于为国家制定环保政策提供依据，并为完善成本核算理论提供参考。

(三)企业内部管理的需要

煤炭产品在其生产过程中会有各种各样的耗费，包括物化耗费、人力成本、安全费用、自然资源和生态资源等环境资源的耗费等。随着资源不断耗减和生态的不断恶化，大范围的地表塌陷，矸石堆积、耕地被占、废水废气排放等原因造成环境成本在煤炭成本中的比重越来越高，但是，现行的成本核算往往只包括物质成本和劳动成本，不包括环境成本，以使计算的产品成本不真实，成本核算也不符合真实公允的原则，造成资产虚增，严重误导企业决策。

三、当前我国环境成本核算与管理存在的问题

(一)理论研究尚不成熟

我国对环境成本的研究开始于20世纪70年代，虽然已经过40多年的探讨，但不够深入，很多方面还处于不成熟阶段，有待进一步研究，当前有不少学者和机构在各自的领域中或多或少地涉及了环境成本的问题，也提出了不同的环境成本理论。比如环境经济学成本论、环境管理学成本论、环境统计学成本论和会计学相关理论等。但是至今还没有一个比较明确统一的定义，从而对不同的企业来说，环境成本的定义和内涵各有不同。

(二)环境成本控制体系尚未建立

环境成本控制是为了满足环境法规和企业自身发展的需要，从而对环境成本形成过程中的所有因素进行控制，主要目的是为了平衡环境对企业经济效益和环境效益的影响。然而，我国大多数煤炭企业仅仅只是为了满足环保法规和政府部门的要求而进行相应的环境保护，生态建设，污染减排，并没有单独核算环境成本。此外，环境成本控制范围狭隘，控制方法滞后，内容不全面。没有建立起科学的环境成本核算体系，没有很科学地控制环境成本。

(三)环境成本信息披露不完全

我国煤炭企业环境成本信息的披露一直不够详细，虽然我国制定了一些列环境保护的法律法规，但是实务中，由于缺乏公认的环境成本计量基础，缺乏相应的理论体系，使得企业仅仅将排污费、绿化费、塌陷补偿费等计入“管理费用”“制造费用”等科目，并没有设置单独的环境成本项目。此外，企业披露的成本信息都是以货币为计量基础，而环境成本

需要多种计量属性，需要在用货币计量的同时辅以实物计量，故而很难在报表中披露。这也是造成成本信息披露不完全的一个因素。

四、完善煤炭环境成本核算和控制的建议

加强煤炭企业环境成本核算与控制是一项复杂而艰巨的系统工程，政府与企业必须坚持双赢的原则，既不能为追求经济效益而牺牲环境，也不能为了环保而放弃发展。因此，加强环境成本的核算与控制，创造环境成本控制的新思路，构建系统的环境成本模式，协调经济发展与环境保护，是实现企业可持续战略的必经之路。基于此，需要政府和企业共同努力，完善成本核算制度，构建环境成本控制的思路和方法，提高企业经济效益和环境效益。

(一)完善相关法律、法规、制度文件

法律、法规是成本核算工作的依据，要想成功推行环境会计，必须完善制定环境成本的法律、法规。首先，要建立和完善环境成本核算制度，将环境成本核算方式以法规、准则等方式确定下来，使企业成本核算和管理有法可依，有章可循。其次，完善与环境成本核算相关的环境、经济制度。主要包括资源有偿使用制度、生态补偿制度、绿色 GDP 核算制度，排污收费制度、许可证交易制度、环境税收制度等。再次，加强环境成本核算与控制的理论研究力度，提高环境成本核算和控制的理论支持。

(二)加大对煤炭企业清洁生产的宣传

清洁生产是在末端治理仍不能有效控制环境污染的背景下出现的一种新的思维方式。当前，国家积极推进洁净煤炭技术产业化发展，发改委制定“煤炭行业清洁生产(试行)”，组织建设示范工程，并给予一定的资金支持。煤炭企业也要充分利用此次机遇，在发展生态企业的基础上，积极加强清洁生产的宣传和培训工作，加强清洁生产知识普及教育，形成良好的舆论氛围。

(三)建立环境保护监督机构

近些年来，大部分煤炭企业也设立了专项资金(如环境恢复治理保证金专户)用于环保，对于此类资金，是否落实到位？是否做到专款专用？需要政府及财务部门进行监督。政府需要成立环境资金管理机构监督企业环保项目的审批、项目资金的落实、环保资产的评估等情况；同时，企业应加强监察部门、财务部门对具体资金使用情况、环保设备的运行情况等进行监督，对环境资金严格管理，保证企业环境成本报告信息的可信度，提高环境资金的使用效益，使环境利益关系人获得可靠的信息进行决策。

(四)完善环境成本核算工作

借鉴国际上绿色核算的理论、方法与实践，加强宏观环境成本核算，规范环境成本控制。煤炭企业应根据自身特点，设置环境成本相关账户，规范环境成本计量、规范环境成本的会计处理，建立专门的环境成本控制系统和环境成本责任中心，在原有的成本控制系统的基础上构建专门化环境成本控制系统，运用作业成本法或其他先进的成本控制方法进行成本控制，将产品生产和企业运行过程中所发生的环境成本，作为产品成本组成部分，并将环境成本作为企业成本预测、成本计划、成本分析、成本考核的一部分。为管理者提供识别、量化环境成本，制定产品结构、产品定价策略的决策有用的信息。

(五)建立企业环境成本控制评价与考核体系

建立企业环境成本控制评价与考核体系就是要评估因企业进行环境成本控制所带来的环境效果和效益。通过对企业环境成本控制的评价与考核,可以了解企业的成本控制状况,从而进一步修改企业的环境成本控制目标,再进行全过程控制并对控制的结果做出评价。如此循环使用,直至企业的环境成本降到最低值,使企业生产进入绿色生产流程。最终达到社会效益和企业效益最优的双重目标。

五、结语

有关环境会计的研究一直是会计学界备受关注的一个课题,而对于成本问题的研究,往往是会计问题的重中之重。当前,我国正处于社会的转型期,关于环境成本的相关法律法规还不够完善,相关培训体系也尚未成熟,煤炭企业必须从自身做起,不断探索,不断进取,逐渐完善环境成本核算和控制体系,满足宏观经济发展和可持续发展战略的需要。

煤炭企业集团财务公司发展中的思考与建议

——基于河南煤业化工集团财务公司·发展历程

王小强

2009 年 7 月,河南煤业化工集团财务公司成立,在实现产业资本与金融资本的结合上迈出了坚实的一步,集团财务资金管理进一步向资金集中性、融资性发展,为各企业提供广阔的资本运作平台,促进了集团的综合管理和金融控制,降低了企业运营风险和成本,并直接或间接地形成了集团新的利润增长点。作为下属子公司全程历经了集团财务公司稳健发展、迈向辉煌,所以敢于管中窥豹提出自己的思考与建议

一、企业集团财务公司发展历程

1987 年,中国人民银行正式批准设立了企业集团财务公司。2011 年底全国已有 130 多家大型企业集团设立了财务公司,涉及 30 多个行业,资产规模为 15581 亿元,已有财务公司行业累计实现利润 1764 亿元。财务公司服务手段由简单的"存贷结"发展到资金集中管理、风险综合控制、投资理财、财务顾问等全方位金融服务;服务方式由传统方式发展到业务运行、内部管理与监管信息一体化的全方位信息化服务;风险管理由粗放模式逐步建成了较为完善的内控制度体系。可以说财务公司在中国经济腾飞的 25 年中顺应发展趋势,加强管理,依法经营,实现了健康快速发展,成绩斐然。

河南煤化集团的永煤财务公司于 2009 年 7 月 2 日揭牌成立,由于处于"大重组　大融合"的关键时期,自成立之初财务公司就面临着机遇与挑战:不仅担负着资金集中、管理,为成员企业提供金融服务功能;也起着财务战略目标导向整合、财务管理制度体系组织结构整合、存量资产整合等作用。

集团财务公司始终坚持"立足集团、服务集团"的经营宗旨,各项工作积极推进,金融服务功能不断完善,整体呈现持续向好的发展态势。注册资本 30 亿元,服务对象由 110 余家扩大到 330 余家。2010 年底财务公司资产总额 191.91 亿元,累计实现营业收入 7.2 亿元;利润总额 5.8 亿元,资本充足率达到 27.56、流动比率 39.51%;不良资产及不良贷款均为零;资产损失准备充足率及贷款损失准备充足率均为 100%;金融案件发生率为零。资本实力处于全国同行业前 5 名。

二、集团财务公司的功能

(一)资金集中功能

财务公司的核心功能是资金集中管理。即现金池的建立,将成员单位的多余头寸集

作者单位:焦煤千业水泥有限责任公司

中起来，在集团内部有偿调剂使用，提高内部资金、资源的使用效率，以降低整个集团的财务成本、内部交易成本和融资成本，达到优化集团资源配置、改进现金流的目的。截至2011年年底，在财务公司开户的成员单位数量达345家，结算笔数为18.49万笔，同比增加4.9万笔，资金集中度在80%以上。并且在公司的实践中"集中"还包括如下内容：

(1)存款账户的集中。财务公司以信息化的手段对这些企业进行监控，通过清理成员单位的银行账户规范账户设立，防止资金的闲置浪费和管理混乱，既提高资金的使用效率，也增强了集团对直属企业的管控。集团各成员企业大部分仅保留了基本账户和财务公司账户。

(2)结算业务的集中。一般来说，集团每个成员在当地银行都有各自留存结算金，当集团的成员规模达到一定数量时，分别通过银行办理结算会导致整体结算成本高昂，而利用财务公司统一对内清算和对外支付结算，可以有效降低交易成本。对成员单位的结算，也可以详细了解成员单位在支付风险和现金流管理方面的情况，有利于管控。2009年集团70多亿元，上千次物资采购招标中节约采购成本6亿多元就充分利用了集中结算的成本优势。

(3)有价证券集中。如为成员单位提供票据承兑和贴现，将成员单位的存量票据盘活，加快资金周转。也可以外转票据或将票据通过银行等机构进行再贴现，实现为集团融资的功能。贴现率大都低于贷款利率，无形中节约了融资费用。针对近期汇票不断增加的情况，财务公司采取"以票易票"等方式，对外支付纸质银行承兑汇票70亿元，办理票据贴现和转贴现40亿元，有效降低资金占用成本。

(二)资金管理功能

(1)成员间资金调节。将现金池充裕资金以一定的利率发放给资金短缺的成员单位使用，或以委托贷款的方式来进行调剂，为集团节约息差损失和手续费损失。2010年年底，累计发放贷款172.2亿元。集团公司新增贷款利率均下浮10%，仅此一项就节约财务费用4000万元。

(2)多样的融资功能。在紧缩财政货币政策下，集团财务公司的融资功能日显重要，主要有中期票据、融资租赁、同业拆借、银团贷款等方式。通过财务公司的银团贷款业务，龙宇煤化工按照同期基准利率拿到了6.8亿元的贷款，河南煤气(集团)公司、焦煤白云煤业也分别获得6.4亿元和3.53亿元的贷款支持；焦煤赵固二矿签署了总额为1.98亿元的售后回租合同，开辟了新的融资渠道，有效缓解了贷款单位一次性还本付息的资金压力；特别是集团公司额度为55亿元的中期票据成功发行，其中30亿元利率为4.87%；25亿元利率为5.26%。按照同期银行存款利率6.65%计算，5年内可为集团公司节省约4.4亿元的利息支出。

(3)投资功能。当资金盈余较大，还可适当开展投资业务，以获得更大的增值。主要有有价证券投资和对金融机构的股权投资。

(三)提供相关金融增值服务

围绕集团产业的金融服务功能，对成员单位开展的消费信贷、买方信贷，促使银行优惠的投资贷款，为企业担任财务顾问、担保、保险代理等。

三、财务公司发展中需要解决的问题

无疑,河南煤化集团财务公司的成立有利于协调银行与企业之间关系,监督资金结算行为;有利于集团减少资金沉淀,提高资金使用效益;有利于集团整体资金管理水平提高。但发展过程中也出现了急需明确和解决的问题,主要有以下几个方面。

(一)财务公司功能定位问题

既要看到财务公司的优势,也要看到财务公司的不足。财务公司并不能完全满足集团的资金需求,2012 年集团安排基本建设项目 77 个,计划投资 142 亿元,财务公司想通揽业务是不现实的、切忌做"大而全",不能盲目仿效商业银行,不顾风险追求高额利润,要在集团内部见缝插针、拾遗补缺,将其金融服务做得更有针对性,把业务做深做细,发挥行业、专业优势。

(二)财务公司业务开展问题

根据 2004 年《企业集团财务公司管理办法》的规定,我国财务公司业务主要有资金结算、存贷业务等 16 项业务。业务范围较小,资质要求严格,没有联行清算号,使得财务公司无法加入人民银行的支付清算系统,对外支付仍需依附于银行来开展,降低了结算效率,也不利于交易费用的减少。

银监会对新设的财务公司资格审批往往是逐步开放,如河南煤化集团财务公司于 2009 年获准进入全国银行间同业拆借市场;2010 年获批的对金融机构的股权投资;2011 年开展银团贷款业务。机会成本的增加不利于财务公司发挥其应有功能,反而增加整体费用的支出。

金融服务产业延伸性有限,根据《企业集团财务公司管理办法》第二十九条的规定,财务公司为成员单位的产品提供消费信贷、买方信贷及融资业务,是财务公司唯一可以面向社会服务的业务,社会化服务的缺失注定财务公司目前还无法盘活整条产业链的资金。

(三)财务公司管理问题

1. 集团对财务公司管理上的问题

财务公司业务范围大都限于集团内部,客户均为集团成员单位,因此集团给财务公司的发展带来非常大的影响,但从法律关系上看二者是两个平等法人之间的关系,并且财务公司具有金融牌照,受银监会监管,遵守金融制度、法规,势必产生自主权、利益权的博弈点。

成员单位的抵制、不配合。从整体看资金的集中管理可以降低内部交易成本和融资成本,但也会降低成员单位的资金使用自由度,减少单位的银企资源,如不理顺资金管理体制,事事均由集团行政手段干预,则会严重拖累财务公司正常运转。河南煤化集团则通过资金结算系统、电子商业汇票系统、中国银监会 1104 报表系统等进行全面的优化和升级,建立了一套高效、畅通的金融通道。

2. 财务公司自身管理上的问题

财务公司自身运营上也要防止出现不遵循金融运作规律,在集团外过度负债、超范围经营、违规从事高风险的金融活动。

财务公司法人治理结构先天不足,董事会、监事会、管理层的组成人员均为集团内部人员，三者之间难以形成规范、有效的权利制衡，公司治理制度弱化，法人治理结构中应有的“分权与制衡”的目的没有实现，难以有效控制财务公司的运营风险；

规范“以投换股，以投控股”的投资行为。特别是非金融机构股权投资，意图通过财务公司投资设子公司的方式，变相扩大集团范围，向外做业务，使财务公司的资金风险加大。

（四）财务公司经营运作上的问题

1. 缺乏高素质的金融人才

我国财务公司的从业人员大多是原来就职于集团财务部的员工，缺乏专门学习相应金融教育的人才，使得财务公司的本质还是企业的财务部状态，不能实现根本性的转变，严重制约了财务公司的经营管理。

2. 客户质量千差万别，服务意识淡薄

如河南煤化集团结算平台上线的300多家单位中，排名在前40家的存款占结算平台资金的60%之多。因此，财务公司要想发展，必须维护重点客户的利益，但大多财务公司认为客户是“自己人”，服务意识很淡薄，没有遵循市场规律，重点客户常常游离在商业银行和财务公司之间。

3. 发展空间上受银行业挤压较大

市场经济的开放性必然会最终使集团成员面向市场，企业可以自主选择金融机构，而财务公司却不能自主地选择企业；分支机构设立的严格限制，也无法与银行业全能化、综合化、多元化的业务优势相比。

四、财务公司持续发展的建议和构想

（一）首先要正确定位，构建长期发展规划

财务公司始终要“依托集团、服务集团”，从大局着眼，必须有牺牲局部利益的精神。要建立内部资金结算和资金价格体系，提高资金使用效率，形成“结算中心”；提供贷款、投资服务，提供银团贷款、融资租赁等业务，形成“融资中心”；构建企业集团资金管理新架构，创新“大资金”的管理方式，构建“1 + 3”资金池管理模式。即资金管理平台加现金池、票据池、授信池，为企业发行债券，财务咨询提供服务，形成“资本运作中心”。集团则对财务公司提供一定的内部政策支持。

（二）建立新型资本结构，健全法人治理结构，建立现代企业制度

在集团公司相对控股的基础上，财务公司的股本结构要社会化，监督社会化，减少行政干预，找好与集团工作的结合点、切入点，按金融法规办事，建立完善的内部授权制度，规范的业务流程、考核机制、风险评估机制等，加强内部审计，切实建立职责明确、分级决策、运转协调的法人治理结构。

（三）实施高级人才战略

着重培训专业人才，引进、培养了一批既熟悉产业经营，又熟悉金融事务的复合型人才。同时，加强内部人员的培训，通过不断培训与考核来提升员工的素质，保持财务公司的可持续发展。

（四）提升服务水平和业务能力

利用金融工具和金融市场配置资源的能力已经成为大型企业集团发展能力的一个重要组成部分。财务公司要建立客户关系管理模式，针对成员单位的实际情况把金融服务做专、做精；引入市场化、差异化的资金存贷管理机制，构建财务公司与成员单位之间的激励与约束机制，实现共赢。

在保持创新传统融资和资金管理业务优势的同时，要通过增加业务的知识含量提升竞争力，提高服务的技术含量和附加值。拓展财务与融资顾问、代理保险、票据、年金、证券等业务，特别是在大型机电设备、消费品行业的买方信贷、融资租赁等业务方面，寻求新的增长点。

注重电子金融的发展，把握信息科技发展的规律，以长远战略眼光扎实推进财务公司信息化建设，加快综合业务应用系统的建设速度。财务公司电子商业汇票系统（简称“ECDS”）的正式上线，标志着财务公司进入全国金融市场。

五、结语

中国的企业集团发展需要财务公司，中国的财务公司也只有在为企业集团提供优质的金融服务中才能得到发展。金融服务将会不断出现新的需求，而金融机构竞争的加剧和金融产品创新的加速，也将成为历史的必然。面对机遇与挑战，河南煤化集团财务公司以优质的金融服务促进企业集团的腾飞，实现财务公司与企业集团的和谐发展无疑为其成功一例。

煤炭企业境外投资风险分析

王焕香

在当前经济全球化日益加强的情况下，到境外投资已经成为我国煤炭企业参与国际竞争的一种重要手段。但是，境外投资面临着如何加强海外投资管理，防范投资风险的问题。

一、煤炭项目境外投资风险的构成与分类

煤炭项目境外投资风险大致可分为投资环境风险、项目投资风险、投资管理风险三大类。

（一）投资环境风险

投资环境包括软环境和硬环境。软环境指东道国对外来投资所采取的政策、态度以及国家政治、社会、经济、文化条件。硬环境则指的是投资的基本物质条件，如基础设施、自然环境和地理位置等。

1. 政治风险

政治风险，又称非商业性风险，一般包括以下几种风险：

（1）国家风险。即项目所在国政府由于某种政治原因或外交政策原因，对项目实行征用、没收，或者对项目产品实行禁运、联合抵制，中止债务偿还的潜在可能性。

（2）外汇。由于东道国实行外汇管制，停止或限制外汇，或者由其他突发事变致使无法在一定期间进行外汇业务。

（3）国家政策稳定性风险。即项目所在国在外汇管理、法律制度、税收、劳资制度、劳资关系、环境保护、资源主权等与项目有关的敏感性问题方面的立法是否健全，管理是否完善，是否经常变动，这往往会直接影响企业的发展。

（4）国家政治变动风险及战争风险。是指非正常的政府更迭、政治暴动、政变等导致的政局动荡不安以及由于战争所致的境外投资财产损失。

2. 市场风险

市场风险主要是指生产风险、销售风险、价格风险等，该风险往往没有很具体的针对性。

3. 金融风险

金融风险主要表现为利率风险和汇率风险。

（1）利率风险。由于大部分企业选择从金融机构贷款来解决资金问题，融资渠道单一，利率上升必定造成企业利息费用上升，一旦市场不好，流量减少，偿债能力减少，就容易形成一堆债务，从而给银行带来损失。

作者单位：义马煤业集团股份有限公司内部审计部

(2)汇率风险。我国外汇结算通常以美元计价,在美元汇率转软的趋势下,对煤炭采用美元计价极为不利。因此,煤炭企业要研究采取多样化货币结算,积极与金融机构合作防范汇率风险。

4. 社会风险

社会风险在投资环境风险中占据较重要的位置,它的影响主要表现有:社会治安混乱、社会风气败坏、国民素质低下、国家法律不健全、社会不安定因素等此起彼伏。

(二)项目投资风险

1. 项目技术风险

煤炭项目投资的成败与煤炭项目自身特点密切相关,其中最为显著的就是煤炭项目的技术风险。如地质条件、煤炭储量、开采方法等。因此,煤炭企业在投资前必须对投资项目从技术角度进行科学的调研论证和设计,分析是否有重要的技术难题以及项目设计的合理性及先进性。

2. 项目财务风险

煤炭矿井建设项目的风险因素主要表现为:①总投资估算不准或不能按施工组织设计分年度投资;②原材料价格与产煤价格的变动;③建设工期估算不准;④达产期间出煤产量估计不准;⑤利率及通货膨胀率的波动;⑥材料、设备用量等因素有变动及其他意外的风险因素。为此就必须考虑由于不确定性因素的影响而与实际运营结果产生多大的差异及其可能性有多大,此即投资项目的财务风险分析。

3. 项目环境保护风险

鉴于在煤炭项目施工中,可能导致一些环境问题,会对生态环境如植被、野生动物等产生一些影响,造成环境保护风险。这就需要煤炭投资企业依据项目所在国有关的国家矿产资源环保指南等搞好项目环境影响评估,组织多学科专家赴现场实地考察,就各环境影响因素提出缓解措施。

(三)投资管理风险

1. 政府管理风险

政府管理风险主要表现在:没有一个有权威的境外企业专门管理机构,部门所有制严重,企业自主权太少,在用汇、融资担保、投资项目立项审批、出国人员审批等方面仍受传统做法的制约;法规不完善,缺乏健全的海外企业经营效益监察和资产评估体系及制约机制等。

2. 企业管理风险

(1)文化差异风险。由于文化的差异形成的价值观、管理理念、企业精神、经营方法、工作态度等造成的管理上的困难与风险。这些风险使管理效率、企业功能低下,潜在导致企业的经济效率崩盘的风险。

(2)项目投资控制与管理风险。煤炭企业工程项目类别繁多,涉及矿建、土建、安装、设备购置以及其他众多的基本建设,繁多的零散工程增加了工程项目投资控制与管理的工作量和难度。因此,必须加强项目投资控制与管理,这是提高工程项目投资效果的关键所在。

(3)资金控制与管理风险。由于煤炭行业投资总额巨大,工程项目类别和生产的特殊性决定了煤炭企业费用支出控制的难度和管理工作的复杂性。这就要求煤炭企业在从事工程项目投资控制与管理过程中，加强基建现场管理，实行工程项目投资控制与管理的综合管理和动态管理，在管理过程中不断修正工程定额，制定新的取费标准，控制工程造价，从控制费用支出中要投资效益。

（4）安全生产管理风险。安全生产是煤炭企业的生命线，如果安全管理措施不力、安全生产责任制落实不到位，安全生产防范措施又跟不上，煤矿安全事故就会频繁发生。频繁的事故不仅会给投资企业造成重大经济损失，而且还会造成恶劣的社会影响和国际影响。

二、煤炭企业国际化经营风险的防范战略

（一）政治风险防范

政治风险是最大的风险，具有不可预见性和可控性差等特点，一旦发生往往无法挽救，常常使投资者血本无归，后果严重。

宏观上，在战略上努力营造和平的国际环境是防范政治风险的根本战略。微观上，在战术上煤炭投资企业应在投资前通过实地考察、专家咨询等方式，对项目所在国的政治、法律、内外政策，尤其是其吸收外资政策，对外来的投资有何优惠条件，税收税率以及能否合理避税，资金流动与利润汇出以及外汇管理规定等诸因素进行综合评估，并由专门的机构进行分析。政府还应建立起本国健全的境外投资风险防范机制，发达国家如美国、日本、德国都建立了一套完整的境外投资保险制度，从国内立法上的投资保险和国际间的双边及多边投资保证协定等不同层面对本国的境外投资给予保障。

（二）煤炭项目投资及管理风险防范

境外煤炭项目投资风险涉及投资环境、煤炭项目自身特点、投资管理等方面，需要系统地综合分析，这是防范风险的基础。防范风险措施的重点在于：

（1）谨慎而扎实地开展投资决策前的风险调查和论证工作，做好商情调研，分别从资源状况、投资环境和项目本身即进行项目可行性研究，把风险分析贯穿于可行性研究的全过程，以便更好地回避风险和控制风险。

（2）加强项目建设和运营管理，实行投资多元化经营和筹资方式多样化来分散风险，增强企业抵御风险的能力。

（3）采取一些防护性措施，如办理投资项目的财产保险，将可能发生的风险转移给保险企业；与资本输入国政府合作，利用中国与资本输入国的多边投资保护协定保护投资企业的利益等。

（4）建立科学的财务监控体系，掌握财务控制权或监控权。对境外投资进行有效财务监控的手段主要有：一是对境外独资企业或占大股的合资企业派驻财务代表进行监控。二是建立巡检制度。即通过选派一些懂国际财务知识的专业财务管理人员定期或不定期地对境外投资企业的财务管理情况进行检查，以发现境外投资企业中存在的问题，并指导其进行整改，以达到防范财务风险的目的。三是建立内外审相结合的审计制度。进行定期或不定期的审计也是对境外投资企业进行监控的一种重要手段。由于境外投资企业的财务管理适用投资所在国的法律，因此聘请国际知名的会计师事务所对境外投资企业进行外部审计是一个主要途径。

煤炭企业融资策略创新及风险防范

苏孟献　张　轶

随着国家宏观经济政策的变化和企业的快速发展，煤炭企业的融资问题日益严重。近年来，为加快培育和发展大型煤炭集团，并购和重组地方性中小型煤炭企业成为煤炭行业的趋势，对资源占有成为企业未来竞争的制高点，煤炭企业跨区域的资源整合，煤炭资源的获取需借助通畅的融资渠道。同时，为提高煤炭资源的使用效率，煤炭企业积极延伸产业链，大力发展循环经济，也需要大量资金的投入。资金作为企业的血脉，是煤炭企业经济活动的第一推动力和持续推动力，企业要发展壮大就必须融资，如何筹到足够的资金是煤炭企业必须正视和优先考虑的一个重要问题。

一、煤炭企业融资存在的主要问题及影响因素分析

(一)省内煤炭企业资金状况

1. 资金的结构性紧张问题日益突出

当前，省内大型煤业集团大多拥有上市子公司。虽然集团公司拥有一定的存量资金，但存在着结构矛盾。主要是集团公司与上市公司的资金各自独立运行，集团公司不得占用上市公司资金，而项目建设、资源整合和兼并重组等工作的大量资金投入全部集中在集团公司，造成结构性资金紧张与集团公司快速发展矛盾日益突出。

2. 银行贷款的难度大、成本高

2012 年预计国家将继续实施稳健的货币政策，货币供应增幅不会有效放大，造成银行无贷款额度。即便同意发放贷款，也要追加存款比例、利率上浮等诸多条件。除个别企业外，省内大部分煤业集团取得的银行贷款大部分利率都有上浮，最高上浮比例在 20% 以上。随着存贷款利率的高位运行，利息费用的大幅上升，企业的融资成本将会不断增加。

3. 企业发展对资金需求的刚性增长加剧了资金紧张的局面

项目建设和资源整合工作需要大量的资金投入。以笔者所在的煤业集团为例，按照河南省政府关于小煤矿整合工作的要求，已累计投入小煤矿整合资金近 20 亿元，未来预计还将投入 10 亿元左右，煤矿整合工作占用集团大量资金。此外，在建项目受行业限制和手续不全等因素的影响，在目前资金市场全面收紧的情况下，各子公司在建项目筹资工作难度极大，项目建设资金和日常营运资金几乎全部依赖于集团公司“输送血液”。这进一步加剧了集团资金紧张的局面。

4. 资产负债率高位运行直接影响企业融资工作

据笔者了解，省内四大煤业集团有三家资产负债率已突破 70% 的警戒线，最高的已

作者单位：义马煤业集团股份有限公司财务部

达到 80%。资产负债率居高不下，将直接影响企业的信用评级，并严重制约企业下一步的融资工作。

（二）煤炭企业融资影响因素分析

（1）传统体制的影响。煤炭企业股份制改造以后成为市场的独立竞争主体，资金的供求可以根据自身的资金需求和市场的货币供应状况来决定，但在激烈的市场环境下，经济形势的波动较大，原煤的成本不断升高，招商引资和贷款的难度大，所有这些使得我国煤炭企业的资金紧张问题越来越严重。

（2）自身因素的影响。我国很多的煤炭企业规模小，实力弱，有些难以满足融资的基本条件，银行等金融机构根据国家的经济发展和政策导向，对大型煤炭集团企业贷款的力度加强，而逐步退出了规模较小的煤炭企业。当前，很多煤炭企业很难以银行借款的方式融资，而且又不符合国家法律规定的发行债券和股票的条件，融资举步维艰。部分煤炭企业开始转向民间借贷，但往往是高利息贷款，缺少政策的监管，风险极大。

（3）融资成本的影响。企业在筹措资金时，需要对资金的供应者提供相应的补偿。在不同的融资方式下，融资成本是不一样的。一般来讲，股权融资的成本较高，债务融资的成本相对较低。

二、煤炭企业融资策略

（一）充分利用企业自身积累资金

根据优序融资理论，煤炭企业应优先通过内部筹资渠道解决筹资难题。利用企业自身资金是成本最低、风险最小的方式。前几年，随着国家产业政策调整，煤炭市场形势的持续好转，企业利润有了大幅提高，再加上每年提取折旧、维简费等自有资金，也是一笔不小的资金，效益的逐年提高将为企业的进一步发展提供充足的资金来源，同时煤炭企业还可以充分发挥自身优势，整合盘活企业存量资产，最大限度地发挥企业所有资产的效能。

（二）利用上市公司平台融资

股权融资筹集的资金具有长期性、不可逆性、无负担性等特点，这对保证企业对资本的最低需求，维持企业长期稳定发展相当有利。煤炭企业应充分利用上市公司融资平台，筹集发展所需资金。集团公司集体上市可以使集团公司依托资本市场进一步发展壮大，为集团母公司提供一个重要筹资渠道，还可以通过这种方式发展壮大集团公司整体实力，有利于提高上市公司的资本回报水平，为企业下一步的筹资创造条件。

（三）发行企业债券融资

采用发行企业债券筹集资金，与用银行贷款筹集资金相比，债券融资具有很多优点，可以在成本较低的情况下筹得资金。煤炭企业应在国家政策允许的范围内，依据需要发行各种中长期企业债券，在降低财务费用支出的同时，获得稳定的资金来源。企业在发行债券的前期，应当进一步加强对拟发行债券项目的研究，对企业盈利水平进行科学的规划。同时，企业还要进一步做好发债项目的前期审批工作，使债券资金的用途有明确的项目需求作为支撑。

（四）实施资产证券化融资

所谓的资产证券化，就是将金融机构或其他企业持有的缺乏流动性、未来能产生稳定现金流的资产，通过一定的结构安排，对其风险和收益进行重组，以原始资产为担保，创设可以在金融市场上销售和流通的金融产品。从实质上看，煤炭企业的采矿权收益具有能够产生稳定的、可预测的现金流收入；原始权益人已持有该资产一段时间，且信用表现良好；资产的历史记录良好，违约率和损失率较低等符合进行资产证券化的资产所必备的条件，因此通过采矿权收益组建资产池，有利于实现资产证券化。这样在不增加负债的同时能够有效地实现资金增量获取企业发展所需的资金。

（五）利用国家政策融通资金

取得国家资金支持，是最好的融资方式，也是成本最低的融资方式。因此，煤炭企业应充分研究并利用国家产业政策为其自身发展服务，即要争取利用国家资本金注入政策、财政专项补贴政策、国债资金扶持政策、安技措项目补助政策、财政贴息政策、政策性破产政策、企业主业和辅业分离，辅业改制政策，社会职能分离政策等。

（六）创造多样化的融资方式

煤炭企业要积极建立直接融资和间接融资相结合，互为补充的多元化的融资平台，采用新的融资方式，以国家推进资本市场建设为契机，利用短期融资券等各种融资工具，推动直接融资。国家可以建立区域开发型金融机构，将融资优势与政府组织协调优势相结合，解决煤炭企业融资的难题，并促进区域经济与社会协调发展。国家还可以积极设立能源产业基金，引导民间融资，保险资金、社保资金有序进入煤炭行业，一定程度上也能缓解银行的压力。另外，企业可利用的融资方式还有组建财务公司、融资租赁、无形资产资本化等。

总之，煤炭企业的融资是煤炭企业生存和发展中的重要课题，国家要大力扶持煤炭行业的发展，完善投资环境，建立稳定可靠的资金保障体系，煤炭企业自身也要积极探索多层次融资渠道，选择有利于企业发展的融资政策，努力降低融资的资本成本，实现企业价值的最大化。

三、煤炭企业融资风险防范及应注意的事项

煤炭企业融资风险既有企业内部管理所造成的风险，也包括企业外部环境所引致的风险。企业内部管理所引起的筹资风险主要包括筹资决策失误风险、决策执行不力风险、偿付能力欠缺风险和股权类筹资风险。企业外部环境风险主要有政府政策风险和市场环境风险两种。因此，为了加强融资风险防范，必须构建煤炭企业融资风险防范内部控制体系，并以此制定融资风险防范内部控制的基本流程。

（一）构建煤炭企业融资风险防范内部控制体系

对煤炭企业而言，降低融资风险，提高筹资资金使用效率，首先应根据国家有关法律法规，结合企业自身情况，构建一套以控制主体、控制目标、风险控制点和控制措施四维一体的融资风险内部控制体系。

（1）构建融资风险防范控制主体。从根本上讲，融资风险防范控制就是以人为主体。当代“以人为本”的企业制度正在逐步形成与发展。人是企业的第一要素，企业的任何活动都应以人为主体。

（2）构建融资风险防范控制目标。控制目标是煤炭企业融资风险防范内部控制体系

的指引，引导企业有目的地进行筹资活动。将控制目标分级为战略决策层目标、审批审核层目标、执行运作层目标及个人层目标。

（3）构建融资风险防范风险控制点。煤炭企业融资风险防范主要把握好筹资决策、决策执行和审批监管机制等关键控制点。

（4）构建融资风险防范控制措施。针对融资过程中可能遇到的重大风险，企业应顺应国家产业政策的要求，注重对融资方案的战略评估，在合理融资的基础上建立有效的审批监管制衡机制，制定严格的融资管理制度。

（二）制定煤炭企业融资风险防范内部控制基本流程

煤炭企业应根据企业的宏微观环境及融资战略制定融资方案，经授权审批后依计划严格执行，及时进行信息沟通，注重融资管理过程全流程的内部监控。具体流程如图1所示。

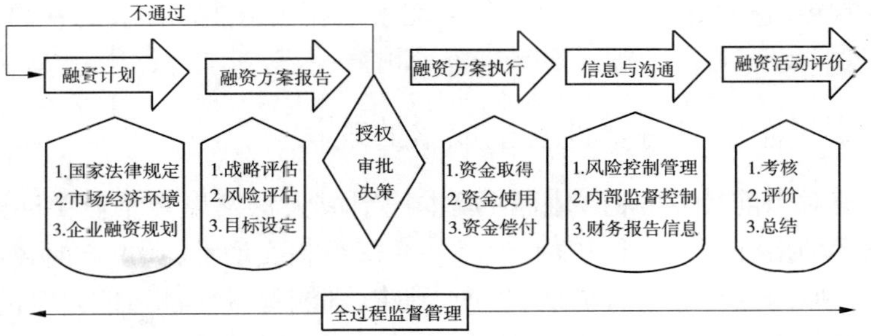

图1　煤炭企业融资活动内部控制基本流程

（三）煤炭企业融资应注意的事项

煤炭企业融资应充分注意以下事项：

（1）选择恰当的融资规模。企业融资规模的确定要根据实际需要合理确定，融资过多，可能会造成资金闲置浪费，增加融资成本，或者可能导致企业因负债过多，超过其偿还能力而增加融资风险。而融资不足又会影响企业的发展。因此，融资之初就要根据企业对资金的需要、企业自身的实际条件以及融资的难易和融资成本等情况，合理确定融资规模。

（2）选择最佳的融资时机。企业融资要选择最佳融资机会，也就是寻求在与企业内部条件相适应的外部环境下融资。企业要充分发挥主观能动性，把握住最佳时机，确保融资成功。在融资时要有超前性，要充分考虑融资时国家的政策等各种外部因素，并结合企业的实际情况，作出合理的融资方案。

（3）有效降低企业的融资成本。企业在制定融资策略时应反复比较，不但要考虑资金的利息成本，还要考虑昂贵的融资费用和不可确定的风险成本，只有经过深入分析后，才能决定如何融资，这是企业进行融资的首要前提。

（4）确定合理的融资结构。最佳的资本结构可以降低资本成本，获取杠杆收益，促使企业价值的最大化。

煤炭企业隐性安全成本显性化问题研究

徐花芹　梁威力

近年来，随着社会的进步和科学技术的发展，煤炭企业对安全生产的要求也越来越高，对安全的投入和支出也越来越大，与安全有关的费用也越来越多，这是现代煤炭企业所必须面对的。但是在目前，煤炭企业在追逐高额的利润的同时，却往往忽视了安全成本，使其在内部隐藏了较大的安全隐患。在高额的利润后面总是存在着潜在的风险和未知的损失，而现有的会计核算没有充分体现这些风险和损失，对此显得过于乐观。煤炭企业在进行成本管理时存在的一个很重要的问题就是煤炭企业往往会忽视内部所存在的隐性安全成本。

一、目前煤炭企业对待隐性安全成本的现状

为更好地应对当前社会的通货膨胀，成本控制成为每家煤炭企业关注的焦点。很多煤炭企业采取多种措施提升了销售额，但是利润却没怎么增加，甚至有时还不如以前。这是怎么回事呢？原因肯定是多方面的，生产、销售、利润等方面都可能出了问题，但为什么煤炭企业不能控制呢？其中一个重要原因，就是煤炭企业中存在大量不易被察觉的隐性成本。而安全是煤炭企业最大的成本、最大的效益，是煤炭企业发展的基石。隐性安全成本在所有的隐性成本中占据很大的比例，因此，要对隐性安全成本进行核算的前提就首先要搞清安全成本的构成。长期以来，安全成本的核算内容仅仅指安全工程支出，有形安全成本等，而那些无形损失和一些隐藏在其他科目下的安全成本被忽略，这是很大的疏漏。因此煤炭企业在进行成本管理时，必须要正视这个问题，即如何将隐性安全成本显性化。

二、把隐性安全成本显性化的必要性

煤炭企业在计算会计利润时，并不把隐性安全成本从总收益中扣除，而是总收益和显性成本之间的差值。大量的隐性安全成本，却往往被管理者忽视。正是因为隐性安全成本对利润的影响更严重，所以对隐性安全成本的发现和控制更能提高利润的增长。

隐性安全成本具有以下几个特点：

（1）隐性安全成本具有隐蔽性。隐性安全成本属于潜在成本，对企业的影响具有隐蔽性，由于将来的安全问题是否发生以及如何发生等，都存在不确定性，因此隐性安全成本更难于被认识。

（2）隐性安全成本具有放大性。举一个例子来说，假如今天因为省 10 元钱没有更换井下旧的设备零件，那么说不准明天设备就会出故障，从而造成重大的煤炭事故，这就是隐性安全成本的放大性，所以处理不好隐性安全成本，就会使煤炭企业在付出较高的显性

作者单位：河南煤化永煤集团洛阳龙门煤业有限公司

成本后,再付出一大笔的隐性安全成本。

(3)隐性安全成本具有爆发性。煤炭企业的隐性安全成本的聚集量越大,其爆发性越强,危害也就越大。一旦由于忽视隐性安全成本而发生安全事故,其当时所发生的安全成本将会是大笔数字,这对煤炭企业的利润会是一个很大的冲击,对其声誉也会造成不可估量的影响。

由于隐性安全成本的存在,同时煤炭企业对安全成本也没有单独核算,所以,煤炭企业没有办法从企业会计记录中充分了解到其究竟投入了多少资金用于安全方面的支出,以及在安全事故发生后造成了多少损失,这些都不能得到反映。此外,因为安全成本无法单独核算,导致安全工程,安全措施和方案也不能进行合理的技术经济分析和科学论证,同时也使得其经济合理性和技术先进性不能很好地结合起来,造成安全方面的盲目投入,资源浪费现象也很严重。

因此,将煤炭企业经营中存在的隐性安全成本显性化,在煤炭企业进行成本管理中具有重要意义,然而其却往往会被管理者所忽略,隐性安全成本的特点使得煤炭企业的经营者必须要认识和重视这些隐性安全成本的构成、危害,并采取各种措施加以控制,才能从根本上改善煤炭企业成本状况,才能够真正提高煤炭企业创造价值的能力,提高煤炭企业应对各种危机的能力。

三、隐性安全成本显性化的作用

(1)隐性安全成本显性化,可以避免高估资产和利润,从而使得会计数据更加可靠。由于隐性安全成本具有隐蔽性和潜在性,所以煤炭企业在进行会计核算时往往会忽略其存在,从而导致高估资产和利润,使得反映煤炭企业现状的会计数据变得不可靠;而将隐性安全成本显性化,可以在会计报表中真实反映出所有安全成本的支出,一旦发生安全事故,煤炭企业也不会由于一时大额的成本支出,从而对煤炭企业的利润造成很大的影响。

(2)隐性安全成本显性化,可以减轻煤炭企业税负,可以为安全投入积累更多的资金。由于隐性安全成本具有隐蔽性,其只有在发生安全事故时才会显现出来,因此在进行成本核算时,其并未在会计报表中显示出来,这样就会低估成本,造成煤炭企业税负增加,使得煤炭企业自身积累的资金减少,从而使得对安全投入也会相应减少;而将隐性安全成本显性化,其将会增加煤炭企业的成本,从而降低利润总额,减轻煤炭企业税负,也可以为安全投入积累更多的资金。

(3)隐性安全成本显性化,可以使煤炭企业从整体来把握煤炭企业的成本管理,强化煤炭企业成本管理。将隐性安全成本显性化,将其在财务报表中显示出来,这样财务报表使用者可以很清楚地知道煤炭企业这段时期的安全成本支出及其在所有成本中所占的比例,可以明确其在各方面的安全支出,从而对煤炭企业的安全生产有个整体把握,使得煤炭企业的每笔支出更加清晰,从而强化煤炭企业的成本管理。

(4)隐性安全成本显性化,可以指导安全投资,防止事故发生,提高安全效益。隐性安全成本显性化,这样煤炭企业可以很明确地知道每一会计期间所投入的安全成本。这样就可以避免煤炭企业因为安全成本不足,一旦发现危险源,由于缺乏安全成本投入而不能及时整改,给煤炭企业造成安全损失。将隐性安全成本显性化,煤炭企业就可以随时关注企业的安全成本投入,并根据其实际情况来制定煤炭企业的安全成本比例,从而使得煤炭企业的安全水平得以提高,这样必将使得煤炭企业因安全事故造成的损失减少。

四、解决隐性安全成本显性化的对策

由于煤炭企业的安全成本对企业的整体效益有很大的影响,因此必须将安全成本管理提高到战略高度,而将隐性安全成本显性化对煤炭企业提高效益更有着深远的意义。将隐性安全成本显性化,就是要将安全成本进行单独成本核算,将隐藏在其他科目中的安全成本分离出来,列入安全成本中。

安全成本进行单独核算的优点:一是有利于有效控制安全成本。安全水平过低,就满足不了煤炭企业生产的要求,从而会导致成本增加,效益下降。但是,安全水平过高,又会出现不必要的投入和浪费,同样会导致成本增加,效益下降。所以,要实现企业的最佳经济效益,就必须合理地制定安全成本水平和目标。要实现这一目标,就必须对安全成本进行单独核算和管理。二是有利于分析和评价安全措施的经济合理性。例如在美国和智利等国家,在煤矿井下设有密闭救援室,通过对这些救援室的建造支出、维护成本进行记录、核算,这样企业就能够有效系统地收集安全成本资料,从而为评价安全措施的经济合理性提供依据。三是有利于改进安全管理工作。建立安全成本会计独立核算体系,对安全成本单独核算,可以分清各煤炭企业在安全问题上的经济责任;对各煤炭企业的安全管理工作进行合理的分析、评价,以便找出安全管理工作中的不足,为制定安全管理措施提供科学依据。

但是在目前,煤炭企业的安全成本已经渗透到煤炭企业生产经营的各个环节中,其已经融入到目前的成本核算体系之中。但事实上安全成本可以在不影响目前会计核算体系的基础上,从现有的成本核算体系中识别并整理出来,作为一个单独的体系进行定额或指标管理,并通过专门的部门进行考核和责任管理。所以,要打破传统安全成本研究模式,就要建立基于财务核算与方法的煤炭企业安全成本核算体系。这一新核算体系主要包括安全成本的科目体系、核算内容、核算方法,形成较为完整的,能够贯穿煤炭企业从筹建、生产、销售、分配等各个阶段的安全成本核算框架体系。

五、结语

"煤炭安全生产"是近年来国家提得比较多的口号,而安全生产又与煤炭企业的安全成本息息相关,所以煤炭企业关注内部所存在的隐性安全成本对其进行安全生产有很重要的影响,而将煤炭企业的隐性安全成本显性化,对其的成本管理具有战略意义。因此,将安全成本进行单独核算,并将隐藏在其他科目中的一些安全成本费用单列出来,计入到安全成本中来,使其显性化,可以使煤炭企业更清晰地了解其安全成本,并可以有针对性地对其进行有效地管理。所以要将隐性安全成本显性化,我们就必须打破传统安全成本研究模式,建立基于财务核算与方法的安全成本核算体系。这样煤炭企业可以更加有力地保障自己的安全生产,降低生产风险,从而提升自己的煤炭企业竞争力,也可以更加有效地应对复杂的经济市场,使煤炭企业可以在激烈的竞争中赢得一席之地。

煤炭物资供应企业创新成本费用管理探讨

孙　洲

中国平煤神马能源化工集团有限责任公司物资供应分公司(以下简称物资公司)前身为平顶山矿务局供应处,其职能和性质随集团的改革和发展不断变化,但保障安全供应煤矿生产所需物资的中心任务没有变,物资供应额从2004年的4.8亿元上升到2010年38亿元,七年时间增长了八倍,为中国平煤神马集团的发展壮大做出了应有的贡献。

为适应现代企业管理的需要,物资公司成本费用管理模式也历经变化,逐步适应公司需要,于2011年建立了基于全过程控制的费用项目管控模式。本文详细论述了该模式的内涵及特点、主要内容与做法、实施效果,并希望对煤炭物资供应企业成本费用管理有所帮助。

一、内涵及特点

公司2011年对费用指标控制体系进行了修订,出台了《物资供应分公司费用项目归口管理办法》(以下简称《管理办法》),《管理办法》将公司所有费用分为统管费用和基层经费两部分,统管费用由管理部门控制和使用,基层单位需要发生时报管理部门审核后到财务部门报销;基层经费由各单位自行掌握和使用,但要按计划指标均衡发生,且明确规定使用范围。

通过《管理办法》的实施,要传递的信号是:人人都是成本费用的管理者,不再局限过去的费用报销的经办人。要实现的目标是:明确各支出项目的责任部门和指标,建立与管理办法相配套的考核办法,通过加强事前预测、事中控制、事后考核,来控制费用支出,降低办公成本。

(一)全面性

按照部门职责和费用支出用途,对各成本费用项目进行全面梳理,对慰问金、救济款等以前难以界定责任的支出项目重新明确了责任,使所有费用支出项目都有部门(人)管理和控制,做到成本费用项目全部细化分解、全面覆盖、消除盲点。

(二)可控制性

通过管理责任的落实和指标的核定与考核,强化了费用项目管理的节点控制。一是关口前移,年初下达费用预算,管理部门要超前考虑,统筹安排费用支出。二是强化事中控制,管理部门根据管理需要,可随时检查基层单位对统筹费用的使用情况;监察审计部门也可随时检查管理部门职责落实情况,费用项目预算执行情况;财务部门对发生的各项费用进行报销审核并及时登记,提高了经费支出的事中控制力。三是加强考核兑现,月末企管部门根据财务部门出具的考核报表及时奖罚兑现,将成本费用管理与效益工资挂钩,真正起到考核带动管理、考核提高效益的作用。

作者单位:中国平煤神马集团天安供应部

（三）节约性

依靠将共性的费用支出项目进行归口管理后形成的量的优势，费用归口管理部门采用招标、议标的购置模式，降低了购置成本。同时也改变了以往基层单位大手大脚花钱的毛病，费用集中管理，多一层监督，多一道手续，压缩了费用膨胀的空间。

二、主要内容与做法

（一）统筹确定费用项目归口管理的内容

年初公司根据全年预计经费来源，测算分解费用支出，全部费用按承担部门分为统管费用和基层经费，统管费用实行归口管理，如会议费、业务招待费、车辆修理费、办公电话费、租赁费、印刷费由办公室控制和管理；工资、奖金、劳务费、社会保险费、丧葬补助、抚恤金等费用项目的控制和管理，统一由工资科负责；专项资金、大中修费、绿化费等费用的控制和管理，统一由计划科负责；计算机耗材、信息系统维护费等费用的控制和管理，统一由信息公司负责等。基层经费明确使用范围，仅承担差旅费、加油费、运输费及零星办公用品等。

在费用项目的分解落实上，做到横向到边、纵向到底，不留死角，任何费用均有主管部门和责任人。管理部门负责承担费用使用计划的编制，实行按月控制，确保全年费用不超支，否则按超支额与各管理部门的效益工资挂钩；基层单位对其经费指标负责。

（二）优化费用项目归口管理业务流程

各单位需要使用归口管理的费用时，应提前向管理部门提出书面申请，管理部门汇总后根据费用指标情况提出执行计划，报主管领导同意后方可执行。属于大宗采购的，如办公用品、办公桌椅、电脑耗材等需经费用归口管理领导小组审核后进行比价采购，管理部门完成采购入库后通知使用部门领用相关物品；属于零星报销的，管理部门在月度计划指标范围内审核签批，经总会计师、财务科长审核后财务部门做账务处理。月末财务部门出具考核报表报企管部门，企管部门依据考核报表做考核分析，正确计算各单位的效益工资。超费用指标的，财务部门不予报销，确因特殊情况需要发生时，由管理部门提出申请，经主管领导确认，财务部门核实，报主要领导同意后，方可增加指标。

（三）建立和完善相关配套保障措施

1. 成立费用项目归口管理领导小组

公司成立了费用项目归口管理领导小组，组长为公司主要领导，副组长为总会计师，成员有财务部门、企管部门、监督审计部门、费用项目集中管理部门负责人，领导小组下设办公室，办公室设在财务科，由财务科长兼任办公室主任，财务科业务骨干和费用项目集中管理部门业务员为办公室成员，具体执行领导小组关于费用归口管理的要求和公司相关规定。

2. 建立大额办公用品的比价采购机制

办公用品、电脑集中采购，支出采取比价采购机制，费用项目归口管理领导小组成员参与招标比价全过程管理，保证统管物资的品质。

3. 完善相关管理制度

各管理部门建立和完善了相关费用和统管物资的管理办法，如物业管理中心出台了

《办公用品管理办法》，对办公用品的领用程序、领用额度做了详细规定，并建立了比价机制，最大限度节约成本；信息公司加强了电脑耗材的管理，在保证正常办公所需的基础上，指导各单位合理降耗，每月定期到各单位检查电脑、打印机的运行情况；水电队加大水电暖回收力度，通过宣传栏、手机短信、电话通知等方式积极催收水电暖气费；技术科加强了设备的巡查，发现问题及时解决，坚决杜绝设备带病工作，积极指导基层单位正确使用设备；办公室加强了车辆维修管理、办公电话费、办公桌椅的管理，建立了车辆管理台账，详细登记每一台车辆维修情况，并出台《汽车管理办法》。每个部门针对实际工作需要合理安排使用费用指标，确保全年费用不超支；并安排专人负责所承担费用的台账登记工作；做好领用存管理。

4. 强化监督检查

监察审计部门定期对费用归口管理的实施情况进行检查，发现问题及时向公司主要领导汇报，并要求管理部门妥善解决。

（四）加强考核，奖罚兑现

公司出台了《经营管理绩效考核办法》，按照"分类考核、突出个性、导向管理"的原则，根据各单位不同的业务定位、工作性质，分别设置考核要素，分配考核权重，核定考核指标，分配绩效工资，创新考核机制，形成闭合的定量与定性相结合的经营管理绩效监督考核评价分配体系。在分配体系中加大了费用项目的权重，费用项目的控制与管理部门和基层单位的效益工资挂钩，强化管理部门和基层单位的管理责任。

每月初财务科将上月各项费用的支出情况报企管科，企管科根据费用节超情况分配各部门的效益工资，将费用支出与每一位职工的切身利益挂钩，增强广大职工参与成本管理的意识，真正践行"节约一分钱，就增一分利"的成本管理理念。

三、实施效果

通过费用项目归口管理的实施，公司上下成本管理理念大大加强，形成了全员管理、全过程控制的费用管理体系，产生了较好的经济效益和管理效益。

（一）预算管理得到加强

建立了完善的成本费用预算体系，预算尊重历史，参照现实，科学合理，对指导管理部门进行费用分配、费用指标管理有很好的现实意义。通过月度实际发生额与月度计划的比较，能够全面掌握公司全年的费用发生进度，哪些费用该发生还没有发生，哪些费用较预算有所超支，下一步如何控制，都将通过预算的执行得到合理的答案。

（二）加强了成本费用的日常管理

管理部门将费用指标分解到各单位，各单位再次将指标分解到每一位职工，构建了全员参与的费用指标体系；费用项目归口管理将管理与使用有机地结合起来，将权利与义务统一起来，管理部门做好日常巡查和日常台账登记工作，发现问题及时与使用部门沟通，有效解决。使用部门没有费用指标，争取来的每一笔钱都要确保用到刀刃上，否则将无法保证正常的生产经营秩序。

（三）实现了费用项目管理的全过程控制

每一笔费用发生从预算到执行，再到考核兑现，每个环节都有控制点，都有人把关。

费用预算要审核，预算要结合实际，要经公司职工代表大会批准。费用执行要批准，大额办公用品要比价，财务部门要审核相关票据的真实合法性，监察审计部门要审查流程执行的完整性和费用发生合理性。费用项目归口管理把财务部门、考核部门、管理部门、使用部门、监督部门工作贯穿起来，实现了有效联动。

（四）充分发挥职工的能动作用

成本费用通过预算层次分解到管理部门、基层单位，并延伸到每一位职工，成本费用控制就成为每一位职工的具体工作目标，这个目标的实现与否与职工的收入紧密相连，充分调动了职工的工作积极性，增强了职工的归属感和认同感，从而有助于各单位各项工作的开展。

（五）产生了较好经济效益

通过《管理办法》的严格实施，2011 年度在集团拨付经费有所减少、供应额大幅度上升、工作量大大提高的情况下，各项费用均控制在预算之内，除工资及其附加、折旧、税金等不可控费用支出项目外，2011 年其他费用支出项目同比节支 423 万元，降幅达到 8.28%；较公司计划节约 564 万元，充分发挥了费用项目归口管理的作用。

煤炭行业基建项目财务管理的思考

胡秀玲

煤炭行业作为能源产业的重要支柱,在经济不断变化的时代,也面临着财务管理的首要问题。随着煤炭资源的强效整合、煤炭企业兼并重组的战略扩张,煤矿基本建设的投资规模越来越大,基本建设项目财务管理在企业财务管理中占的比重日益增大,要求也越来越高。煤炭行业将持续推进企业兼并重组,面临着矿井建设巨额资金压力和煤价下行的风险,因此完善基建项目财务管理是煤炭行业良好发展的必要措施和保障体系。本文通过对煤矿企业基本建设项目的财务管理问题进行分析,并提出如何完善的措施。

一、煤矿企业基本建设项目财务管理现状

(1)基本建设前期。基本建设项目前期管理是基本建设程序中的重要阶段,是项目成败的基础。就目前而言,众多煤矿企业存在着基建前期财务人员未参与,从而未能从财务的角度对项目进行可行性研究分析,为领导层的决策提供依据项目进行财务可行性分析,导致不合规、亏损工程项目的出现。

(2)基本建设过程当中。在基本建设过程当中,存在资金筹措方案和投资计划(预算)落实不到位的问题。煤矿企业存在为了尽早开工建设,投入生产,对资金落实情况重视不够,出现了工程建设过半、后续资金还未到位的情形。此外,煤矿企业由于自身条件、建设需求,较少对参与竞标企业的未决诉讼、往来拖欠、设备工艺等进行客观评价。

(3)基本建设后期。煤矿企业基本建设项目按照批准的建设内容和设计全部完成后,项目完工验收、移交投产是重点。但存在着以下问题:一是未按照或不完全按照单项工程合同约定的工期、质量进行验收。二是对完工项目财产物资、债权债务的清理不够详细。三是不及时办理资产移交或是交接手续不规范。

二、煤矿企业基本建设项目财务管理现状的分析

(1)企业财务管理意识不强。在相当数量的煤炭企业,甚至包括一些特大型煤炭企业的领导层中,生产型、技术型人员居多,经营管理型人员很少。他们偏重于煤炭企业的生产技术、安全生产以及煤炭产品的销售,在财务方面仅仅考虑本年度财务目标是否完成,对财务管理的重要性并不真正了解,简单地认为“财务 = 会计 = 记账 + 报表”,财务分析和控制制度流于形式。

(2)欠缺利用财务信息指导企业经营的能力。部分煤炭企业长期以来只注重产量,不注重对企业投入产出经济模式的研究。企业财务部门仅仅满足于一般的记账和财务指标考核,没有在核算、记录、反映企业经营状况的基础上。对财务数据、报表进行统计、信

作者单位:河南煤化集团鹤煤集团公司

息收集并进行分析、决策，没有意识到开展信息分析工作的重要性。

(3)财务人员缺乏参与经营管理的能力。我国现有煤炭企业普遍对财会人员重使用、轻培养，财会人员满负荷地工作，很难有时间和精力主动钻研深层次的管理问题，对介入财务管理心有余而力不足。财务管理人员的观念滞后、知识欠缺、方法落后，重“财务”轻“管理”，没能突破传统的报账型会计思维定势，缺乏创新精神和创新能力。

三、加强煤矿企业基本建设项目财务管理的措施

(1)建立并不断完善企业内部控制制度。内部控制制度的建立健全对于企业防范风险具有重要意义，对于基建期的煤矿企业来说，建立并不断完善企业内部控制制度要做到以下几点：一是建立完善的公司治理结构是有效实施内部控制制度的基础。要按照集团公司的功能定位，完善组织结构，形成股东会、董事会、监事会、经理层各司其职、各负其责、有效制衡的结构体系。二是按照科学性、合法性、可操作性的原则，建立工程项目业务岗位责任制，明确相关部门和岗位的职责权限，确保办理工程项目业务不相容岗位相互分离、制约和监督。三是配备合适人员办理工程项目业务。财务人员应熟悉国家法律法规及工程项目管理方面专业知识。四是加强制度建设，改进报账流程，为财务人员参与基建项目管理全过程提供制度保障。

(2)加强资金管理，严控不合理支出。处于建设期的煤矿企业工程项目多，资金需求大，建设期长，因此要加强资金筹措及管理，保证资金的合理、高效利用。具体做法是：一是充分发挥财务部门的管理职能，确保基建项目资金专款专用。加强对项目资金的事前预测、事中控制、事后分析和考核，把有限的资金用在项目建设的刀刃上。二是建立资金管理制度，制定切实可行的资金监督、控制措施。建设单位应建立健全项目资金管理制度及资金监督、控制措施，使资金支付有章可循、有据可依。制度和措施应明确项目负责人及主管财务人员对资金管理的领导责任，明确财务部各职能部门的分工、协作和互相监督的关系。

(3)加强投资成本的管理与控制。基建项目投资成本的管理与控制过程贯穿于项目整个过程，具体体现在以下方面：一是基建投资项目规划决策阶段。正确把握投资方向，加强筹资风险评估，为项目投资成本的控制打下良好的基础是规划决策阶段的首要任务。二是基建投资项目工程设计阶段。设计方案优选的目的在于论证拟采用的设计方案技术上是否先进可行，功能上是否满足需要，经济上是否合理，使用上是否安全可靠。三是工程发包和施工阶段。首先是加强财务监控，财务人员应积极参与工程发包和施工管理工作的全过程。其次是强化工程监理。建设单位要对项目投资控制目标进行分解，通过对每一个具体目标的控制来实现对整个投资项目的控制。再次是防范合同风险，尤其是对合同中付款条件和违约责任的约定，财务人员要精于研读，加强合同的风险控制与防范。

(4)做好工程竣工决算工作。工程竣工决算阶段是全面考核建设工作，检查设计、工程质量是否符合要求，审查投资使用是否合理的重要环节，也是投资成果转入生产或使用的标志。做好工程竣工决算工作应做到以下几点：一是严格决算审查。工程决算审核工作可利用合同管理台账和设备与材料管理数据库，对照投资项目概算指标，以财务资料为依据，核对审查施工单位预决算书；二是工程结算时审核各项手续是否齐全。施工单位要

提供开工报告、概算、中标通知书、合同、工程进度验收单、发票、收款收据、审批齐全的资金支付申请表。财务部门应审核合同中约定的付款条件，并按合同规定预留质保金，工程进度款的拨付一般不应超过工程实际进度的75%，由施工单位开具发票，经项目建设单位相关部门及人员审查批准后，按建设项目资金管理办法等相关规定办理付款业务。

(5)完善基建财务监督机制。基建财务监督是基建财务管理工作中的重要组成部分，是为了更好地提高基建财务管理中数据的真实性和财务管理的服务质量。基建财务监督机制是为了更好地行使财务部门的监督作用，确保基建财务信息的真实性和准确性。基建财务监督机制所存在的优势可以体现为以下几个方面：一是加强企业中的基建财务预警性，降低经济风险。基建财务监督从企业内部建立了相应的内部控制程序和相互制约措施，在对基建资产处理和资金调度中能够更好地明确相关人员的职责，从而减少了因管理不当给企业造成的基建财务风险。二是加强企业基建资产管理，减少了资产流失和浪费。对企业基建资产动向有明确的记录，对个人所造成的损失应追究个人责任，降低基建资产损失的程度。同时可以在一定程度上对企业一定时期内基建资金的使用状况有详细的了解，从而可以制定企业下一步的基建决策。三是加强对企业基建成本费用的监督管理，确保基建成本费用开支合理、规范。

煤炭资源整合财务管控风险控制研究

李　静

新时期,煤炭资源整合是一项科学的能源改革,是我国加快推进经济发展方式转变的战略之举。煤炭资源整合可以保证根本安全、节约资源,加快推进煤炭大省向煤炭强省转变。煤炭资源整合工作是在国家大的宏观政策背景下进行的企业兼并重组行为,受国家政策的影响较大,无疑对企业的财务管理提出了更高的要求,这就要求在煤炭资源整合过程中,企业集团应对企业财务管理中的投资管理、资金管理、财务监督管理、利润分配管理等问题作出深刻的研究。

煤炭资源整合,取得了四个保护的效果,一是保护了国家的煤炭资源,煤矿资源的回收率由原来的平均15%提高到80%以上。二是保护了人民的生命财产安全,事故大大降低,因为生产力水平高了,安全保障水平必然会相应提高。三是保护了生态环境,解决了我们过去诸多小煤矿无序开采造成的环境问题。四是保护了我们的干部,让干部远离矿难问责,远离腐败,减少各种腐败问题的发生。

一、煤炭资源整合,对企业集团财务管理的挑战

根据煤炭资源整合的特点,在煤炭资源整合及兼并重组过程中,对企业集团财务管理的挑战主要有两方面。

(一)资金的挑战

集团公司据初步测算,对110座矿井进行投资和升级改造,资金需求约为60亿元,企业正常生产经营资金净流入已经难以满足资源整合项目资金需求,一旦企业在融资方面出现问题,将出现资金链条断裂的风险,大规模基建投资使兼并主体存在巨大的潜在经营风险。融资问题,已经成为集团面临的首要问题,同时也是最根本、最突出的问题。

(二)投资管理的挑战

从20世纪开始,在国家"有水快流"方针的指导下,乡镇煤矿、个体煤矿发展迅速,煤炭资源开发一度失控,乱采滥掘、采肥弃瘦、无证开采、越界开采现象十分严重,相当一部分的优质资源被严重破坏,企业集团在对相关的煤矿整合后,原有生产系统已经基本不可利用,必须进行改扩建形成年产30万吨的产能,与整装煤田相同产能煤矿相比,一方面,其改扩建成本甚至远远高于在整装煤田新建相同产能的煤矿;另一方面,其采掘成本又远远高于整装煤田相同产能煤矿,可能造成收益低下甚至亏损。这与企业投资目的——实现投资收益最大化相背离,形成投资风险。

二、加强财务风险管控措施

为防范外部财务风险,企业应对不断变化的财务管理环境进行认真分析研究,把握其

作者单位:郑州煤炭工业(集团)嵩阳煤业有限公司

变化趋势及规律并制定多种应变措施，以加强财务风险管控措施。

（一）强化投资的全过程管理

遴选优势矿井，首先进行投资。在经过测算各矿井投资预算完成之后，企业集团应对被整合矿井进行效益评估，对各项财务指标进行量化分析，并以分析结果为依据对相关项目进行遴选，从中选择投资少、投资回收期短和投资收益率高的矿井首先进行投资建设，实现以有限的资金投资于效益更好的煤矿，实现投资收益最大化。其余矿井的改扩建工作可考虑适当延迟建设。

（二）细化和落实投资预算管理

公司通过资金预算管理，统筹管理现金流量，有效进行资金综合平衡和适时调度，挖掘资金潜力，降低资金风险。主要体现在：一是企业集团应对改（扩）建矿井进行严密的投资预算，对土建工程、井巷工程、设备采购、安装工程等项目进行精确测算，合理确定投资成本，最大限度地降低投资成本；二是完善资金预算管理，及时反映公司未来现金流量和资金盈缺状况，提高资金调度、融通和运作的准确性和及时性，为公司生产经营和资金融通提供及时有效的信息，使资金管理更加全面、有效；三是牢固树立资金预算管理意识，根据各部门年度现金流量预算，将预算细化到每季、每月、每周、每日，使预算在不断变化中与实际接近一致，提高预算的可信度和操作性；四是以预算为基准健全指标考核体系，由资金管理部门根据各部门执行预算的实绩，按月、季、半年及年度进行分析，提出相关建议并进行通报。

（三）加强对投资资金的监管

为最大限度地利用好投资资金，企业集团应建立严格的投资资金管控体系，对项目资金的使用情况进行监督管理，预防资金挪用行为。

（四）及时收回投资收益

在改（扩）建矿井产能达标并实现利润后，企业集团应及时收取投资收益，资源整合改（扩）建矿井以维持简单生产为底线，从而在一定程度上缓解企业集团的资金压力，并以收回的投资收益投资于缓建矿井的改（扩）建项目，从而实现企业集团的良性和谐发展。

（五）加强资金占用管理

一是对原材料集中采购、集中供应，减少中间库存。二是对大宗原燃料制定合理的储量，既避免了因存量过大造成的资金沉淀和经营风险，又避免了因存量过少，影响生产，以及缺乏对市场调节能力等情况的发生；对材料、备件等物资采用严格定额管理，对市场供应充足的物资，推行零库存管理。三是加强应收账款管理，杜绝无款先发货的现象，同时成立清欠办公室，加紧对遗留问题进行清理。

（六）建立财务风险预警机制，加强财务风险管控

企业需要建立实时、全面、动态的财务预警系统，对企业在经营管理活动中的潜在风险进行实时监控。财务预警系统贯穿于企业经营活动的全过程，要充分发挥会计师事务所、律师事务所以及资产评估事务所等社会中介机构在财务风险监管中的积极作用，以企业的财务报表、经营计划及其他相关的财务资料为依据，利用财会、金融、企业管理、市场营销等理论，采用比例分析、数学模型等方法，发现企业存在的风险，并向经营者示警。该

系统应包括流动比率、速动比率、资产负债率等财务指标，一旦发现某种异常征兆，及时采取应变措施，以避免和减少风险损失。

（七）建设一支能满足整合全过程要求的财务团队

财务管理人员应从政策把握、业务水平、风险意识等方面全面提升，应遵循环境适应原则，整体优化原则和盈利与风险对应原则，并具有战略头脑、开阔思路、高瞻远瞩的谋略，敏锐的洞察力和准确的判断能力，善于抓住机遇，大胆适时决策。完成把财务人员的职责从过去的会计，上升到更高的层次，构建一支全新的团队，既为整合提供必要的财务支持和保障，又参与整合过程，以满足新经营环境对财务管理的要求。

财务管控是集团管控的重要组成部分，是对集团公司总部及权属企业的财务管理与控制。集团运营的风险最终体现为财务的风险，财务管控不力最终影响 到母子公司管控效果。因此，加强集团财务管控，提高集团公司对权属企业的财务控制力，实现集团公司与权属企业的财务协同效应，不仅能有效降低融资成本，提高投资效益和集团公司的核心竞争力，也是集团加强管控管理的核心一环。事实证明，在新的历史时期，全省煤炭资源整合工作不仅决策准、进度快、步子稳、结构优、效果好，更重要的是通过煤炭资源整合，提高了煤炭产业员工的素质，实现了煤炭经济的集约、循环、高效的健康发展。

企业集团财务结算中心建设问题研究

李永东

社会主义市场经济的迅猛发展,使企业在市场经济中的竞争日趋激烈,各种各样的经营运作方式应运而生,各大型企业集团迅速出现的财务结算中心,便是其为发挥资金优势、扩大生产经营规模、开拓销售市场和金融市场,增强整体经济实力而产生的新的经营运作方式。

一、财务结算中心产生的背景及职能

集团公司所属的企业都在不同银行开立了账户,有的企业还开立了多个账户,使整个集团的资金流动像大河流水一样,不仅分散而且难以收拢,总体资金难以调控,不能发挥资金的总体效益,甚至造成损失浪费。因此,有必要依靠金融机构,引进银行结算机制,在集团公司的紧密层、半紧密层建立"财务结算中心"以加强资金管理。

企业集团在资金管理具体控制方式上有多种形式,如统收统支、拨付备用金制、结算中心制,建立内部银行,网上银企直连和财务公司等。笔者把这些统称为"财务结算中心",根据自身特点和需要,采取不同的形式和手段,使集团资金能够统一筹措、信贷、拆借、结算、传递、调控、监督、分配,并且还可利用集团内各企业资金使用上的时间差和空间差进行调控,使总体资金发挥更大效用。

财务结算中心的主要职能有三:一是对现金进行管理。每个受控的子公司都在财务结算中心开设账户,其生产经营活动中的一切交易,均通过财务结算中心办理结算,以监督资金流向。二是对筹资进行管理。集团内各企业对外筹资,财务结算中心统一在授权范围内进行,筹集的资金统一存入财务结算中心。财务结算中心实行借款审批程序控制、借款总量控制和负债比率控制。三是对投资进行管理。财务结算中心根据企业集团的发展战略及方向,实行投资方向控制、投资风险控制、投资项目审批程序控制和投资总额控制。

二、企业集团成立结算中心的必要性

要发挥集团优势,就必须有强大的内聚力。事实证明,以分钱、分物和下达计划等行政权利作为成员企业的联结纽带、当行政权利减弱时,集团就随之松散;以经济合同和技术协作等契约作为纽带,当供求和市场情况发生变化时,成员企业的联合协作关系也就相应地削弱和解体。只有强有力的资金纽带才能形成牢固的凝聚力。

而要形成这强有力的资金纽带,就需要资金集中管理、就需要成立集团财务结算中心,将集团下属成员企业的银行账号纳入结算中心管理。这样,一方面可以通过资金相对

作者单位:河南神火集团有限公司

集中，统筹安排，保证集团重点项目的资金使用；另一方面也可通过更好地利用闲散沉淀资金，采取有息贷给下属子公司等方式，降低资金成本，提高资金利用率。而从财务管理的角度来看，财务结算中心的成立也促进了集团内部的分级管理，分清了所属各职能部门的责、权、利。总公司不仅能通过结算中心的网络查询，随时了解下属企业的资金运作情况，对下属企业实现宏观控制，而且下属企业通过在结算中心开设账号，降低了企业的资金成本，方便了企业会计核算处理。

三、企业集团成立财务结算中心的基础条件

并非所有企业都可以成立这样的结算中心。从目前一些大型集团企业财务结算中心运作的实践来看，建立集团企业财务结算中心必须具备四大基础条件：

（1）资金环境较为宽松。集团总部及下属各企业资产负债率不能太高，一般在50%～70%为宜；各企业在业务经营中应有经常性的现金收入，资金较为宽裕，并且流动性好，使结算中心运作有可靠的资金基础。如若集团系统内部负债率普遍较高（超过80%），偿债压力大，在此条件下成立结算中心，使下属企业所需资金全部由结算中心以贷款方式提供，没有了对外筹资的压力，最终必将使结算中心入不敷出，难以支撑下去。

（2）经济效益较好。集团及各企业经济效益好，经济实力雄厚，财务结算中心就具有较高的银行信用，从而较容易取得银行贷款，确保集团内部各企业的资金需求。相反，如若集团总部及下属企业经济效益差，财务状况不理想，财务结算中心则很难凭自身实力从商业银行取得贷款，从而也就无法满足各企业的资金需求，财务结算中心也就丧失了存在的意义。

（3）集权型管理基础。集团企业推行集权型管理模式基础扎实，则便于财务结算中心调剂使用资金并对资金进行有效的监控。相反，如若集团总部对集团企业管理权、决策权、资产处置权、收益分配权以及人事权等都不能有效地控制，那么，财务结算中心要集中集团范围内的资金进行调剂使用和监控就十分困难。

（4）企业分布较为集中。企业分布集中会减少来往财务结算中心办事的时间，减少交易成本，提高工作效率。当然，对于集中不够的地方，可以成立结算中心分支机构。

四、企业集团进行财务结算中心建设中需要注意的问题

财务结算中心建设是个复杂的系统工程，企业集团在建设中需要面面俱到，需要全盘考虑。总的来看，以下几点尤其需要注意：

（1）加强内部管理，建立科学的管理体制。实行结算中心与集团财务部门分离，对结算中心实行独立核算，单独考核。并同时建立类似外部商业银行机构的管理机制，贷款由结算中心根据对贷款企业的综合评估做出决策，避免集团领导的个人决定。对结算中心领导实行考核奖罚机制，对结算中心业绩的考核不仅仅考察资金管理调度的经济效益指标，还应该考察对内服务的效益与质量，考察它对企业控制与支持程度与水平，这样不仅可以激励结算中心努力地工作，而且有利于结算中心工作水平的提高。

（2）强化财务结算中心内部信贷的职能，控制贷款规模。实行风险管理，对内部资金进行合理分配是调动内部单位加强资金管理的积极性。结算中心贷款的使用不能简单根

据内部单位是否有偿还能力来决定是否贷款，而应该服务于企业的总目标，体现集团的决策意图。一方面结算中心贷款应该向经营良好的内部单位倾斜，鼓励其不断提高经济效益；另一方面，结算中心还要帮助亏损部门渡过难关，给其一定的扶持资金，这是结算中心贷款所应遵循的基本原则。

(3)提高结算中心工作效率。集团财务结算中心不能仅仅满足于完成结算、信贷及出纳等工作，还应该充分利用结算中心结算数据资源及时向企业领导提供资金信息。结算中心人员应提高自身业务素质，在结算手续上减少审批环节和时间，精心挑选好资金结算软件系统，实现资金结算和管理的自动化，保证结算快速、准确、高效。

(4)积极推广应用计算机技术。开发集团企业财务结算中心网络结算自助信息系统，利用局域网或因特网实现网上资金结算，开户单位随时随地可在网上查询本单位内部存款余额，下载自动对账数据，打印对账单以及编制调节表等一系列有关内部存款动态管理业务；实现财务结算中心系统内银行存款网上拨款和主动收款业务等。这些功能进一步加快了结算速度，减少资金在途时间，降低了管理费用，提高了资金安全运行和使用效益。

(5)强化资金集中管理制度，提高成员企业信用意识。针对所属机构存在的小集体利益的思想，一方面是建立完善集团的资金管理制度；另一方面，采取各种鼓励措施吸引所属机构在财务结算中心开户的积极性。对于存在的信用意识淡薄现象，一是要加强诚信教育，在全集团形成良好的信用意识。二是要积极开展对贷款使用项目资信评估。三是要建立信用档案，推行失信惩戒机制。

浅谈公允价值在我国的运用

王怡婧

随着经济的不断发展,金融工具、无形资产、人力资产、自创商誉的不断涌现,特别是衍生金融工具的日新月异,历史成本计量属性越来越不能满足财务报表使用者的信息需要。国家财政部于2006年颁布新的会计准则体系,谨慎地引入了公允价值计量的属性,不仅严格界定了公允价值的使用范围,也对其使用条件做出了明确的规定。本文对公允价值在我国的引入和运用进行了简要阐述,从目前公允价值在我国的运用现状出发,分析了其在运用过程中出现的问题并提出了相应的改善对策。

近年来,国际会计准则及美国等一些市场经济发达国家的会计准则纷纷将公允价值作为重要甚至是首选的计量属性加以运用,以提高会计信息的相关性。我国新的《企业会计准则—基本准则》正式引入了"公允价值"概念,明确地将公允价值作为会计计量属性之一,标志着公允价值会计在我国的正式诞生,并在17个具体会计准则中不同程度地运用了这一计量属性。

新会计准则在诸多方面实现了新的突破,其中公允价值的应用是最为引人注目的一面。目前,我国的会计计量模式仍以历史成本计量模式为主,对于公允价值计量模式应用较为谨慎,对公允价值的概念基础、计价技术仍缺乏统一而明确的规范,对公允价值计量的理论研究和实务运用还比较滞后。因此,在新准则加大对公允价值应用范围的背景下,对公允价值运用的研究具有重要的理论与现实意义。

一、公允价值的内涵及意义分析

(一)公允价值的含义

在我国《企业会计准则》中,公允价值的定义为:在公允价值计量下,资产和负债按照在公平交易中,熟悉情况的交易双方自愿进行资产交换或者负债清偿的金额计量。因此,公允价值亦称为公平价值或公允市价,是一项资产或负债在现行交易中,在自愿双方之间所达成的购买、销售或结算的金额。

(二)公允价值在企业运用中的意义分析

公允价值比较符合经济发展环境和企业的交易行为,同时其运用的范围和程度也成了衡量一个国家或一个地区、一个组织会计国际化程度的重要标志。因此,公允价值在企业运用中有重要意义。

1. 能合理反映企业财务状况,提高会计信息的相关性

公允价值更能准确地反映企业的资产,负债等要素的现时价值,因此这些会计信息反映了企业更真实的现金流量、财务状况、经营成果,从而反映企业的偿债能力及其财务风

作者单位:平煤神马建工集团有限公司六处

险。根据这些信息,报表使用者才能做出更合理的决策,因此公允价值极大地提高了会计信息的相关性。

2. 公允价值的运用是我国金融市场未来发展的需要

从20世纪末到目前,我国金融市场得到了很大的发展,金融创新层出不穷,金融工具和衍生金融工具的种类越来越多,因为此时签约双方的权利、义务尚未执行,业务尚未发生,这时没有也不可能有历史成本,因此传统会计就不能对该业务进行计量、反映。而采用公允价值计量却能很好地解决这个问题。因为公允价值确定并不取决于业务是否发生,只要双方同意就会有一个价值。因此,会计在任何时候都可以按公允价值对衍生金融工具产生的权利、义务进行计量、反映,并向信息使用者提供信息。

二、我国公允价值的运用现状

1998 年,我国在"非货币性交易"、"债务重组"等具体会计准则中曾采用公允价值计量属性,但在实际应用中,出现了许多上市公司滥用公允价值操纵利润的情况。在此阶段出现的众多会计信息失真案例给会计信息使用者带来了巨大的经济损失,对会计信息可靠性的呼声此起彼伏。因此,结合国内外众多案例的教训,我国在 2001 年摒弃了公允价值。

事隔多年,我国重新把公允价值纳入会计核算的计量属性范畴,在新准则的应用指南中明确规定上市公司应建立、健全同公允价值计量相关的决策体系。与 1998 年相比,我国的经济环境已经有了较大的改善,资本市场逐步成熟,上市公司治理结构明显改善,市场监管更加健全,资产评估机构工作的有效开展,注册会计师的审计质量的提高,这些都为公允价值的合理应用提供了必要的经济环境。从最近两年新会计准则的实施和运用来看,通过公允价值进行利润操纵的行为有所减少,大部分企业能够遵从会计准则的要求使用公允价值计量属性。

三、公允价值在运用过程中存在的问题

(一)市场体系不够完善,公允价值难以取得

从公允价值的定义中我们不难发现,如果存在一个公开、公平、成熟、活跃的市场,我们就可以直接将交易价格作为公允价值,公允价值的计量并非难事。然而我国很多市场发育并不十分健全,没有活跃的市场作为依据,很难获得相关资产在其中的报价,在很多情况下,公允价值难以直接取得,它在我国现阶段的应用受到了极大的限制。

(二)会计人员总体素质不高,公允价值难公允

相对于历史成本而言,公允价值计量属性对会计从业人员的业务素质和道德水平提出了更高的要求。在确认一项资产公允价值的过程中,会计人员需要对各类信息进行筛选、判断、分类和计算,这都要求会计人员必须具备很高的职业判断能力和信息处理能力。但是目前我国会计人员整体的执业能力较低,相关的信息处理能力不高,综合判断能力较差,便成为合理应用公允价值的又一难题。

四、恰当运用公允价值的相关政策性建议

（一）完善市场机制

恰当的运用公允价值首先就是要大力加强我国市场经济建设，建立起统一、开放、活跃而又充分竞争的交易市场。现阶段我们需要做的就是完善资本市场，扩大债券市场、票据市场、外汇市场、黄金等贵金属市场，逐步建立充分竞争的生产资料市场和二手交易市场。此外，还有必要规范、约束政府行为，转变政府的职能。政府的职能更多的是调节经济，而不是直接干预经济。

（二）建立市场信息数据库

在公允价值计量中，难免会不同程度地引入企业的估计和判断，这些估计和判断受制于企业的利益取向，会降低估价结果的客观性、破坏计量的公允性。由于市场是客观存在的，获得所有市场参与者期望的信息比获得企业个体期望的信息更客观、更容易，能够更好地拟定市场评估制度。因此，建立一个强大的信息数据库，积累行业数据，不仅可以为审计人员对企业进行公允价值计量提供参数，而且能够为审计人员提供具有权威性的企业评估公允价值的主要指标，从而使公允价值审计有据可依顺利实施。

（三）提高会计人员职业素质

1. 加大对会计人员的培训力度，树立自主、终身学习的观念

作为会计管理部门，要树立现代教育观念，培养会计人员具备终身学习的能力。作为会计人员，要有终身学习的意识，并端正态度，认真对待每次培训，不断充实和更新知识，准确领会相关政策、准则和制度的基本内容和精神实质，使之成为开展会计职业判断的利器。

2. 坚持诚信原则，遵守职业道德

诚信原则是会计人员进行职业判断的重要原则，它要求会计人员必须客观公正地对本企业实际发生的经济业务做出合法合理的判断。只有诚信的会计人员才能客观、真实地进行会计核算，提供正确的会计信息。

3. 加强会计人员的实践训练，积累执业经验

会计职业判断是一项实践性很强的活动，会计人员只有在掌握专业知识的基础上，提高适应复杂多变会计环境的能力，才能做好职业判断。

五、结语

公允价值已在历史成本计量中出现问题的情况下慢慢取代其地位，以其自身的优点正逐渐成为会计计量中的新宠。在我国由于市场开放度、完善度等原因，并不能完全和国际接轨而大量运用公允价值，但是我们正适度、谨慎和有条件地进行公允价值的引入。与此同时，我们在公允价值的运用上还面临一些问题，但随着市场体系的完善和会计制度的发展，公允价值将更加完善，为使用公允价值的企业创造利益。

浅谈煤炭企业的隐性成本控制

何宏伟

今年以来，世界经济呈现放缓的趋势，中国经济的增速也有所降低，据国际货币基金组织年初预测，今年中国经济的增速将达到8.25%，较去年降低0.9个百分点。面对国际国内经济发展趋缓的形势，河南煤化董事长陈祥恩要求各单位要增强危机感，树立"过紧日子"思想。那么怎样提高"过紧日子"的认识，采取什么样的措施通过"过紧日子"帮助企业渡过难关，实现企业的利润最大化目的是我们面临的重大问题。鑫珠春公司通过不断的研究分析发现，随着我国煤炭企业不断发展和信息化程度的不断提高，煤炭成本的管控已经趋于成熟，企业的竞争由原来的价格竞争向着成本管控竞争方向发展，企业只有加大科技创新、努力降低生产成本、提升市场竞争力才是生存发展的唯一出路。因此，走煤炭企业成本管控精细化之路，在隐性成本管理上下工夫，才是走出当前困境的出路。

一、煤炭企业隐性成本的概念

煤炭成本是煤炭企业的一项重要经济指标，它主要涵盖企业的材料、电力、薪酬、折旧、管理费用等直接影响企业成本高低的项目及经济效益的因素。通常情况下，我们把企业的材料、电力、薪酬、折旧、管理费用等会计学上的成本项目，称为煤炭企业的显性成本。这些显性成本可以量化，也可以通过科学的管控手段进行控制，也可以通过严格管理、优化工艺等方法最大限度地降低成本，提高经济效益。

相对煤炭企业的显性成本来讲，隐性成本是一种隐藏于经济组织总成本之中、游离于财务审计监督之外的成本。是由于经济主体有意或者无意的行为造成的具有一定隐蔽性的将来成本和转移成本，是成本的将来时态和转嫁的成本形态的总和。在煤炭企业经营及管理活动中，可能因管理制度、生产设计、劳动组织、安全事故等原因，给企业造成一些意想不到的损失，因为隐性成本具有隐蔽性、放大性、突发性等特征，而且隐性成本不在财务账簿中显现，给煤矿企业带来的隐性损失难以估计。

二、煤炭企业生产成本的特殊性

煤炭企业原煤制造成本构成包括材料、职工薪酬、电力、折旧费、安全维简费、矿山环境治理保证金、资源成本、地面塌陷赔偿费等，不同的工业部门由于生产的特点不同，产品成本的特点也不同。煤炭企业属于地下开采业，成本构成复杂且变化大，与其他产品相比，具有特殊性。

(1)煤炭产品消耗的原材料不构成产品实体，用于煤炭开采的主要是辅助材料消耗，煤炭企业使用的材料主要有木材、钢材、皮带、大型材料、专用工具等。材料费在煤炭企业

作者单位：焦煤集团鑫珠春公司财务科

生产成本中占据一定比例,具有较大的节约潜力,是成本管理的重要环节。同时,由于消耗的材料不构成产品实体,所以生产中消耗的材料品种和质量不能影响产品质量,不能按质量成本的一般原理去控制煤炭质量成本。如木材、大型材料、专用工具等都不构成产品实体,可以多次地进行回收复用。

(2)煤炭生产受地质构造、储存条件、储量、品位等条件限制,同时,为了避免水、火、断层、瓦斯、煤尘等事故的发生,保证生产的正常进行,还必须发生一些安全保护费用,如通风、排水、防火、照明、防尘等支出。

(3)进行地质勘测,探明地质构造和煤炭储量、煤层结构,进而确定可采与不可采,有的煤层还要做产前疏干水的准备。

(4)活劳动消耗多,工资成本比重较大。因为煤炭开采业在我国属于劳动密集型企业,劳动强度大,服务年限短,各种补贴、津贴较高,工资成本约占总成本的40%,列全国各行业的首列。

(5)电费,随着煤炭开采机械化程度的提高,综采、综掘机及大型设备的投入运转,一方面提高了井下生产效率,但在一定程度上也增加了吨煤的电力支出。

(6)生产组织和成本管理比较复杂。由于煤炭生产的全过程遍布井上井下,点多、面广、线长,并且大部分在井下,因此生产组织和成本管理非常困难。

三、煤炭企业隐性成本产生的原因

由于煤炭成本具有不同于其他产品的特殊性,其产生的隐性成本跟企业管控成本的盲点分不开,主要存在以下几个原因。

(一)决策失误造成

决策失误是产生隐性成本的直接根源。煤炭企业领导及职能部门对煤炭采掘方案的决策、对生产工艺的决策、对产品结构的决策、对管理方面的决策等产生失误时,就会减弱职工的认同度,增加抵触情绪,决策的执行成本就会加大,隐性成本就会巨额增加。主要表现在:不合理的生产设计造成的重复施工;职工抵触情绪加大造成的消极窝工;采掘方案的失误造成材料、人工的浪费等。

(二)组织机构不合理

由于煤炭生产的全过程遍布井上井下,点多、面广、线长,并且大部分在井下,因此生产组织和成本管理非常困难。首先因为煤矿管理机构庞杂,分工不明,造就了重复的人员和机构做着重复的劳动;其次部门职能不明确,多个部门存在着某些类似或模糊的分工,导致该做的事没人去做,推诿扯皮造成工作的被动和落后;另外,矿井采、掘、机、运、通等各工种间紧密相连,煤质、供应、计划、人事、财务等部门互相交错,很容易产生责任推脱,严重的导致事故发生;最后职工对本职工作认识不够,不明白什么是自己该干的和什么是自己不该干的工作,也是产生隐性成本的因素。

(三)安全工作不达标

煤炭企业的成本中,安全成本占到相当大的比例。安全事故,不仅给职工身体、心理带来伤害,而且给企业造成不同程度的经济损失和隐性成本。特别是较严重的安全事故,会给煤炭企业带来很大的隐性成本,如媒体的报道造成的名誉损失、人心的稳定工作花费的大量时间、停产造成的间接损失。

(四)企业文化影响

煤炭企业的发展不但要靠合理的薪酬维系,更需要优秀的企业文化支撑。煤炭企业的主要工作场地在百米井下,相对地面工作来讲存在工作环境差、工作时间长等特殊情况,容易使职工产生厌倦抵触情绪,最终导致部分职工行为失常,做出破坏生产设备、故意设置障碍、人为制造小事故等行为,增加隐性成本的产生。

四、控制隐性成本的措施

隐性成本存在于煤炭企业的生产经营中,具有较大的危害性,是企业经营管理中的"盲点";为了消除盲点,过好"紧日子",提高企业效益,焦煤集团鑫珠春公司采取了以下几点措施:

(一)提高认识,正视煤炭企业隐性成本

过去的工作中,隐性成本得不到有效的控制主要是企业对它的认识不足,没有将隐性成本纳入企业总成本中进行有意识、有目的的控制。所以控制隐性成本首先要正确认知隐性成本,正视隐性成本。鑫珠春公司积极组织有关部门开展隐性成本的查摆工作,正视企业经营中存在的隐性成本,有的放矢,树立"大成本"理念,把对隐性成本的控制作为企业生产、经营、管理等工作的切入点,把"降本增效"纳入工作的重要日程,从创新管理入手,把隐性成本的控制融入生产经营全过程。

(二)科学决策、树立"大成本"理念

科学的决策是控制根除隐性成本的基础。鑫珠春公司从大处着眼、小处入手,树立"大成本"理念,实施了管理制度、工作方案会签制度,消除了决策中以个人意志为主及随意性强等误区,使各项决策满足职工承受力、认同度。对职能科室,推行科管成本理念,要求生产、技术、计划等部门在优化生产设计的同时优化成本设计,在生产的全过程、各环节树立科学的成本理念、预算机制和决策机制,降低隐性成本,以最优方案获取最大效益。

(三)明确管控目标

控制隐性成本主要是做好组织成本、质量成本、协调成本的管理工作。组织成本上,切实加强劳动组织管理,超前安排,合理配置人力,杜绝窝工现象。注重生产技术设计的科学合理性,避免重复性施工,力求提高一次支护成功率,减少巷道修理量,提高工效。质量成本上,在各采掘区队开展了"抓规格、保安全、促提升、树标杆"活动。提高采掘区队狠抓工程质量意识,促进采掘工作面工程规格质量的提高。协调成本上,进一步规范标准作业流程、工序流程,对安全生产经营中各个关键控制点进行细化、量化,实现标准化、流程化作业,最大程度地消除工作环节、实际操作中的隐形消耗,提高工作质量和效率。

(四)创新成本管控手段

几年来,鑫珠春公司积极探索创新成本管理,"3+3"的成本管控模式在企业实际运用中取得很好的成效。"3+3"成本管控模式,就是细化承包指标、挂钩指标、分管指标"三类指标",实施总额控制、定额控制、预算控制"三项控制",严格挂钩考核、预算考核、承包考核"三项考核",推行精益成本管理。在此基础上,公司通过构建"矿井精细化成本管控体系",以"构成明细+控制要点+控制方法+控制流程+控制制度+控制方案"六位一体的方式,理清了形成煤炭产品成本的各关键环节及主要控制点,对成本进行了系统的预算、控制、核算、分析及评价,严格考核,落实责任,实现责权利一体化。

(五)构建优秀的企业文化

优秀的企业文化实际就是良好的社会风气、和谐的人际关系、明确的荣辱标准、积极健康的精神面貌、良好的整体工作效果的集中体现。构建优秀的企业文化,让大多数职工有明确的是非标准和正确的行为准则,营造良好的企业精神文化;倡导遵章守纪、爱岗敬业、团结互助、清政廉洁、勤俭节约光荣的理念,营造积极向上的工作氛围。优秀的企业文化是企业运作的润滑剂,可以有效减少企业的内耗,有利于企业工作效率的提高。在共同的价值取向、企业目标和行为准则的引导下,企业文化能够逐步培养出一个人际关系协调融洽、工作配合默契、工作效率优质高效的优秀企业。

在当前经济发展趋缓的环境下,树立过"紧日子"的思想,创新煤炭企业成本管控,通过降低组织成本、质量成本、协调成本等隐性成本,提高煤炭企业经济效益,促进煤炭企业的安全高效发展,是每一个煤炭企业都应该思考探索的问题。

浅谈煤炭企业兼并重组财务风险防控

郭海东

为实现煤炭工业"十二五"发展规划提出的优化煤炭布局，调控煤炭总量，建设大型煤炭基地，培育大型煤炭企业集团，整合改造中小型煤矿，建设资源节约型和环境友好型矿区的规划，各煤炭企业纷纷进行资源整合、并购重组。兼并重组是河南煤炭工业历史上的一次历史性变革，它不但使一些煤炭企业散、乱、差现象得以改变，而且还可以增强企业的竞争实力，形成大企业、大集团运作的煤炭规模经济。随着煤矿企业兼并重组进入实质性操作阶段，煤炭经济的集约化、现代化、规范化水平将有效提升，但如何运行正确的财务管理措施和构建煤炭企业重组后的财务整合总体框架和运作模式已成为煤炭企业的当务之急。

一、兼并重组小煤矿的必然性

谋求企业可持续发展，大型煤炭企业不断对外扩张，进行资源整合、并购重组。河南六大煤业集团兼并重组各小煤矿后，可以实现区域经济、煤炭经济的利润最大化，为中原经济崛起做出巨大贡献。

(1)小煤矿矿井老化、长期做不大，严重浪费资源。河南地理位置距离东部沿海比较近，煤炭销售市场更好，由此也带动了河南煤炭行业超常规发展，小煤矿遍地开花，煤炭储量消耗更快，资源破坏更严重，这也是高速发展背后无法回避的隐忧和窘境。而出路唯有通过兼并重组，整合现有煤炭资源，加强对煤炭资源的监管，才能确保河南煤炭的可持续发展。

(2)小煤矿的大隐患：事故不断，死亡人数居高不下。回顾近年来各地煤炭行业发生的几起矿难，可以看出小煤矿已经渐成事故高发区，加快提升资源整合矿井的安全生产水平，已经是当务之急。兼并重组后，可以解决小矿安全事故多发、直销原煤、无序竞争的顽症，煤炭生产企业生产手段更加正规，安全措施更加完备，可以有效控制安全事故的发生和减少煤炭开采生产带来的严重的环境问题。

(3)小煤矿的大趋势。随着经济社会的进一步发展，地下煤田就像责任田一样，一片挨着一片，小煤矿出于利益考虑，偷采国有企业矿井资源，不仅破坏了资源，还让国有企业矿井在今后再对这片资源开采时无从下手，造成极大浪费。小煤矿的弊病越来越明显，逐步退出历史舞台成必然趋势。兼并重组小矿后可以解决大矿可采资源不足，接替矿井不够的难题。大矿对小矿资源整合后，大矿的技术优势和人才管理优势很快得以释放，小矿可以迅速做大做强；另外还可以更有效地稳定市场供给。小矿不承担社会责任，市场好的时候，超能力生产，市场一旦低落，关门停产。而国有大集团可以向市场提供稳定的能源

作者单位：郑州煤炭工业(集团)有限责任公司财务资产部

产品,服务于国家经济建设。

二、煤炭企业兼并重组后财务风险成因

煤矿企业兼并重组是河南省积极应对当前严峻经济形势,促进经济社会科学发展的一项重大战略。随着煤炭企业自身的扩张需求,对许多煤炭企业来说资金问题日益严重,对外融资势在必行,主要的筹资方式为负债和权益融资。由于不同资金的成本差异,对企业来说会构成不同的财务风险,负债融资项目如果不能按预期产生效益,就会导致不能按期还本付息,致使企业资金链条断裂,导致企业的破产或解体,或被别的企业重组,权益融资会导致企业经营控制权旁落或稀释。在煤炭市场行情瞬息万变的条件下,随时都有可能因企业决策失误,导致企业财务风险增大。但财务风险并不是完全不可以防范的,如果可以有效地利用财务杠杆,就可以达到获取利润和对外扩张的目的。煤炭企业风险主要来自以下几个方面。

(一)企业资金管理

煤炭企业集团资金管理存在的主要问题是随着企业集团的发展和扩大,其下属全资子公司和绝对控股公司的增加,往往会出现诸如资金分散、利息支出过高、财务成本加大等弊端,直接导致企业的财务风险加大。其主要的问题,一是资金管理分散、监控不力。下级单位多头开户,无法及时了解其资金状况,资金支出缺乏有效控制及资金流向不清楚,内部资金的余缺调剂不力,资金闲置与短缺情况并存,筹、投资不能统筹规划,引起资金浪费及财务成本过高。二是资金使用效率较低、风险大。对应收款控制较弱,资金回笼缺乏系统管理,内部单位互相拖欠,形成内部三角债,在资金状况良好,偿付能力较强时,不能利用资金优势,降低各种负债,降低财务成本。三是财务管理不规范,资金管理预算不完整,资金收入没有全面合理地预测与控制,缺乏资金管理的有效手段。

(二)企业负债规模过大

负债规模指企业负债总额的大小或负债在资金总额中所占比重的高低。企业负债规模大,利息费用支出增加,由于收益降低而导致丧失偿付能力或破产的可能性也随之增大。国有煤炭大型企业不断对外兼并重组过程中,债务融资比较大,利息负担较重,随着返本付息期的临近,资金短缺的问题日益严重,很多企业出现“拆东补西”的情况,资金结构不合理的现象逐步显现,很多企业资产负债率已经达到70%甚至更高。资金结构的不合理导致企业财务负担沉重,偿付能力严重不足,经营风险增大。

(三)企业经营风险

经营风险是企业生产经营活动本身所固有的风险,由于煤炭企业自身固有的风险,受自然条件限制较大,不可预见性因素较多,加之国家对煤炭企业监管力度的加大,安全投入比例提高,环境治理保证金的提取,致使煤炭产品固定成本升高,同时,资源税从价计征也加大了企业的税务负担,利润空间缩小,现金流动不畅通,经营杠杆加大。当企业完全采用股权融资时,由于财务杠杆对股东收益的扩张性作用,股东收益的波动性会更大,所承担的风险也大。如果企业经营不善,营业利润不足以支付利息费用,则不仅股东收益化为泡影,而且要用股本支付利息,严重时企业将丧失偿债能力,被迫宣告破产。

三、兼并重组后财务风险防控措施和方法

(一)加强财务管理意识

不断提高各级领导的财务管理意识,加强领导者及财务管理人员的财务管理知识的培训,不少煤矿企业的领导都是搞技术出身,财务管理意识不强,财务制度残缺不全,因此,煤矿企业管理者必须高度重视会计核算的规范性,认识到财务管理是企业管理的核心,在思想上要重视会计人员的选拔及各项制度的建设。只有矿业企业管理者高度重视了会计核算,以身作则,那么在遇到具体问题时,各级各部门才能真正做到照章办事,使企业的财务管理发挥应有的作用。

(二)建立财务风险预警系统

大型煤炭企业的财务风险与企业规模、经营活动、管理制度的完善程度、控制水平的高低等有高度的相关性,应建立具备敏感性、预见性、关联性、可操作性等特征的预警指标体系,例如常用的资产负债率、流动比率、存货周转率、现金流动倍数、息税前利润偿债比率等。有条件的企业,应聘请财务管理专门机构,结合企业自身情况建立财务风险预警系统,定期发布本企业的预警报告,将企业风险进行分级管理,并建立风险分级管理责任制,提高对风险敏感性的认识,做到及时分析、准确评价,及时报告高管领导,以便引起重视,引导高管决策。

(三)调整筹资渠道和方式,降低企业资金使用成本

国有煤炭企业在实现规划目标时,财务管理人员应认真分析财务管理的宏观环境及其变化情况,适当调整企业的筹资渠道与方式。随着我国金融市场的发展,企业的筹资有多种方式可以选择,在购并中企业可以根据自身的实际情况选择合理的方式。例如:吸收直接投资、利用上市公司发行股票;适当利用留存收益、向银行借款、利用商业信用、发行公司债券、融资租赁、收购等方式。这样可以通过权益资金和负债资金有效调整企业的资产负债率,防范财务风险,从而提高企业对财务管理环境变化的适应能力和应变能力,以此降低因环境变化给企业带来的财务风险。

(四)加强内部控制

统一企业内部各子、分机构财务行为,内部会计控制是企业为了提高会计信息质量,保护资产的安全、完整,确保有关法律法规和规章制度的贯彻执行等而制定和实施的一系列控制方法、措施和程序。企业建立和完善内部控制体系不失为一剂管理良方,内部会计控制对及时发现和纠正企业的各种舞弊现象及不法行为有特殊作用。只有加强了内部会计制度,提高会计信息质量,企业才能据以制定与经营战略相匹配的财务战略,才可以有效降低财务风险。

总之,兼并重组是煤炭企业的一次战略机遇,为实现企业整体的发展和壮大,企业财务风险防控措施对其自身可持续发展就显得举足轻重。

浅议新疆煤炭企业职工个人所得税

孙志永

近年来，随着煤炭行业自身的发展壮大以及国家加强对煤炭企业职工的关注，煤炭企业职工收入得到了不同程度的提高，但我国个人所得税法规定不分行业和地区，个人所得税扣除标准一致，煤炭行业作为一个特殊行业，职工收入起伏波动较大，相关煤炭企业在代扣代缴职工个人所得税上应该根据这一特点，依据个人所得税法，尽可能在法律允许的范围内维护好职工利益。

一、煤炭企业职工收入及缴纳个税现状

（1）煤炭行业相对于其他行业，危险系数高，劳动强度大，工作时间长，所缴纳的个税却不比其他行业少，因此所承受的税负相对重。

（2）新疆煤炭企业相对于其他地区煤炭企业的特殊性在于工人大都来自内地，春节需要放假回家，且收入受产量等众多因素的影响，具有季节性和不稳定性，而大部分煤炭企业在代扣代缴职工个人所得税时按当月收入正常扣税，未考虑个人所得税法中特定行业职工的工资、薪金所得应纳的税款可以采用按年计算、分月预缴的计征方式。

（3）煤炭企业一线职工文化水平相对较低，对于企业代扣代缴的个人所得税认为都是正确的，很少提出异议。这就更要求煤炭企业的个税代扣代缴人员尽心尽责，维护好职工利益。

二、煤炭企业职工个人所得税实行按月预交的法律依据

《中华人民共和国个人所得税法》第九条规定：工资、薪金所得应纳的税款，按月计征，由扣缴义务人或者纳税义务人在次月十五日内缴入国库，并向税务机关报送纳税申报表。特定行业的工资、薪金所得应纳的税款，可以实行按年计算、分月预缴的方式计征，具体办法由国务院规定。

《中华人民共和国个人所得税法实施条例》第四十条规定：税法第九条第二款所说的特定行业，是指采掘业、远洋运输业、远洋捕捞业以及国务院财政、税务主管部门确定的其他行业。第四十一条规定：税法第九条第二款所说的按年计算、分月预缴的计征方式，是指本条例第四十条所列的特定行业职工的工资、薪金所得应纳的税款，按月预缴，自年度终了之日起 30 日内，合计其全年工资、薪金所得，再按 12 个月平均并计算实际应纳的税款，多退少补。

上述规定是国家为了照顾采掘业、远洋运输业、远洋捕捞业因季节、产量等因素的影响，职工的工资、薪金收入易呈现较大幅度波动的实际情况制定的。煤炭行业归属于上述

作者单位：河南煤化永煤集团新疆投资有限公司

三个特定行业中的采掘业，职工个税可按12个月平均计算实际应纳的税款，多退少补。用公式表示为：

应纳所得税额＝[（全年工资、薪金收入÷12－费用扣除标准）×税率－速算扣除数]×12

三、实际应用举例

上述规定避免了职工因收入波动造成的全年实际收入与缴纳个税之间的比例失调，能够在一定程度上减轻职工税负，下面通过举例予以说明。

笔者所在煤炭企业地处新疆南部，春节前后约两个月时间处于假期及节后恢复生产阶段，一年正常生产时间为10个月，正常生产期间也会因为职工出勤等收入出现较大波动。

例如，笔者所在单位某采掘一线工人2010年全年各月税前收入及按正常情况缴纳个税如表1所示。

表1　2010年收入税金　（单位：元）

月份	1	2	3	4	5	6	7	8	9	10	11	12
收入	937	0	4737	10384	10237	9104	8943	9052	8470	7852	7606	4545
税金	0	0	266	1301	1272	1046	1014	1035	919	795	746	257

注：表中税金为按当时税法规定计算得出，并四舍五入取整，下同。

该纳税义务人按各月实际收入计算全年共需要缴纳个人所得税8651元，如合并其全年收入，按12个月平均并计算实际应纳的税款为：

[（全年工资、薪金收入÷12－费用扣除标准）×税率－速算扣除数]×12

＝（81867÷12－2000）×15%－125]×12

＝7180（元）

通过计算可以看出，该工人在第一种扣个税的方法下，全年多交了1471元的个人所得税。在实务中，较少有煤炭企业会在年度终了后30日内，合并职工全年收入，按12个月平均计算实际应纳的税款后向税务局申请退还多交的税款，且申请退还多交的税款需要经过多道程序，费时费力，这样就加重了煤炭企业职工的税负。

四、看法与建议

（1）通过上述举例可以看出，正常代扣代缴个人所得税会造成职工多交个人所得税，因此建议煤炭企业在每月代扣代缴个人所得税时，可按照低于全年职工平均税负的比例来预扣预交职工个人所得税，如上例中职工全年平均税率约为8.5%[7180.05/81867]，实际操作中可以按照8%来代扣代缴个人所得税，年度终了后30日内，再合并职工全年收入，按12个月平均并计算实际应纳的税额，并补交少交的个人所得税。这样既符合税法规定，又避免了职工多交税款。

（2）做好实施上述方案的各项准备工作。如通过历史资料计算得出合理的职工应交个人所得税占全年平均收入的比例；做好个人累计收入台账，以便在年度终了时能够快速计算得出全年应纳税额。

(3)加强企业代扣代缴个税人员的培训和教育,使其具备相应的知识和能力。

(4)加强与地方税务部门的沟通,使其认可上述代扣代缴个人所得税方案,避免和降低税务风险。

五、希望和展望

煤炭行业工作条件危险艰苦,很少有人愿意长期从事这一职业,人才相对缺乏,不利于煤炭企业的长期发展。最近几年,煤炭企业职工工资虽然有所提高,但在现行个人所得税法下,应交的个税也随之增长,实发工资并未同等增加。近几年两会上,煤炭行业的两会代表也对此问题进行了研究并提交了相关议案,希望国家在今后个人所得税法的完善和修改中,能够考虑煤炭行业的特殊性,在以下几个方面对煤炭企业一线工人的个人所得税政策进行调整。

(1)提高煤炭企业工人个人所得税起征点。根据当前煤炭工人的实际收入情况,建议对煤炭企业工人个人所得税起征点由当前的3500元提高到5000元。

(2)准予煤炭企业职工相关津贴税前扣除。劳社部发〔2006〕24号关于调整煤矿井下艰苦岗位津贴有关工作的通知规定了井下艰苦岗位的范围和津贴标准。然而该通知未明确井下艰苦岗位津贴可在计算个人所得税时税前扣除,有些地区在实际操作中将该津贴并入了职工收入。因此,建议国家明确准予煤炭企业职工井下艰苦岗位津贴可以税前扣除,从而降低煤炭企业职工个人所得税。

(3)个人所得税征收单位由个人转为家庭。大部分煤炭企业一线职工收入为其家庭主要经济来源,负担着全家生活重担,如个税征收由个人转为家庭,将大大降低煤炭企业职工的负担。

综上所述,基于煤炭企业,特别是新疆煤炭企业的特殊性,相关企业在代扣代缴职工个人所得税时,可以依据相关法律规定,实行按月预交,年度终了汇算清缴的方式代扣代缴职工个税,避免造成职工多交个人所得税,同时希望国家重视煤炭行业的特殊性,在个人所得税方面给予一定的政策倾斜,有效降低煤炭行业职工税负,吸引相关人才,促进煤炭行业的持续健康发展。

企业会计报表分析的探讨

任志红

随着市场经济的发展和企业规模的扩大，会计报表的分析对于企业利益相关者的作用越来越重要。

一、会计报表分析的必要性

企业在正常的生产经营过程中会发生各种各样的经济业务，这些经济业务都会在日常的会计核算中被记录下来，全面、详细、系统地反映到会计凭证和账簿中去，以便于管理者随时查看、分析和决策。在这种情况下，定期编制财务会计报告成为了必要。

财务报表的使用者有很多，包括投资者、债权人、治理层和管理层、政府、注册会计师、供应商、客户、员工等。他们对于财务报表的关注点各不相同。为充分发挥财务报表的作用，准确解释各种会计数据之间的关系，从而为不同的报表使用者提供有用的会计信息，会计报表分析应运而生。

二、当前的会计报表分析体系

当前的财务报表分析的内容主要包括经营战略分析、会计分析、财务分析和前景分析等四个部分。

财务报表分析的内容不同，其应用的分析方法也各异。会计报表分析的方法主要有趋势分析法、比率分析法和因素分析法等。每个分析方法涉及的内容不同，应用的范围也各不相同。趋势分析法是对比两期或连续数期财务报告中相同指标，据以分析企业的变化及产生变化的原因，预测未来发展趋势，其又包括环比分析和定比分析两种手段；比率分析法是计算各种比率来确定企业的财务状况和经营成果，如偿债比率分析、成本利润率分析等；因素分析法则是根据分析指标与驱动因素的关系，从数量上确定各因素对分析指标的影响方向及程度，包括平衡计分卡、杜邦分析法等。

三、会计报表分析的局限性

由于会计报表本身的局限及分析过程中应用指标的经济假设等问题，使得报表分析及其分析工具仍然存在一定的局限性。

（一）会计报表本身的局限性

1. 会计政策及变更的局限性

这里的会计政策，是指企业在会计确认、计量和报告中采用的原则、基础和会计处理方法。对同一会计事项的账务处理，会计准则允许企业自行选择使用可行的规则和程序，

作者单位：郑州鹤煤煤层气有限公司

这就存在着管理层通过改变会计政策来扭曲企业实际情况的可能性。

会计准则规定企业在编制会计报表时要遵循谨慎性原则,不应高估资产或者收益、低估负债或者费用。然而在市场经济环境下,企业的生产经营活动面临着许多风险和不确定性,这些不确定性又很少有一个统一的标准,这就使会计报表编制者极有可能少计收益和资产,从而使报表难以准确反映企业实际情况。

会计准则规定企业可以根据实际情况自行选择某种会计处理方法,如确定发出存货的实际成本时可以在先进先出法、加权平均法或者个别计价法中进行选择,这往往就为管理层运用不同的会计政策修改报表数据,从而粉饰自己的业绩提供了一个途径。据此,会计报表就难以反映企业的真实情况。

2.会计估计及变更的局限性

会计估计变更,是指由于资产或当前状况及预期经济利益和义务发生了变化,从而对资产或负债的账面价值或者资产的定期消耗金额进行调整。这里主要是或有事项存在着问题。会计规范规定在资产负债表中,因或有事项而确认的负债(专指预计负债)应与其他负债项目区别开来,单独反映;但或有负债和或有资产不予确认。这就涉及或有资产、或有负债、预计负债的确认问题。不过会计估计变更是基于估计基础上的,往往存在着估计误差,这也使得已披露的财务信息不一定是真实情况的准确计量。

(二)会计报表分析的指标问题

1.指标的经济假设问题

财务分析一般需要先消除不同企业或同一企业不同时期的规模差异,然后再进行比较。这就隐含了一个经济假设:财务指标所涉及的相关项目是成比例的,也就是说财务指标中,分子与分母之间的经济关系不依赖于规模。这一假设显然是存在问题的。举个例子来说,我们在计算盈利能力指标时,往往用到销售收入与销售成本的比重,表明二者之间成比例变化的关系。然而当存在固定成本时,这一公式就没有了意义。

2.指标自身的缺陷

财务指标分析主要是对偿债指标、营运指标、盈利指标等进行分析。

对于偿债指标来说,企业的资产、负债是不断变化的,但其报表核算的是年末这一时点的资产负债表,因而据此算出来的偿债指标只能反映企业期末的偿债能力,却难以反映当前的实际状况。

在计算营运能力指标如总资产周转率、流动资产周转率时,理应采用为企业该类资产在一定时期内的资金平均占用额为基础,为了简易起见,目前一般都采用期初与期末的算术平均数作为分母计算,这就容易得出与事实南辕北辙的结论。如应收账款周转率 = 销售收入/应收账款,假定企业采用算术平均数作为分母,就难以查到企业在会计期间计提的坏账准备额,要知道企业的坏账准备越多,说明其债权管理效率越低;但相对的,应收账款减少了,又会导致应收账款周转率提高,这又表明企业的应收账款管理水平很高,显然,这是自相矛盾的。

企业在分析盈利能力指标时会用到销售收入,以此反映企业的盈利能力。从会计角度来看,这里的销售收入仅指货物发出,不涉及款项是否收回。但从营业周期的角度来看,企业销售商品之后还要面临着收取货款回笼这一过程,只有回款付现才代表着销售过程的完成,因而财务指标以销售收入为指标计算企业的盈利能力也就没有很大的现实意义。

3. 指标之间的对比问题

企业在对财务指标进行对比分析时,必然要选择比较的参考标准,包括本公司的历史数据、行业数据和计划预算数据等。与本公司的历史数据进行比较时,企业可能存在着会计政策或会计估计的变更,从而使对比不准确。此外,历史数据也代表着过去,这些数据不一定都是合理的,经济环境发生变化,使得外界对于指标的要求也会发生变化;选择行业数据进行比较时,由于行业内总体数据难以获得,一般都选择上市公司平均数作为行业标准,但上市公司相较于整个行业来说量太少,不少上市公司又都实行多元化经营,难以判断其应该归于哪一行业;选择与计划预算数据相比较的话,实际与预算肯定有差异,但这一差异是属于预算不合理,还是属于执行有问题则难以区分。

四、会计指标分析体系改进的建议

(一)完善会计准则、会计制度及相关的法律法规

会计主管单位应根据实际情况及经济环境的变化及时调整、改革、完善会计准则、会计制度等,杜绝管理层利用会计政策和会计估计变更粉饰财务报表、操纵会计利润及财务信息的机会,规范会计行为。

(二)提高会计人员的职业道德和专业素养

财务报表的编制及分析都是通过会计人员来进行的,所以会计人员的专业技能决定了财务报表的质量,其判断力的高下也会对报表分析结果产生至关重要的作用。因而加强会计人员的专业能力的培养,使其努力掌握会计、财务管理、企业战略管理及其他经营管理的相关知识成为了必要。此外,职业道德的高下也会影响报表的真实程度,所以道德教育亦必不可少。

(三)改进指标,采用多种方法进行财务分析

由于目前的财务指标总是存在着这样那样的问题,因而指标的改革成为了必要。在进行财务分析时,企业应根据实际情况,采用合适的比率及适合的基数进行财务分析。如分析偿债能力时以企业的经营活动现金净流量作为基础,分析盈利能力时参考销售收入的货款回笼情况等。

此外,不同的分析方法适用于不同的比率,在进行财务分析时还应注意要采用多种方法分别进行,如财务指标与非财务指标同时进行,定量分析与定性分析相结合,动态分析与静态分析相辅助、个别分析与综合分析相对照等。

完善企业成本控制模式初探

肖泰敏

成本管理作为企业经营管理的中心,已普遍为大家所接受。大部分企业都在经营成本控制方面实施了较为严格的精细化管理,但在成本与效益的平衡上显然还有提升的空间。从现代企业管理角度上讲,成本管理不仅仅是控制成本的增加,而是如何更有效地平衡投入和产出来增加企业的综合效益。本文将从目前大部分企业成本控制手段的局限性入手,对完善企业成本管理模式进行分析和探讨,特别是在目前严峻经济形势下,对企业如何延伸成本管理,渡过目前难关,提供进一步有价值的参考和借鉴。

一、当前企业成本控制手段的局限性

从企业当前成本控制手段上来看,普遍存在着难以克服的局限性。归纳起来,运用比较广泛的成本管理手段主要存在以下几个方面的不足。

(一)经验成本管理法

一些生产流程、工艺相对稳定并没有太大变化的行业企业通常会借助过去的经验,对成本管理对象进行控制,并取得了一定的管控效果,但是,由于经验常常带有严重的个人色彩,当环境的不断变化使得层出不穷的问题超出经验的范围时,这种就事论事的、不经过系统思维的经验管控就很可能失去效用。

(二)历史成本控制法

从经济学角度讲,历史最低成本通常都代表着企业的成本控制最高水平,在日常工作中,许多企业仍会要求以历史成本的最低值作为当前或下一阶段控制的产品最高成本。但是,这种成本控制法的一个假设的前提就是物价的相对稳定性,当物价出现周期性上升,企业的机制又不够灵活或反应缓慢时,过分强调历史最低价,势必会对企业的正常生产经营产生不利的影响。

(三)预算成本控制法

在国内企业中,制定严格的预算进行成本控制的企业并不少见。但由于预算的具体执行者往往对预算的概念比较模糊,企业又不能严格按照市场走势去制定各种预算数据,再加上制定预算时间紧迫等其他因素,预算执行不到位的问题往往难以得到有效解决。

(四)标杆成本控制法

目前,许多企业在认同了别人的成本管理方式之后,往往会要求自己树立标杆,以别人达到的效果来衡量自己,推动自身成本管理水平的提高。但是,由于许多企业在标杆成本控制中忽视了自身的实际问题,也常常难以达到预想的效果。

作者单位:中国平煤神马集团电务厂

二、对完善成本控制模式的考虑

在当前国际国内市场需求严重不足、消费乏力、出口下滑，同时劳动力成本、财务成本、资源价格整体攀升，国内工业企业产销率普遍下降，经营业绩大幅下滑，经济形势下行仍在继续，其影响比2008年金融危机时期更严重，也更漫长。因此，笔者认为，企业成本管理工作更应该树立成本效益观念，对比“产出”看“投入”，研究成本增减与收益增减的关系，才能更为准确地确定最有利于提高效益的成本控制方案。具体可通过对传统的成本考核模型的优缺点来探讨对其的改进。

(一)传统的成本考核模型的优缺点

一般来说，当前企业的成本考核的模型，还是偏重于对成本、利润、收入等完成情况的分别考核，具体到成本考核，则主要侧重于生产过程中各种消耗和占用。拿产品成本来说，每个企业通常根据自己的成本构成情况对各项目进行考核，其通用的公式大致为：

产品成本＝材料＋人工工资＋燃料动力费＋折旧＋其他费用

在这种体系下，企业不仅可以清晰地了解产品各成本构成项目对于整个产品成本的影响程度，而且可以很方便地区分产品各成本构成项目在各个会计期间的增减变动情况。但这种成本控制模型存在的问题就是：企业在进行成本控制的时候，往往立足于不同的角度对不同的成本构成项目的投入情况实施考核，而对于成本投入对产品效益的影响，较难清楚地反映出来。

(二)对传统成本考核模型的完善

在坚持本企业所处市场变化的实际，采取对成本控制考核行之有效的措施外，考虑从市场角度对企业的成本实施更加完善和适度的管理，引用边际贡献率管理的概念，扩大传统成本管理的范围，从投入和产出两方面对成本进行总体把握和衡量，完善成本考核模型。

1. 利用公式建立基本模型

(1)企业在一个会计期间的边际贡献率。一般认为，边际贡献率是每一元销售收入是边际贡献所占的比重，它反映产品给企业做出贡献的能力，是管理会计中一个十分重要的概念，用公式表示通常为：

边际贡献率＝(边际贡献/销售收入)×100%

(2)企业在一个会计期间的变动成本率。企业的变动成本率也称为补偿率，是与边际贡献率相对应的概念，即企业变动成本占销售收入的比率。用公式表示通常为：

变动成本率＝(变动成本/销售收入)×100%

由于边际贡献的定义是销售收入减去变动成本后的数额。那么，如果等式两边同时除以销售收入，变动成本率和边际贡献率两者的百分率之和应当为1，即：变动成本率＋边际贡献率＝1。这样以来，通过这两个比率指标，我们再结合传统的成本控制模型，就能够把投入和产出的关系清晰地反映出来。

2. 完善成本控制模型的基本原理

由于销售收入被分为变动成本和边际贡献两部分，变动成本是产品自身的耗费，边际贡献是产品给企业的贡献，变动成本率与边际贡献率之间实质上是一种互补的关系，当产品的变动成本率升高时，边际贡献率就会低，企业创利能力就会变小；反之，当产品的变动成本率降低时，边际贡献率就会升高，企业的创利能力就会变强。那么，我们可以按照边际贡献率为基础建立完善的成本控制模型：

（1）实行产出控制。企业可以根据企业上期边际贡献率，在保证边际贡献率不下降的前提下，倒推出企业变动成本控制额度，延伸成本管理与市场的结合，增加对变动成本控制的范围和手段，更好地引导管理者关注市场的变化。如果企业的边际贡献率下降，即边际贡献的增长小于销售收入的增长，那么就说明变动成本的增长大于销售收入的增长，变动成本率肯定也超出了企业额定的控制范围，这时，企业需要结合计划成本模式对其进行定量考核；如果企业的边际贡献率上升，即变动成本的增长小于销售收入的增长，那么说明企业在利润上升的同时，做好了成本控制工作，即便是企业的变动成本较基期上升，那么也可以认为企业的成本上升是合理的。

（2）实行预测控制。基于企业实行产出控制的基本原理和方法，企业在进行下期成本计划下达的时候，也可以按照这一基本模型进行成本控制目标的预测，企业可以在本期企业边际贡献率完成情况的基础上，根据市场预测情况核定下期目标边际贡献率，同时确定企业产品变动成本考核数。如果企业预测下期的市场形势继续稳定下去，那么企业就应该以大于或等于本期的边际贡献率所对应的成本来核定下期的经营目标；而如果企业的外部市场意外地发生了重大的变化，导致企业的边际贡献率下降，那么企业可以合理地控制变动成本的投入，采取减产或者限产的措施实行控制，保证让企业保持合理的盈利水平；如果市场形式发生重大变化，相关责任人或企业仍继续加大成本投入，导致边际贡献急剧下降，那么就可以结合传统的定量成本考核模式进行绩效考核，对责任人或企业实施处罚。

总的来说，在这种扩大的成本控制模式下，企业可以通过产出向投入倒推的方式来判断企业成本投入的合理与否，不仅可以从一定程度上避免成本目标下达的主观性，也可以避免成本考核的一刀切现象，而且，刚性考核的成本控制结合弹性考核的投入产出控制，对于调动企业成本控制的积极性有着重要的意义。

三、对完善成本控制模式的实证分析

我们可以通过一个例子来论证说明：

大安集团是一家大型建材企业，旗下拥有近十家子公司，该集团对下属子公司采取定额控制和投入产出控制相结合的方式进行考核。基于 2010 年度集团所属子公司的成本利润完成情况，大安集团预估 2011 年度各子公司面临的市场形势不会发生太大变化，因此对子公司核定的成本考核方式为：各所属子公司的投入产出考核以上年的边际贡献率为标准进行控制，凡超出控制范围的成本，按超出总额的 10% 压减下一年度的目标成本，并与子公司经营班子年度的绩效考核挂钩。其中一家子公司大宇公司 2010、2011 年的具体成本计划完成情况如下表 1、表 2 所示：

表1　成本完成情况

编制单位:大宇公司　　2010年12月31日　　(单位:万元)

产品成本项目	实际发生额	产品成本项目	实际发生额
原材料	1500	折旧费	100
人工工资	1000	其他费用	50
燃料及动力	500	合计	3150

表2　成本计划完成情况

编制单位:大宇公司　　2010年12月31日　　(单位:万元)

产品成本项目	实际发生额	目标成本	产品成本项目	实际发生额	目标成本
原材料	2500	2389	折旧费	100	100
人工工资	1500	1500	其他费用	80	70
燃料及动力	1000	1000	合计	5180	5059

假设大宇公司2010年度经营形势良好,产品产量为500万t,销售收入为3500万元,公司预计下年经营形势保持良好的态势,于是准备扩大原材料投入和人才引进,加大产能,并向集团保证扩大产能后公司2011年度产量将达到1000万t,销售收入5 700万元,大安集团经过核实,按照该标准向其下达了生产经营目标任务。但由于受到金融危机的影响,产品价格下降,大宇公司2011年实际实现销售仅为5500万元,那么,大安集团应该如何对大宇公司进行成本考核呢?

从2010年度的成本完成情况表我们可以看出,大宇公司2010年度的边际贡献和边际贡献率分别为450万元和13%。由于大宇公司预计2011年度市场将继续保持良好的态势,并加大了各方面的投入,那么大安集团在对其下达2011年度成本计划的时候就应该按照2010年度的边际贡献率13%来核定大宇公司2011年度应该控制的成本水平,根据大宇公司的收入计划,可以核定:大宇公司2011年度的计划边际贡献为5700×13% = 741万元;计划变动成本为5700×(1－13%)＝4959(万元)。

而从实际完成情况来看,大宇公司实际完成变动成本5080万元,边际贡献420万元,变动成本超支121万元,未完成预定计划指标,说明大宇公司2011年度的投入产出水平相对2010年度有一定程度的下降,与市场反应正相关。大安集团就可以在按照边际贡献率核定该公司变动成本的基础上,对该公司经营班子的按绩效考核结果实施处罚,督促其加强内部管理,研究市场,及时调整生产经营策略,保证企业的持续发展。

如果本例中,2011年度大宇公司并没有受到金融危机的影响,公司在成本增加的同时,销售收入持续增长,实现了5900万元,公司的边际贡献为820万元,变动成本为5080万元,边际贡献率为14%,变动成本率为86%,大宇公司在超指标完成生产经营计划的同时,成本也较目标成本有所超支,而这种超支可以认为公司加强成本投入的措施带来的是收益的进一步提升,大安集团应该在考核时予以认可。

由此可见,在完善后的成本控制模型中,企业对成本的控制将不再局限于关注成本的上升与否,而是将企业成本的上升和效益的提升相挂钩,这样以来,企业的成本考核将不再局限于定额控制,而是转变为动态控制与定额控制相结合,从而更贴合实际。

四、完善成本控制模式的未来展望

在市场竞争日益加剧的今天,成本管理水平的高低既是企业管理者素质和企业综合管理的体现,也是衡量企业综合竞争实力的重要标志。企业要想长期的生存和发展,在竞争中立于不败之地,就要适应市场的需要,着重在成本与收益的调控上下工夫。

完善后的成本控制模型通过利用企业一系列成本指标对企业的成本和效益的关系进行对比分析,其主要观点就是把成本与收益的考量加入成本控制模型,从而较为合理地反映出企业成本上升和企业效益的关系,为成本的考核和预测提供更为有效的财务信息,为管理者进行经营管理和经营业绩的考核提供了一种更为可靠的依据。

总而言之,社会是不断发展变化的,成本控制的内容和侧重点也在不断地发生变化,这就要求我们要不断地更新观念,创新管理思路,多角度、多方面去考虑完善成本控制的理论和方法,运用战略手段调整成本和利润的关系,尽可能去实现企业利益的最大化。

企业分期出资报表合并问题探讨

王小强

一、目前分期出资情况下报表合并存在的问题

《中华人民共和国公司法》(以下简称《公司法》规定,有限责任公司和以发起方式设立的股份有限公司可以分期缴纳资本,因此股东认缴出资和认购股份后所构成的注册资本的数额和实收资本会存在一段不一致的期间,本文以有限责任公司为例,探讨一下公司在注册资本未全额到位情况下母公司合并财务报表的编制问题。

对于编制合并报表的会计人员,在集团合并中会遇到控股子公司按照投资协议或章程约定分期出资的情况下,如何界定何时纳入合并范围、如何合并抵消的问题,我们假定只存在A、B两个股东,不外乎有三种情况,A公司先出资(见例一)、B公司先出资(见例二)、AB公司按照一定比例分期同步出资(见例三),为了便于说明问题们分三种情况举例如下:

例一　A公司和B公司约定出资设立C公司,根据约定,C公司注册资本1000万,其中A公司出资550万,占55%股权,B公司出资450万,占45%股权,分2期出资。一期2011年10月20日,A公司出资550万,10月31日取得营业执照,实收资本550万,2011年仅发生管理费用10万元;二期2012年1月20日,B公司出资450万。

例二　A公司和B公司约定出资设立C公司,根据约定,C公司注册资本1000万,其中A公司出资550万,占55%股权,B公司出资450万,占45%股权,分2期出资。一期2011年10月20日, B公司出资450万,10月31日取得营业执照,实收资本200万,2011年仅发生管理费用10万元;二期2012年1月20日,A公司出资550万。

例三　A公司和B公司约定出资设立C公司,根据约定,C公司注册资本1000万,其中A公司出资550万,占55%股权,B公司出资450万,占45%股权,分3期出资。一期2011年10月20日,A公司出资180万,B公司出资20万,10月31日取得营业执照,实收资本200万,2011年仅发生管理费用10万元;二期2012年1月20日,A公司出资220万,B公司出资400万;三期2012年7月20日,A公司和B公司完成剩余出资。

以上三种情况总体反映出的问题就是作为控股方的A公司在2011年是否应将C公司纳入合并范围,如果纳入作为合并报表抵消中的母公司权益和损益的计算比例如何确定?

二、关于分期出资情况下合并范围的界定和母子公司所有者权益合并抵消

企业会计准33号－合并会计报表准则未对这种情况做出明确的规定,《公司法》第

作者单位:河南省煤层气开发利用有限公司厂

三十五条仅对股东红利分取做了以下规定:股东按照实缴的出资比例分取红利;公司新增资本时,股东有权优先按照实缴的出资比例认缴出资。但是,全体股东约定不按照出资比例分取红利或者不按照出资比例优先认缴出资的除外。第一百八十七条中规定:公司财产在分别支付清算费用、职工的工资、社会保险费用和法定补偿金,缴纳所欠税款,清偿公司债务后的剩余财产,有限责任公司按照股东的出资比例分配,股份有限公司按照股东持有的股份比例分配。

以上准则和法律仅对分红、增资、清算情况下做出了规定,但未对企业分期出资期间的费用分担比例有明确规定,如果公司章程也未对这一期间的损益承担比例进行约定,上述三种情况在合并会计报表编制中如何处理更为合适呢?

"企业合并"准则对合并日或购买日的确定有这样规定,同时满足下列条件的,通常可认为实现了控制权的转移:

(1)企业合并合同或协议已获股东大会等通过。

(2)企业合并事项需要经过国家有关主管部门审批的,已获得批准。

(3)参与合并各方已办理了必要的财产权转移手续。

(4)合并方或购买方已支付了合并价款的大部分(一般应超过 50%),并且有能力、有计划支付剩余款项。

(5)合并方或购买方实际上已经控制了被合并方或被购买方的财务和经营政策,并享有相应的利益、承担相应的风险。

通过上述条件笔者认为,只有在控股公司已经先期出资或同步分期出资的情况下才应将子公司纳入合并范围。上述例一、例三中 A 公司在 2011 年度应将 C 公司纳入合并范围,例二中 2011 年 A 公司尚未出资不应将 C 公司纳入合并范围。

纳入合并后母公司权益抵消的比例笔者认为,对于长期股权投资应以母公司实际投资额与子公司所有者权益部分进行抵消,一方面出于考虑到抵消分录借贷平衡问题;另一方从可靠性原则的要求来看,只有母公司实际出资的部分才能界定为母公司权益,属于合并抵消范围。

三、关于分期出资归属于母公司损益的抵消计算

关于 2011 年报表损益分担比例计算问题 ,鉴于《公司法》仅对红利分取和清算期间剩余财产规定按照出资比例进行分配,然而新公司成立应该建立在持续经营的前提下,笔者认为 2011 年纳入合并后损益的分担应以出资全部到位后协议控股比例进行计算较为合适,结合上述例一、三应以 55% 和 45% 的协议控股比例进行合并报表损益计算。

四、结语

综上所述,对于分期出资情况下的报表合并,笔者认为对于子公司所有者权益抵消应以母公司实际出资部分为限进行合并抵消;对于归属于母公司损益计算,应以协议约定出资比例进行报表合并。

第三篇　会计委派、内部控制、提高会计信息质量

浅析集团企业内部控制规范建设

余清海　王志刚

在全球经济一体化和市场经济高速发展的今天，我国现代企业制度正在逐步建立与完善，集团企业的出现有效避免了单一企业所面临的很多生存发展问题。本文重点阐述了集团企业内部控制的相关问题，包括集团实施内控的功效、必要性、规范和要求以及存在的问题。并以中国平煤神马集团内控实施情况，分析研究了实施内部控制的必要性、集团内部控制规范实施的过程以及需要把握的几个关系。

一、实施集团企业内部控制规范的政策依据

《财政部、证监会、审计署、银监会、保监会关于印发企业内部控制配套指引的通知》中企业内部控制应用指引包括：组织架构、发展战略、人力资源、社会责任、企业文化、资金活动、采购业务等18项，并要求上市公司务必于2012年1月1日起执行企业内部控制规范体系，非上市国有大中型企业原则上2013年都要实施。

二、集团企业实施内部控制规范建设的必要性

从集团企业发展和管理的现状来看，按照上级的文件要求集团企业需要实施内部控制规范，但集团企业的快速发展，风险管控需要进一步加强，其内在需求才是实施内部控制规范的根本原因。

（一）实施内部控制规范是完善企业制度的迫切需要

中国平煤神马集团坚持“以煤为主，相关多元化”发展战略，构建起了煤炭、化工、新能源、新材料为核心的产业体系。随着集团的发展，各项内部制度也在不断创新和完善，但仍存在着一些问题：一是制度制定不全面。制定制度时，往往是“补救式”的，某个环节出现了问题，就相应地制定一个制度来规范。二是制度制定相互矛盾。部分制度间缺乏有效衔接，甚至存在“互相打架”现象，无论在内容和形式上，都缺乏统一性、系统性和完整性。三是原平煤集团与原神马集团合并以后，企业文化存在一定差异，一些制度和政策

作者单位：中国平煤神马集团财务资产部

也存在不同。这些问题在一定程度上影响着企业的持续健康发展，亟需尽快建立完整、统一、高效的内控体系。

（二）实施内部控制规范是加强内部管理的有效途径

随着中国平煤神马集团经济规模不断扩大、资产规模和质量持续增长、经营范围不断拓宽、管理幅度与层次不断深化和增加，管理难度不断加大，如何创新管理模式，优化管理流程，规范经营活动，已经成为集团面临的首要任务。

（三）实施内部控制规范是企业健康、快速发展的迫切需要

防范风险是企业永恒的主题，企业越是快速发展，越要重视风险防范。近年来，中国平煤神马集团发展不断提速，并购重组、合资合作、增发上市等资本运作形式不断丰富，企业面对的外部环境和形势更加复杂，面临的风险也越来越大。集团只有树立牢固的风险意识，不断完善内控体系，用制度规避风险，用机制控制风险，用责任降低风险，才能保持“速度、效益与风险”的平衡。

三、集团企业内部控制的特点

集团企业的整体性和集团成员的相对独立性，构成了集团企业独特的矛盾，加之集团企业一般还具有规模化、大型化、布局分散化、成员多元化、结构层次化和经营多角化等特点，使得集团企业在控制结构上呈现出不同于单个企业的控制。具体表现在以下几个方面。

（一）内部控制的核心：资本控制

集团企业是以资本为纽带联结在一起的企业群体，集团公司对子公司的控制主要靠资本控制来实现。对子公司来说资本控制是外部控制，但从整个集团企业的角度来考虑，资本控制属于内部控制的范畴。

（二）控制对象：多个独立的法人

集团企业是集团公司通过资本关系将为数众多的子公司联结在一起组成的经济联合体。集团企业内部控制除各个成员自身的内部控制外，还包括集团公司对子公司的控制。众多的子公司决定了集团内部控制对象是由多个法人组成的。

（三）控制形式：多样化

集团企业内部控制，既包括集团企业内成员企业的内部控制，也包括集团核心企业对所属企业的控制，因此对集团企业来说不仅保留了单个企业内部控制形式的多样性，而且成员企业间不同的资产组织形式和经营方式，使得控制形式的多样性大大增加。

（四）控制内容：复杂化

集团企业内各个成员跨地区、跨部门，跨行业，决定了集团企业控制内容的复杂性。主要表现在集团企业把成员企业间原来通过市场来实现的分工协作关系，程度不同地纳入到有计划的组织控制范围中来，从而使集团企业控制内容较单个企业大大复杂化。

（五）控制手段：综合协调性

集团企业是由不同的经济实体依靠资本纽带联结在一起的经济联合体，集团内部的生产要素都是按照市场经济的合理要求重新组合的，在集团内部不能凭借行政指令强行调拨配置成员企业的生产经济资源，只有把经济、法律、行政诸手段结合起来综合运用，才能更好地协调成员企业的生产经营活动。

四、目前集团企业内部控制中存在的问题

(一)公司治理结构不完善,未建立良好的控制环境

由于我国集团企业大多由国有企业改制而成,公司治理有其形而无其实,主要表现为:股东大会不能发挥应有的作月、管理层左右公司的发展战略、监事会的作用有限等。另外,很多集团企业的组建是通过行政划拨改组而成,并未形成以资本经营为纽带,存在成员企业责权利不明确的现象。

(二)集团企业的内部信息沟通较混乱

由于集团企业组织结构复杂、层次多、布局分散、经营多样化,与单个企业相比企业集团的信息沟通更加复杂和困难,普遍存在着信息质量不高、信息时效性差、传递手段落后、信息阻塞等问题。

(三)集团企业内部没有健全的风险评估系统

风险评估是指企业各级管理层对企业内部和外部风险的确认。任何一个企业在市场环境中都面临着诸多风险。在集团企业里,母子公司均会有针对自己的风险分析系统,但彼此间缺乏一致尺度和相互联系,这样的风险分析系统对集团企业整体而言并不是最优的,可能出现母公司对子公司面临的巨大风险并不知情,或知情但母公司认为该风险没有达到自己的风险确认的标准而没有对子公司进行实时监控,而不论发生哪种情况都将给企业集团整体造成重大损失。

(四)预算控制不够科学全面

对预算的事前控制不重视,预算不够科学合理。许多基层单位领导对预算的组织管理不够重视,各职能部门配合的也不够好,好像编制财务预算只是财务部门的事,这就使得编制的预算不够科学合理,没有达到全员参与的目的。预算制定只注重财务指标,对企业经营活动全部以价值指标进行预算,而对如产品质量、生产效率、客户信誉等一些重要的非财务指标很难进行预算安排,使预算失去了其管理的意义,无法更好地为实现企业价值服务。

(五)集团内部缺少协调机制

内部协调机制是对集团企业内部协调方式的规定。由于集团公司作为一个整体有其自身目标,而母子公司都有各自的目标,两者目标只有协调一致才能实现集团整体目标。协调方式有相互调整、直接监督、会议协调等几种方式,也可成立一个专门从事协调的工作机构进行协调。在实际操作中,母公司向子公司委派财务总监进行直接监督的方式比较常见,其他协调机制则比较少见。

五、集团企业内部控制实施的具体原则和实施方案

(一)正确把握工作原则,提高内控规范建设的针对性和有效性

内控规范建设不仅涉及思想观念和管理理念上的转变,更是一场企业管理的深刻变革。集团企业内部各单位必须把握正确的工作原则,突出工作的针对性和有效性,细化、优化业务和管理流程,分阶段、分步骤、有计划地实施,切实增强企业风险防范能力,提高

内部规范运作水平。

（二）要明确目标、高度重视、严谨务实

内部控制规范建设不仅是编一本手册、制一套规范，更重要的是要落到实处，当然，这些还要从今后实施的过程中逐步去发现、去整改、去完善。集团以内部控制规范建设为契机，查找内控管理方面的一些问题、一些薄弱环节，努力做到内部控制规范建设收到实效。

（三）要把握概念、积极配合、全员参与

企业内部控制规范对内部控制的解释是这样的：内部控制是由企业董事会、监事会、经理层和全体员工实施的，旨在实现控制目标的过程。这一定义反映了如下内容。

1. 企业内部控制规范是一个过程，是实现目的的手段

每个企业有每个企业的文化，每个企业有每个企业的理念，内部控制是经过一代又一代人共同的积累保留下来的财富，它需要一个漫长的过程，而并不是一蹴而就，所以，集团企业的内部控制规范建设肯定要保留一些原有的东西，而不是全部推翻重来，就是要通过外部咨询机构的梳理和创新，使之更具体、更系统、更具有可行性。

2. 企业内部控制规范是理顺一个或多个彼此独立又相互交叉业务的有效方法

从中国平煤神马集团成立到现在，除集团统一下发的文件外，各个部门也根据自身实际下发了大量的规范性文件，但就全局角度来看，各部门是一个有机联系的整体，这就不可避免地存在业务交叉点的问题，内部控制规范建设要考虑的问题就是把这些分散的规范从业务交叉点的角度进行理顺，使目标更具体、更一致。

3. 集团企业内部控制规范是靠全体人员来实施的

俗话说："无规矩不成方圆。"企业内部控制规范正是这里所说的规矩，规矩是来规范大家的，也是靠大家来维护的，集团企业的内部控制规范建设是一项系统工程，涉及组织架构、发展战略、人力资源、社会责任、企业文化等方方面面，政策要求高、专业性强，集团所有的岗位和人员需全部纳入内控制度的约束和考核，任何人都不能游离于内控约束之外。

4. 精心组织，积极推进内控规范建设工作

内控体系建设是事关集团企业又好又快发展的一项基础性管理工作。为确保内部控制规范建设圆满完成，中国平煤神马集团成立了领导小组，并下发了内部控制体系建设实施方案，对工作目标、任务、时间进度提出了明确要求。要求基层各单位按照集团统一部署，细化目标任务，狠抓工作落实，按时按质按量完成任务，确保内部控制体系建设顺利进行。具体情况主要有以下四点：

一是加强组织领导，严格落实责任。基层各单位要把这项工作作为"一把手工程"来抓，主要领导负总责，各分管领导要对职责范围内的内控体系建设负直接领导责任，明确具体的工作机构和人员，规范各部门的职责，制定周密计划，强化检查督导，严格责任追究，确保内控体系建设有序推进。

二是加强宣贯培训，建设专业化人才队伍。各单位要充分利用报纸、电视、网络等宣传媒介，由上及下，引导全员学习内控规范，使内控意识贯穿于企业各个部门、各个岗位和各个环节，大力营造全员参与内控建设的浓厚氛围，让内控体系建设深入人心。要加大教育培训力度，努力造就和培养一支高素质的风险管理团队，为内控规范体系的实施和企业

管理水平提升，提供坚强的人才保证。

三是加强沟通交流，积极配合咨询机构开展工作。专业的咨询机构拥有丰富的内控体系建设经验，作为集团企业内控规范体系建设项目的重要合作伙伴，各单位要根据安排，与咨询机构密切合作，积极配合调研，及时提供所需材料，确保完成内控体系建设各项工作目标。

四是突出重点，切实抓好集团企业内控体系建设。为使集团企业内控规范建设稳步推进，中国平煤神马集团经过认真筛选，将所属两家上市公司平煤股份、神马股份作为集团内控规范体系建设的先锋部队，并规定两家上市公司要严格按照节点要求，创造性地开展工作，妥善解决工作中出现的困难和问题，注重积累和创造经验，为集团内控体系建设提供有益借鉴。集团有关部门密切跟踪两家上市公司工作进展情况，加大业务指导和技术支持力度，为企业内控规范体系建设创造良好条件。

六、集团企业内部控制规范建设需要把握的几个关系

构建并不断完善适合集团企业的内部控制规范是一项系统工程，在这一过程中需要重点关注并处理好一些关系和问题。

（一）要处理好控制成本与效益的平衡关系

建立一套完整的内部控制规范可以有效应对企业面临的风险，提高经济效率和效果，对集团企业的持续发展具有十分重要的意义。但从另一方面来说，并不是越多的内部控制制度就越有益，因为建立内部控制机制并保证有效运作是需要成本的，如果为构建并运行内部控制机制的成本超出了实施内控而带来的收益时，那么这项机制就是无益的、没有必要的。所以，集团企业内部控制规范建设也要适可而止，实用才是最终目的。

（二）要处理好控制与效率的关系

与集团企业自身情况相符合的内部控制，有利于提高管理效率和生产经营效果，但是如果所建内控制度过于复杂烦琐，与集团企业实际不符，甚至相悖，不但会导致成本增加，还会因程序复杂而丧失了效率，无法执行。为此，集团企业各单位应该结合自身实际情况制定切实可行的内部控制体系，使其更具可操作性。

（三）要充分认识到内部控制自身的局限性

绝对科学严密的内部控制制度是不存在的，它需要在发展过程中根据情况不断进行改进、完善，所以，不能把内部控制作为提高集团企业内部管理、防范全部风险的万能钥匙，要与集团企业的快速发展相结合，不断创新、完善，与时俱进。

经济转型发展下的河南省煤炭企业财务管理探讨

赵城云

一、经济转型给煤炭企业带来的新挑战

随着全球人口和经济规模的不断增长,能源使用带来的全球气候变暖成为世界各国关心的重要问题。发展以低能耗、低污染、低排放为基础的"低碳经济",正在成为全人类的共识。我国政府已开始把"经济转型发展"作为一项重要国策,优化经济结构和能源结构调整,成为经济工作最突出的任务。作为我国最重要的煤炭基地和能源大省,"十二五"规划中河南省委、省政府明确提出了"以加快转变经济发展方式为主线,是推动科学发展的必由之路,是顺应我省经济社会发展新的阶段性特征的必然要求。必须把加快转变经济发展方式贯穿经济社会发展全过程和各领域,把建设资源节约型、环境友好型社会作为重要着力点,把改革开放作为强大动力,切实做到在发展中调整、在发展中提升、在发展中转变、在发展中增效,实现经济社会又好又快发展"。这种思路具体就是提升资源的高效利用和循环利用,推进节能减排。为实现煤炭企业"十二五"发展规划提出的优化煤炭布局,建设资源节约型和环境友好型煤炭基地,各煤炭企业纷纷进行资源整合、并购重组。作为一名煤炭企业的财务人员,研究如何做好新经济时代下财务管理工作具有一定的现实意义。

二、做好资金筹划,提升企业竞争力

(一)建立和完善财务风险预警机制

经济转型后,河南煤炭企业由单一经济结构发展模式向多元化发展模式转变,由传统社会结构向现代社会结构转变,规模不断扩大。煤炭企业的财务管理风险与企业的规模、经营活动、管理制度的完善程度等有直接的关系,河南省的煤炭企业应建立具有先兆性、敏感性、关联性、可操作性等特征的经济指标,例如:资产负债率、流动比率、速动比率、存货周转率、现金流动倍数等。所以,各煤炭企业应加强和完善企业财务风险管理,提升河南煤炭企业的竞争力。

(二)建立和规范企业集团财务公司

国有大型煤炭企业对外扩张比较迅速,已经形成了地域广、子公司多的大型集团公司,企业投资和规模较大,如何进行资金集中管理及合理使用就成为关键。为了解决资金的有效运作,需建立一个具有金融性质的财务公司。河南煤业化工集团为适应这一要求,

作者单位:河南煤业化工集团财务管理部

于2009年6月正式成立了以集团公司控股的财务公司，近3年来，利用财务公司的这些职能不仅可以促进企业资金的集约化管理，还可以培养融资功能，提高了集团资金的使用效益。

（三）拓宽融资渠道，提高资本结构弹性

在当前煤炭市场迅速扩张的情况下，河南许多煤炭企业急需筹措资金，但煤炭市场又瞬息万变、商业行为竞争激烈，如果企业决策失误，将直接导致筹资风险，从而使企业付出更高的经济损失和社会代价。因此，应认真分析财务管理的宏观环境及其变化情况，适度安排债务融资的比例，适当调整企业的筹资渠道和方式，以保证资本结构的弹性，从而提高企业的业绩水平。

（四）注重资金使用效率，提高企业盈利能力

河南部分国有大型煤炭企业存在重融资数量、轻使用效率的情况。应该通过提高资金使用效率、合理配置资产、加速资金周转等举措来提高企业的盈利能力。在确定一项投资时，要科学准确地计算负债的加权平均利率，使其作为投资回报率的最低控制线，防止发生负的财务杠杆利益，并且注意投资报酬率与风险的协调性，确保资金的使用效率。

（五）积极推动煤炭企业的整体上市

整体上市有利于进一步完善企业的运营和治理，通过整体上市可以提高企业在业务经营、组织管理方面的独立性，有助于公司开展资源整合，形成一体化的产业链优势，给企业注入新的增长活力。同时，可以确保煤炭企业资产的完整性，规范经营管理。从目前的情况看，河南省应积极推动大型煤炭行业整体上市工作，从而刺激整个煤炭行业的业绩提高。

三、做好经济转型下的财务核算工作

（一）做好资源整合资产评估工作

河南省开展的煤炭资源整合工作是省委、省政府的重要举措，关系着河南省的经济结构调整，也是煤炭企业做强主业、积蓄资源、壮大发展的需要。由于被兼并重组的地方小煤矿会计机构不健全、财务核算不规范，并且普遍存在会计信息失真的现象，为了减少不必要的产权归属纠纷，在评估过程中，河南省各煤业集团均选聘了资质级别高、信誉好的注册会计师和注册评估师以及经验丰富的中介机构开展审计和评估工作。很大程度上保证了对兼并小煤矿资产评估结果的客观公正，维护煤炭企业合法利益，防止国有资产流失，确保资源整合工作的顺利进行。

（二）加强成本控制，实现节支降耗

（1）优化开拓巷道设计，降低掘进成本。矿井开拓掘进是实施矿井生产的先决条件，掘进先行、采掘并举，以采促掘、以掘促采。因此，煤矿开拓掘进的地位是非常重要的，河南煤炭企业必须重视开拓掘进成本控制。从优化开掘巷道设计入手，做到降低万吨掘进率，实现高效、低耗，降低开掘成本。

（2）保证工作面高产高效，降低采煤成本。工作面实现高产高效是降低采煤成本的最有效的措施。首先，采用机械化程度较高的设备，提高生产效率；其次，建立和完善与工作面能力匹配的外部运输系统，降低运输成本；最后，培养和使用技术熟练的采煤工人，提高工时效率。

(3)积极采用新技术,降低安全治理成本。瓦斯是矿井生产中最大的不安全因素,积极推广钻孔法替代巷道法治理瓦斯和通风问题,可以减少巷道数量,降低成本费用。一是推进地面钻井抽采瓦斯技术,降低瓦斯治理成本,凡是具备地面抽采条件的应使用地面钻井抽采技术;二是积极推广反井钻机施工溜煤眼和通风巷道,降低通风工程成本。

(4)发展低碳循环经济,挖掘降低成本潜力。煤炭企业是典型的高碳企业,低碳利用,节能减排潜力巨大。河南煤炭企业要坚持"以煤为基、煤电结合、循环集群、科学发展"的理念,以建设"产业耦合、资源利用、闭路循环、吃干榨净"的低碳循环经济为目标,不断创新,强势发展。要形成产、输、洗、运、销及煤电联产自成体系的规模,产品废物综合利用,形成煤、电、冶、建循环链条,实现"三废"的资源化、效益化和环保化。对成本控制的管理不仅在事前、事中,还有事后,要加大成本控制考核力度,落实成本管理责任、考核节支降耗效果。真正实现从"要我降成本"到"我要降成本"的转变。

(三)加大技术资金投入,合理核算研发费用

在新经济时代下,面对低碳经济,推广低碳技术,是河南煤炭企业的发展之路。煤炭企业之间的竞争已不仅仅是简单的资源、规模、资金和产品的竞争,更重要的是科技实力的较量。面对知识经济的挑战,科技振兴战略已经成为河南煤炭企业的发展之基、制胜之道、财富之源。加大科技投入,充分利用国家现行优惠政策实现可持续发展成为目前煤炭企业考虑的主要问题。对于煤炭企业来说,企业研发的主要内容是围绕节能降耗、保护环境、资源节约、提高设备利用率、解决生产中关键技术问题等。要准确、合理地计算研发费用支出,对研发费用和生产经营费用分别进行核算,对划分不清的,税法规定不允许加计扣除,将导致企业不能享受国家给予的减免税收优惠政策。对研发费用最好实行专账管理,避免科技开发费用列入管理费用或其他会计科目中核算,造成数据不真实、资料不完整,同时,规范技术开发项目及开发费审批程序,形成一整套开发费用的管理体系。

处在经济转型时代的河南煤炭企业,应做好煤与非煤双轮驱动,管理创新与科技进步同步跟进,绿色环保与园区发展融为一体,着力实现传统产业新型化、高碳产业低碳化,能源转型清洁化,努力将河南煤炭企业建设成为基础牢固、优势突出、结构合理、运转高效、低碳循环发展的大型能源旗舰企业。

企业财务风险的控制与防范措施

王　娜

财务风险客观存在于企业财务管理工作中的各个环节，是企业财务管理过程中必须面对的一个现实问题。企业财务风险是由多种因素形成的，企业不能事先全面预测财务风险，从而造成企业财务收益的损失。而财务风险控制是指在财务管理过程中，利用有关信息和特定手段，对企业财务活动施加影响或调节，以便实现既定的财务目标，回避风险的发生。因此，企业的管理者应对财务风险采取有效措施来降低风险，把既定风险损失降到最低，以实现企业效益的最大化。

一、企业财务风险的具体表现

(1)企业资产结构中债务比例过高。债务比例过高会导致企业无法清偿到期债务，从而使企业陷入财务困境之中。

(2)企业的资产流动性差。企业在债务融资后必须保证有足够的现金以偿还到期的债务与利息，如果企业的资金流动状况较差，变现能力不强，就会导致企业财务风险由潜在的变成现实的，从而使企业陷入财务危机，最终导致企业经营的失败。

(3)企业投资的规模普遍偏小，没有雄厚的资金实力作为保证，使得企业的抗风险能力偏低。

(4)企业存货库存结构不合理，存货周转率不高，流动性差，存货存在超储积压现象，一方面占用企业大量资金，另一方面企业支付大量的保管费用。

二、企业财务风险的产生原因

(一)内部原因

(1)企业财务管理人员对财务风险的客观性认识不足。企业只要有财务活动，就必然存在财务风险。财务管理人员风险意识薄弱，是财务风险产生的重要原因之一。

(2)财务决策缺乏科学性导致决策失误。财务决策失误是产生财务风险的又一重要原因。企业的财务决策普遍存在经验决策和主观决策现象，由此导致决策失误，从而产生财务风险。

(二)外部原因

(1)企业财务管理系统不能适应复杂多变的宏观环境。宏观环境的变化对企业来说，是难以预见和无法改变的。财务管理系统如果不能适应复杂多变的外部环境，必然会给企业带来极大风险。

(2)企业内部财务关系混乱。企业与内部各部门之间以及企业与上级部门之间，在

作者单位：郑州煤炭工业(集团)有限责任公司芦沟煤矿

资金管理及使用、利益分配等方面存在权责不明、管理混乱的现象,造成资金使用效率低下,资金的安全性、完整性无法得到保证,从而产生财务风险。

三、财务风险的主要特征

(1)风险的客观性。风险是客观的,是不以人的意志为转移的,它的运动、发展有自己的规律性。风险的客观性还表现在它是无所不在,无时不有的。

(2)风险的偶然性与必然性。从单个风险的发生来看具有偶然性,但大量风险事件的发生则有其必然性,并呈现一定的规律性。

(3)风险的可变性。风险随着环境的变化而变化,随着人们的认识变化而变化。

四、财务风险控制与防范措施

(一)财务风险控制的方法

(1)防护性控制。防护性控制又称排除干扰控制,是指在财务活动发生前,就制定一系列制度和规定,把可能产生的差异予以排除的一种控制方法。

(2)前馈性控制。前馈性控制又称补偿干扰控制,是指通过对实际财务系统运行的监视,运用科学的方法预测可能出现的偏差,采取一定措施,使差异得以消除的一种控制方法。

(3)反馈控制。反馈控制又称平衡偏差控制,是在认真分析的基础上,发现实际与计划之间的差异,确定差异产生的原因,采取切实有效的措施,调整实际财务活动或调整财务计划,使差异得以消除或避免今后出现类似差异的一种控制方法。

(二)财务风险控制的手段

1. 适度负债,合理安排资本结构,确保财务结构平衡

一要正确把握负债的量与度,企业的息税前利润率大于负债成本率是负债经营的先决条件。二要适度利用财务杠杆作用,合理控制财务杠杆的负作用。三要合理安排资本结构,实现资金成本最低化。企业必须权衡财务风险和资金成本的关系,确定最优的资本结构。

2. 建立企业全面预算制度,正确预测现金流量情况

全面预算制度是协调的工具、控制的标准、考核的依据,是推行内部管理规范化和科学化的基础,也是促进企业各级经营管理人员自我约束、自我发展能力培养的有效机制。由于预算涉及企业现金收支的各个方面和各个环节,所以它对风险可以产生一种系统性的控制。在全面预算的基础上,准确编制现金流量预算,这是企业加强财务管理,有效防范财务风险工作中特别重要的一个环节。

3. 加强资产管理,提高营运能力,增强盈利水平是防范财务风险的保证与标志

企业资产对负债能力有两方面的影响:一方面是短期影响,即企业资产的变现能力对偿债能力的影响。企业资产的变现能力,尤其是流动资产的变现能力,直接影响可用现金流量的多少,决定企业负债能力的高低。另一方面是长期影响,即企业资产盈利能力对负债能力的影响,企业资产的盈利能力直接影响到企业整体盈利水平,而保持高盈利水平往往是企业负债能力高、财务风险相对低的有效保证和标志。因此,加强企业资产管理,提

高资产营运能力对企业负债能力极其重要。

4. 运用多种财务策略,尽可能减少风险损失

在对风险的预测和分析的基础上,坚持尽可能减少和降低风险费用损失的原则,针对不同的情况采取相应的措施:

(1)风险接受策略。企业可以依据稳健原则建立起"坏账准备金"制度,可以依据需要设立专项储备或提取风险基金。

(2)风险回避策略。对于超过企业承受能力的风险,风险较明显且影响因素很难控制的生产经营项目,企业的决策者应根据自身的经营特点,正确权衡收益和风险的得失,或采取回避政策,制定出正确的判断标准,以求风险取舍的最佳选择。

(3)风险分散策略。多元化经营是现代企业分散风险的重要方法。其理论依据在于,不同行业或产品的利润率、更新换代周期是独立的、不完全相关的,所以经营多种产业、多种产品在时间、空间和损益上是相互补充和抵消的。一般财力雄厚、技术和管理水平较高的大型企业多采用这种方法。

5. 树立风险意识,构建健全、有效的财务风险控制机制

树立风险意识,正确承认风险,是建立有效的风险防范机制、应对风险的前提。构建完善的财务控制机制是降低财务风险的关键所在。

(1)建立财务风险全过程的控制机制。即采取事前、事中、事后的控制,使从决策、实施到评价得到有效全面的监控。

(2)建立和完善财务风险预警机制。建立财务预警系统,对企业的资本营运过程进行跟踪、监督,对财务报表和财务指标进行分析,一旦发现某种异常征兆就着手应变,以避免或减少风险损失。

(3)实行全员风险管理,健全风险控制的动力机制。实行全员风险管理,将风险机制引入企业内部,使管理者、员工、企业共同承担风险责任,做到责、权、利三位一体,对每项存在风险的财务活动实行责任制。

(4)提高财务决策的科学化水平,防止因决策失误而产生的财务风险。为防范财务风险,企业必须采用科学的决策方法。在决策过程中,应充分考虑影响决策的各种因素,尽量采用定量计算及分析方法,运用科学的决策模型进行决策。对各种可行方案决策,切忌主观臆断,从而可以避免财务决策失误所带来的财务风险。

综上所述,企业财务风险是不可回避的,财务风险实际上是一把双刃剑,它一方面给企业带来损失,威胁企业的发展甚至生存;但另一方面,在经济国际化、科学技术进步、市场经济瞬息万变的大环境中,也给一部分企业的发展创造了空间,带来了机遇,这是市场竞争的结果,是自然界优胜劣汰法则在经济界的具体体现。其成因的复杂性、效用的双重性要求我们积极规避财务风险,提升企业盈利能力,熟练掌握财务风险控制的合理途径和有效手段。建立财务风险预警机制,构筑防范财务风险的屏障,对企业在经营管理活动中的潜在风险进行实时监控。

煤炭企业财务风险防范与控制的问题研究

李瑞萍　朱双莲

本文通过对财务风险涵义与特征的理性认识，剖析了财务风险的成因，提出防范和控制财务风险的对策：提高企业的适应能力和应变能力；提高财务人员的风险意识和素质；实现企业财务管理中责、权、利的统一；建立健全有效的财务风险控制机制；采用合理的财务风险管理方法，将财务风险降到最低，实现企业效益最大化。

一、财务风险的概念及特征

（一）财务风险的概念

企业的财务风险是指在各项财务活动过程中，由于各种难以预料或控制的因素影响，财务状况具有不确定性，从而使企业有蒙受损失的可能性。企业的财务活动贯穿于生产经营的整个过程中，筹措资金、长短期投资、分配利润等都可能产生财务风险。根据财务风险的来源可将财务风险划分为筹资风险、投资风险和外汇风险。

（二）财务风险的基本特征

财务是一个单位运行状况和管理水平的综合反映。在当今日益开放的市场经济体系中，财务风险是各单位自始至终面临的一种客观事实。特别是加入世界贸易组织后，我国企业面对的资本市场以及所处的贸易环境、税收环境和法律环境等已发生了深刻变化，其结果是导致企业面临更大的经营风险。我国企业想要在市场经济中立于不败之地，就必须理性认识财务风险的涵义与特征，分析和判断财务风险的成因，进而有效地防范和化解风险。在财务管理工作中，只有充分了解财务风险的基本特征，才能采取针对性措施，防范和化解财务风险。企业的财务风险主要有以下几个基本特征：

（1）客观性，即财务风险不以人的意志为转移而客观存在，企业进行的各项财务活动存在着两种可能的结果，要么实现预期目标要么无法实现，这就意味着无法实现预期目标的风险客观存在。

（2）全面性，即财务风险存在于企业财务管理的全过程并体现在多种财务关系上。资金筹集、资金运用、资金收回、资金积累分配等财务活动，均会产生财务风险；

（3）共存性，企业的财务风险与风险收益共同存在，且成正相关关系，即风险越大收益越大。在决策时如何进行选择取决于企业的风险偏好。

（4）不确定性，即财务风险虽然可以事前加以估计和控制，但由于影响财务活动结果的各种因素不断发生变化，因此事前不能准确地确定财务风险的大小。

财务风险客观存在于企业财务管理工作的各个环节，当前，国际金融危机对实体经济的影响持续加深，经济增速明显放缓，部分企业经济效益下降，营运资金紧张，财务风险加

作者单位：郑州煤炭工业（集团）公司供电分公司

大,生产经营形势严峻,企业要在现行条件下,提高财务风险意识,建立各种风险预测和分析体系,找出导致财务风险的原因,采取有效措施进行财务风险管理,力求把财务风险降低到最低限度。总的说来,企业财务风险管理的目标是:了解风险的来源和特征,正确预测、衡量财务风险,进行适当的控制和防范,健全风险管理机制,将损失降至最低程度,为企业创造最大的收益 。

二、财务风险的成因

财务风险存在于财务管理工作的各个环节,不同的财务风险产生的具体原因不尽相同。

(1)企业资金结构不合理,负债资金比例过高。在我国,资金结构主要是指企业全部资金来源中权益资金与负债资金的比例关系。由于筹资决策失误等原因,我国企业资金结构不合理的现象普遍存在,具体表现在负债比率过高。这样企业就面临着严重的到期还本付息的压力,企业偿债能力不足,由此产生财务风险。

(2)固定资产投资决策缺乏科学性导致投资失误。在固定资产投资决策过程中,由于企业对投资项目的可行性缺乏周密系统的分析和研究,加之决策所依据的经济信息不全面、不真实以及决策者决策能力低下等原因,导致投资决策失误频繁发生。决策失误使投资项目不能获得预期的收益,投资无法按期收回,为企业带来巨大的财务风险。

(3)对外投资决策失误,导致大量投资损失。企业对外投资包括有价证券投资,联营投资等。有价证券投资风险包括系统性风险和非系统性风险。由于投资决策者对投资风险的认识不足,决策失误及盲目投资导致一些企业产生巨额投资损失,由此产生财务风险。

(4)企业赊销比重大,应收账款缺乏控制。由于我国市场已成为买方市场,企业普遍存在产品滞销现象。一些企业为了增加销量,扩大市场占有率,大量采用赊销方式销售产品,导致企业应收账款大量增加。同时,由于企业在赊销过程中,对客户的信用等级了解不够,盲目赊销,造成应收账款失控,相当比例的应收账款长期无法收回,直至成为坏账。资产长期被债务人无偿占用,严重影响企业资产的流动性及安全性,由比产生财务风险。

(5)企业存货库存结构不合理,存货周转率不高。目前我国企业流动资产中,存货所占比重相对较大,且很多表现为超储积压存货。存货流动性差,一方面占用了企业大量资金,另一方面企业必须为保管这些存货支付大量的保管费用,导致企业费用上升,利润下降。长期库存存货,企业还要承担市价下跌所产生的存货跌价损失及保管不善造成的损失,由此产生财务风险。

三、财务风险的成因剖析

改革开放以来,我国有不少企业不能及时、有效地防范和控制财务风险。因而,分析和判断财务风险的成因已成为企业一项不可懈怠的任务。产生企业财务风险的原因很多,既有企业外部的系统原因,也有企业自身的非系统原因。

(一)宏观环境的复杂性和易变性是导致企业财务风险的系统原因

所谓系统原因是指那些涉及整个市场、影响所有企业的因素,宏观环境的复杂性和易变性是导致企业财务风险的系统原因。宏观环境是企业财务决策难以改变的外部约束条件，其涉及范围很广，不仅包括直接影响财务决策的经济环境、金融环境、法律环境等，还包括对企业财务决策产生间接影响的政治环境、社会文化环境、科技发展水平等方面。宏观环境具有复杂性和多变性，企业对其是难以准确预见且无法改变的，它的变化可能为企业带来某种机会，也可能使企业面临某种威胁，企业财务管理如果不能适应复杂多变的系统环境，必然会产生财务风险。

（二）微观主体自身存在的缺陷是产生企业财务风险的非系统原因

与系统原因相对而言，非系统原因是指企业特有的、只影响个别企业的因素，微观主体自身存在的缺陷是产生企业财务风险的非系统原因。不同的企业其非系统原因表现不同，但总的说来，主要包括以下几个方面。

（1）企业管理者的风险意识淡薄。毋庸置疑，在市场经济条件下，不管是筹资活动、投资活动，还是资金回收、利益分配等活动，都存在着风险。但在现实工作中，我国许多企业的财务管理人员缺乏风险意识，这成为企业财务风险产生的重要原因。如有些财务管理人员没有认识到财务风险涉及范围的广泛性，在进行决策时顾此失彼，未能全面考虑经营过程各个阶段发生损失的可能性，缺乏风险防范的责任意识，盲目冒险，导致决策失误。

（2）现代企业制度尚不健全。当前，我国市场机制还不尽完善，现代企业制度的建立和完善尚需时日，所有权中的委托—代理问题还没有解决好，这也增加了产生财务风险的可能性。一方面，企业法人治理结构不健全，财务关系混乱。企业内部各子系统之间或企业子系统与母系统之间，在资金管理、资金运用、利益分配等方面存在权责不明、管理混乱的现象，造成资金流失严重，使用效率低下，资金的安全性、完整性无法得到保障；另一方面，企业缺乏有效的激励和约束制度，出现责、权、利不对等的现象。有些经营者利用自身的信息优势，实现"内部人控制"，使企业财务信息的披露和财务运行、控制偏离了正常轨道，随即产生财务风险。

（3）企业财务管理水平和管理技术低下。首先，企业中有部分财务管理人员并不是财会专业人员，缺乏相关的专业知识和实践经验，风险意识淡薄，还不能胜任财务管理工作；其次，许多企业的财务管理系统不够完善，表现在：机构设置不合理，管理人员素质不高，财务管理规章制度不健全，管理基础工作不踏实等。

四、控制财务风险的对策

（一）收集财务信息资料

企业应建立财务信息网络，保证及时获得数量多、质量高的财务信息，为企业进行财务报表分析提供数据，为正确进行各项决策和风险预测创造条件。企业收集和整理有关预测风险的资料，包括企业内部的财务信息和生产技术资料、计划和统计资料，企业外部的市场信息资料和同行业中竞争对手的生产经营情况的资料。

（二）进行财务报表分析

在掌握信息资料的基础上经常进行财务报表分析，分析企业的收益性和获利能力，资产的流动性和短期偿债能力，融资结构和长期偿债能力。对获利能力应注重这几个财务比率：股东权益报酬率、普通股每股收益、市盈率、普通股每股股利。评价企业的资产流动性和短期偿债能力时，分析以下几个比率：应收账款周转率和存货周转率，发现不正常变动及时分析原因，采取措施，加速应收账款和存货的周转。分析流动比率、速动比率和现金比率，同企业历史和行业水平进行对比，当出现不利变动或比率过低时及时分析原因，采取措施，提高企业的短期偿债能力。不同的融资结构，其资金成本和财务风险各不相同，负债融资的资金成本较低但财务风险较高，而主权资本融资财务风险较低但资金成本较高。企业要经常进行融资结构的比重和弹性分析，发现不合理情况通过融资结构的存量调整和流量调整降低资金成本和财务风险。

（三）建立财务预警分析体系

所谓财务预警分析，就是通过对企业财务报表及相关资料的分析，利用数据化管理方式和财务数据，将企业已面临的危机情况预先告知企业经营者和其他利益关系人，并分析企业财务危机发生的可能原因和财务运营体系中存在的问题，以提前做好财务防范措施的财务分析体系。

（四）结合实际采取适当的风险策略

（1）建立了风险预警指标体系。企业对风险信号监测，如出现产品积压，质量下降，应收账款增大，成本上升，要根据其形成原因及过程，指定相应切实可行的风险管理策略，降低危害程度。面临财务风险通常采用回避风险、控制风险、接受风险和分散风险策略。其中控制风险策略可进一步分类：按控制目的分为预防性控制和抑制性控制，前者指预先确定可能发生损失，提出相应措施，防止损失的实际发生。

（2）多元化经营是企业分散风险的首选方法。多元化经营，是指一家企业同时介入若干个基本互无关联的产业部门，生产经营若干类无关联的产品，在若干个基本互无关联的市场上与相应的对手展开竞争。多元化经营分散风险的理论依据在于：从概率统计原理来看，不同产品的利润率是独立或不完全相关的，经营多种产业多种产品在时间、空间、利润上相互补充抵消，可以减少企业利润风险。企业在突出主业的前提条件下，可以结合自身的人力、财力与技术研制和开发能力，适度涉足多元化经营和多元化投资，分散财务风险。

（3）风险转移法，包括保险转移和非保险转移。非保险转移是指将某种特定的风险转移给专门机构或部门，如将产品卖给商业部门，将一些特殊的业务交给具有丰富经验技能、拥有专门人员和设备的专业公司去完成等。保险转移即企业就某项风险向保险公司投保，交纳保险费。

（4）担保风险，就是企业自身来承担风险。企业预先提留风险补偿基金，实行分期摊销。目前，我国要求上市公司提取应收账款坏账准备金、存货跌价准备金、短期投资跌价准备金和长期投资减值准备金，正是上市公司防范风险、稳健经营的重要措施。

（五）加强财务活动的风险管理

筹资活动是一个企业生产经营活动的起点，管理措施失当会使筹集资金的使用效益具有很大的不确定性，由此产生筹资风险。企业筹集资金渠道有二大类：一是所有者投资，如增资扩股，税后利润分配的再投资。二是借入资金。筹资风险产生的具体原因及防范有由于利率波动而导致企业筹资成本加大的风险，一旦筹集了高于平均利息水平的资金，可争取提前还债等补救措施。此外，还有资金组织和调度风险、经营风险、外汇风险。

企业财务活动的第三个环节是资金回收。应收账款是造成资金回收风险的重要方面,有必要降低它的成本。对于应收账款管理在以下几方面强化:建立稳定的信用政策;确定客户的资信等级,评估企业的偿债能力;确定合理的应收账款比例;建立销售责任制。

收益分配是企业一次财务循环的最后一个环节。收益分配包括留存收益和分配股息两方面,留存收益是扩大规模的来源,分配股息是股东财产扩大的要求,二者既相互联系又相互矛盾。企业如果扩展速度快,销售与生产规模的高速发展,需要添置大量资产,税后利润大部分留用。但如果利润率很高,而股息分配低于相当水平,就可能影响企业股票价值,由此形成了企业收益分配上的风险。

五、总结

综上所述,企业在经营管理中,要建立财务危机预警指标体系,加强筹资、投资、资金回收及收益分配的风险管理,如企业筹资时资本结构不合理,投资时固定资产投资或者对外投资等决策出现失误,企业产品库存比例失调,应收款项缺乏控制等,实现企业效益最大化。

企业内部会计控制理论与实务研究

常丽娟　熊彩霞

随着当今世界经济的逐步发展，越来越多的企业认识到了内部会计控制的重要性，并在企业内部建立了内部会计控制体系。内控制度是许多企业保持生机、促进发展和取得成功的秘密，企业内控制度的完善与否以及执行情况的好坏，直接关系到企业的兴衰成败、生死存亡。本文就企业内部会计控制问题及其对策作一探讨。

一、内部控制的含义

我国在独立审计准则中将内部控制定义为：内部控制是指企业为了保证业务活动的有效进行，保证资料的安全和完整，防止、发现、纠正错误与舞弊，保证会计资料的真实、合法、完整而制定和实施的政策与程序，由控制环境、会计系统和控制程序组成。

二、我国企业内部会计控制中存在的问题

(1)对内部会计制度的认识不足，使得企业内部会计控制制度弱化。有的企业领导认为建立内控制度需要耗费人力、物力，而这种人力、物力的耗费所能带来的经济效益又难以确定，因而对建立企业内部会计控制缺乏积极、主动性。

(2)法人治理结构不规范。国有企业改制以后，形式上也建立了法人治理结构，但很多公司的董事长、总经理由一人担任，董事担任监事，董事会成员大多由企业的经理人员担任，董事会难以发挥监督作用。

(3)会计机构独立性差，内部会计控制执行不力。我国很多上市公司会计机构缺乏起码的独立性，经理和董事长怎样说，会计机构就怎样办。这时，会计机构就成为信息对称的最大障碍。会计机构的独立性问题是企业进行公司治理时应该注意解决的问题。

(4)内部会计控制机制运行缺乏行之有效的监督。现实中许多企业虽有各种制度办法，但却没有严格的监督机制来保障实施，使得内控措施难以真正落到实处，导致内控制度形同虚设。

三、建立与完善企业内部会计控制制度的必要性

(1)全面构建设计合理、执行有效的企业内部控制体系，既是企业精细化管理的需要，也是企业应对经营风险的需要，更是企业提升核心竞争力的需要。

(2)融资困难再次为内控建设拉响警报。资金是企业运转的血液，企业融资困难的问题制约着企业的进一步发展。

(3)低成本战略是企业开展有效市场竞争，取得市场份额，汲取市场利润的重要途

作者单位：河南煤业化工集团鹤煤公司财务资产部

径。有的企业往往因为资金有限、市场网络不够密集、广告宣传等营销手段力度不够，在通过加强企业内部控制建设，实施有效的成本费用控制，在销售终端以较低的价格吸引客户及带动企业发展上意义非常重大。内部会计控制是衡量现代企业管理的重要标志，通过实践得出的结论是：得控则强、失控则弱、无控则乱，加强和完善企业内控制度，已成为当前理论界和实务界最为关注的话题之一。

四、设立企业内部会计控制制度应遵循的原则

（1）有效性原则。设计内控制度的目的就是规范管理行为，保证企业目标的实现。内控制度的设计必须以“有效”为前提，内部会计控制制度应当约束企业内部涉及会计工作的所有人员，任何个人都不得拥有超越内部会计控制的权利，如：不能因为企业的规模小，让管理者个人行为随意影响企业会计工作的有序进行等，尽量做到内控环节不宜过长而又环环相扣，操作起来切实有效。

（2）全面性原则。内部会计控制应当涵盖企业内部涉及会计工作的各项经济业务及相关岗位，并针对业务处理过程中的关键控制点，落实到决策、执行、监督、反馈等环节，如凭证控制、实物资产控制等。

（3）相互牵制原则。牵制原则即一项完整的经济业务活动，必须经过具有互相制约关系的两个或两个以上的控制环节方能完成，例如：应避免一个人对某一项业务可以单独处理或有绝对控制权，而必须经过其他人或部门的审查、核对，以最大限度地减少错误和舞弊等现象的发生。

（4）成本效益原则。一项企业内部会计控制的制定，应当站在企业整体利益的角度上考虑。尽管一些控制方法会影响工作效率，但对整个企业来讲，如果不采用，会对企业造成更大的损失，则仍应实施该项控制。虽然内部会计控制面向企业内部的各项经济业务、各个部门和各个岗位，但这样并非意味着控制点越多越好，控制点的设置必须考虑到成本与效益之间的关系，力争以合理的成本达到最佳的控制效果。

（5）领导重视原则。加强内部控制，实际上是加强对企业实际经营管理者的控制。但有些管理者对内部控制很不重视，不积极领导组织建立企业内制度，导致企业缺乏明确的内部控制程序和标准。有的虽然建立了内部控制制度，但内容上很不健全。

（6）遵循有关法律法规规定及切合企业实际的原则。企业内控制度设计必须遵循国家统一规定，并结合企业自身的生产经营特点、规模、组织形式等方面的实际情况，做出具有较强的可操作性的规定。

五、内部控制的主要方法

为了加强控制效果，内部控制的方法主要有：

（1）不相容职业相互分离控制，主要包括：授权批准与业务经办、业务经办与会计记录、会计记录与财产保管、业务经管与稽核检查、授权批准与监督检查等；

（2）授权批准控制，是指单位在办理各项经济业务时，必须经过规定程序的授权批准；

（3）预算控制，预算由各预算单位组织实施，并辅之以对等的权、责、利关系；

(4)财产保全,主要包括接近控制、定期盘点控制等;

(5)风险控制,包括经营风险和财务风险两大类;

(6)内部报告控制,有利于保证管理人员获得与责任和权限有关的信息,畅通相关人员交流的渠道;

(7)电子信息技术,包括实现内部控制手段的电子信息化和对电子信息系统的控制。

六、建立与完善企业内部会计控制制度的对策

(1)深化产权制度改革,建立健全现代企业制度。会计信息决定着企业的决策,企业通过提供真实的会计信息取信于社会。只有通过产权制度改革,建立现代企业制度,使企业领导人和企业兴衰息息相关,企业领导者才有动力去实施内部会计控制制度,企业的内控制度才会真正发挥其应有的作用。

(2)设立良好的控制活动,明确职责权限,形成相互制衡机制。企业必须在内控制度中规定出完成经济业务的恰当授权,使各人或各部门权责分明,这样可以保证企业既定方针的执行和限制滥用职权,从而既有利于保护资产的安全,又能使各项经济业务活动正常有序地开展。

(3)建立有效的会计系统。企业应当依据《会计法》和国家统一的会计制度,制定本单位的会计制度,明确会计凭证、会计账簿和财务会计报告的处理程序,建立和完善会计档案保管和会计工作交接办法,实行会计人员岗位责任制,充分发挥会计的监督职能。

(4)加强企业的内部监督。确保内部会计控制制度切实执行,对出现的新问题和新情况,及时修正或改进,做到有章可循,违章必究,违规必罚,以罚促纠。

(5)注重人员素质教育。"人"是内部会计控制行为的主体,企业内部控制失效、经营风险、会计风险的产生,均与之有关。企业对会计人员应当进行职业道德教育,增强会计人员的自我约束能力,奉公守法、廉洁自律。同时,还要加强会计人员业务培训,以提高工作能力,减少会计业务处理的技术差错。

(6)建立有效的激励和约束机制。有效的激励和约束机制可以促使会计人员提供准确及时的会计信息,并反过来强化企业的法人治理结构,形成管理的良性循环,促进科学管理的完善。

(7)建立良好的信息沟通系统。一个良好的信息与沟通系统可以及时掌握企业的营运状况。目前,很多企业会计核算都基本脱离了手工操作的财务处理过程,实现了会计电算化,既节约了时间,提高了工作效率,又减少了人为因素对内部控制的影响。

(8)强化外部监督,督促企业完善内部会计控制制度。通过外部监督对企业施加压力,并将这种压力转化为动力,督促企业实施内部会计控制制度。以杜绝企业内控制度形同虚设的情况发生。

企业内部控制审计测试研究与对策

任慧娟

伴随着企业内部审计由内部财务审计向内部管理审计及战略审计的发展，内部控制与内部审计的关系日益密切。一方面，内部管理审计及战略审计是一个完善内部控制系统必不可少的组成部分；另一方面，内部控制系统为内部审计指明了方向与目标。内部控制审计是内部控制的再控制，是企业改善经营管理、提高经济效益的自我需要。财政部、审计署、证监会、银监会、保监会等发布的《企业内部控制基本规范》是内部控制审计的重要依据。本文通过对我国企业内部控制审计的研究，分析其中存在的问题，找出相应的解决对策，为我国内部控制审计的发展和良好运行提供有用的帮助。

一、公司内部控制与内部审计

内部控制审计是通过对被审计单位的内控制度的审查、分析测试、评价，确定其可信程度，从而对内部控制是否有效做出鉴定的一种现代审计方法。

早在2010年4月26日，财政部会同证监会、审计署、国资委、银监会、保监会等部门在北京召开联合发布会，隆重发布了《企业内部控制配套指引》。该配套指引连同2008年5月发布的《企业内部控制基本规范》，共同构建了中国企业内部控制规范体系，自2011年1月1日起首先在境内外同时上市的公司施行，自2012年1月1日起扩大到在上海证券交易所、深圳证券交易所主板上市的公司施行；在此基础上，择机在中小板和创业板上市公司施行。同时，鼓励非上市大中型企业提前执行。这是全面提升上市公司和非上市大中型企业经营管理水平的重要举措，也是我国应对国际金融危机的重要制度安排。

2011年1月国际内部审计师协会（IIA）发布了最新版的《国际内部审计专业实务框架》，其中对内部审计做出了具体定义："内部审计是一种独立、客观的确认和咨询活动，旨在增加价值和改善组织的运营。它通过应用系统的、规范的方法，评价并改善风险管理、控制及治理过程的效果，帮助组织实现其目标。"它通过比较分析、趋势分析、相关因素分析、财务比率分析、统计预测分析、可行性分析、投入产出分析、资产负债分析、损失清单分析等一系列的分析方法对公司进行判断、归类，并评估其所面临的主要风险和潜在风险。内部审计是对内部控制执行情况的监督，以保证企业财务会计和企业经营情况符合管理层或董事会的意愿。其职能有监视、评价、控制和咨询四个方面。

二、内部控制和内部审计的现状

内部控制是指单位内部的管理控制系统，即为保证单位经济活动正常进行所采取的一系列必要的管理措施，不仅包括单位最高管理当局用来授权与指挥经济活动的各种方

作者单位：河南神火煤电股份有限公司

式方法,也包括核算、审核、分析各种信息资料及报告的程序和步骤,还包括对单位经济活动进行综合计划、控制和评价而制定的各项规章制度。最早的控制主要着眼于保护财产的安全完整,会计信息资料的正确可靠,侧重于从钱物分管、严格手续、加强复核方面进行控制。随着商品经济的发展和生产规模的扩大,经济活动日趋复杂化,才逐步发展成为近代的内部控制系统。

实际上,根据财政部、银监会、证监会、保监会、审计署等的要求,内控的范围绝不仅仅是上市公司,如果一个公司准备上市,就必须通过内控的审计,才能有资格申请上市。目前,内控已经扩大到了我国境内的大中型企业,成为了一个很时髦的名词。

我国的内部控制起步较晚,经过几十年的发展,虽有一定的成绩,但与发达国家相比仍有明显的差距,由此导致我国国有资产大规模流失现象的频繁产生。近年来,越来越多的企业都想自己做内控,因为在做内控的过程中,一大批的企业经历了快速发展、高速扩张的过程,但是又必然面临着企业管控的问题。公司的治理从人治向法治转变,一开始创业的时候靠几个合伙人发展起来了,但后续必须要通过内控来治理公司,在企业内部建立一套内部控制来驾驭和管理,把风险控制在最低限度,所以内控一直是企业高层比较关心的问题。

三、公司内部控制审计存在的问题

上市公司管理的重要标志就是其内部控制的实施。内部控制理论与实践的发展经历了一个漫长的时期。我国目前对上市公司内部控制认识不一致,比较混乱。随着我国社会主义市场经济的发展,上市公司内部控制越来越重要。现代企业环境下发展的内部审计管理审计理论,目标有以下几个。

(一)塑造现代企业内部管理审计的目标

审计目标是审计活动开展的出发点与归宿,是对审计事项与设定标准或一定要求的相符合程度进行的确认。现代企业内部审计,从管理审计到治理审计,表现为内部审计目标的变化,它不是一种“摈弃”的过程,而是不断“兼容”的过程。

帮助管理者最有效地管理组织的业务活动是传统审计的目标,内部管理审计实质是帮助组织增加价值和提高组织经营效率。它通过系统化、规范化的方法,评价和改进风险管理、控制和治理程序的效果,帮助组织实现其经营目标。现代企业内部审计目标的转换,意味着内部审计必须更多地参与未来事件,参与管理层规划现在与未来的决策工作。现代企业内部管理审计已经不能仅将焦点置于控制系统的审计,也不能置于单位决策之外,应该更积极了解、确认单位风险并加以评估、管理,而风险管理审计则可以提供内部审计整合风险管理的利器。内部审计也将因提供单位附加价值的服务而更接近单位的价值链,其专业形象将更加得到肯定。

(二)现代企业内部管理审计内容与范畴的拓展

审计内容要忠于审计目标。企业内部审计目标的演变过程是从最初的查错纠弊,到帮助管理者更好地履行职责,再到帮助企业增加价值,与之相应,企业内部审计也从财务审计到内部控制审计,再到财务审计、内部控制审计、风险管理审计和治理程序审计。无论企业形式如何变化,其财务审计始终是基础,现代企业内部审计也不例外。国际内部审计师协会的专业指导小组颁发的新定义向我们发出了警示:现代企业内部审计不注意风险管理和治理程序这一领域是不行的,国际内部审计师协会要为内部治理审计这一职能的发展起到指导作用。所以,现代企业内部治理审计主要包括内部控制审计、风险管理审计和管理审计等相关部分内容。

很多国内企业对内部控制的认识还停留在比较原始的阶段,认为内部控制就是内部监督,企业大多把内部控制看做是一堆堆的手册、各种文件和制度;也有的企业把内部成本控制、内部资产安全控制等视为控制;有的企业甚至对内部控制的认识还未理性化。由于上市公司所有权与经营权相统一,决策和经营管理的主观随意性较大。企业管理层往往对内部控制的重要性认识不够或者说不愿意建立和执行内部控制。

四、加强内部控制审计的对策

(一)审计的独立性问题

实施管理审计,必然会涉及独立性与审计风险问题。如何保证管理审计不与之相互摩擦呢?我认为必须从如下方面进行努力:

(1)内部审计人员在实施管理审计时,只提出建议,不要求经营者必须执行,管理决策本身是经营者的事,内部审计人员不承担经营责任。

(2)为避免发生利益冲突或潜在的利益冲突,参与了管理决策审计的内部审计人员最好不要再继续从事决策执行情况的审计,如果受客观条件限制不能做到这一点的话,则有必要要求决策执行情况的审计与决策审计的时间间隔应比较长,至少,它不对审计人员提供审计建议造成影响,这是保证审计独立性的一种良好举措。

(二)审计人员的胜任能力问题

与传统审计不同,内部控制审计本身涉及战略管理知识、财务管理知识、人力资源管理知识等,内部审计人员应注意吸收与管理有关的专业知识,以具备适当的胜任能力。

(三)管理审计功能的定位

必须界定内部审计的"咨询服务"功能与"审计监督"功能之间的差异。从实际效果上看,管理审计更多地体现了内部审计的"咨询服务"功能,那么,当咨询服务功能与传统的审计监督功能并存于同一部门的职责范畴之内时,我们就要警惕二者之间的冲突与碰撞,注意保持审计的审慎性,不对审计结论做出绝对的保证。

(四)组织保证方面

实施管理审计必须改革企业组织模式,使内部审计在企业内部具有较高的组织地位,从而具有实施管理审计的组织保证。

(五)审计方法选择

实施管理审计,要求审计时间前移,事中、事后审计为事前审计,真正起到"事前反馈"的作用。

(六)业绩评价

虽然内部审计人员必须考虑管理问题,但也需牢记内部审计人员不是经理或经理的监督人,审计人员在企业中的地位和作用类似于医生、诊断师、顾问和参谋,他们的基本职责是随时随地地提醒管理当局在做出决策时应尽可能地使用足够充分的信息,并注意到企业的经营管理活动是否都行之有效。审计人员应从理论和实务上对企业的经营行为进行评价，帮助经营管理者更好地履行其职责，提高经营管理工作的效率和效果。

健全有效的内部控制对保证财务报表的可靠性至关重要，而内部控制审计是内部控制最有效的监督手段，也是监管内部控制外部性的必然要求。因而，内控审计对注册会计师的专业判断能力提出了更高的要求，也加大了会计师事务所和注册会计师的风险责任。然而，我国上市公司财务报表审计发展相对较早，注册会计师大都具有丰富的专业知识和经验，而对于上市公司内控审计这一新生的鉴证业务，我国注册会计师大都缺乏实战经验，我们有很多制度和方法都是借鉴美国内部控制和实践。以此深化上市公司内部控制审计理论，优化上市公司内部控制审计方法。

浅议货币资金的风险控制

朱玉爱　赵　勇

货币资金是企业中流动性最强的资产,在企业的生产经营中起到关键的作用,是企业经济活动的“血液”。在企业财务管理中甚至有专家提出了“现金为王”的概念,由此可见货币资金在企业生产经营中的重要性。许多难以持续经营的企业不是因为亏损,而是现金难以为继,从而走向了破产清算的道路。在现代财务管理中实现企业货币资金的安全、完整并发挥其最大的效益是一项非常重要的内容。因此,对企业货币资金流转环节中存在的风险进行分析评估,确定企业可承受的风险水平,制定出可行的风险应对机制就显得尤为重要。

一、货币资金的风险评估

(一)风险识别

在企业日常货币资金收支业务中,管理人员应有目的地对与货币资金相关的活动进行观察和判断,对主要风险因素进行识别,一般来说,企业货币资金管理中主要风险目标集中在以下三点:

(1)货币资金的安全完整方面的风险,主要表现在企业没有内控制度或内控制度没有得到有效执行,造成货币资金损失。

(2)忽视货币资金的日常管理,致使相关人员长期占用企业资金,造成不必要的资金占用。

(3)没有合理测算企业货币资金合理的需要量,导致资金积压,增加管理成本,或者资金不足,出现支付困难,影响企业的信誉。

(二)风险分析

明确了货币资金的主要风险目标后,下一步就是运用定性与定量相结合的方法对风险目标进行定性定量的分析,按照风险发生的可能性及其影响程度,列出风险清单,对已识别出的风险进行分析和排序,确定关注重点和优先控制的风险。

1. 货币资金的安全风险

保证货币资金的安全完整是每一个企业财务管理人员应做到的最基本的任务,在货币资金风险排序中应放到首位加以考虑。一般在实际工作中采取定性的办法进行分析。主要风险清单如表1所示。

2. 货币资金的管理风险

货币资金的日常管理主要是为企业制定适合的货币资金预算体系,科学设计预算流程,加强资金收支的计划性和预见性;合理确定现金持有量,提高资金的使用效率。在风

作者单位:田庄选煤厂

险分析中主要是采用定量分析，主要风险清单如表2所示。

表1　安全风险清单

风险环节	主要风险
收入	收入现金不开具凭据给对方、销毁收款凭证、收取现金不及时送交银行
支出	不取得对方合法的收款凭据、出纳不根据付款凭证支出现金、超出现金结算点支付现金、原始单据未及时盖销
审核	同一事项重复报销、篡改原始单据金额、模仿有权人签字、不合法单据遗漏
保管	库存现金超出限额、未定期盘点、白条抵库、保险柜钥匙与密码未分管、POS机信用卡与密码未分管、公章与个人名章未分管、印章与空白票据未分管
对账	未取得银行对账单、未及时对账并查明未达账款、出纳兼任对账工作

表2　管理风险清单

风险环节	主要风险
资金预算	对资金需求与来源没有明确安排，导致资金使用成本增加
应收款项	信用政策制定不适合，增加坏账损失，增加资金的机会成本
现金持有	对最佳现金持有量没有测算，增加资金的交易成本、持有成本、短缺成本

二、风险控制与防范

识别出货币资金活动中存在各种风险点后，要对风险进行控制和预防，确保风险水平在可承受范围以内，具体有以下几点。

（一）完整性控制

（1）票据控制：发票、收据控制是利用发票、收据编号的连续性，核对收到的货币资金与发票、收据金额是否一致，以确保收到的货币资金全部入账的一种完整性控制手段。因此，对于票据必须加强其印、收、发、存的管理，建账核算。在此基础上，利用这类发票的连续编号，设计岗位，负责其存根联与记账联定期或不定期抽查核对工作，及时发现其中的错弊。

（2）银行对账单控制：银行对账单控制是利用银行对账清单与企业银行存款日记账进行核对，以确保银行存款存在性与完整性的一种控制方法。通过编制银行存款余额调节表，可以发现未达账项，分析其原因，发现其是否存在错弊。例如笔者所在单位要求在工资发放三日内取得银行工资发放明细，与财务入账明细进行复核，防止工资支付出现张冠李戴等风险事项。

（3）业务量控制：业务量控制是根据某项业务量的大小，来定性地复核其货币资金完整性的一种控制方法。此项控制主要是利用分析性复核的方法找出差异，分析差异产生的原因，是否在正常值以内。具体是企业需根据日常货币资金的历史收支情况确定某项业务的正常值，如某月业务量与正常值出现大的偏差，就要引起注意，找出差异原因，如果没有合理原因，就可能存在舞弊的可能。

(4)往来账核对控制：往来账核对控制是通过定期与对方核对往来账余额，及时发现挪用、贪污企业货币资金等违法行为，以评价清欠货币资金是否及时入账或货币资金还欠是否真实的一种控制方法。特别应注意对于已作坏账处理的应收账款，了解是否有收回款项不入账的情况。

(二)安全性控制

货币资金安全性控制的范围应包括广义的"现金"概念，只要是变现能力较强短期资产都应纳入此控制范围，包括应收票据及交易性金融资产。货币资金安全性控制方法一般有以下几种：

(1)账实盘点控制：账实盘点控制是通过定期或不定期对货币资金进行盘点，以确保企业资产安全的一种常见的控制方法，按盘点的时间分为定期盘点与不定期盘点，但不定期盘点的控制效果通常比定期盘点好，不定期盘点的主要特点就是突击性强，会给货币资金相关岗位产生一种无形的、无时无刻的、无不存在的压力。

(2)库存限额控制：库存限额控制是利用核定企业每日现金余额，超过库存限额的部分送存银行，从而降低货币资金安全性控制风险的一种方法。利用此方法能高度集中货币资金，统筹使用。

(3)限定非相关人员接触控制：限定非相关人员接触控制是采取控制措施确保除现金保管外的人员不得接触现金控制方法。比如，现金只能由出纳保管，银行承兑汇票也只能由一人专管，同时还应采取选择合格的保险箱、选择安全的场所等保障措施，以确保货币资金实物安全。在具体实践中，应按现金支付范围尽量控制现金的支付，尽可能采取银行转账结算方式，确需用现金支付的款项，可采用 POS 机刷卡结算或网银结算方式，避免非相关人员接触现金。

(4)岗位分离控制：岗位分离控制是将不相容岗位分别由不同的人负责，以起到相互牵制、相互监督的作用的一种控制方法。比如，货币资金收支与记账分离，货币资金收支与编制记账凭证分离，空白支票与印章保管分离，银行对账单取回、余额调节表编制与复核分离，等等。在具体运用中，应结合本单位实际情况，根据成本与效益原则设计各控制岗位。

(三)货币资金效益性控制

货币资金效益性控制是服从企业财富最大化的财务管理目标，通过运用各种筹资、投资手段合理、高效地持有和使用货币资金的控制方法。

(1)建立货币资金预算体系：货币资金预算体系是一个科学而系统的整体，企业需根据生产销售情况编制预计现金流量表，合理确定一个会计年度内的现金总收入，以收定支，分解成月度货币资金预算，月度内的货币资金支付严格按预算进行控制。

(2)确定现金持有量：合理预测一定时期货币资金存量，可通过历史数据和财务管理模型确定最佳现金持有量，保证使现金的交易成本、管理成本、短缺成本三者成本之和最低。

(3)选择适当的采购、销售政策：通过实施一些推迟货币资金支付的采购政策和加速货币回笼的销售政策；同样，还可以通过加快货币资金支付的采购政策以享受付款折扣，一定的赊销政策以提高售价或扩大销量。无论采取哪种采购、销售政策均应权衡采取以上措施所付出的代价、成本或机会成本，合理预测取得的收益与付出的成本，实现收益最大化。

货币资金的风险控制首先是诸多风险因素的识别；其次是根据风险制定出适当的控制制度；再次也是最为重要的是适当的内控制度得到有效执行。企业在生产经营中会有不断的风险因素的出现，对每项新发生的业务都要对风险进行识别、确认和控制，所以上述风险控制环节是个周而复始的过程。只有企业的风险控制系统得到有效运行，才能为企业创造出良好的经营环境，从而提升企业的核心竞争力。

第四篇　会计信息化与会计职业道德

煤炭企业财务管理信息化问题研究

孙　萍　吴素玲

随着煤炭企业并购浪潮的汹涌而来,重组整合的煤炭企业面临着财务管理的困局:分子公司远离指挥中心,经营领域覆盖范围比较大,母子公司缺乏信息沟通渠道,难以对集团资金、资产进行有效管理与控制,缺乏对联盟体内资源优化和管理的手段,缺乏对各职业经理人有效的绩效评价方法,集团财务分析不够深入等问题。这些问题的关键是集团内尚未建立完善的财务管理信息系统,集团内信息无法沟通,信息量大,无法及时整合,从而使该问题会变得更加复杂。基于此,笔者结合企业实际,提出利用 XBRL 技术建立基于 XBRL 的集团财务管理系统,并对此作出有益探索。

一、重组整合后集团财务管理的特点和现状

(一)集团财务管理的特点

经过重组整合后的国有大型煤炭企业,其特点主要表现在四个方面:一是集团财务管理的目标具有多层次和全方位的特点;二是集团财务管理内容种类多、范围广;三是集团财务管理强调数据运用、财务分析深入;四是集团产权形式多样,集团财务管理的业务动态复杂。因此,集团财务管理应强调在各子公司和分公司异构财务环境下的互操作性以及可集成性。

(二)集团财务管理的现状

目前,信息技术在集团财务管理中的应用主要是实现数据的录入、查询、统计等功能,集团内部各单位会计报表中提供的是以会计科目进行分类的高度压缩的价值信息,并不能满足不同集团财务管理者对其他信息的要求,只采用会计科目对经济事项进行分类,往往导致一些重要的决策信息被遗漏,经济事项的非价值信息被隐没,这正是目前财务管理信息化越来越不能描述当今的经济业务,财务系统无法向信息使用者提供恰当的、充分的与决策相关的信息的根本原因。加之集团财务信息的数据来源广、种类多、数量大,传统的信息管理工具无法有效地发现数据中隐藏的关系和规则,无法满足与发掘有用知识的需求,传统的财务管理模式已经难以适应新形势下对集团财务管理新的要求,这就需要运

作者单位:河南煤化焦煤公司审计中心

用集团财务知识管理手段，以实现集团资源的有效整合和带来规模效应。

二、以 XBRL 传递财务报告是重组整合后集团公司的需要

XBRL 中文译为“可扩展商业报告语言”，是一种基于互联网技术的新型企业财务报告语言。它是一种新的技术架构，可以自动撷取，及交换各个企业财务与非财务信息，即使企业报表格式不同，以及产生报表的应用软件不同，也不会受到影响，它的应用不需通过专用数据处理软件即能读取，仅需用一般的浏览器便可解读。XBRL 专为公司编制和发布网络财务报告开发的语言，它通过对有关财务信息内容增加标记的方法，使公司内部和外部对财务信息收集、处理、转换变得更方便、有效。同时，利用 XBRL 还可协调企业管理各子系统，提供高质量的会计信息。据此，管理者做出科学决策并促进企业内部控制的改善。以 XBRL 标准为基础的系统有提高企业会计信息交流效率的潜力，可让管理层将企业资源集中在其核心竞争力上。XBRL 具有的跨平台特性，使企业对信息系统软件的依赖减少，选择范围扩大，企业就可以寻求最佳的信息系统软件以提高企业的竞争力。这正是重组整合后集团公司财务管理的需要。

三、结合企业实际，实施与推广 XBRL 策略

(一) 我集团公司财务报告模式

我集团公司财务管理部门为及时了解子公司、分公司经营、财务状况，控制费用支出要求子分公司每个月按统一格式填报 excel 报表，以 email 形式发往总部集团公司财务部门。基层财务人员填报财务报告数字是按各自的理解，从财务数据中或者抽取或者合并或者计算得出。各上级公司的汇总也是由财务人员手工汇总或合并。

(二) 我集团公司财务报告系统存在的缺陷

(1) 财务报告模板的制定者为集团的管理者，填报者为基层的被管理者，两者对快报的指标的理解有偏差，缺乏统一的理解。

(2) 各基础财务人员对财务报告的指标理解会有偏差，造成各个基层部门的填报数字口径不一致在所难免。这种问题可以通过对财务报告的填报详细注释和对基层人员进行培训来减少误差。

(3) 以 excel 表格的方式传递存在信息易被篡改，丧失文件的不可修改性的特点。同时保密性差容易被非授权者看到。

(4) 对大批量 excel 表格的数据的汇总和合并，还需要以人工的方式，工作量大同时会出现人为的错误。

(5) 如果对所有的财务报告的数据进行深度分析和自动生成报告难度很大。

(三) 我集团公司财务报告应用 XBRL 策略的优势

(1) 财务报告的申报模板设计因建立在统一的分类标准基础上，最大程度地避免了数据的各提供方和使用方对相关数据项的理解误差。

(2) 基本实现了自动生成、稽核、合并、汇总、分析和展示等功能，避免人工二次操作。减少了人工操作带来的失误，同时极大地提高了效率。

(3) 对数据使用方来说，可以对数据进行深度分析和挖掘，为管理决策提供更多的

信息。

财政部在颁布实行新会计准则后正在积极研究 XBRL 在我国的推广和应用。证监会已经在上海证券交易所和深圳证券交易所试点上市公司申报 XBRL 的实例文档。我集团公司已经采用新的会计准则同时也要面临上市的考验，因此，应用 XBRL 也是公司管理规范化和迈向上市的坚实的一步。

（四）如何实施与推广 XBRL 策略与平台

实施基于 XBRL 的网络财务报告系统是一个包括需求分析、系统规划、选择供应商、系统实施、评估及改进、运行及维护和深度挖掘这七个阶段的流程。

当前我集团公司和久其软件公司合作搭建财务信息管理平台，建设内容包括财务报表、资金报表、NC 接口、产权管理及财务人员档案子系统 5 个部分。通过系统合并报表功能，各级合并单位大大缩短了编制合并报表的时间；集团资金管理中心每天通过系统收集各级单位的资金日报数据，快速掌控集团整个资金流量的情况；通过网络版的产权管理系统，提高了数据的准确性及实时性，可以对集团各单位的投资情况进行及时的监控。具体体现在：①系统规范了我集团公司的合并流程，集团财务人员都采用统一的合并体系进行合并报表的编制，提高了合并报表的编制质量；②基层单位在录入数据的同时系统实时完成对账工作，同时系统能实时展现对方单位录入的对本方交易数据，并能根据对方填报数据直接生成本方数据；③实现国有资产产权的逐级管控，为提高投资产业管理效率，降低经营管理风险，保障国有资产保值增值，减少国有资产流失，提供重要的管理依据和决策支持；④搭建了我集团公司统一的资金管理系统平台，提升集团的资金管理水平；⑤搭建了我集团公司财务人员档案管理平台，以便领导对财务人员的情况进行及时了解及查询分析。

财务管控以财务核算、财辅管理、费用报销等基本功能为起点，兼顾资金、资产和资本的管控功能，配合全面预算管理的实施和企业财务数据中心的建立，构建全面的集团财务管控体系，而根据集团财务信息化发展阶段的不同和集团管控模式的差异，可以有多种不同的财务管控模型，未来我集团公司应主要构建以全面预算为核心的财务管控体系。

财务管控的基本解决方案包括：

（1）集团集中核算解决方案。方案应以集团管控为目标，以统一的核算制度及流程为基础，支持多组织机构、多账簿、多货币管理，在系统构成上以总账管理为核心，集成辅助核算、现金流量、固定资产管理等功能模块，并提供灵活的二次开发和基本的会计报表功能。同时，核算系统与久其报表实现无缝链接，实现集团的财务合并和信息披露。

（2）集团网上报销解决方案。方案以报销业务为主线，集成预算、流程管理等功能，通过对费用项的计划和定额等控制策略，实现费用从预算到报销，从申请到核销、从归集到分摊、从单据到凭证的全面管理，并通过接口实现与其他系统的无缝链接。

（3）集团合并报表解决方案。方案以集团的会计报表合并为主线，以基础的报表和指标体系设置为基础，经过灵活多样的数据采集、清晰可逆的分录抵消，到底稿的自动生成等过程，实现可定义的多组织机构的报表合并，并在合并报表的基础上实现数据的多样化展现。

（4）集团财务监管解决方案。方案以集团的财务监管为目标，在财务合并的基础上通过多样化的数据提取引擎实现自上而下的透视查询,并特别针对管理或业务主题提供预定义的领导查询功能,实现集团财务的账表一体化展现,进而达到集团财务的监管。

当今经济全球化与信息技术革命对会计环境带来了巨大的冲击,网络财务报告取代纸质财务报告成为主要的报告模式。一方面,XBRL 网络财务报告模式的出现提高了财务报告信息的透明度、时效性,且标准化的 XBRL 语言为实现实时、可定制财务报告提供了技术基础,XBRL 继承、遵循现有会计准则,因此 XBRL 网络财务报告模式在不改变传统会计理论的前提下,改进了传统财务报告,提高了财务信息质量。另一方面,由于 XBRL 技术上的特点,使得会计信息链上的各个机构都将感受到 XBRL 网络财务报告带来的便捷与效益,较之其他网络财务报告它解决了很多问题。此外,从全球化角度而言,它能为会计信息的跨国交流提供技术上的支持。

XBRL 策略的应用,改变了企业与其他企业的沟通方式。若在财务报表的供应链中加入 XBRL 的应用,则可提高分析、编制、保存财务报表以及和商业伙伴交换信息等效率,投资人与债权人亦可更简单地取得信息。但由于 XBRL 的应用在我国还不是很普遍,并且在具体运用时对硬件和软件等技术有很大的要求,需要通过以后的学习研究,以及在实际工作中的经验去进一步促进企业推广应用 XBRL。

基于ERP－NC信息系统下的物资管理研究与应用

李煜峰　李文博　于贵峰

随着经济发展的全球化，企业间竞争的舞台进一步扩大，企业间的竞争也日益激烈。企业的竞争力已经成为决定企业兴衰存亡的关键因素，企业生产成本的高低决定了企业的竞争力。企业生产过程中，总会伴随着大量的物资流动，从物资的采购、审批、订货到供货等各环节都有大量的工作要处理，物资管理费用在企业生产成本中占据很大的比重。因此，物资管理是企业管理中一项十分重要的内容。

一、物资管理信息系统的应用背景

（一）日益严峻的经济环境

随着我国加入WTO，全球化的竞争日益激烈，在这个经济高度信息化、集成化的大环境下，"从管理中求效益"、"提高管理效率"等词句又重新回到管理者的议事日程。物资是企业与生产单位之间的桥梁、纽带，是企业正常生产的保障。物资管理就是通过对物资的有效管控，以降低生产成本，加速资金周转，进而促进企业盈利和提升企业的市场竞争能力。

物资信息化管理作为一种企业内部挖潜成本先进的管理手段，实现了各类物资信息及业务数据与国网物资标准的统一，统一了分类编码，统一了型号种类，保证物资管理的通用性、先进性和经济性，体现了物资信息系统的集约效益和效率。在更大范围内建立了物资调配体系，实现集团公司系统物资信息"一本账"，物资状态实时监控，促进物资管理体系高效运转，逐步达到物资管理零距离、零库存、零运营资本。

（二）企业物资管理工作存在的主要问题

1. 无法对物资管理过程进行有效监控

公司原物资管理采用以手工作业为主，员工之间、部门之间信息沟通不畅，管理层最终看到的是以财务报表为主的经营结果，无法看到整个企业物资管理过程，更不能够实时地监控物资管理过程。

2. 工作效率低、准确率差、时效性不强

从填制物资入库单到物资出库，需十几道程序审批，才能完成物资出库程序，从开具物资出库单到每月的结账、清册都是手工操作，不仅工作量大、效率低、准确率差，而且库存的实时性得不到保证。

3. 物资管理混乱，浪费大，跑、冒、滴、漏现象严重

物资管理工作滞后，库存物资积压和浪费严重，物资验收入库没有严格按照规定程序

作者单位：义翔铝业有限公司

和手续进行检查验收；物资养护没有根据物资的物理性能、化学成分、体积大小等分别加以妥善保管；仓库管理不到位，库存盘点制度不健全；管理人员责任心不强，造成对库存物资品种、规格不清楚；对每份合同需要的原料品种、数量计算不准，使之原料剩余，长期堆放不用，造成浪费。生产用料浪费大，跑、冒、滴、漏现象严重。

4. 物资预算控制不到位

公司虽然制定了物资预算及计划，但由于管理制度不完善，信息不畅通，员工责任心不强等，往往造成物资预算如同虚设，结果必然是：采购浪费、供应跟不上、影响生产进度、核算不准确、没落实等，就是人们常说的：供不上，管不好，算不细。

二、物资管理模型的设计及应用

（一）物资管理信息系统的整体设计

义翔铝业按照物资管理模型设计的原则进行整体规划，拟分期项目来执行，并在此基础上，实现财务系统和预算系统，扩展到诸如办公自动化 OA 系统、人力资源管理系统、生产管理系统等其他信息化管理系统中去，达到的效果如下：

（1）物资管理。将库存管理流程化提供实时的出库动态成本及对成本的模拟计算。

（2）销售管理。标准化业务流程从销售订单到发货、结算，随时对销售情况、收款情况进行分析。

（3）过磅物料管理。实现磅房与 NC 软件之间数据共享，有效防止过磅人员不完全上磅及电子作弊情况。

（4）人力资源管理。解决人力资源部门“选人”、“用人”、“留人”的难题。

（5）财务核算。根据具体每笔发生业务自动汇总物资出入库成本，准确生成物资凭证，时时掌握财务信息。

（6）生产管理。对生产过程中每个环节的管理，有效控制生产过程中的漏洞，实时了解生产情况及库存情况

（7）全面预算管理。有效控制费用、资金、成本等资金使用情况，有效实现时时监控的目的，达到了精细化管理效果。

（8）办公自动化 OA 管理。实现各部门、人员之间数据共享在网络中进行业务的办理及审批，实现无纸化。

（9）手机移动应用。随时随地在手机中进行业务的审批、处理，使工作不受地域、环境、时间的限制。

（二）物资管理信息系统的应用过程

1. 打造物资管理专业人才团队，明晰部门、岗位职责

人才是企业不断发展的动力和源泉。在企业资源的配置中，人才的优化配置是重中之重。公司建立企业内部物资管理人才中心，不断根据形势的发展需要进行培训，提高人才的专业素质，强化责任意识和爱岗敬业精神，使其形成一种制度，并逐步成为企业文化的一部分。同时，充分发挥信息功能和市场功能，使人才在公司范围内合理流动，实现配置的最优化。这样一来，既解决了专业人才缺乏的现状，又为提高物资管理水平奠定了基础。

明晰岗位职责就是按照物资管理所涉及的部门划分职责范围，在部门内部按需设岗，建立岗位责任制度，实施激励和奖惩制度。企业对各个主要应用部门的管理范围进行划分，明确部门职责。

（1）供应科：负责各类生产原料、设备及原材料的计划和采购。

（2）仓库：负责设备及原材料的验收和保管。

（3）财务科：负责物资采购和销售的财务结算及成本核算。

（4）各基层部门：负责生产原料的验收和保管、产成品的生产和包装。

（5）设备科：负责设备及配件的管理和审批。

（6）企管科：负责对供应商的招标投标。

（7）化验科：负责对生产原料和产成品的质量检验和定质定价。

（8）销售科：负责产成品的销售。

2. 规范并统一各类编码

（1）存货分类编码规则。存货分类编码规则：2/2/2/2/2，XX　XX　XX　XX　XX

第一级为集团统一规定的行业分类编码，第2～5级分别为2位流水号编码。

（2）计量单位编码规则。计量单位编码规则为2位流水号（见表1）

表1

计量单位编码	01	02	03	04	05
计量单位名称	个	顶	套	瓶	台

（3）收发类别编码规则。收发类别编码规则为：2/2。

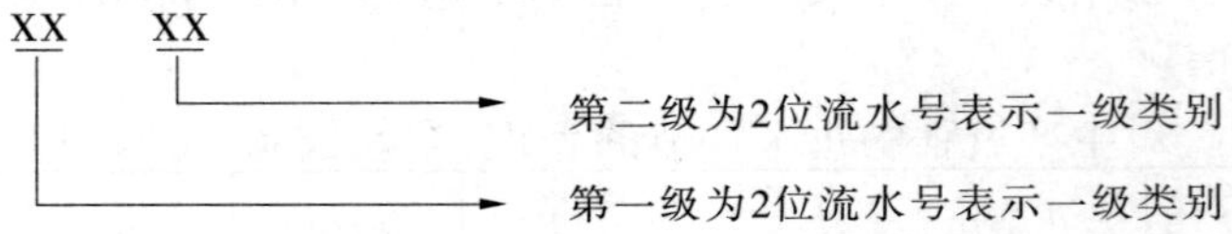

（4）仓库档案编码规则（见表2）：

表2

仓库编码	仓库名称	是否货位管理
01	1号物资中心配备库	是
02	2号物资中心配备库	是
……	……	是
07	7号物资中心配备库	否

（5）货位档案编码。1号物资中心配备库货位档案编码规则为：2/2/2（见表3）。

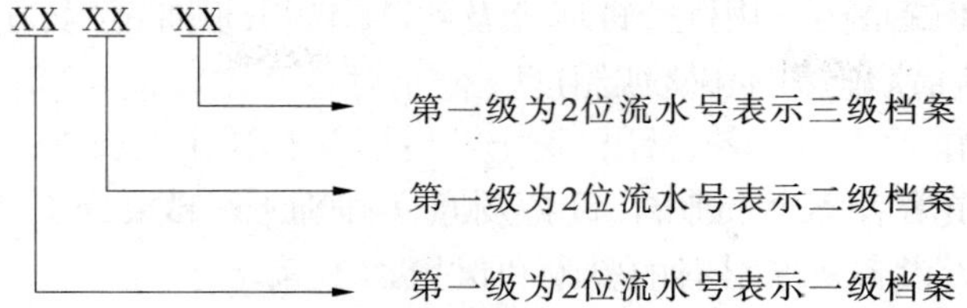

表3

货位编码	货位名	所属仓库编码	所属仓库名称
01	一号货架	01	1号物资中心配备库
0101	一号货架A区	01	1号物资中心配备库
010101	一号货架A区顶层	01	1号物资中心配备库
010102	一号货架A区一层	01	1号物资中心配备库
……	……	……	4号物资中心配备库

(6)存货基本档案。存货基本档案编码为"存货名称拼音首写字母+规格型号"(见表4)。

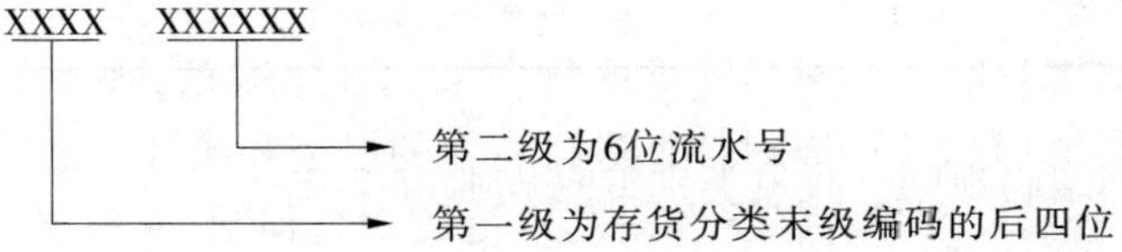

表4

分类编码	分类名称	存货编码	存货名称	规格型号	编码	名称	助记码	备注
0202041101	工具	1101000001	扳手	8寸	06	把		
0202041101	工具	1101000002	大锤	6P	06	把		
……	……	……						

3. 建立完善运行管理制度与规范

(1)计算机病毒防范制度:

①计算机使用人员应有较强的病毒防范意识,定期进行病毒检测,发现病毒应立即处理并通知管理部门或专职人员。

②采用国家许可的正版防病毒软件并及时更新软件版本。

③未经上级管理人员许可,当班人员不得在服务器或业务机上安装新软件,若确为需要安装,安装前应进行病毒例行检测。

④经远程通信传送的程序或数据,必须经过检测确认无病毒后方可使用。

(2)操作员数据保密制度:

①根据数据的保密规定和用途，确定使用人员的存取权限、存取方式和审批手续。

②禁止泄露、外借和转移专业数据信息。

③保存好各操作人员用户名、密码，禁止转借用及非操作人员进入系统。

④制定业务数据的更改审批制度，未经批准不得随意更改业务数据。

⑤对每份单据严格按照操作流程执行，防止漏记、错记。

⑥对当日的业务要在当日执行完毕，做到日清日结。

（3）数据备份制度：

①每周五系统管理员制作数据的备份并异地存放，确保系统一旦发生故障时能够快速恢复，备份数据不得更改。

②业务数据必须定期、完整、真实、准确地转储到不可更改的介质上，并要求集中和异地保存，保存期限至少2年。

③备份的数据必须指定专人负责保管，由管理人员按规定的方法同数据保管员进行数据的交接。交接后的备份数据应在指定的数据保管室或指定的场所保管。

④备份数据资料保管地点应有防火、防热、防潮、防尘、防磁、防盗设施。

三、物资管理信息系统的实施效果

（一）物资管理水平大幅度提升

1. 对信息进行有效控制和统计，实现数据资源共享

实现物资管理信息化，让信息按标准的物资采购程序流动，既规范了物资采购流程，又实现了数据资源的共享，还可以对信息进行有效的控制和统计。这样一来，各申请物资采购部门可以随时查看仓库库存情况和采购申请的执行情况；主管领导可以随时了解分管部门的工作进展。我们还可以通过发布消息的形式通知物资申请人到仓库领取到货的物资，定期发布停产、更新换代等信息，使我们的工作更加有序化、透明化、人性化。

2. 加快信息流通，实现数据的实时性

现阶段，信息处理完成后，是通过人与人的传递来实现信息的流通，流通时间相对较长。如果通过网络传递，信息处理的结果就可以随时显示出来。例如，当物资入库或发料信息到达仓库，只要仓库保管员一将物资信息录入程序并确认，库存情况就会马上更新，物资的动态管理将得到完全解决。

3. 无纸化办公，同时减少人的劳动量

实现物资管理信息化，把人从大量烦琐、无序、低端的工作中解脱出来，去处理更有价值、更重要的工作，提高了企业的工作质量和工作效率。另外，实现了“无纸化”办公，同时，节约了纸张等办公用品共计85万元。

（二）再造物资管理流程，物流效率提高

（1）提高销售。信息化帮助企业确定目标客户，了解客户的需求，调整经营战略，改进客户服务流程，提高客户关系管理能力，对市场变化作出快速反应，提高销售预测准确率，提高销售额和市场占有率。

（2）降低成本。帮助企业提高集成的计划准确性、供应链效率和劳动生产率，进行准确的成本核算，降低库存，减少运作成本，减少或消除一切不能增加价值的活动，提高投资

回报率。信息化帮助企业改进与合作伙伴(供应商、零售商、第三方)的关系,使整体供应链的优化成为可能。

(3)提高组织能力。

①提高基于数据的企业决策能力和战略决策准确性,降低决策中的不确定性和风险。信息－决策－行为三者高度集成化和所有部门工作于同一种数据,极大地增强了决策者的信息处理能力和部门间的合作效率。企业的规模越大,信息系统就越能发挥作用。

②提高企业整体管理水平。利用信息技术建立良好的管理规范和管理流程,构建扎实的企业管理基础,衡量经营的结果,实行科学管理,最终提高企业的整体管理水平。通过信息系统,部门之间的沟通、员工之间的沟通更加容易、迅速,提高工作效率和协作效率。

③促进组织结构优化。计算机网络改变了信息传递的方式,使组织结构由阶梯层(等级)型逐步变为水平(自由)型,从"金字塔"型变成扁平的"矩阵"型。组织结构扁平化意味着打破部门之间的界限,跨职能部门的任务团队将发挥重要作用。通过适当的授权,充分调动员工的工作积极性和激发员工的主观能动性。

(4)提高员工素质。员工们对自己业务的熟悉是他们积极参与企业信息化管理的优势所在,但是他们缺乏新的理论和知识,对企业信息化管理的要求不甚明了,因此,在提供专业技术支持的同时,对他们加强培训,特别是进行创新意识的培训,使新的信息理论知识、创新思维与已有的自身业务的熟悉相结合,对整个生产、经营、管理的流程进行创新、优化,起到事半功倍的效果。

(三)经济和社会效益显著

实施物资管理信息系统,给义翔铝业公司带来了显著的经济效益和社会效益。在推行物资管理系统管理模式后,义翔铝业公司全年成本投入较上年同比降低2400万元以上,减少运营资本占用5000万元以上。而且实行物资管理为公司精细化管理奠定了坚实的基础,实现了义翔铝业公司管理规范化、科学化和现代化建设,提高了公司的整体素质和核心竞争力,实现了公司的可持续发展。

四、综述

物资管理系统是义翔铝业公司根据自身特点,针对物资管理现状以及存在的问题而制订的一套行之有效的管理模式。该项目推行以来,公司上下不断探索,不断完善,不断创新,再造业务流程,实现信息共享,有效降低物资消耗成本和占用资本成本。该项目有助于调动企业员工的工作积极性、主动性和创造性,全面提升了企业的经济效益和社会效益,为义翔铝业公司战略目标的实现提供了有效的保障,对应对市场化、全球化、提高企业核心竞争力具有重要意义。该管理模式给公司带来了较大的效益,同时也为义煤集团公司"三步走"战略做出了贡献。

我国上市公司企业社会责任会计信息披露研究

——以煤炭行业为例

马伊安　于冠军　朱红辉

企业作为推动社会经济发展的中坚力量，在自身经济活动中，不可避免地会带来环境、资源等社会问题，其社会责任会计信息披露受到社会各界的广泛关注。煤炭企业由于自身的特殊性，其披露社会责任会计信息备受瞩目。文章选取了沪深两家上市的所有煤炭企业为样本，利用评分法进行调查分析，指出在社会责任会计信息披露中存在的问题，并针对性地提出几点改善我国社会责任会计信息披露质量的建议。

企业社会责任起源于20世纪50年代中期西方发达国家，是企业与社会经济发展到一定历史阶段的产物。企业作为一个法人主体，它的经济活动与周围的社会环境有着千丝万缕的必然联系，因此，不能仅仅以实现更多的利润作为自己存在的唯一目的，还要积极主动地承担更多的社会责任，并自觉地予以披露。煤炭行业作为我国的基础能源行业，又由其本身的特殊性，对环境、职工、社会影响的重要程度是其他行业所不能相比的，因此更应该作为积极承担社会责任并予以披露这些社会责任会计信息的典型代表。

一、社会责任内涵界定

企业社会责任的概念出现较晚，20世纪50年代至70年代之间，企业社会责任尚存在着多种定义。诺贝尔经济学奖获得者、著名经济学家米尔顿·弗里德曼于1970年在“纽约时代杂志”上提出了著名的“企业社会责任”的定义。这是最早的较有影响的定义，后来被广泛定义并逐步相互使用开来。

纵观国内外对社会责任的研究文献，由于各国的国情不同，对社会责任包括的具体内容也不尽相同。但基本都集中在企业收益、企业人力资源、职工福利、环境保护、消费者利益保护和对公益事业贡献六个方面。本文结合国外和国内学者对企业社会责任的研究内容，依据我国《上市公司治理准则》和《深圳证券交易所上市公司社会责任指引》及上海证券交易所《关于加强上市公司社会责任承担工作暨发布〈上海证券交易所上市公司环境信息披露指引〉的通知》的相关内容、我国的国情，把企业社会责任的内容定义为6大类、16小类：

（1）环境问题类。具体包括企业对日常生产经营过程中所造成的污染控制、环境恢复、节约能源、各种废旧原料回收、环保产品开发、其他环境披露。

（2）员工问题类。具体包括企业员工的健康和安全、员工培训、员工的业绩考核与激励、员工其他福利待遇等。

作者单位：平顶山天安煤业股份有限公司六矿

(3)社区问题类。企业在追求自身经济利益时,注重和谐社区的构建。具体包括企业对所在社区的贡献和利益。

(4)一般社会问题类。具体包括考虑弱势群体的利益、关注犯罪失业公共安全等、公益或其他捐赠。

(5)消费者问题类。具体包括产品的安全与质量提高。

(6)债权人、银行问题类。具体包括对债权人、银行的履约责任。

二、煤炭企业社会责任会计信息披露状况

近年来,我国"企业社会责任运动"强音渐起,社会责任备受关注。煤炭行业作为基础能源行业,对国民经济的发展贡献巨大。但是,煤炭的开采对环境、职工、社会影响的重要程度是其他行业所不能相比的,引起的社会公众关注度也最高。污水的排放、环境的污染、地面沉陷、矿难事故等都是煤炭行业面临的重大问题,因此,煤炭行业更应该作为承担和披露社会责任的典型代表。

依据上述对社会责任内容的分类,本文采用评分法来考察所选样本企业的社会责任会计信息披露状况。评分法,是把每个指标分为定性描述和定量描述两种情况,并对定性描述和定量描述赋予同等重要的分值。具体评分细则为:分析各个目标企业的定期年报,以企业社会责任范围的这16个小类为评分项目,如果上市公司的年报信息中披露了上面16个小类中企业社会责任活动中的某一种,即得1分,若有相应的金额披露,则再加1分。即一个企业一个小类最高得分为2分,由此可推出一个企业最高得分为32分,最低得分为0分。本文依据这一分类原则和评分标准,选择煤炭行业30家上市公司2010年公开披露的年报进行了调查研究。笔者逐个仔细查阅其社会责任报告,整理出披露的定性和定量方面的社会责任信息。

从企业社会责任披露范围来看,环境问题和员工问题是披露最多的信息,分值分别为150分和124分。虽然环境问题的得分最高,但是,员工问题是这30家煤炭上市公司共同披露的问题。显然,煤炭行业对于自身应承担的社会责任的理解,重在对环境的保护和对员工问题的关注。在企业社会责任范围内,披露信息最少的是社区问题和消费者问题,分值分别为14分和17分。对一般社会问题和债权人、银行问题的关注,则介于这两大类之间。披露的信息量却远远小于对环境问题和员工问题的信息。企业社会责任项目信息披露比例如图1所示:

在这30家煤炭行业上市公司披露的社会责任信息中,由于所处的行业特征,企业员工的工作环境较其他行业来讲,更容易对职工的身体健康造成不利影响,因此员工的健康和安全就成为披露的重点和焦点。但是,所有上市煤炭企业在员工的培训和业绩考核方面,披露的情况却不尽如人意,大多数公司只以文字叙述的形式轻描淡写地掠过,基本上没有具体金额的披露。在环境问题的披露中,几乎所有的公司都在定性和定量方面给出了披露信息,只有极少数公司仅在定量方面给与文字性描述,可见,煤炭行业的环保意识较强,环保工作做得相对较好。

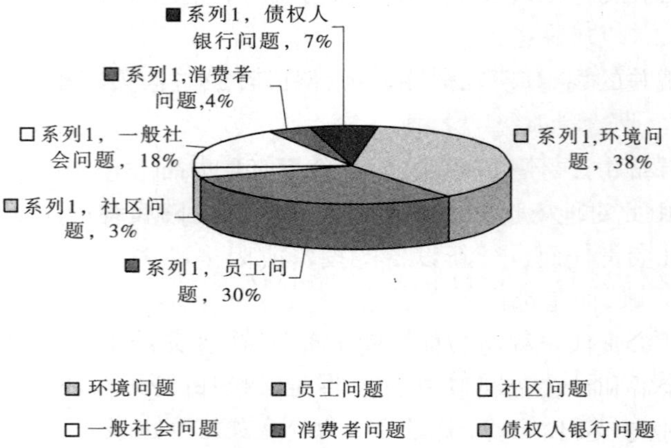

图1　2010年沪深两市煤炭行业上市公司社会责任项目披露比例情况示意图

三、存在的问题

（一）公开披露履行社会责任报告的公司较少

我国大多数煤炭行业上市公司仅在年报中披露零星的社会责任信息，编制独立报告的寥寥无几。而且公开披露履行社会责任报告的上市公司，在披露承担的社会责任会计信息的时候，几乎都是在年度报告中以文字性的描述表达出来，而且信息量偏少。

（二）我国社会责任会计信息披露的内容不全

在所选取的样本公司中，几乎没有一个企业对社会责任方面的内容进行全面详尽的披露。除了中国神华（601088）、潞安环能（601699）、中煤能源（601898）、冀中能源（000937）四家公司在其社会责任报告中较多地披露了一些承担的社会责任信息外，其他公司披露的社会责任信息也相当有限。在披露的社会责任内容当中，各家公司都很重视的是环境问题和员工问题。可见，在环保意识逐渐深入人心的今天，对环境的保护成为了企业承担社会责任日益重要的一部分。在员工问题中，大多数公司只披露了员工的健康和安全，对员工的培训与考核关注的不尽如人意。对社区的利益和贡献以及消费者问题的披露信息是少之又少，很多企业几乎没有涉及，甚至简单的文字描述都没有，可见这方面关注度甚低。

（三）披露社会责任信息以定性的文字描述为主

对于一些上市公司已经意识到承担的并且可以是量化的社会责任信息没有用定量的信息予以表现出来，这说明我国上市公司对社会责任会计信息披露的重视程度是不够的，外部信息使用者对社会责任会计信息的需求也是不强烈的。例如，有很多煤炭行业上市公司节约的水、电等能源，都可以简单用单位价值能源所产生的价值予以计算，但是公司在定期报告中并没有把这些可以量化的社会责任信息以数量的形式表现出来，只是进行了简单的定性描述。

（四）披露的与社会责任有关的会计信息不以体现社会责任为主要目的

在一般的会计处理过程中，企业通常是把与社会责任有关的问题作为常规的财务会计问题来处理，几乎没有任何一家企业会设置独立的社会责任会计科目。这主要表现在以下几个方面：

（1）按环保机关的规定应当交纳的排污费以及员工的培训费，未设置独立会计科目，而是直接列入到企业的管理费用之中。

（2）企业在日常生产经营过程中，因社会责任问题而交纳的各种罚款支出、由此而造成的停业损失或由此对他人造成的损害赔偿支出等，列入企业的营业外支出。

（3）为承担社会责任而进行新设备的投资或固定资产的购建，未与其他一般的固定资产区分开单独入账，而是都作为一般的固定资产支出项目处理。

（4）在建的社会责任工程与其他在建工程一样，通通列入企业的在建工程项目。

（5）对社会公益和社会福利事业的赞助和捐赠，以及对困难职工和社会弱势群体的补助支出列入营业外支出。

（6）由于缺乏相应的基本注释，某些会计科目或明细项目表意模糊，无法确认该项目披露的是否属于社会责任信息，例如："捐赠支出"和"赞助费"两个项目，企业在定期报告中只是将它们列示为营业外支出的两个明细项目，并未给出详细的注释，从而造成信息使用者无从得知这样的支出是公益性的还是企业之间的经济活动。上述现象导致的直接结果是企业虽然承担了相应的社会责任，但是，相关的社会责任信息却无法在会计报告中准确地体现出来。将企业的社会责任事项纳入常规的财务会计事项进行核算，这是目前我国企业会计核算过程中存在的一种普遍现象，这不但不利于社会责任会计的发展和进行相关信息的披露，同时也对企业财务会计信息的真实性产生了消极的影响。

四、改善我国企业社会责任会计信息披露的建议

（一）深化对社会责任会计的研究和认识

社会责任会计在我国虽然有了一定程度的研究和探讨，但是相比于西方国家，尚不完善，其研究成果较少，运用不成熟，在实务中很少应用，且这种研究也主要是以概念性的探讨、重要性的分析和国外研究状况的简单介绍为主，几乎没能在确认、计量、记录、披露等方面取得重大突破。因此，理论界应加强对社会责任会计的深入研究，并逐渐应用到实践中去。

（二）配合新《公司法》精神，尽快出台配套法规措施

我国在政策层面上一直没有出台与社会责任相关的法律法规，直到新《公司法》的实施，才明确要求公司应当"承担社会责任"。虽然这一法规是我国在企业社会责任迅速发展阶段的过渡性法规，它的运行和完善还需要其他相关配套法规的尽快出台。但是，由此可以看出，政府已经认识到公司承担社会责任对于公司的长远发展、对于整个社会物质文明和精神文明建设的提高所起到的重要作用，"承担社会责任"已经作为法规得到贯彻和实施。因此，借着新《公司法》颁布实施的契机，进一步加快上市公司社会责任会计信息披露方面的相关配套法规的制定和有效实施，意义十分重要。

（三）强化企业社会责任意识

企业是社会系统重要的有机组成部分。作为法人，企业是市场经济的主体，作为由人组成的社会组织，企业也应该是公民社会的主体。一方面，社会环境和自然环境是企业经

营活动所必须的各种要素的最终来源和基本保证；另一方面，组织化的企业拥有巨大的各种资源，其决策和行为也会对社会及自然环境产生重大或不可逆转的累积影响。因此，企业在创造自身经济效益的同时，更应该不断提高自身的社会责任意识，实施社会责任活动，积极主动披露企业社会责任会计信息，接受公众监督。

（四）在对地方行政领导和企业领导进行考核的指标中引入社会责任履行指标

我国对以往的地方官员和企业领导的绩效考核评价体系主要是各项财务指标，而没有考虑达到这样的经济成果对生态环境所造成的污染程度、对员工生存状况和自身健康的关注程度、对社会所做的利益和贡献大小、吸收残疾人或者下岗失业人员的多少、慈善捐赠额的多寡等指标。以单一的经济指标作为评价体系往往会导致地方行政领导和企业领导人片面追求经济效益，忽视环境、社区等的建设。因此，把履行社会责任情况作为地方行政领导和企业领导的一项考核指标将大大促进企业履行社会责任的积极性。

（五）投资者转变投资理念，用长远目光评价企业价值

企业披露社会责任会计信息不全面的，有很大一部分原因是投资者对此信息需求不足造成的，这说明投资者的投资理念还停留在传统的水平上，跟不上社会大环境发展变化的趋势。投资者的行为过多地关注企业的盈利信息，或者关注企业的股利分配状况，对企业披露的社会责任信息的漠视，这必然从一定程度上对企业造成了负面影响，不能激发企业提高社会责任意识，积极履行社会责任，自觉自愿地披露社会责任信息。

煤炭企业财务管理信息化问题研究

习海燕

本文对我国煤炭企业财务管理信息化存在的问题进行深入的分析，并且从煤炭企业财务管理信息化建设的基本理念、基本原则、问题原因和推进思路四方面进行了详细的论述和剖析，重点强调了财务管理是煤炭企业信息化建设的核心内容，企业通过建立先进的信息化平台使财务、业务、生产一体化，达到资金流、物流、信息流的统一。本文研究有利于解决现存的问题，提升管理水平、增强核心竞争力和集团控制力。

一、研究意义

(一)加强财务管理信息化建设是现代煤炭企业管理发展的必然要求

随着经济全球化进程的加快，市场竞争日趋激烈，企业传统的管理模式已经不能适应市场变化的要求，实行财务管理信息化，充分将信息技术应用于财务管理的各个环节，加快财务信息的传递与整理，及时准确地掌握财务信息、集中管理各项财务资源、迅速作出科学决策，是当前煤炭企业生存发展的迫切需要，也是现代企业管理发展的必然要求。

(二)推进财务管理信息化是实现煤炭企业信息化的突破口

财务管理信息化是实现企业管理信息化的最佳入口，用信息技术强化预算、结算和监管等各个环节，能有效提高资本的周转程度和保值增值能力，可以为实现企业信息化和企业利用电子商务整合经营，降低成本，建立可持续盈利的商务模式创造条件。

(三)提升财务管理信息化是推动煤炭企业内部控制的重要途径

企业财务信息化管理，可以将各地区、各下属子公司通过统一的财务核算集中到同一体系下，减少各自独立核算的差异，提高了集团企业内部财务信息的一致性，为集团企业的内部控制提供了可靠的评价标准，为集团的重大决策提供了重要的参考依据。

(四)健全财务管理信息化建设是煤炭企业重要的组成部分

健全完善的财务信息化建设为煤炭集团企业提高财务管理水平提供了有力保障。利用财务信息化的现代信息技术来处理财务数据，可以将企业的财务、经营、投资等内容紧密联系起来，优化了财务信息的传递渠道，强化了财务管理对企业经营管理影响，是现代煤炭集团企业提高竞争力的前提和基础。

二、当前煤炭企业财务管理信息化建设问题分析

(一)对企业财务管理信息化建设的认识不到位

企业建立财务管理信息化系统是项重大的管理工程，涉及企业管理的理念、模式、资金运作方式、生产组织形式等方面的变革。在现实中，煤炭企业领导和财会人员安于现

作者单位：郑州华辕煤业有限公司

状，缺乏改革创新，缺乏从参与国际竞争的战略高度来认识自己的企业，更没有认识到企业财务管理信息化建设的重要性。

（二）有效的财务集中管理模式尚未形成

企业管理中的集权和分权是对立统一的。从国外大公司的先进管理实践来看，事权可以分散，但财权必须集中。而目前我国煤炭企业管理层次过多，"子不认母"、"母不认子"、"集而不团"的现象普遍存在。大多数企业内部没能形成高度集中的资金管理指挥系统，缺乏统一规范的财务资金调控制度，信息传输渠道不畅，致使企业决策者难以及时、准确、全面地掌握生产经营全过程的全部信息，无法实施有效的管理、监督、控制和实现企业集团资源共享、企业信息及时交流。

（三）企业内部管理制约财务信息化进程

企业自身管理基础薄弱，影响财务信息化的有效实施。

一是财务管理基础薄弱，主要表现为财务管理体制分散，企业财务制度不健全、不规范，业务流程和财务核算流程流转不顺，会计科目设置数据，成本明细参数设置等信息总是处于分散、孤立滞后的状态。

二是我国目前大多数煤炭企业基本上还没有形成一套完整有效的内部控制系统，企业的财务会计工作就不能正常运转。

（四）缺乏财务和信息化管理的复合型人才

目前，煤炭企业内部既懂财务管理，又懂信息化管理的复合型人才还十分缺乏。企业一般在遇到网络问题时都依赖或求助于外界专业技术人员。这样就大大降低了财务数据的安全性，可能会造成机密泄露，给国家和单位带来无法估量的损失。

三、煤炭企业财务管理信息化建设的探析

（一）煤炭企业财务管理信息化的基本理念

树立正确的财务管理信息化理念和以财务管理为中心的企业集团管理理念，是加强企业集团财务管理信息化建设的基础。

财务信息化是将信息技术引入传统财务管理模式，并推动传统财务管理不断深化和拓展的过程。财务信息化"三分靠技术，七分靠管理"。

（二）煤炭企业财务管理信息化的基本原则

1. 战略目标一致性原则

煤炭企业财务信息化建设应当从促进实现集团战略目标出发，与企业整体战略规划相一致，着眼于实现企业财务管理创新和集团财务管控，既要满足集团各级财务管理工作的需要，又要充分考虑集团未来发展战略对财务管理的要求，以适应煤炭企业在不同战略发展阶段的需要。

2. 整体规划、分步实施原则

煤炭财务信息化建设是企业整体信息化工作的重要组成部分和先导，是企业集团整体信息化规划的一部分，因此，只有在充分论证的基础上通盘考虑集团及各级子公司的需要，整体规划财务管理体系和功能，有计划地分步实施，才能成功。

3. 灵活设计、科学适用原则

由于现代企业管理理论、实践和管理模式的日新月异的变化，煤炭企业必须要紧跟时代步伐，财务信息化将面临不断的自我调整、自我扩展的挑战。设计上必须灵活、可扩展，同时要注重适用性，讲求实效性。

4. 成本效益匹配原则

在进行煤炭企业财务管理信息化建设中，必须坚持成本与效益相互匹配的原则，充分利用企业现有信息化基础设施，加强现有信息化资源整合，努力提高财务信息化建设的投入产出水平。

（三）煤炭企业财务管理信息化问题原因分析

1. 理念问题

在煤炭企业管理者意识中，企业的安全生产是企业的一切，财务管理信息化建设仅仅是生产的“陪衬”，企业领导没有认识到财务管理的重要性，不会在财务管理信息化系统建设上下工夫。这也是目前系统滞后的主要原因。

2. 制度问题

财务管理是个系统工程，它涉及生产经营、物资供应、产品销售、人事劳资、计划统计等诸多生产单位和机关部门。财务管理水平的提高不是单单依靠财务部门，而是以上各个部门相互协作的结果。在实际工作中，由于缺乏制度约束，各部门在相互配合上有不协调、不合作的情况，影响了信息化系统的建设。

3. 权限问题

财务管理信息化系统建立完善后，公司经济信息在系统上将有一个全面细致的反映，对管理者来说这是一件幸事，但对各生产单位、机关各部门来说，其既得权力受到了挑战，因为信息的公开使其重要性降低，再无“秘密”可言，所以在财务管理信息化系统建立完善方面积极性不高。

（四）煤炭企业财务管理信息化建设途径分析

煤炭企业信息化建设是一项复杂的系统工程，与企业的管理模式、管理体制、企业文化、人员素质、行业特征、自动化水平等都密切相关。本文主要从以下几点浅析煤炭企业财务管理信息化建设。

1. 煤炭企业领导的高度重视

煤炭企业信息化被称为“一把手工程”，要求企业决策层对企业信息化有强烈的紧迫感和责任感，一个企业的信息化建设的关键在很大程度上取决于企业领导的重视程度。

2. 大力建立和完善以财务管理为核心的决策管理信息系统

财务管理是企业管理的核心，资金管理是财务管理的核心，因而资金运作问题成为企业生存和发展的根本。建立以财务为中心的考核体系，建立全面的计划预算体系，从编制资金计划到运营活动、筹资、投资，对资金进行全面的监督和控制，对成本和费用进行控制和分析考核，提供全面、及时、灵活的财务分析系统，全面实现企业现金支付活动的统收统支。

3. 积极推进财务与业务的一体化

财务管理的最高层次是实现业务和财务的统一，即财务和业务的一体化。因此，财务信息化建设不能与企业的生产经营活动脱节，应通过业务流程和财务流程的再造，运用统一的计算机管理软件，实现财务信息与业务流程一体化。企业应结合实际，积极引进或开发运用统一的财务与业务一体化的管理软件，逐步实现生产经营全过程的信息流、物流和资金流的集成和数据共享，保障企业的预算、投资、结算和监控等财务管理工作规范化、高效化，从而逐步建立起产、购、销、存一体化的内部信息系统，实现整个企业财务系统与销售、供应和生产等系统的数据共享，管理协调。

4. 正确选择和升级财务相关软件

在软件市场中，存在着许多财务会计软件，其软件开发商、优势、价格等各不相同。企业在了解自身发展特点与适合自己的经营模式后，选择适合自己的财务软件。正确选择和升级财务软件，可以有效保证公司财务数据等保密数据的安全。

5. 积极加强和组织财务人员信息化培训

煤炭企业财务管理信息系统是现代信息社会高速发展的产物。企业需要组织财务人员和管理者参加相关培训，并通过举办研讨班、经验交流会等多种形式，加深他们对管理系统的认识，以确保相关人员可以熟练并且合理充分地运用财务管理系统。

四、研究结论

本文对我国煤炭企业当前财务管理信息化存在的问题进行深入的梳理和分析，认为企业领导应该深刻认识财务管理信息化的实施对于企业的发展具有至关重要的作用，强调了财务管理是煤炭企业信息化建设的核心内容，企业通过建立适合煤炭企业的的信息化平台提高财务管理水平，使财务、业务、生产一体化，达到资金流、物流、信息流的统一。财务管理信息化的推进是企业提升管理水平、增强核心竞争力和集团控制力的重要方式，是我国当前煤炭企业防范财务风险，加强财务管理工作的重要手段，是抵抗国内外市场风险的重要利器。

浅谈信息运行中的财务建设

赵小松

随着我国经济和产业结构调整,煤炭企业向着大型化、集团化方向发展,财务管理的作用日益加强。而如何理顺管理流程,统一文化理念,规范基础核算,提高人员素质,使财务管控适度,运营有序、高效,成为财务建设的关键。近年来,中国平煤神马集团财务建设以提高控制力、执行力为重点,明确信息运行要求,严格信息运行职责,切实提高信息运行质量,确保各项政策法规落到实处,主动服务于集团经营发展。

一、信息运行与财务建设之间的关系

信息运行,就是与企业发展相关的信息资源,包括市场形势、政策法规、商品售价、材料采购、人力资源、财务分析以及其他重要事项,在企业内部各管理层级之间通过各种平台流动、传递、利用的过程(基本流程见图1)。

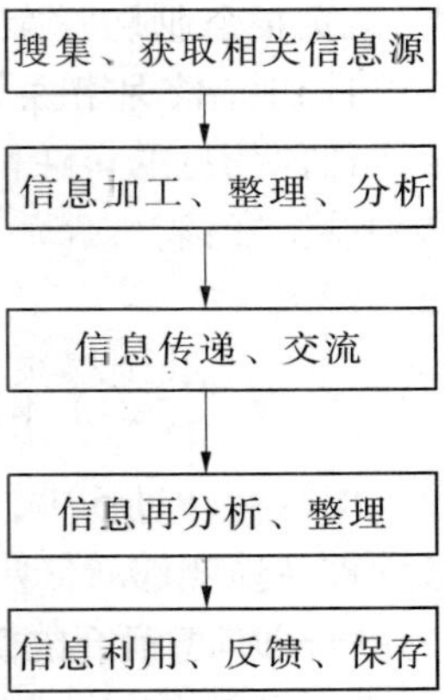

图1　基本流程

受煤炭企业传统粗犷型管理模式,以及集约化管控级次长、单位多等原因影响,煤炭企业普遍没有充分重视信息运行质量。对于以资源为生的煤炭企业,信息的有效、快速、准确运行,使相关信息传递到位、理解到位、贯彻到位,特别是在当前复杂严峻经营形势下,对企业财务建设水平的提升至关重要。而财务制度、管控体系、财务文化、人员素质、基础核算等财务建设方面的内容对信息运行质量的影响,也反映了企业经营管理对财务建设的要求。

整个信息运行进程,完全是一个构筑财务建设合力的过程,而财务建设的加强又可以促进信息传递质量的提高。可见,信息运行与财务建设之间是相辅相成,互为发展的。

二、信息运行遵循的目标与原则

影响煤炭企业财务建设的信息资源有来自生产一线的,有与市场密切接触业务部门整理的,也有来自管理和责任部门的,要保证这些信息资源传递运行顺畅,达到提高财务执行力,提升财务建设水平的目标,就需要遵循以下基本原则。

(一)集中控制性原则

加强财务集中控制力,对各个管理层级进行有效激励约束,保证各项信息运行顺畅,政策法规执行到位。可以此为着力点,理顺管控体系,确立集团总部的主要地位,同时给予各专业化公司充分管理空间,明确各基层单位是第一责任主体,保障信息源真实可靠,传递运行在各层级间良性互动。

作者单位:中国平煤神马集团财务资产部

(二)全面完整性原则

财务工作涉及经营核心的特殊性和自身的专业性，要求财务信息必须全面，将采购、生产、销售、管理、政策法规、人力资源等信息完整地提供给决策层，并完整地保存，确保信息资源获取全面，传递安全。

(三)真实准确性原则

信息源作为信息运行的基础，真实性、准确性是第一位的，虚假、不准确的信息将严重误导信息使用者，导致决策失误，造成巨大的经济损失。因此，必须保证各项经济事件的真相，使其与真实业务保持一致，并把它准确反映上来。

(四)及时有效性原则

信息具有时间价值，财务信息多涉及经营分析，更是如此，必须第一时间传递反映信息，而且，提供的信息必须是与企业发展和财务管理相关有用的信息，保证信息的可利用性，避免信息延误，经营风险增加。

(五)诚信保密性原则

任何信息的传递都与人员紧密相关，特别是有关企业核心机密的财务信息，知情人员必须诚实守信，确保信息运行万无一失，防止信息泄露，使财务管理工作陷入被动，给企业造成损失。

三、信息运行如何在财务建设方面发挥功效

信息运行过程中，各级管理层级不断地辨识、获取信息，以使集团管控体系下各个财务管理主体能够履职尽责，形成财务建设合力。

(一)信息运行的载体平台

(1)直接的口头传递。口头传递信息，其实就是沟通、交流、协调。财务上的工作很多是依据法律法规办事，要求原则性和规范性很强，要想为各部门认同，就要加强与相关部门的沟通协调，保证财务工作获得支持理解，使财务政策执行到位。

(2)正式的书面传递。书面传递主要以正式文件方式进行上下传递。财务工作多涉及企业核心机密，对正式文件要建立档案，将文件名、文件号、关键事件、起草部门、责任部门、时间要求、传递进程、落实情况等进行记录。

(3)直观的电子传递。电子传递主要依靠信息化技术对财务数据进行分析传递。企业财务工作更多的还是和数字打交道，预算管理、资金管控、报表分析、账务操作等主要是靠电子平台进行信息处理。

(二)信息运行的方式途径

信息运行有由下而上、自上而下、平行传递三种方式。

(1)由下而上的运行是一个反映、汇报的过程。基层财务部门是各项基本生产信息、市场销售等信息的直接获得者，是各项管理信息的直接贯彻执行者，也是集团财务管理的窗口。

(2)自上而下的运行是一个传达、反馈的过程。集约化管控模式的最上一级是管理的核心部门，总部的决策是否能及时准确传递到下一级部门，下一级部门是否认真执行，信息运行很重要。

(3)平行传递是一个上下互动、同级流通、信息共享的过程。一些信息需要财务部门多和平级部门沟通、协调，以求支持理解；一些信息反映出来了，还要调研核实，并将回复意见加以反馈，以保证前期信息传递的效果最大化。

四、信息运行过程中的风险点与对策

信息运行过程是风险传导与效率传导并存的过程，信息运行是否顺畅、及时、准确都直接影响财务建设效果。

(1)信息源与生产实际脱节，信息收集不及时，不完整，准确性差，导致信息凌乱，抓不住重点，误导财务经营决策。

财务信息的取得应建立在规范的基础工作和健全的财务制度之上，确保财会信息真实准确。应多开展专题调研或座谈，明确目标和要想得到的信息，提高信息的针对性和适用性；应对获得信息进行一定的筛查、分析、判断，为财务信息使用者提供真实可靠的信息资料。

(2)信息运行体系不够科学，组织架构庞杂，信息没有完整利用，沟通不畅，导致管理效率和决策的正确性降低。

信息运行要科学规范，各专业科室要现场调研核实信息运行中出现的问题，杜绝混淆概念、掩盖事实的情况发生，确保各种重要信息及时、完整地逐级上报，为上级决策提供支持；要明确受理部门及答复时间，在规定时限内予以解决和答复，对需要帮助协调的，要主动了解情况协调解决。

(3)信息运行责任主体不明确，运行记录不完整，缺乏相应的惩戒措施，导致信息失真、不对称、泄露。

信息运行必须保证政策意见、经营理念等及时、准确、完整地传达到所有部门、员工，并保证对外信息口径一致。各个信息管理层级都是一个责任主体，要明确本级信息传递的目标，对本级信息传递质量负责；应建立相应的奖惩约束制度，与各级管理层级绩效考核挂钩，有效衡量其执行效果，同时，加大对失信部门、人员的惩处力度。

(4)信息知情者职业道德不高，素质欠缺，堵塞运行渠道，提供虚假无用信息，甚至利用监管漏洞滋生财务舞弊。

应加大员工培训力度，特别是会计职业道德的培养，在财务报告和信息披露方面要形成监督机制，避免滥用职权，串通舞弊，必要时可以借助外部审计力量加以监督；要形成透明公开的信息传递机制，用良好的财务文化和价值观来潜移默化提高员工职业道德水平；要加强运行流程的监管，督察财务政策执行情况，加强责任追究，保证制度的有效运行，防范财务舞弊。

五、结语

财务建设是信息运行质量的关键，而信息运行作为财务建设的管理工具，也是为提升企业管理水平服务的。财务信息运行是否顺畅，质量是否有保证，和财务管理目标、规章制度、组织架构、文化价值观、领导执行力、人员素质等财务建设因素密不可分。提高信息运行质量，构筑财务建设合力，是大型煤炭企业集团增强市场竞争力，保证企业战略目标实现的必由之路。

煤炭企业财务管理信息化问题研究

李　志

财务管理信息化是提升企业管理水平、增强核心竞争力和控制力的重要方式，是强化企业财务控制、防范财务风险、加强财务管理工作的重要手段。但是现阶段，我国财务管理信息化还存在着许多问题，还需要逐步地从多方面进行推进和研究。

一、煤炭企业信息化的现状

随着煤炭企业生产规模的进一步扩大、产业结构的进一步调整、并购重组企业的增加，原有单一企业管理的模式已经不能适应目前集团化企业的管理要求，转变企业管理模式、强化管理手段、提高企业市场竞争力已迫在眉睫。为了统一规范，使整个企业的运营管理高效运行，满足企业战略发展要求，必须在充分考虑企业的现状下，建立应用软件系统统一平台。企业如果不能及时地解决财务信息的时效性和准确性问题，对于体制、机制创新的落实和又好又快发展都是十分不利的。

在这个市场竞争日趋激烈的发展环境，实行财务管理信息化，充分将信息技术应用于财务管理的各个环节，加快财务信息的传递与整理，及时准确地掌握财务信息、集中管理各项财务资源、迅速作出科学决策，是当前企业生存发展的客观需要，也是解决许多管理问题的有效方法。

二、煤炭企业财务管理信息化发展中存在的问题

（一）对企业财务管理信息化的认识不足

企业财务管理信息化的建设涉及企业管理的理念、模式、资金运作方式、生产组织形式等方面，是一项重大的管理工程及变革。当今往往有不少管理人员安于现状，缺乏创新、只顾眼前，缺乏从参与国际竞争的战略高度来认识自己的企业，更没有认识到企业财务管理信息化建设的重要性。

（二）财务管理信息化的集权模式不够完善

我国大多数煤炭企业内部没能形成高度集中的资金管理指挥系统，缺乏统一规范的财务资金调控制度，没有统一的信息平台，信息传输渠道不畅，财务数据、资金结算、投融资管理集中不起来，致使企业决策者难以及时、准确、全面地掌握生产经营全过程的相关信息，无法实施有效的管理、监督和控制。

（三）重投轻用资源闲置，重有轻管安全堪忧

目前，许多企业由于传统的工作方式没有改变，已建成的网络使用效率低下。工作人员仅掌握了一些基础的计算机操作知识，所掌握的网络知识相对较少，不能熟练地运用及

作者单位：河南神火煤业有限公司

掌握使用网络的管理。这种状况使网络的安全运行难以保障。

(四)管理软件发展滞后,难以满足财务管理工作的需求

我国大多数企业现在采用的是通用的财务管理软件,没有本企业的特色,要实现财务管理信息化,必须开发具有本企业文化和管理理念的财务管理软件。

三、煤炭企业财务管理信息化方案研究

(一)实现财务管理信息化目标

根据当前信息化技术的发展方向和企业精细化管理的要求,笔者认为煤炭企业财务管理信息化目标应该从管理方式上,实现业务协同、远程处理、在线管理、集中式管理模式。从工作方式上,支持在线办公、移动办公等方式。

要实现这一目标,一是构建统一、规范的财务管理信息化平台,实现各子企业与集团财务在同一系统下的会计核算;实现实时的远程财务信息共享,提高财务监控能力。二是构建高效有序的资金管理系统,根据管理需要形成资金使用情况报告与分析,实现资金的日常监管与控制。三是建立严格、完整的全面预算管理体系,全过程监督预算执行,保证企业预算目标的实现。四是建立财务预警系统,通过预警财务指标反映企业现在或将来可能存在的财务问题和财务危机,提前制定防范措施或实施整改方案。五是建立完整科学的财务评价体系、效绩评价体系和完善的资产管理体系,强化企业管理和业绩考评的功能。

(二)完善煤炭企业财务管理信息化建设的途径

煤炭企业财务管理信息化系统的建立和完善是一项长期而复杂的工作,完成这项工作必须有稳定的长效机制、强势的领导机构和执著的专业人员,它还需要公司各阶层、各所属单位、各部门共同协调配合。笔者认为应从以下几方面入手。

(1)公司领导参与这项工作,并成立领导组。高层领导的参与可以减少财务管理信息化建设实施中遇到的阻力,还能保证完成此项工作所需的资金和专业人员的配备。

(2)设立专门的信息化管理部门、配备专业的信息化管理人员。由于其专业性强,实施过程复杂,必须有专门的部门来管理,由专业人员按预定方案建立、实施和完善。

(3)制定财务管理信息化系统实施的长期规划和具体方案,要针对企业财务管理信息化的现状,结合实际,充分考虑企业管理变革的承受力,按照分步实施的原则,制定分步实施计划,充分分析、研究业务需求。

(4)信息技术的进步给财务管理水平的提升提供了机会,充分利用技术进步的机会优化财务管理信息化系统是企业长期的工作;信息技术的发展给企业管理人员提出了更高的要求,更新观念,提高技能才能满足工作的需要。企业要为管理人员提供更多的学习培训的机会,造就一批财务管理和信息化水平双高的复合型人才。

四、推进煤炭企业财务管理信息化建设的保障机制

(一)树立以财务管理为核心的管理理念

在现在的经济条件和煤炭市场行情下,为加快煤炭企业改革和发展,实现煤炭企业管理信息化,要以财务管理信息化为核心和切入点,并尽快建立财务管理信息系统,强化财

务管理与资金流向监控,不仅可以加强企业内部制度建设,防范资金风险、堵塞资产流失的问题,而且还可以做到信息共享,避免财务信息失真。

(二)提高企业管理的创新制度

财务管理信息化与会计电算化是两个不同的概念,建立企业财务管理信息系统不是单纯的网络技术问题,而是要以建立企业集中统一的财务管理体制为基础,以实行企业内部统一财务软件和建立计算机网络为支持,以建立企业财务结算中心或财务公司为手段,以企业内部财务人员的集中管理为前提,运用信息技术手段实现财务的集中管理与资金监控,通过系统集成实现全公司账务统一。

(三)财务管理信息化建设必须统筹规划、分步实施

财务管理信息系统是整个企业管理信息系统的核心子系统,加快财务管理信息化建设不仅要对建立财务管理信息系统进行规划,而且必须对整个管理信息系统进行整体规划。从企业基础信息化做起,有计划、有步骤,需要按照先易后难、分步实施的办法,分财务、物资、生产、销售等项目管理的顺序分阶段进行。

总之,随着全球经济一体化进度的进一步加快,煤炭企业财务管理信息化的建设已经成为企业自身建设中必不可少的一部分,越来越受到企业管理者的重视。只有通过不断完善和建设财务管理信息化配套系统,突破传统的财务管理时空界限,才能使财务管理信息化系统最大限度地发挥使用效能和应用效益,实现企业健康快速的发展。

第五篇 审计工作

分析程序在应收账款审计中应用及注意问题

朱明德 周富成

分析程序是一种重要的审计技术,运用于审计过程的各个阶段,是帮助注册会计师完成审计判断的一种手段。本文主要从以下三个方面来探讨分析程序在应收账款审计中的应用,并对其中应注意的问题作出说明。

一、比较分析法在应收账款余额审计中的应用

比较分析法是财务报表分析的基本方法之一,是通过某项财务指标与性质相同的指标评价标准进行对比,揭示企业财务状况、经营情况和现金流量情况的一种分析方法。

注册会计师在比较分析法应用于应收账款余额审计时,应把本期财务信息与下列各项信息进行比较:

(一)被审计单位以前期间的可比信息

(1)绝对数比较分析。通过编制比较财务报表,将比较各期的报表项目的数额予以并列,直接观察每一项目的增减变化情况。

(2)绝对数增减变动分析。在比较财务报表绝对数的基础上增加绝对数"增减金额"一栏,计算比较对象各项目之间的增减变动差额。

(3)百分比增减变动分析。在计算增减变动额的同时计算变动百分比,并列示于比较财务报表中,以消除项目绝对规模因素的影响,使报表使用者一目了然。

(二)被审计单位的预期结果或者注册会计师的预期数据

被审计单位的预期结果或者注册会计师的预期数据是建立在一定的理论和实际基础上的,不是空想出来的,所以它是可以信赖的,除非被审计单位的经营环境发生了不可预期的变化,否则被审计单位本年数据不会与之有较大的变动。

(三)被审计单位所处行业或同行业中规模相近的其他单位的可比信息

若被审计单位本年应收账款数额剧增,而同行业的都在下降,这就说明被审计单位有可能在应收账款处存在错报。反之注册会计师应考虑被审计单位是否在虚增应收账款。

通过以上对比,注册会计师应当找出与其他相关信息不一致或者偏离预期数据的重

作者单位:河南焦煤能源有限公司中马村矿

大波动或关系，并对这些重大波动或关系进行调查并获取充分的解释和恰当的佐证审计证据。

二、趋势分析法在应收账款余额审计中的应用

趋势分析法通过对两期或连续多期财务报表中各类相关数据的相同指标或比率进行对比分析，得出它们的增减变动方向、数额和幅度，以揭示企业财务状况、经营情况和现金流量变化趋势的一种分析方法。

这种方法在统计学上称之为动态分析，常用方法有以下两种。

（一）定基动态比率

定基动态比率即用某一时期的数值作为固定的基期指标数值，将其他的各期数值与之对比分析。其计算公式为：

定基动态比率＝分析期数值÷固定基期数值

例如：以2009年为固定基期，分析2010年、2011年应收账款增长比率。假设某企业2009年的应收账款为100万元，2010年的应收账款为120万元，2011年的应收账款为150万元。则：

2010年的定基动态比率＝120÷100＝120%

2011年的定基动态比率＝150÷100＝150%

（二）环比动态比率

环比动态比率是以每一分析期的前期数值为基期数值而计算出来的动态比率，其计算公式为：

环比动态比率＝分析期数值÷前期数值

仍以上例资料举例，则：

2010年的环比动态比率＝120÷100＝120%

2011年的环比动态比率＝150÷120＝125%

注册会计师应把以上比率与下列各项信息进行比较：

（1）被审计单位以前期间的可比信息。通过2010年、2011年两年的比较分析，可以看出2011年的应收账款增长速度比2010年快，把这些比率与前几年的数据比较，看是否有异常波动。若有，应查明原因。另外注册会计师在实施审计时，应根据自己的经验判断是否应该有延长计算比率年限的必要。

（2）被审计单位所处行业或同行业中规模相近的其他单位的可比信息；一般，行业的市场风险、利润水平、竞争状况的变动对公司的影响是大同小异的。若企业的财务数据与同行业的规模相近的公司比较却大相径庭，则可能被审计单位在会计报表中存在问题。如果注册会计师在实施分析程序时识别出与其他相关信息不一致或与预期数据严重偏离的波动和关系，可能表明财务报表存在重大错报风险。注册会计师应结合其他审计程序，对异常项目作进一步调查，以获取对差异的合理解释或存在重大错报风险的佐证。

三、比率分析法在应收账款余额审计中的应用

比率分析法是以同一期财务报表上若干重要项目的相关数据相互比较，求出比率，用

以分析和评价公司的经营活动以及公司目前和历史状况的一种方法。下面用应收账款周转率为例来介绍比率分析法在应收账款审计中的应用。

应收账款周转率是反映公司应收账款周转速度的比率,它说明一定期间内公司应收账款转为现金的平均次数。用时间表示的应收账款周转速度为应收账款周转天数,也称平均应收账款回收期或平均收现期;它表示公司从获得应收账款的权利到收回款项、变成现金所需要的时间。其计算公式为:

应收账款周转率(次)=销售收入÷平均应收账款

应收账款周转天数=360÷应收账款周转率

=(平均应收账款×360)÷销售收入

其中"平均应收账款"是资产负债表中"应收账款"和"应收票据"的期初、期末金额的平均数之和。

注册会计师应把以上比率与下列各项信息进行比较:

(1)被审计单位以前期间的可比信息:通过把本年应收账款周转率与以前期间的比较可以看出被审计单位本年度的应收账款收回的速度。若比率大,说明周转率越来越高,否则相反;由此可以看出被审计单位销售的质量。

(2)被审计单位的预期结果或者注册会计师的预期数据;通过把被审计单位本期应收账款周转率与预期数的比较,可以看出本期应收账款周转率是高了还是低了。

(3)被审计单位所处行业或同行业中规模相近的其他单位的可比信息。

把被审计单位的应收账款周转率与同行业其他公司比较可以发现被审计单位应收账款收回情况,若被审计单位的应收账款数目一直在增加,而周转率比同行来低,这说明被审计单位的销售质量不高,也可能是虚增收入,注册会计师这时应对这些情况找出原因和证据。

四、分析程序在应收账款审计中应注意的问题

在评价作出预期的准确程度是否足以在计划的保证水平上识别重大错报时,注册会计师应当考虑下列主要因素:①对实质性分析程序的预期结果作出预测的准确性;②信息可分解的程度;③财务和非财务信息的可获得性。

在设计和实施实质性分析程序时,注册会计师应当确定已记录金额与预期值之间可接受的差异额,注册会计师可以通过降低可接受的差异额应对重大错报风险的增加。在审计结束或临近结束时,注册会计师应当运用分析程序对财务报表上应收账款项目进行总体复核,以确定应收账款与财务报表上披露的数据是否与其对被审计单位的了解一致。

五、结论与启示

虽然分析程序在应收账款审计中能够帮助注册会计师提高审计效率,但是如果在使用中运用不当则可能会形成错误的审计结论,所以审计人员在使用分析程序时,应充分考虑以下问题:①选择正确的分析方法。②考虑数据的可比性,合理的确定期望值。③不能仅依赖分析程序的结果得出审计结论。④执行分析程序人员的能力与经验。⑤加强理论研究,进一步增强分析程序在应收账款审计中的可操作性。综上所述 ,分析程序在应收

账款审计中的运用是注册会计师合理运用职业判断的充分体现，对提高审计执业质量和执业效率有着不可低估的作用。

参考文献

[1] 李远寨. 应收账款审计注意事项[J]. 中州审计,2003(9).
[2] 注册会计师审计准则第 1313 号——分析程序[S],2006.
[3] 王琳,李琳,白文娟. 浅议分析程序审计准则的运用[J]. 商场现代化,2008(3).

简述煤炭企业内部风险导向审计

闫 敏

现代风险导向审计以战略观和系统观思想指导风险评估和整个审计流程，是应对新环境和风险防范的技术创新。运用风险导向审计的方法，煤炭企业内部审计人员可以系统地识别、确认并评估影响审计目标的各方面客观风险，并计算和确定影响内部审计测试的范围、时间和方法的主观风险，以指导内部审计测试的具体实施，实现既定的审计目标。

一、煤炭企业内部审计概述

煤炭企业内部审计是企业监督评价机制与公司内部治理的重要组成部分，它通过审查和评价企业经营活动以及内部控制的适当性、合法性和有效性，促进企业建立健全内部控制制度，确保会计报表的可靠性、经营管理的有效性以及经营活动的合法性。

目前，煤炭企业的生产管理模式多采用多元化经营组织体制，该体制中存在着系统分散、多头领导、各成体系、管理混乱等弊端，造成内部审计的基础建设不规范，建立现代企业内部审计的基础建设不规范。建立现代企业内部审计已经成为企业生存和健康发展的重要保证。

二、风险导向审计的内涵

风险导向审计核心思想可以概括为：审计风险主要来源于企业财务报告的重大错报风险，而错报风险主要来源于整个企业的经营风险和舞弊风险。它是审计人员以企业经营风险分析评估为导向，根据量化的分析水平排定审计项目优先次序，依据风险确定审计范围与重点，对企业的风险管理、内部控制和治理程序进行评价，协助企业管理风险，实现企业价值增值的独立的鉴证和咨询活动。

内部审计的本质是确保受托责任履行的管理控制机制，在风险导向阶段，受托责任关系以及管理控制发生了一些变化，风险导向内部审计成为确保受托责任有效履行的能动的管理控制机制。内部审计人员如何评价风险，如何考虑风险对内部审计活动的影响，并将评价结果与具体的内部审计测试有机结合，成为现代内部审计需要关注的问题，而这也是风险导向审计可以帮助内部审计人员解决的问题。

三、煤炭企业内部风险导向审计的意义

(一)煤炭企业内部审计发展的总体要求

随着企业经营环境的变化，企业内部审计需要不断创新和完善。风险导向审计改变传统的账簿、报表审计模式，以风险评估为基础，综合分析评审影响企业经济活动的各种

作者单位：河南焦煤集团古汉山矿

因素,根据量化风险水平指标确定审计的范围和重点。另外,重点关注组织的风险,可以帮助企业更加安全有效地经营,从整体上有效把握企业的财务状况、经营成果,降低审计风险,做出恰当的审计意见。帮助企业实现其经营目标,不断有效地增加企业附加价值。

(二)内部审计目标多样化的需要

传统的内部审计主要是帮助企业保护资产的安全、完整,促进各种决策的执行。对非财务信息的审计作用较小。风险导向审计通过对企业的风险管理、内部控制和治理程序进行评价,提出建设性意见和建议,协助企业管理风险,实现内部审计多样化目标。

(三)促使内部审计资源有效分配

风险导向审计模式主动识别和评估审计风险,根据风险的大小进行审计计划的安排和审计方案的制定。一般来说,低风险的领域占各项管理活动的比例较高,因此,可以集中有限的审计资源,用于高风险的领域,有效地控制审计风险,减少效率较低的细节测试工作,大大提高审计效率。

(四)提高内部审计的独立性重要手段

完善的内部控制可以降低错误与舞弊发生的概率,大量案例表明,舞弊的发生并非由于公司的内部控制不健全,而是由于管理层对内部控制不够重视。风险导向审计模式通过较为科学合理的风险评估来确定审计的目标和任务,通过内部审计计划与管理当局的授权相结合,减少内部审计受人为影响的因素,使审计的独立性得到进一步提高。

(五)控制内部审计风险的有效方法

风险导向运用将审计人员执行各项审计业务的切入点提高到一个宏观的、全局的层面,使审计人员更有效地选择审计重点,实施审计程序,较好地控制审计风险。通过评价风险管理的实施和运用程度,保证管理者运用适当的治理和控制来对待风险,也可以在降低、转移风险等方面为管理者提供建议。

四、煤炭企业内部风险导向审计方法的运用

风险评估是风险导向审计的核心,它贯穿于现代风险导向审计模式的整个过程。与传统审计模式相比,风险导向审计将风险评估的范围从微观拓展到了企业的宏观背景下,审计的重心也发生了前移,审计理念有了质的飞跃。其程序可以分为三个步骤:制定审计计划、实施审计程序、编制审计报告。

(一)制定审计计划

现代风险导向审计在制定审计计划时首先应考虑审计范围是否符合企业风险管理目标。审计人员应当通过与管理当局讨论、查阅企业内部文件、相关行业信息等途径了解企业及其环境,制订审计计划。

(1)充分了解企业行业整体状况。例如了解所处行业的市场供求状况、新的竞争对手、主要客户和供应商的流失等情况;了解企业及其所处的环境是做好审计的首要工作。

(2)熟悉掌握企业所处的政策、法律等环境,例如对开展业务产生重大影响的政策,包括新的财税法规、货币政策等。

(3)关注可能影响财务报告的交易事项,或目前发生的重大会计问题,如重大的担保、重组事宜等。

(二)实施审计程序

风险导向审计采取“目标—风险—控制”的路线,关注各项风险因素是否得到适当管理,同时在实施审计时,通过舞弊评估、有针对性的调查、运用适当的检测和证实风险的技术与方法来降低企业风险。

1. 识别和评估重大错报风险

审计人员运用获取的有效信息,结合财务和非财务指标的分析,识别和评估财务报表层次和认定层次重大错报风险,得出重大错报风险概率,再依据“审计风险＝重大错报风险×检查风险”的审计风险模型,明确审计应重点关注的领域,合理地分配审计资源恰当地安排审计时间,将审计风险降低到可以接受的水平。具体来说,在识别和评估企业重大错报风险时,审计人员应当实施下列审计程序:了解、识别风险,并考虑各类交易事项的披露;将识别的风险与可能发生错报的领域相联系;考虑识别的风险是否足以导致重大错报。

2. 控制测试

控制测试指的是测试控制运行的有效性。当审计人员风险评估时期望内部控制有效,或者仅靠实质性测试不能为某项认定提供充分的证据时,就实施控制测试。其目的在于通过对内部控制各要素进行测试,考虑实施进一步的内部审计测试的范围、时间和方法以获取恰当的证据。控制测试可以通过询问、观察、检查、重新执行、穿行测试等程序来实施。

3. 实质性测试

对各类重大交易、账户余额都必须进行实质性测试,以确保管理当局对财务报表上的各项认定是公允的。实质性测试最适合使用的方法是变量抽样法。可以通过单位均值法、差额估计法和比率估计法等变量抽样法实施实质性测试。无论是风险评估、分析性程序、控制测试还是实质性程序都必须建立在企业数据本身的真实性、可靠性、相关性和可比性的基础上。

4. 分析性程序运用

分析性程序的目的是对财务信息做出评价,分析性程序一般包括以下几个步骤:选择适当的数据关系;对数据关系进行分析,可选择的方法包括趋势分析法、比率分析法和回归分析法等;识别异常的数据关系或波动;调查异常数据关系或波动,并收集相应的证据。内部审计人员使用分析性程序得出最终的审计结论。

5. 风险再评估及修改审计计划

在审计过程中,审计人员可能会发现计划中存在不符合现实的地方,如果达到了重要性水平,就需要调整计划,再次评估企业的风险,以确保审计的质量。

(三)编制审计报告

审计人员以风险评估为基础完成现场审计并出具审计报告。审计报告应简洁明了,并关注各项风险因素的披露。风险是决定后续审计本质和范围的重要因素,风险越大,后续审计的范围就可能越广。后续审计的重点应是由于控制目标未能实现而产生的风险和影响。

五、实施现代风险导向审计的建议

(一)构建适合风险导向审计的内部审计机制

内部审计机构设置的合理性直接影响到审计职能的发挥。要明确内部审计机构和人员的职责和权限,使企业的内部审计具有相对的独立性和权威性。转变企业内部审计理念,优化内部审计职能和组织模式,使内部审计完成向风险导向审计的转变。

(二)加强内部审计队伍建设,提高内部审计人员素质

现代风险导向审计要求审计人员熟悉企业战略、目标和计划,了解企业经营管理的各项职能,为不同层次以及不同职能部门的管理者提供他们所需要的服务。因此,要改善内部审计人员的结构,把具有企业管理知识、法律知识、计算机知识和掌握多种技术的复合型人才引入到内部审计队伍中来,同时加强内部审计人员熟练风险意识,掌握风险管理的技能,提高对风险的敏感性。

(三)充分利用计算机审计

利用计算机进行审计已成为内部审计的重要手段,培养和吸收计算机专业人才。同时,企业要创造良好的外部环境和内部条件,力争开发研制出具有适应本企业特色、可操作性强的计算机软件,利用计算机开展风险导向审计工作,以提高审计工作效率和降低审计成本。

(四)利用外部审计

企业内部审计人员在审计工作中最大程度地利用外部审计的结果,特别是注册会计师的工作成果。企业应与外部审计机构充分协调和沟通,借助外部审计工作点、审计方式和审计手段,发现风险导向审计中存在的问题,促进企业内部风险导向审计的不断完善和发展。

内部控制审计研究

裴新利　王　翔

内部控制的健全与否对企业至关重要,企业经营失败、会计信息失真及不守法经营在很大程度上都可归结为企业内部控制的缺失或失效。而内部审计本身既是内部控制系统中重要的一个分支系统,又是实现内部控制目标的重要手段。内部审计是内部控制的一种特殊形式,也是内部控制的重要组成部分,内部审计质量好坏,是关系到其能否发挥更大作用的关键。衡量企业内部控制建立健全程度和抵御风险能力,寻找内部控制薄弱环节,提出强化内控建设的措施,以防范和化解企业各种经营风险,提高企业管理水平。

一、内部控制与内部审计概述

内部审计是由参与企业管理的各部门、各单位内部设置的专门机构或人员实施的审计。是企业进行管理控制、提高企业经营效率、实现企业目标的重要工具;是在单位内部建立的一种独立的评价监督部门。它主要是对内部控制的有效性、财务信息的真实性和完整性以及经营活动的效率和效果所开展的一种评价活动,其目的是协调单位人员有效履行责任,监督各项管理措施的执行并对其作出评价,以促进企业管理效率的提高。现代企业内部审计工作主要涵盖财务收支审计、经济责任审计、经济效益审计、内部控制制度评审、开展明晰产权的审计以及其他审计。作为内部控制的重要组成部分,内部审计的功能应服务于内部控制的目标,内部控制目标决定内部审计功能定位的合法性和效益性。企业按照市场经济和现代企业制度的基本要求开展各项经营活动,通过竞争实现资源的合理配置和生产要素的优化组织,不断提高经济效益,以求得发展和壮大。企业通过内部审计,可以对财务收支及有关经济活动进行监督,增强企业领导和业务活动经办人员的法制观念。

内部控制的基本思想早在西方的18世纪产业革命后期就产生了,经过长期的发展,特别是经过20世纪下半叶制度基础审计的建立和深入研究,已经发展得比较完善。企业的内部控制是指企业为了保证业务活动的有效进行和资产的安全完整,从控制环境、风险评估、控制活动、信息沟通、监督评价五要素出发,防止、发现和纠正错误与舞弊,保证会计资料的真实、合法、完整而制定和实施的政策、措施和程序。最终实现企业经营效益性、财务可靠性及合规性的三大目标。内部控制是由五个要素组成的,即控制环境、风险评估、控制活动、信息与沟通和监控。其中监督重要位置,它独立于各项生产经营活动之外,是对其他内部控制的一种再控制。20世纪90年代,随着我国市场经济的逐步完善,企业规模化经营和资本大众化程度逐步提高,资本的所有权和经营权进一步分离,内部控制的重要性日益突出。一个有效的内部控制制度应该满足以下条件:有利于贯彻既定的管理方

作者单位:平顶山工业职业技术学院

针，提高经营管理效率；能够保证业务活动按照恰当的授权进行；有利于通过检查有关数据的正确性和可靠性、确保内部控制制度的有效实施。

内部控制与内部审计有着密切的关系，首先，内部控制是内部审计的评审对象，内部控制与内部审计相互依存、相互促进。内部审计与内部控制中的控制活动相比，内部审计最大的特点是不参与具体的经营管理活动，而是对内部控制进行有效控制。内部审计控制成为企业内部控制的一种形式，也是企业内部经济活动和管理制度是否合规有效的评价机构。其次，内部审计促使内部控制系统更完善。审计人员通过对内部控制系统进行审计评价，找出其薄弱环节、可能存在的问题及带来的影响。内部审计是内部控制的重要组成部分，内部审计在风险管理中发挥不可替代的独特作用，没有内部审计的评价、监督，就不能形成良好的企业内部控制制度。内部审计独立于会计控制之外，代表管理层对整个企业内部控制制度的健全性、有效性及其遵循情况等进行评价，具有其他任何部门和控制所无法代替的重要作用。

二、我国企业的内部控制审计

目前，国内相当一部分企业尚未意识到内部控制的重要性，对内部控制存在许多误解，甚至概念模糊，治理结构先天不足，年度审计计划不科学。审计目标不够明确，工作的盲目性大，个别内部审计机构没有年度审计计划。再加上内部控制固有的局限性，使企业内部控制薄弱，经济业务随意性大，缺乏有效的内部控制审计机制。从机构设置看，目前企业大部分的内部审计部门，基本上与其他职能部门平行，有些中小企业甚至还没有独立的内部审计部门。从审计内容看，一般企业的内部审计人员往往将大部分精力投入到财务数据的真实性、合法性的查证及生产经营的监督上，工作都集中在财务领域而未深入到管理和经营领域。从审计方式看，一般企业的内部审计都是事后审计，无法实现事前预防和事中控制。

针对以上我国目前企业内部控制审计存在的问题，就应完善公司治理结构，使内部审计保持超然独立的地位。完善公司治理结构对于发挥内部审计的独立性有着至关重要的作用，在一个健康的法人治理结构下，公司内部审计部门应成为法人治理结构的有机组成部分。内部审计地位保持独立、超然，审计人员才能发表更为专业、客观、公正的审计意见，这对于内部控制审计的开展具有重要的意义。内审机构出具审计报告的目的是促进企业提升管理水平，而不是束之高阁，在审计项目终结后，审计小组应及时将审计过程发现的问题及审计建议向被审计单位通报，将审计落实作为审计工作的归宿。内部审计在职能及观念上的转变，给审计人员提出了近乎苛刻的要求，所以应提高审计人员职业素养，合理配备专业人才，打造专家型的审计队伍，一支专家型队伍的打造对于内控审计的成功开展有着不可或缺的作用。

随着企业的内部审计由财务领域拓展到企业的经营管理领域，对内部审计机构人员的整体素质提出了更高的要求。可以通过对内部审计人员的培训，进一步提升内部审计人员的综合素质，提高企业内部审计工作的质量。目前企业的内部审计一般都是事后审计，但是随着现代内部控制制度的建立，内部审计应更关注事前和事中控制，全过程和全方位地对企业内部控制制度进行评价和监督。及时发现企业各个环节存在的问题和漏洞,降低企业面临的各种风险。目前我国很多企业还没有设立独立的内部审计部门,有些企业虽然设立了内部审计部门,但其内部审计的独立性和权威性很难得到保证,因此必须重新定位企业的内部审计机构。在科学、合理的内部控制组织体系下,内部审计机构应该是独立于财务部和人力资源部的独立部门。针对企业内部审计报告提出的整改措施和处理建议,企业管理层应及时进行研究并给出反馈意见,这样才能为企业经营目标的实现提供有力的保障。

三、结语

在我国目前企业内部控制的现状下,内部控制审计的本质对象应该是内部控制的健全性、有效性和遵循性。大力推进内控审计,将使企业战略目标得以实施,投资效果得以检验,内部审计若要立足于21世纪,就必须从传统的财务审计向管理控制审计方向发展。最后,还应当明确,我国的内部审计与内部控制无论在理论上还是实务上都处于发展时期,对二者之间的理论协调与实务协调的研究都将任重而道远。内部审计机构也将因内控审计的推行,承担提高公司整体盈利能力的重任,其价值的快速提升将成为有目共睹的事实。

浅谈煤炭企业内部审计制度的建立与完善

张晨英

2003年以来，随着我国经济的快速发展，国内煤炭行业呈现出长达8年的产销两旺局面，为促进煤炭行业持续发展，增强煤炭对经济发展的保障能力，国家鼓励建设大型煤矿以及煤、电、化一体化项目，中国平煤神马能源化工集团有限公司是河南省国有特大型企业，是一家跨局域、跨行业、跨所有制、跨国的特大型的能源化工集团，企业现有煤炭采选、尼龙化工、煤焦化工、煤盐化工四大核心企业和煤电现代物流，高新技术、建工建材，机电装备五大辅助产业，集团所属分公司、子公司较多，因此应建立和完善与之相适应的内部审计制度，保障企业规范化运作，有效防范经营管理风险，推动煤炭企业健康发展。

一、内部审计在煤炭企业管理中的作用

内部审计是建立在组织内部的独立的评价职能，该职能作为对组织的一种服务，目的是坚持和评价组织控制以防止潜在的风险，为组织成员提供与检查活动有关的分析、评价建议、忠告和信息，并对组织的内部控制系统的适当性和有效性，以及完成工作效果所进行的审查和评价。内部审计的主要职责是监督组织的控制结构，它的作用是：

第一，保证会计信息的可靠性和完整性。当今信息时代，信息系统变得越来越重要，信息系统本身也日趋复杂。信息系统分为会计信息系统和经营信息系统。会计信息系统生成包括管理人员使用的预算报告和成本报告在内的一系列财务报告。内部控制的目标之一就是保证信息系统产生的信息的可靠性和完整性，这对于管理层制定决策是非常重要的。

第二，保证集团企业政策、计划、程序、法规的遵循性执行和落实。

第三，保证资产的安全性，防止国有资产流失。为了保护组织的资产的安全所涉及的内部控制措施往往可以通过观察来了解，必要时，内审人员要进行实物与资产的对照清查。

第四，提高经营的经济性和有效性。有限资源指用于满足人们需要的资源是有限的，企业在经营过程中应尽可能减少有效资源的耗费来实现理想的成本水平和效益水平。

第五，能够促进廉政建设，维护国家所有者权益，推动企业健康发展。

二、集团企业内部审计存在的问题

（一）集团企业内部审计的独立性较低，限制了审计工作的有效开展

企业集团内部组织机构及其管理模式并没有转变，所有者和经营权亦不完全分离，董事会、监事会、审计委员、经营管理层职责划分不清，从而影响到集团内部审计的作用。这

作者单位：河南兴平工程管理有限公司

种内部审计管理模式难以保证内部审计的主体地位和独立性，内部审计部门发表的审计意见首先要考虑企业的经济利益，服从企业大局、一定程度影响了其客观性，无法为外部所认同，减弱了内部审计在煤炭企业经营管理中的作用。

（二）企业集团内部审计思想观念依然受传统观念的束缚

内部审计大多是差错防弊型审计。审计的对象主要是会计报表、账本、凭证及其相关资料，工作大都集中在财务领域的表面层次；审计方法也采用传统方法，在审计内容及范围上对经营管理效益审计、内部控制审计不重视；审计手段还主要停留在手工收集材料，审计效率低。近年来，随着信息化的高速发展，企业的财务管控、物流管控等相应的管控体系相应配套使用，但由于受到传统思想观念的影响，企业内部审计跟不上信息发展的步伐。

（三）企业内部审计制度体系不健全，监督和服务职能不能发挥

内部审计法律法规体系不健全，国家审计有《审计法》作为法律依据，社会审计有《注册会计法》，而内部审计目前只有审计署颁布的《关于内部审计工作的规定》，法律制度上，导致内部审计与国家审计、民间审计在工作地位上的差异，内部审计法律依据不充分、不健全或出现空白，使得内审人员在进行审计时，只有经验和知识进行分析判断，客观上制约着内部审计工作的开展。

（四）企业内部审计重点侧重财务收支审计，满足不了集团企业的发展

集团企业的内部审计是从实施财务审计开始的，现在集团企业的内部审计处在第一层次，主要原因是内部审计人员大多是会计人员，对检查财务收支的合理合法性和会计信息的真实性最为熟悉。随着市场经济的逐步完善，集团企业发展规模越来越大，产业链条不断延伸，经营空间不断拓展，集团经营决策层对财务信息质量和经营效益情况的要求越来越高，传统的内部审计远远不能适应集团企业发展的需要，只有逐步开展管理、经营效益审计，围绕经营目标的顺利实现，对集团发展战略、重组收购、合资合作，外部融资、对外担保、资金管理等关键环节、关键领域进行监督和审计工作，才能保障集团企业经营有序的发展。

通过内部审计存在的问题进行分析，以下将结合实践工作做出内部审计制度。

三、构建内部审计制度

（一）确保内部审计职能的合理化

随着现代企业内部控制制度的建立，外部约束机制的不断强化，内部管理体制的逐步完善，电算化会计的普及和运用，内部审计在审计理念上要从监督导向型向监督服务型转换，内部审计应改变其传统的财务审计模式，向经济效益审计、经济责任审计、管理审计领域延伸。随着集团企业的运作日趋规范，内部审计要以“推进内审转型创新，服务集团经济发展”为目标，充分发挥内审“免疫系统”功能，提高企业经营管理水平。

（二）进一步完善内部审计监督制度和质量评价体系

提高审计质量，不仅要建立相关的工作保障制度和规定，还必须建立相关的工作监督制度，通过建立《内部审计项目质量控制办法》、《审计质量责任追究制度》、《内部审计人员培训制度》、《月度审计工作例会制度》、《监督部门联席会议制度》等以及向审计委员会、职代会定期报告机制等内部审计管理和审计业务质量进行综合考核评价，是提升审计质量的有效工具。对需要评价的各个项目分别以百分制评分，按照制定的评估标准确定每一项具体内容所得分数，汇总得出每个项目的分数，按照重要性原则，分别赋予每个项目权重，用各项目所得分值分别乘以该项目的赋予权重，即可得到质量考核应得分数，最后根据考核标准认定审计质量的高低。

（三）勇于创新，提高内审人员素质

面对新的形势和发展趋势，企业内部审计必须加强内审人员队伍的建设，不断提高内审人员的素质。内部审计人员的素质决定着内部审计工作成败的关键因素。提高内部审计人员的素质对于保证内部审计工作的质量，充分发挥内部审计的作用至关重要。

1. 要改善内审人员的结构

由于内审领域的扩展和审计层次的提升，原来单纯的财会人员结构已不能适应内审工作的要求，需要配备懂生产经营、工程技术、企业管理、法律以及计算机等方面知识的复合审计人才。这就需要审计人员不断学习提高自身业务素质。

2. 加强内部审计人员的培训和交流

一方面，企业要为内审人员知识结构多元化发展提供条件，促使内审人员不仅要精通财会、审计，还要具有企业管理、工程技术、法律和计算机等多方面的专业知识；另一方面，内审人员要增强使命感、紧迫感、危机感，增强竞争意识，以适应现代化企业内部审计对从业人员素质的要求。

3. 创造性的思维模式

内部审计人员要成为管理的专家，具有创造性的思维模式。内部审计人员应该意识到，企业经营的成功不是依赖一成不变的公式，相反，成功的关键在于不断改善企业的经营机制，使之适应千变万化的市场需求。内部审计人员通过调查和测试，应了解影响本企业主要经营活动的内部、外部环境的变化，不断地总结与发展创造性思维模式，帮助企业识别风险。

内部审计是随着经济发展、内部管理层次的增多而产生的一种职能需要，企业应把内部审计工作作为一项十分重要的工作来抓，从思想上提高认识，充分认清所处的位置和应负的责任，加强审计作用，加强管理，建立完整的制度体系，健全自我约束机制，增强风险意识，从而开拓内部审计新领域，形成审计计划、审计实施、审计控制，建立审计成果应用的全过程数字分配比例管理模式，促进内部审计在竞争中求发展，在发展中不断完善，为集团企业这艘“航母”持续前进保驾护航。

审计风险管控与质量评估理论研究

王子庆

随着经济的快速发展,社会对审计质量的要求越来越高,企业对内部审计越来越重视,在以后的工作中有效降低审计风险、提高审计质量,是审计人员必须思考的问题之一。

一、审计风险管控

(一)审计风险的定义

国际审计准则认为,审计风险是审计人员对实质上误报的财务资料可能提供不恰当意见的风险。其实所有有关审计风险的概念都有一个共同的特点,即认为审计风险是指财务报表没有公允地、适当地揭示审计人员认为已公允揭示内容的风险。

(二)审计风险管控的主要内容

1. 审计风险识别

审计风险识别是审计风险管控的第一个阶段,只有正确地、全面地识别审计所要面临的风险,对风险的评估和管控技术的选择才有意义。审计风险识别的方法不外乎有两个方面:第一是借助外部力量,利用外界的风险信息和资料来识别风险;二是依靠会计师事务所的力量,根据客户的特性识别风险。

2. 审计风险评估

审计风险评估包括审计风险评价和估测两个方面。审计风险估测是从量上确定审计风险发生的严重程度及概率。审计风险评价是指在审计风险识别和估测的基础上,把审计风险发生的概率和损失严重程度,和其他因素综合起来考虑,总结出审计风险发生的可能性及其危害程度,并与公认的标准来进行比较,确定审计风险是否超出了可接受的范围,决定控制措施采取到什么程度。审计风险评估是审计风险管控过程中比较关键的环节。

3. 审计风险处理

对审计风险的处理分为三个步骤:一是预防会引发不利后果事项的发生;二是事项发生后防止产生不利的结果;三是尽最大的可能减轻不利事项所造成的后果。在这三者之中,最重要的步骤是避免或预防不利事项的发生。

这三个阶段存在着逻辑关系。人们首先对风险的类型及其产生的原因有了正确的认识,其次才能对风险程度作较为正确的评估,然后才可能判断是否可以承担审计风险,从而有针对性地提出处理风险的具体措施。

二、影响审计质量的主要原因

审计质量是指审计工作过程及其结果的优劣程度,在实际工作中,有许多不利的因素

作者单位:河南神火集团煤业财务部区域一公司财务科

影响着审计质量,笔者认为主要有以下几点。

(一)审计人员素质不能完全适应经济发展的需要

审计人员业务知识及专业水平不能胜任业务发展的需要是影响审计质量、形成审计风险的内在原因。首先,从审计人员知识结构来看,业务水平不高且知识结构单一,从而不能把握审计风险。其次,审计人员的开拓创新意识不强,工作中“满足现状、不思进取”的思想比较明显,由此导致审计工作开展的不够规范,深度不够,对问题的分析不透彻。

(二)审计风险意识淡薄

随着我国经济的迅速发展,企业会不断加强基础建设项目的投入,设备更新速度明显加快,随之而来的是基建审计和采购审计项目增多,审计任务的压力越来越大。由于审计人员资源少加之任务重等因素,部分审计人员“为完成任务而审计”的敷衍思想比较突出,审计风险意识淡薄,质量意识不高,在一定程度上忽视了审计质量要求。有的审计人员只审计表面上的问题,按程序化模式去审计,抓不住审计工作的重点。写好审计报告就敷衍了事,这种面上的内部审计监督,不仅不能对企业发展起到“保驾护航”作用,还为审计工作留下了风险隐患。

(三)内部审计的制度缺陷

首先,内部审计缺少独立的法律法规,指导内部审计工作主要依靠审计署制定的《关于内部审计工作的规定》,制度规定层次低,导致内部审计的威慑力不强、法律地位低。其次,内部审计职能定位窄,主要是监督为主,导致和被审计单位或部门工作协调性差。再次,机构设置不合理,隶属性强,很难有效地对单位其他部门或领导进行审计监督,缺失了一定的独立性。

三、如何提高审计工作质量

(一)对审计工作提高认识,控制和防范审计风险

首先,要提高公司领导对审计工作的重视,让其认识到审计质量工作的重要性,以便从人力和物力上为审计工作的顺利实施提供有力保障。其次,审计工作比较复杂,但审计工作质量的提高,主要是要抓住重点领域的审计,这样不但符合审计工作的成本与效益原则,也可以通过重点突出,来最大限度地控制与防范审计风险。

(二)制定双重承诺制度,划分审计责任和会计责任

审计人员有权要求被审计单位全面真实地提供会计信息资料,配合审计人员工作,并对会计信息资料的真实性、合法性和全面性做出书面承诺。在审计取证时,要求被审计单位负责人和相关财务人员在审计证据上签章确认,实践证明这是提高审计质量、降低审计风险的一个有效可行的办法。

(三)审计人员要依法审计

《审计法》等相关的法律法规,从立法的角度规范了内部审计工作的程序,审计人员在审计实务中要做到确保审计实施方案所定的审计步骤、审计内容实施到位;规定了审计工作底稿的编制,要求审计人员在工作底稿上反映其专业判断的过程和工作过程,保证审计证据的合法性和充分性以及审计人员之间相关审查事项的信息交流和共享;建立级别审核和复核制度,由审计组长或具有较高技能的审计人员对审计工作底稿进行严格的复核。审计人员要坚持依法审计，规范审计程序。

（四）提高审计人员的素质

优秀的审计人员必须具备较强的专业胜任能力和良好的职业道德素质，从业人员必须是复合型、综合性人才，不仅要具备基本的专业知识，还要有宏观经济的分析能力，以及接受坚持不懈的后续教育。企业应该经常性地对审计人员进行后续教育，不断提高审计人员综合素质，以适应未来审计工作发展的需要，降低可以人为避免的审计风险。

（五）改进审计技术方法

在审计过程中，审计人员要针对审计目标、被审计单位的经营环境、经营规模以及业务性质等情况灵活运用。面对复杂的会计交易和事项时，应采用科学的随机抽样方法，确定合理的重要性水平，以点到面，进而得出客观结论；对一些重要事项应从数量和性质两方面采取逐一排查的方法，这样既可以节约审计资源，又可以防止遗漏内容造成审计风险。另外，应该广泛使用计算机审计软件，对财务信息数据进行采集和转换，采用专门的审计方法进行审查以提高审计效率。

（六）加强关键环节审计工作的

首先，要加强采购审计工作，一般情况下采购是公司资金支出的重点。获取采购项目的产品价格、供货渠道等信息，形成可靠的审计补充资料，进而提高审计的效果。必须加强对采购招投标的审计监督，审核有关职能部门是否按采购程序执行采购。其次，要加强基础建设项目的审计工作。对基建项目进行事前、事中和事后的全程审计监督，最大限度地发挥内部审计的监督职能，最大限度地避免基建方面可能存在的舞弊行为。最后，要加强其他重点领域的审计工作，要不断加强领导的任期经济责任审计和领导离职审计，还要开展工资和奖金发放的审计和内部控制有效性审计，通过审计工作“重点突出、全面防范”来不断提高单位的审计质量水平。

总之，审计风险有其存在的客观性，审计质量是审计工作永恒的话题，在审计过程中找准其存在的深层次原因，找出规避和防范的办法，从而使审计风险降低，一定会使审计质量提高到一个新的水平。

工业企业筹资渠道的拓展

孔　丰

随着社会经济的发展,原有的小规模工业企业由于产品结构单一,生产能力低,市场竞争力弱,抗风险能力差,越来越不适应当前市场经济环境。客观上要求工业企业做大做强,实行多样化发展战略。然而,工业企业投资规模大,企业的发展需要投入巨额资金,这往往不是企业自身所能解决的,这就需要企业对外筹集资金。

工业企业在执行产能扩张和多样化发展战略时,资金需求总量很大,银行就成为满足工业企业资金需求的最主要融资渠道。这一点可以从中国企业家调查系统发布的《资本市场与中国企业家成长:现状与未来、问题与建议——2011 中国企业经营者成长与发展专题调查报告》中体现出来。该调查报告数据显示,银行长期贷款是中国各类企业融资的主要渠道。而上市发行股票筹资方式由于上市门槛高,虽然在中国发展迅速,大部分企业还是无法满足筹资条件,而且由于种种原因,我国的股票市场的系统性风险尤为显著,这一点可以由近几年股票市场的大幅度波动得到证明,股权融资也缺乏广泛性。

随着时代的发展和科技的进步,一个现代化大中型工业企业的发展所需的资金规模越来越大。在前期工业企业融资主要是资本性支出融资,企业需要投入大量资金支付土地、建筑物、机器设备等费用。由于贷款金额巨大,工业企业还款压力比较大,一般都和银行签订长期贷款合同。这种贷款一般要求按月或按季支付利息,在贷款期间分批偿还本金,到期时全部偿还。由于工业企业前期投入巨大,而根据一般企业发展规律,正式投产后的 1 ~ 2 年内,由于工人的熟练度、新设备的磨合度等原因,企业生产成本高位运行,而且产品销路没有彻底打开,同时企业需要分担前期巨大的投资成本,往往处于亏损状态。此时为了企业的正常生产经营,工业企业需要营运资本负债融资,去获得生产经营必需的流动资金。这笔资金一般是从银行借入短期贷款,以此来支付原材料、燃料动力等费用,如果企业必须通过增加产能来实现更高的销售和利润,这种融资方式往往就十分合适和必要。

但是由于银行贷款额度有限,或者受国家政策影响,银行贷款额往往无法满足工业企业发展需要,此时企业就需要拓展融资渠道,从其他方面获得资金。在这方面发行公司债券是一个很好的选择。

债券融资在企业融资中占有重要的地位,极大地拓展了企业的生存发展空间。欧美等西方发达国家债券市场比较成熟,企业债券所占的比重远远大于股票投资。而中国债券市场发展相对滞后,监管层对发债主体要求极其严格,许多企业都没有发行债券融资的意识。近期,国家逐渐放宽了发行债券的限制,开始推行中小企业私募债试点,债券市场将会进一步放开,债券融资在中国将会成为一条有效的融资渠道。

作者单位:河南煤化集团焦作煤业(集团)开元化工有限责任公司

从投资者角度来看，虽然当前中国股票融资比较盛行，但是投资者买入股票只享受企业盈利后的分红，如果企业亏损，投资者得不到任何收益，承担的风险很大；而且股权合约使投资者和企业管理者之间建立了委托代理关系，就有可能出现道德风险问题，为避免这一问题，就必须对企业管理者进行监督，但这样做的成本很高，相比之下，债券合约是一种规定借款人必须定期向贷款人支付固定金额的契约性合约，无论企业盈利与否，都必须按约定定期向债权人支付利息，到期支付本金，投资者风险相对较小，而且不需要经常监督公司，监审成本很低，债券合约要比股权合约更能吸引投资者。

从企业即筹资者的角度看，债券的发行成本要比股票低，债券利息可从税前利润扣除，而股息则从税后利润支付，存在公司法人和股份持有人双重课税的问题。发行债券不影响原有股东的股权，债券投资者只有按期收取本息的权力，没有参与企业经营管理和分配红利的权力，对于想控制股权、维持原有管理机构不变的企业管理者来说，发行债券比发行股票更有吸引力。

中国现在的民间资本十分活跃，社会闲散资金数量巨大，而我国的投资渠道相对狭窄一些，许多人有投资意向，然而又怕承担太大的风险，相对来说债券投资风险比股票小，投资收益较稳定，能够吸引大批注意安全性以追求稳定收益的投资者。

另外，融资租赁也是一个很好的方式，融资租赁又称金融租赁，是一种新的产品营销和资产管理的运作模式，也是一种资产性资金融通方式。它是所有权与使用权之间的一种借贷关系，即出租人（所有者）在一定期间内将租赁物租给承租人（使用者）使用，承租人则按租约规定分期付给一定的租赁费，到期取得该租赁物的所有权。融资租赁实际上是以融物的形式达到融资的目的。对于企业来说，融资租赁是融资与融物的结合，集贸易、金融、租借为一体，运作比较灵活、简单，对提高企业的筹资融资效益是十分有效的融资方式。现代化的工业企业科技含量高，设备比较昂贵，选择融资租赁就可以花很少的钱把设备买回来，生产产品取得收入后再支付下一次租金，如此循环大大降低了企业的资金压力，有利于企业迅速做大做强。而对于设备生产厂家来说，融资租赁可以增加企业的销售数量，最终获得更好的收益，这是一个双赢的交易。

对于缺乏资金、想要融资的企业来说，温州金融改革试点是不得不关注的政策导向。2012 年 3 月 8 日，国务院总理温家宝主持召开国务院常务会议，决定设立温州市金融综合改革试验区。会议指出，温州市民营经济发达，民间资金充裕，民间金融活跃。近年来，温州部分中小企业出现资金链断裂和企业主出走现象，对经济和社会稳定造成一定影响。开展金融综合改革，切实解决温州经济发展存在的突出问题，引导民间融资规范发展，提升金融服务实体经济的能力，不仅对温州的健康发展至关重要，而且对全国的金融改革和经济发展具有重要的探索意义。会议批准实施《浙江省温州市金融综合改革试验区总体方案》，要求通过体制机制创新，构建与经济社会发展相匹配的多元化金融体系。温州国家金融综合改革试验区的建立，以期在地方金融组织体系、金融服务体系、民间资本市场体系、金融风险防范体系等方面先行试验。

尽管民间金融仍然存在着很多不规范之处和较大的风险，但由于银行体系对企业在信贷方面的较高要求和资本市场的高门槛特征，使得民间金融在满足企业的资金需求方面同样发挥着不可或缺的作用，这从全国各地投资担保公司的泛滥可见一斑。对于现代化的大中型工业企业来说，当前的民间借贷资金使用成本太高，风险太大，不能满足企业需要。温州金融改革只是水中捞月，目前还享受不到多少好处。它值得关注的地方只在于政府放宽了民间资本进入金融市场的条件，引导民间借贷从地下走向地上，有利于民间借贷走出畸高的利息风险回归到理性、可持续的发展道路上来。这就为企业合法、合理利用民间闲散资金提供了更宽的道路，企业在将来就有可能在一个比较合理的利率水平直接向不确定的社会公众募集大量资金，从而在银行贷款无法满足企业自身发展的需要时，尽快取得资金的补充。当前的金融改革还无法达到这一水平，大中型工业企业只需对此保持关注。

在现代市场经济条件下，工业企业的融资渠道会越来越宽，也会越来越多。企业要根据自身条件，选择适合自己的多样化的融资渠道，制定合理筹资方案，为企业做大做强提供坚实的资金基础。

第六篇　其他

新经济形势下企业筹资风险的防范

郭新法

当前，世界经济下行风险加大，国际货币基金组织甚至认为世界经济处在新的危险阶段，发达国家失业率居高不下，私人需求疲弱，新兴市场和发展中国家增速回落，宏观调控面临的局面更加复杂，与此同时，国内外大宗商品价格高位震荡，全球通胀压力依然较大。2011 年以来，发达国家为刺激经济，正逐步放宽货币政策。包括中国在内的新兴经济体面对较高的通货膨胀压力仍采取适度从紧的货币政策，大多数工业企业由于筹资成本的提高和筹资风险的加大不得不面临利润大幅缩水、市场极度疲软的状况，但另一方面，如果过早放松紧缩政策就有可能导致物价持续上涨和资产泡沫过度积累。因此，如何在新时期内加强企业筹资风险的防范将显得尤为重要。防范控制筹资风险的目的是在正确认识筹资风险的基础上，重视筹资风险的作用和影响，掌握筹资风险的防范措施，使企业既获得经营带来的财务杠杆收益，同时将风险降低到最低限度，更有利于提高企业的经济效益，增强企业市场竞争力。

一、筹资风险的成因

企业筹资风险，指企业因借入资金而产生的丧失偿债能力的可能性和股东收益的可变性，即由于选用不同的筹资组合所引起的无力清偿债务以及股东投资报酬降低的风险。

筹资风险的产生，从内因说，负债规模过大、资本结构不当、筹资方式选择不当以及负债期限结构不当等都会产生丧失偿债能力的可能。从外因看，生产经营活动、预期现金流入量和资产的流动性、金融市场的影响等都为筹资活动带来一系列不确定性的风险。

企业的筹资方式分为主权性筹资和债务性筹资。由于主权性筹资不存在还本付息的问题，风险只是在于筹集的资金使用效益的不确定上，一般来说，主权性筹资方式的风险要小于债务性筹资方式。

筹资风险可分为现金性筹资风险和收支性筹资风险。前者是指企业在特定时点上现金流出量超出流入量而产生的到期不能偿付债务本息的风险，是由于现金短缺、债务的期限结构与现金流入的期间结构不相配套引起的。收支性风险是指在企业收不抵支的情况

作者单位：郑州煤炭工业（集团）有限责任公司财务资产部

下出现的不能偿还到期债务本息的风险,是由企业经营获利能力低或财务管理不当所造成的,是一种终极风险。

二、筹资风险的防范和控制

企业对筹资风险应当有充分的认识并采取必要的防范措施。在筹资过程和日常经营中,应注意以下方面。

(一)提高负债资金的使用效率

1. 把握筹资时机,注意筹投结合,以"投"定"筹"

正确预测企业未来发展所需的资金总量是筹资风险管理的一个基本前提,如果资金筹集量超过实际需求量,会造成资金的闲置,加大企业的资本成本;反之,企业的发展就会受资金短缺的限制。企业在筹资决策时,要寻求并把握住与企业内部需要条件相适应的最佳筹资时机。以"投"定"筹"是指筹资必须以投资为依据,即筹资规模必须依投资而定。

对所筹资金的期限进行合理组合搭配使其与生产经营、建设以及资产运营的周期吻合。结合生产周期、投产期、收益期和还款期综合考虑,用长期性负债和自有资金满足固定资产与永久性流动资产的需要,用短期借款满足临时波动性流动资产的需要,以避免到期日还债压力过大、资金周转不灵的风险。

2. 针对筹集资金数额、期限、风险,制定出还款计划

企业债务到期,若不能按期足额还本付息,会影响到企业的信誉。若是信誉好的企业,可以很容易地举新债还旧债,否则,金融机构或其他企业就不愿再给此企业提供资金,企业再筹资能力会大大降低。因此,对使用负债资金的项目进行可行性研究时,应该制定出还款计划。预算项目每期投入后的产出回报,预测可以用于还款的资金。在投入产出的年限里,预测未来现金流入量与流出量,加快资金周转,适当增大流动比率。使企业拥有更多营运资金,提高偿债能力。对于不同筹资方式筹集的资金还应当根据负债自身特点,结合企业经营发展情况、资金周转情况等制定专门的还款计划,在债务到期前调配充足的货币资金,避免到期时不能偿还。制定还款计划还应该考虑到应分散企业还款压力,避免还款期过于集中造成资金周转不灵。

3. 加强对使用负债资金的项目进行可行性研究

对使用负债资金的项目进行可行性研究,是指在投资决策之前,调查研究与拟建项目有关资料,比较分析可能的建设方案,预测评价项目建成后经济社会效益,综合论证项目建设的必要性、财务上的盈利性和经济上的合理性、技术上的先进性和适用性,建设条件上的可能性和可行性。

首先在决策长期投入时,要善于利用投资净现值法、内含报酬率法和现值指数法等相关投资决策方法分析项目的可行性。除此以外,还应对有关不确定因素进行定量和定性分析。

可行性研究包括三个阶段:①提出和报批项目建议书;②编制和报批可行性研究;③项目评估。主要内容包括:

(1)项目建议书:是项目决策前对项目建设的初略设想、主要从建设的必要性方面衡

量,同时初步分析其可行性,深度相当于国外初步可行性研究。

(2)可行性研究:一般大中型工业项目内容包括市场研究、工艺技术方案论证、财务及经济效益分析等13~16个方面的具体内容。

4. 对使用资金情况具体进行财务监控

结合企业的筹资风险预警机制输送的企业信息,利用监督体系对资金使用情况、项目进度、市场信息等进行监控。根据资金使用项目的预算和计划对比资金实际运用与投放回收情况。调查研究,分析差异,纠正不当使用。根据评价与考核的结果对执行人进行激励。

5. 及时调整筹资计划和还款计划

筹资计划和还款计划不是一成不变的,企业要根据自身发展状况和市场供求、利率等条件及时作出调整和修改。使得筹资计划、还款计划与自身运营和市场外部条件相协调。这样才能使得筹资计划和还款计划符合企业客观条件,使其与市场条件、利息政策、投资环境等外部因素相适应。

(二)综合考虑各种筹资方式的成本和风险选择筹资方式

企业对筹资方式的选择一定要非常慎重。为求保持最优的资金结构状态,企业可以根据自身的实际情况,考虑各种筹资方式可以筹集的资金的数量、期限、成本、风险以及所需办理手续的简繁程度和审批限制等因素。在充分利用自有资金的前提下,选择吸收直接投资、发行股票、银行借款、商业信用、发行债券、融资租赁等方式。相比来说,发行股票的筹资成本较高而筹资风险较小;长期借款成本较低,筹资速度快、风险较大;发行债券虽然市场大、筹资对象广,但成本高、风险大。

企业在筹资时必须认真权衡风险与报酬,根据当前经营状况和对市场的预测,选择对自身最优的筹资组合。

(三)利用财务杠杆系数分析筹资风险

1. 如何评价财务风险的高低

财务杠杆即在某一债务资本比率下,息税前利润变动对普通股每股净收益(*EPS*)产生的作用。财务杠杆的作用的计量是通过财务杠杆系数(*DFL*)指标来表示的,它可以反映财务杠杆的作用程度,估计财务杠杆大小,评价财务风险的高低。计算公式为:

$$DFL=\frac{\Delta EPS/EPS}{\Delta EBIT/EPIT}$$

式中　ΔEPS——每股净收益变动额;

$\Delta EBIT$——息税前利润变动额。

同时,设负债利息为I,所得税率为T,则

$$DFL=\frac{\Delta EPS/EPS}{\Delta EBIT/EPIT}=\frac{\Delta EBIT(1-T)EBIT}{(EBIT-I)(1-T)\Delta EBIT}=\frac{EBIT}{EBIT-I}$$

上式说明:如果其他因素不变,较强的财务杠杆作用(*DFL*值较大)意味着普通股每股收益变动对息税前利润变动较为敏感,同时财务风险也就较大。财务杠杆的作用强弱取决于资本结构,若负债比例较高则支付的(*DFL*)较大,相应地*DFL*值较大此时财务风险较大。因此,企业筹资过程中,通过*DFL*计算得出较大的值时,说明负债比率较高,普

通股每股收益波动较大。筹资结构面临着较大的盈利或风险。此时企业应该根据市场前景和经营业绩等因素保持适当的资产负债率以控制筹资风险。

2. 经营风险高低直接制约着筹资能力

一个理性的投资者往往把项目经营风险程度及其发展前景作为选择项目的分析因素之一。因而合理评价和降低经营风险是成功吸纳资本、降低筹资风险的重要环节。经营杠杆可以在筹资风险评价中对财务杠杆起到重要补充作用。经营杠杆是指在某一固定成本率下,销售量变动对息税前利润产生更大幅度的变动。经营杠杆系数(*DOL*)计算公式为:

$$DOL=\frac{\text{息税前利润变动率}}{\text{产销量变动率}}=\frac{\Delta EBIT/EBIT}{\Delta Q/Q}=\frac{Q(P-V)}{Q(P-V)-F}$$

式中 P——单价;

V——单位变动成本;

F——从固定成本;

Q——销售量。

该式表明:在其他因素不变的情况下,随着固定成本增长或销售量减少,利润会以更大幅度减少。在销售价格相同的条件下,经营杠杆系数 *DOL* 越大,经营风险越高,企业筹资难度加大,面临的筹资风险也增大。利用经营杠杆系数可以使企业筹资风险评价充分考虑到企业经营实际情况,增强筹资风险评价的准确性和可信度。

利用财务杠杆分析评价风险的原理可以根据图 1 加以理解。

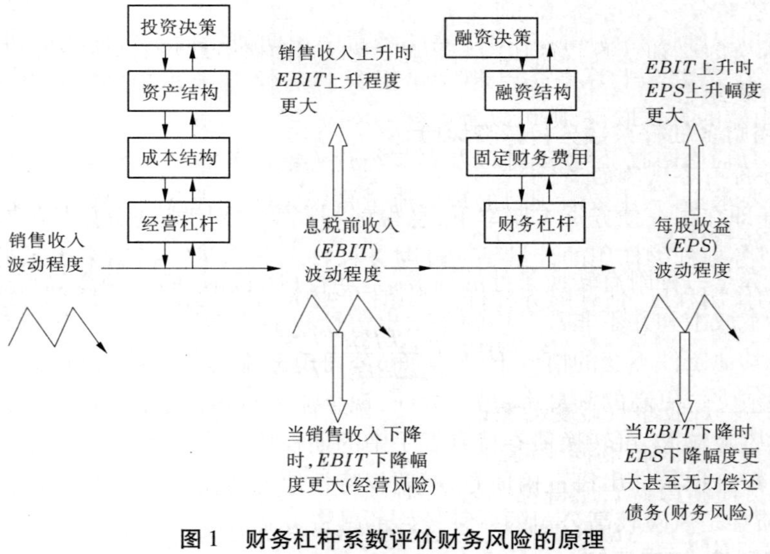

图 1 财务杠杆系数评价财务风险的原理

(四)在保持合理的负债比率下,确立最适合的资本结构

由于盲目贷款或发行债券,目前我国许多国有企业的资产负债率在 75% ~80% ,其中 1/3 左右企业的负债率已超过 100% 。

资产负债率 = 负债总额/资产总额 ×100%

利息保障倍数＝息税前利润/利息费用

负债比率越高，债权的保障程度越小。一般认为资产负债率保持在50%较合理，65%是警戒线，100%为破产线；但50%以下，发展较慢。利息保障倍数指标反映企业的经营所得保障支付负债利息的能力，它的倍数必须大于1，否则就难以偿还债务及利息。这只是一般标准，确定企业的负债比率应考虑企业所属行业特征和经营状况，如果企业经营管理得当，资金周转迅速、增长潜力大，负债比率可适当高些，反之可降低。

筹资决策的关键是确定筹资结构。企业筹资来源主要有两个：债务筹资和权益筹资，且二者相辅相成：债务筹资为权益资本带来财务杠杆效应，权益筹资是公司举债的基本保证。如果筹资来源结构畸形，既可能增加企业的综合资本成本，又可能激化企业的经营风险和筹资风险。所以，筹资一方面要考虑现有资本结构，使综合资本成本达到最低；另一方面要与资本结构相匹配，使风险与收益达到最佳均衡。

（五）转移化解筹资风险

企业可以通过采取措施将部分或全部财务风险转移给他人承担。转移风险有多种形式。

1. 购买保险法

向保险公司投保，可将本企业承担的风险转移给保险公司。购买保险可以稳定资金结构、缓解企业资金紧张，避免过高的债务输入和过高的资金流出。加入世界贸易组织（WTO）后，国际性的保险公司在我国开展业务，带来新的经营理念，进一步促进保险业的发展。保险在防范筹资风险中起到越来越大的作用。

2. 融资租赁法

融资租赁可以降低筹资风险。对于生产经营中短期使用而不常使用的机器设备，若采取购买的方法，需要马上筹集资金，既要承担资本成本，还要承担固定资产无形损耗的风险；若采取租赁的方式取得，则可以避免这一风险。

融资租赁有轻松回收、轻松处理以及参与经营等银行不能经营的活动范围，因此对承租企业的资信要求不高，主要看项目的现金流量是否充足。适合广大中小企业。

3. 发行可转换债券

可转换债券是一种附有转换条件的债券，是期权（Options）的一种变异形式。它给予企业较低的资本成本和并不非常严格的条款出售债权的机会，使企业达到融资与避险的双层功效。在其他条件不变的情况下，一方面，公司现金流入越不稳定，风险越高，为了吸引投资者就必须支付更高的利息率；另一方面，现金流入越不稳定，投机的程度也就越大。由于公司经营风险较大，可转换债券持有者手中的期权价值也较大。这表明，尽管高风险的公司不能以较合理条件出售直接债券，但期权特性使可转换债券在市场上很有吸引力。因此，可转换债券是风险较高公司的一种较好的融资方式。

（六）规避利率、汇率风险

同样负债规模下，负债的利息率越高，企业所负担的利息费用支出越多，企业破产危险的可能性也增大。同时，因为在税息前利润一定的条件下，负债的利息率越高，财务杠杆系数越大，所以股东收益受影响的程度也越大。所以企业在筹资时应研究资本市场的供求，预测利率走势。同时积极采取行动规避利率变动引起的筹资风险。

企业可以利用金融衍生工具如远期利率协定、利率期货合约和远期利率协定期权处理利率风险。远期利率协定，是交易双方在订立协定时商定，在将来的某一特定日期，按照规定的货币、金额和期限、利率进行交割的一种协议。远期利率协议不涉及本金交易，所以是不出现在资产负债表中的工具，信用风险很低，主要风险集中在价差上而不是在票面金额上。

对于要在未来的某一时期借入资金的企业，可以买入以某种利率水平作为协定利率的远期利率协定看涨期权，如果到时候市场利率水平高于协定利率，可以执行期权，按协定利率借入自己所需要的资金，从而避免利率上升而造成借款增加的情况。如果到时市场利率水平低于协定利率，可以不执行期权而按较低的市场利率借入资金。即远期利率协定期权。

经济全球化，国际交往增多，使资金在全世界范围内自由流动。因此，汇率变动对企业筹资影响越来越大。企业应根据汇率变化对筹资方案作出调整。制定出自己的外汇风险管理战略，规避汇率风险。

煤炭企业财务文化建设研究

李永清

煤炭企业作为国民经济的重要组成部分,为我国经济发展提供基本能源和材料。煤炭企业财务文化建设对促进煤炭企业自身的发展和国民经济的发展有着十分重要的理论与现实意义。

煤炭企业实现可持续发展,既是维护国家经济战略的必然要求,也是煤炭企业自身发展和生存的客观需要,财务管理作为企业经济运行过程中的主要管理手段,如何在企业的可持续发展中保持财务管理的时效性、针对性和前瞻性,将为煤炭企业的可持续发展产生积极的推动作用,煤炭企业财务文化建设显得尤为重要。

一、对煤炭企业财务文化的理解

企业财务文化是指在一定的社会经济、政治、文化等环境影响下,企业长期倡导和培育由理财者与全体员工共同塑造的道德精神、财务行为规范和实体性理财设施等物质财富与精神财富的总和。从企业财务文化概念出发,财务文化应该包括财务物质、财务制度和财务精神三个层面。其中,财务物质文化是企业开展财务活动所需的各种工具、设施以及文化标识等,属于财务文化的物质基础;财务制度文化是企业财务部门的各种规章制度的总和;财务精神文化是构建在物质、制度两种文化基础之上的财务人员的精神风貌、价值观、人生观、哲学观等。而煤炭企业健康可持续发展也必将依赖于财务文化健康可持续体系的构建。

二、煤炭企业财务文化建设的必要性

(一)财务文化建设是煤炭企业适应市场环境的必然要求

随着市场经济制度的建立和不断完善,企业成为市场经济中独立的竞争主体,经营的好坏直接影响企业的生存和发展。现代企业财务管理是适应市场经济而产生和发展起来的,理财手段先进,管理科学,能够把握企业目标实现与否,挖掘影响企业目标实现的因素,实施财务决策,保证内外环境的动态平衡。

(二)财务文化建设是煤炭企业提高经济效益的重要途径

企业资金的筹措与运用,产品成本、效益等方面的决策与分析均由财务管理来实现。加强财务管理能使财务管理从被动型转向主动型,并借助科学的现代化管理手段,使用具体分析方法,制定企业的决策、计划等。煤炭企业是自然资源开采型企业,经济效益受资源赋存条件影响较大,更应通过科学分析方法来决策、投资、经营。

(三)财务文化建设是现代企业制度的需要

现代企业制度要求企业产权明晰、管理科学、权责明确、资本社会化。要求投入资本

作者单位:郑州煤电股份有限公司

实现保值增值、效益最大化。企业要生存必须以收抵支，企业要发展必须扩大收入，财务文化建设就是围绕企业健康可持续发展发挥作用的。

三、煤炭企业财务文化现状

（一）对财务文化建设的认识不到位

财务文化建设是一项重大的系统工程，涉及企业财务管理的理念、模式、资金运作方式等方面的变革。在现实中，往往有不少管理人员安于现状，缺乏创新；而有的管理者只顾眼前，缺乏从参与市场竞争的战略高度来认识自己的企业，更没有认识到企业财务文化建设的重要性。

（二）财务人员整体素质不高

国家煤炭企业经过大型整编、组建、收购等渠道而成的大型国有煤炭企业集团，从根本上，人员各专业业务素质、技能水平差别就相对较大，加之企业对人员的培养、培训工作只重于形式表面工作，使人员自身业务能力不足，工作时倍感压力。有的财务工作人员观念只停留在记账、算账等方面，各执“本分要职”，工作不出差错就行。对于深化系统的财务管理分析、钻研工作都没有精力时间去安排。企业自身与财务人员两者之间不能形成系统良性的工作循环体系，致使财务管理制度不能有效执行、自身意识不到细节管理的重要性，逐步养成思维定势的恶劣工作观念，固守以往，缺乏管理创新精神与能力。

（三）财务人员学习动力不足

我国的煤炭企业由于自然条件、人文条件等方面的原因，人才吸引力普遍较低。与其他行业企业相比，招聘优质财务人员的难度较大。且煤炭企业人才培养不健全，待遇较低，晋升机制不完善，缺乏行之有效的激励机制，且日常工作繁忙，煤炭企业财务人员普遍学习动力不足。煤炭企业财务工作者极少主动走入高校进行系统的深造，对于职称评定所必需的继续教育课程敷衍应付，难以全身心投入，财务部门整体知识更新缓慢。

（四）财务管理机制不够全面

现行国家的煤炭企业发展，已然依附于国家计划经济的带动和指挥。在计划经济体制下，国有企业煤炭行业的财务管理体系制度实行“统收统支”的管理“要旨”，这就使得财务管理存在一定的弊端，财务管理就只抓会计工作，并没有分设财务和会计机构，致使企业内部内控体系具备风险性和低效性，这样的传统财务管理模式并不适合现行的动态管理机制，并不能根据现行的企业的财务分析作出对财务状况详细规划及部署。由于所有权与经营权分离，致使投资者和经营者的目标不统一，企业领导人员片面追求自身利益，有少数企业管理者利用手中的权力，转移、侵吞公司资产，或者在利益的驱动下，人为隐瞒或虚报收入和利润等，从而导致了财务信息失真，缺乏长期有效的财务约束和激励手段。

（五）企业内控体系不完善

财务管理体制的不完善，导致企业部门内部体系不健全，从而影响企业集团各部门之间的协调能力，内控体系不健全，从一定程度上也反映了内部监督职能不能有效发挥，从而对于风险的预控往往发挥不到实效，都是事后才去“极力控制”，这就偏离了企业财务管理内控体系的核心，致使整体利益间接受损。另外最为关键的是人员思想观念的主动意识如果不能以企业为中心，发挥自身职能去爱岗敬业、细致负责地工作，长此以往，内部就没有压力。从而致使规章制度不能有效遵循、管理过于放松、分权太大，这些造就了集团内部控制力不足，内控职能发挥不出来，严重来讲，会导致企业集团效益滑坡和资产流失等。

（六）企业财务风险意识淡薄

部分煤炭企业不懂资本运营，财务风险意识薄弱，不能正确评价企业自身资本结构情况，盲目进行投资、融资活动，使企业背上了债务包袱，出现了财务风险。在市场经济环境中，一个缺乏财务风险意识的企业不可能站稳脚跟。

四、煤炭企业财务文化建设的途径

（一）及时更新财务文化思想和理念

在我国当前经济条件及煤炭市场环境下，加快国有煤炭企业改革和发展，必须摈弃传统落后的财务文化理念，否定照搬经验管理的错误走向。肯定财务管理人员在企业中的重要地位，并交给他们一定的决策权和管理地位。所有有关煤炭企业的经济活动、资金运作、财务情况分析和决策都应当让有关财务管理人员参加，并接纳他们所提出的合理建议，以提高经济决策的科学性。

（二）提高财务人员综合素质

企业要注重培养和选拔高素质的年轻人才参与财务管理，在管理中必须具备必要的专业知识和专业技能。培养良好的职业道德，会计人员应当敬业爱岗、熟悉法规、依法办事、搞好服务、客观公正、保守机密。增强法制观念，会计人员应当按照会计法律、法规和制度的规定进行工作。

（三）加快推进财务管理信息化

财务管理信息化与会计电算化是两个不同的概念，建立企业财务管理信息系统不是单纯的网络技术问题，而是要以建立企业集中统一的财务管理体制为基础，以实行企业内部统一财务软件和建立计算机网络为支持，以建立企业财务结算中心或财务公司为手段，以企业内部财务人员的集中管理为前提，运用信息技术手段实现财务的集中管理与资金监控，通过系统集成实现全公司账务统一。要做到这一点，就必须对原有的业务流程重新进行布置安排，对原有的管理模式进行变革，对现行的管理方式和财务制度进行统一规范，其实质就是对现行财务管理体制和制度进行创新发展。

（四）强化基础财务工作，完善财务管理机制

做好财务管理的基础工作能反映企业整体管理水平的实效性。同样现行煤炭企业财务管理工作的主要问题就是基础工作环节薄弱，缺乏有效的财务管理制度。以符合时代市场经济需求，现行国有煤炭行业正向更加技术化、专门化、管理优秀化的全面性优化管理阶段过渡。在企业财务部门中资金方面要实行筹资、投资、资金结算的细化准则以针对企业财务管理设立的管理部门，以充分分担、缓解财务管理的压力。同时应根据《公司法》、《新会计准则》及其他法规条例，结合国有煤炭行业自身的管理模式、特点去构建完善的管理机制。这样，在搞好基础日常性工作及构建适合煤炭企业自身的管理制度之后，通过实践的不断反馈，及时地完善管理模式和工作套路，进而提高规章制度的适应性，使之能将建立的符合企业实际的自律监督约束机制发挥实效。

（五）加强煤炭企业外部环境变化反应能力

财务管理的外部环境包括社会环境、市场经济环境、政策环境等。煤炭行业在财务工作对财务信息、资源、数据的有效分析，应该在国家宏观的大环境下进行，从中分析出其中的规律，并合理运用到财务管理工作中，并对其规律结合企业外部环境变化作以适当调整，及时地发现问题，从而变化调整财务管理方式、手段，以促进加强企业的运营生存能力和适应能力。另外，在适应外部环境的变化加以调整的同时，煤炭企业应该加强自身的财务管理监督体制与设立健全的投资管理机制，从而使煤炭企业的财务系统能够稳妥顺利地运行。

（六）强化企业预控风险能力

煤炭行业要树立正确的风险预控观，抓住企业内外部的环境变化的不确定因素，从而构建出适合自身的风险防控预警机制。这就需企业自身首先要构建完善财务管理机制，并加以落实行动下去，从而使企业内外部风险得以控制；另外对企业的投资项目要进行财务分析、预测，在此环节中才能作出有效决策，从而使自身了解现阶段企业的运营战略目标的定位走向；还有在企业资金运转前要作出合理的融资企划，并根据融资情况部署生产与投资，从而使风险达到预控的效果、目的。

总之，随着经济全球化进程的加快，市场竞争日趋激烈，煤炭企业传统的财务管理模式已经不能适应市场变化的要求。加快企业财务文化建设是当前煤炭企业生存与发展的客观需要，也是现代企业管理发展的必然要求。

关于煤炭企业财务文化建设的思考

常　红

煤炭企业财务文化是企业财务管理的灵魂，积极、健康、向上的财务文化对于提高煤炭企业财务人员的整体素质、提高煤炭企业市场竞争力有着非常重要的意义。

河南省煤炭企业近年来为扩大煤炭生产规模，增强市场竞争力，通过各种方式和渠道对中小型私人煤矿进行资源整合、兼并重组。特别是2008年以来的重组范围广、规模大，各种财务问题更是对财务人员的财务管理能力提出了挑战。作为我国一次能源的主要供给者，煤炭企业要从根本上改变传统粗放管理模式，提高财务人员整体素质，建设先进、适用的优秀企业财务文化在此背景下显得愈发重要。只有从内在上去改变财务人员的精神和行为，才能发挥其积极作用，不断为煤炭企业发展注入活力。

一、企业财务文化的基本内涵与特征

(一)基本内涵

财务文化是以人为本，以文化引导为手段，激发财务人员的自觉行为为目的的独特的文化现象和财务管理思想。作为一种文化现象，它强调建立以人为本的财务管理哲学，在认识问题、解决问题时以文化的形式实现财务人员群体的凝聚力。广义的财务文化是指影响财务发展变化及其模式选择和财务行为，包括财务物质文化、财务制度文化及财务精神文化。狭义的财务文化仅指财务人员的意识形态，即财务人员在长期的实践活动中形成的一种文化观念，包括财务人员的思想意识、价值观念、精神风貌、心理素质、伦理道德及人际交往等精神文明的成果，即所谓的财务精神文化。

(二)特征

(1)集体性，它是以组织的整体业绩、整体财务形象加以衡量，不论是组织的负责人员，还是组织中的普通员工，都会因为组织的财务成就得到更多的实惠而感到自豪。

(2)能动性，它不是被动地受制于外部环境的影响，能够能动地反作用于企业与社会，推动整个企业和社会文化的建设。

(3)时代性，它的形成与发展包括内容和形式都受到特定社会、特定时代的制约，一定特征的社会经济环境产生了与之相适应的财务文化。

二、煤炭企业财务文化建设存在的问题

煤炭企业在财务文化建设上还存在着诸多问题，主要包括以下几个方面。

(一)对财务文化建设认识不足

在大多数人的意识中，企业文化与企业创造利润无关，只是一种表面文章，因而可有

作者单位：河南国宏能源控股有限公司

可无,更别说财务文化建设。再者,尽管部分企业已经意识到财务文化建设的重要性,可是从什么地方着手,哪个部门牵头,由谁负责,很多企业对此还没有详细的计划和实施方案。企业由于其自身经营目标和发展需要,更加关注企业的盈利能力,物质领域比精神价值受到更多重视。

(二)财务文化建设基础薄弱

目前多数企业财务文化没有较好地建立在一般财务人员自发、自觉形成的理念上,思想基础薄弱,其形成、传播与扩散主要依赖财务总监、总会计师等财务管理者的行为规范和思想观念。大多数企业还没有形成完整的财务理念支撑体系和财务文化传播体系,特别是一些小型煤矿在兼并重组以前是家庭式的作坊模式,财务人员有的是返聘人员,有的是兼职人员,在重组后从人员配备到建章立制都是从零开始,文化建设更是匮乏。

(三)缺乏统一的财务管理理念

每一个企业都有一套财务制度,它要求在一定范围内的人员必须共同遵守和按一定程序办事,制度一定程度上保证了财务工作的质量,但并不是企业的任何财务管理空间都需要制度约束。煤层气公司的企业作风是先人一步,持续创新,在财务领域形成统一的财务管理理念有利于制度成为一种精神,而不是条条框框。过分强调规则易使人形成固定的思维模式,一件事有规则就按规则办事,一件事没有规则就不知道怎么办了。理念是制度的升华,促使人按照财务目标发挥职业判断灵活机动处理问题,没有规则也知道如何处理复杂问题。

三、煤炭企业财务文化建设遵守的原则

(一)要与企业文化保持协调、统一

企业文化指导财务文化,财务文化是企业文化的组成部分,体现企业文化,如果一个企业的财务文化与企业文化不统一,发展不同步,很容易导致文化冲突,只有两者协调统一,才能共同发挥作用,形成合力,进而促进企业目标的实现。

(二)有利于推进企业财务管理目标的实现

煤炭企业财务文化建设应以企业财务管理目标为导向,体现自身的专业特点,既不能重形式,走过场,也不能与企业发展目标格格不入,通过塑造具有良知的、真理性的财务文化,外化为企业财务人员的实践活动,推进财务管理目标的实现。

四、如何加强煤炭企业财务文化建设

真正现代意义上的财务文化建设不仅让人达到理性的自觉,而且要达到人性的自觉,具体来讲,应该从以下几个方面入手。

(一)建设财务制度文化

财务制度文化的建设一方面受国家行政法规引导和约束,另一方面以企业目标为导向,适应本单位生产经营管理需要。制度文化建设不仅仅是财务人员的责任,还需要企业各个部门,每个环节的责任人的共同参与。作为省管国有煤炭企业,财务部门从预算管理、成本管理、会计核算、财务分析、企业理财和财务评价六个方面细化各项财务管理制度,如《财务预算与控制制度》、《成本管理制度》、《煤炭企业会计核算办法》、《资金审批

及支付流程管理办法》、《对外投资管理办法》、《企业内部控制制度基本规范》等。这些规章制度、纪律条例实行五级审核制，注重原始凭证的合法性、合规性、完整性。让财务人员的工作从填制凭证、记账到对外提供报表等基础部分严格执行会计法和公司财务制度。并根据这些基础信息看出企业经营的效果，资产使用效率，对生产经营有什么样的指导作用。

（二）构建统一财务理念

财务理念包括财务人员职业道德、价值取向、财务管理思想、精神面貌等内在修养。企业财务人员在工作经历、学历背景、思维方法方面各有不同，特别是刚入职财务人员走上新的工作岗位，对新单位的财务工作特点认识不深，再加上培训跟不上，极易造成工作效率低下，效果差。可以编写完善的企业财务文化培训手册，这本手册涵盖企业生产、工艺流程、管理架构、财务管理制度等反映企业财务文化生活的全貌，还可以进一步的将此手册所涉及的内容由见证企业发展历程，并对本单位财务有较高层次认识的前辈讲解，刻盘记录。通过培训在短期内达到增进认识、宣传教育的效果，另外还需定期开展财务人员座谈会、建企业财务人员交流群。领导者可以此作为统一财务理念的契机，增强财务人员的凝聚力和向心力，形成道德规范、使命观、服务观，财管管理思想的统一。

（三）建立有效的激励机制

有效的激励机制能够充分开发员工的潜能，激发财务人员用心做事，追求卓越，提高执行力。要以全体财务人员作为激励对象，本着奖优惩劣的原则，物质与精神激励结合，建立人员同级评价制度和部门财务工作绩效考核制度，明确各财务岗位的责任，加强各岗位的工作责任心，着重让部门内同级员工之间互评和相关接口部门财务人员评价。对公司财务文化建设起积极作用的员工进行奖励如加薪、提级；对逾越公司财务文化约束范围的员工进行处罚如降级、降薪，使财务人员身心受到震撼，从而切实把握财务工作管理、控制、服务重点，主动寻找问题、思考问题、解决问题。

煤炭企业在财务文化建设中，要以制度作保障，以理念为核心，以激励为引导，增强员工的使命感，调动财务部门和个人的积极性。企业文化和财务文化二者有共性，也有个性，不能相互替代。要将财务文化和企业文化有力结合，协调一致，统一用心做事，追求卓越的核心价值观，形成企业与员工的良性互动机制，全面提升企业财务管理水平。

厂办大集体改革对企业的影响及对策研究

赵全山　许向东

作为历史特殊时期存在的厂办大集体企业在改革发展进程中，面临着界定产权、建立灵活市场机制、提高市场竞争力、解除主办单位发展后顾之忧的经营现状，改革厂办大集体企业势必对企业发展产生深远影响。要想成功实现厂办大集体改革，必须充分发挥政府的推动作用，明晰集体企业产权，多渠道筹集改革资金，维护职工的合法权益。

一、中国平煤神马集团厂办大集体现状

（一）历史成因

在我国，厂办大集体企业是一个有着特殊历史印记的企业群体。20 世纪七八十年代，为安置回城知识青年和国有企业职工子女就业，一些国有企业包括中国平煤神马集团在内资助和兴办了一批劳动服务公司或其他形式工商登记注册的集体所有制企业，即厂办大集体企业，有效解决了当时经济条件下的就业安置问题，为主办单位的解困和发展起到了一定推动作用，更主要的是保证了当时社会条件下的稳定、和谐局面。

（二）经营现状

截至 2011 年 12 月 31 日，中国平煤神马集团有 46 家集体企业主办单位，共有集体企业 119 家，涉及生产人员及退休人员近 2 万人，资产总额 22 亿元，负债总额 19 亿元，涉及产品、劳务 800 余种（项）。2011 年集体企业共实现营业收入 110 亿元。

（三）存在的问题

1. 投资主体不明确，产权关系模糊

受传统计划经济体制的影响，我国现行厂办大集体企业的产权关系非常复杂。就企业资金来源而言，现行厂办大集体企业资金主要是自主办企业投资，通过向各方贷款、融资等方式建厂、购买设备。同时，近年来，主办企业与厂办大集体企业之间资源平调、挪用以及侵占等不良现象日益突出。投资主体不明确，产权关系模糊，已严重背离现代企业产权制度和管理要求，难以适应市场经济激烈的竞争环境。

2. 过度依附于主办企业，缺乏市场竞争力

厂办大集体企业创办的初衷就是安置人员和为主办国营企业提供配套产品与服务，加之厂办大集体企业规模较小、机制不活、投入不足、管理不善等原因，形成其产品档次不高、技术含量低、缺乏市场竞争力的现状，但是由于厂办大集体与主办国有企业的天然“血缘”关系，同时为了构建和谐稳定的生产环境，主办国有企业就在产品和服务上为厂办大集体提供具有保护色彩的“内部市场”，这样又更加剧了厂办大集体企业不求创新、不求发展，完全依赖主办企业的思维和发展模式。

作者单位：平煤神马机械装备集团

3. 企业生产规模小，产品种类繁杂，关联度不高

中国平煤神马集团厂办大集体企业产品涉及制造业、农林渔牧业、贸易、建筑施工等多个行业，共有800多种，生产规模偏小。除煤炭贸易外，单独企业单个产品和服务年销售额在1亿元以上仅有2种，不足0.5%。

4. 资源布局不平衡，配置能力差，资源浪费现象严重

中国平煤神马集团厂办大集体企业隶属于不同主办单位，无法对资源进行统一配置。各依附于不同的主办单位，管理分散，各自为政，造成重复建设、重复投资、重复办证。据不完全统计，中国平煤神马集团厂办大集体企业内部重复开发产品有62种。资源浪费、无序竞争等现象严重。

二、集团厂办大集体改革的必要性和可行性

（一）厂办大集体改革必要性分析

1. 有利于明晰厂办集体企业产权关系，加强和完善企业管理，建立企业规范管理和依法经营的长效机制

按照国办发〔2011〕18号文要求，厂办集体企业改革重点将从加强和规范集体企业生产经营、人事、财务等内部管理的自我完善转向从制度、体制和机制上符合现代企业制度要求的产权改革。部分集体企业重组改制为独立法人实体和市场主体，长期亏损、停业的集体企业，将实施关闭或依法破产。通过改革，集体企业这一分类将从企业组织形式中退出，对企业长期发展以及加强和完善所属企业的规范管理将更为有利。

2. 有利于主办企业解贫脱困、轻装上阵，集中精力做好主体产业

为保证集体企业生存和持续稳定的生产经营，主办企业总是在业务、价格、设施和资金投入、信访和安全稳定等方面上给予集体企业支持，这样不但会在经济上侵蚀主办企业利益，还会分散主办企业在生产、安全和资金上的精力投入，影响主办企业正常的生产经营。通过改革，使集体企业与主办企业彻底分离，或关或破或独立，均有利于主办企业解贫脱困、轻装上阵，把主要的资金、技术、人才等企业生产经营要素集中到自己的主体产业上来，突出主办单位的核心竞争优势，从而保证主办企业的健康、可持续发展。

（二）厂办大集体改革可行性分析

1. 有成功的改革经验可以借鉴学习

2005年，国务院批准在东北的部分城市和部分中央企业进行厂办大集体改革试点，并取得了初步成效。这些成功的例子成为试点城市和企业的成功改革经验为我们进行厂办大集体改革提供了有效的借鉴。

2. 有国家政策大力支持

国办发［2011］18号文对厂办大集体改革涉及资产、债权债务、职工安置、社会保障等具体事项，均明确了扶持政策，并提高了中央、地方拨付资金比例以支持改革，同时提出了对提早完成的企业进行奖励。这些措施为集团公司厂办大集体企业改革提供了更为强有力的政策支持。

3. 有稳定的资金来源渠道

国家明确规定厂办大集体改革，要统筹兼顾各方面的承受能力，由厂办大集体、主办

国有企业、地方财政和中央财政共同分担改革成本。明确在改革过程中按照"先清算、后拨付"的原则落实资金,要求地方财政应积极筹措改革资金,并将中央财政补助资金与地方筹集的相应资金一并统筹用于安置厂办大集体改革职工。

三、集团厂办大集体改革的难点

(一)理顺产权关系难度大

厂办大集体企业成立之初的基础生产要素如土地、房屋、设备等资产多为主办单位无偿划拨,原始资产归属主体多为主办单位。但在生产经营过程中,受自然因素、厂址搬迁、设备更新等条件影响,加之经营过程中主办企业对所属集体企业资产的平调、挪用、侵占等现象频繁发生,造成厂办大集体企业投资主体不明、产权关系复杂、基础资料缺失,对理顺厂办大集体企业产权关系造成了极大难度。

(二)职工安置比较困难

厂办大集体企业职工安置问题是现行厂办大集体企业迫切解决的主要问题之一,总体来说,影响职工安置的问题主要表现在三个方面,即职工的补偿、职工的社会保障以及下岗职工的再就业。

(三)改革资金需求量大

目前集团集体企业涉及生产职工和退休人员近 2 万人,负债总额 19 亿元。改革过程中仅关闭破产企业职工安置补助费用和相关债务清偿支出就需要很大的资金量,同时,对转岗职工的培训和补缴的社会保险金等支出数额巨大,资金缺口大成为集团公司厂办大集体企业改革的最直接问题。

(四)改革后企业生存难

从根本上说是由体制原因造成的。这些企业的产生和存在从一开始就依附于计划经济体制,现在企业规模小、冗员多、机制不活、竞争力弱等问题日益突出。在向社会主义市场经济转轨的过程中,按照市场经济法则,与减负的国企、崛起的民企和实力雄厚的外企站在同一起跑线上竞争和拼杀,它已成为"经营困难、竞争乏力"的最弱势群体。

四、集团厂办大集体改革的对策研究

(一)合理界定产权关系,进行彻底的产权改革

(1)对于保留集体产权的企业,采取有效措施打破长期以来集体资产公有制的限制,以一定区域内劳动者所有、联合经济组织范围内劳动群众集体所有、集体企业职工劳动群众集体所有作为理论边界,进一步明晰集体资产的产权主体。

(2)根据厂办大集体企业改革的需求,建立现代企业制度,积极引进战略投资者,确保厂办大集体企业产权主体趋向于多元化发展。

(3)针对于规模相对较小的企业实行民营化,积极落实"抓大放小"原则,对再利用价值不大的集体企业资产可以酌情拍卖,采取民营化的经营机制,让企业直接走入市场。

(二)结合实际,分类、分步实施改革

(1)对能够重组改制的厂办大集体,可按照公司法和原国家经贸委等八部委《关于国有大中型企业主辅分离辅业改制分流安置富余人员的实施办法》(国经贸企改〔2002〕859

号）等有关法律法规和政策规定，通过合资、合作、出售等多种方式，改制为产权清晰、面向市场、自负盈亏的独立法人实体。

(2)对不具备重组改制条件或亏损严重、资不抵债、不能清偿到期债务的厂办大集体，可实施关闭或依法破产。

(3)对不同的企业，改革的步伐也要有先有后。先选择产权相对简单和改革难度较小的企业进行改革，暴露一些问题，积累一些经验，再全面推进改革工作。

(三)妥善安置职工，解决好职工的后顾之忧

职工安置是厂办大集体企业改革的重点及成功与否的关键，同时也是国家和谐共处、和谐发展的政治需要。职工安置应根据职工年龄、个人意愿和企业需求等因素综合平衡考虑，确保解决好职工的后顾之忧。

(四)切实发挥政府的推动作用

基于厂办大集体企业的特殊性，对于厂办大集体改制企业，还应切实利用和发挥好政府部门的政策及经济支持。

(1)政府部门根据厂办大集体改制企业的需求，颁布一系列的政策法规。集团学好用好相关政策，可最大限度地减少厂办大集体企业改制道路上的政策阻挠。同时，对于厂办大集体改革过程中出现的新问题、新情况，及时与政府部门沟通汇报，争取进一步的优惠和扶持政策。

(2)充分利用好政策对中央下放地方的煤炭、有色、军工等企业兴办的厂办大集体，中央财政补助100%的优惠政策，争取补偿资金及时足额到位，最大程度上清偿厂办大集体改制企业债务，确保厂办大集体企业改制得以顺利、高效开展。

(五)对改制后存续的企业，国家应出台后续的扶持政策

即便是改制后的存续企业，也一定程度上存在固定资产老化、生产技术落后、资金短缺、职工队伍整体素质不高等问题。对此，国家应该在税收政策和资金信贷等方面给予一定的扶持和优惠。如，改制后五年内免征企业所得税或在一定条件下享受福利企业所得税优惠政策、固定资产升级改造的增值税优惠、国家财政上给予3～5年免息或低息贷款等。

城郊煤矿内部市场化管理模式探析

时阳光

煤矿企业实行内部市场化管理，是煤矿企业从落后的粗放型管理向现代化集约型管理迈进的转折点，是煤矿创新发展的必由之路。在经济全球化进程加速、技术创新频率加快、市场经济日趋完善的形势下，依靠管理创新提高企业的竞争力，已经成为企业求生存、谋发展的重要举措。本文主要结合城郊煤矿的实际情况，对其内部市场化管理模式进行探索和分析。

城郊煤矿是河南煤业化工集团下属的一个现代化大型煤矿，地处豫、皖、苏、鲁四省交会的永城市。2003 年 10 月竣工投产，并且实现了当年投产、当年达产和当年盈利的目标，自投产伊始，就下决心将内部市场化管理的先进方法和手段运用到矿井生产经营管理工作中，使企业从一开始就能站在一个较高的起点上，向高标准、高质量、高效率、高效益的现代化矿井迈进。

一、城郊煤矿建立内部市场化的步骤

城郊煤矿建立内部市场化主要经历以下阶段：首先，做好市场化基础管理工作，健全内部市场化组织机构，成立了以矿长为组长、经营副矿长为副组长、专业科室科长为成员的"内部市场化标杆单位"创建领导小组，负责市场化项目管理的宏观管理工作。其次，结合自身实际情况建立了矿、科（队）班组和职工个人四级市场核算体系，巩固了以制度管理、定额管理、信息管理和计量管理为主要内容的基础管理工作，健全了内部市场管理体系以及配套的专业市场、科技（管理）技术市场、物资交易市场和资金市场等。立足成本控制中心的管理定位，推广应用 ERP 物资管理系统，实现了管理流程再造，创出了一条切合城郊煤矿实际的"三化"管理之路。最后，围绕内部市场精细化管理这条主线，在矿内部构建了十大市场，延伸了矿、区队、班组、个人四级市场主体，强化班组三级和职工个人四级市场核算，市场主体之间全面形成了货币形式的服务链、责任链、价值链和结算链，形成了具有城郊煤矿特色的内部市场管理模式。

二、城郊煤矿建立内部市场化的主要做法

（一）构建完善的市场主体，细化内部市场考核内容

城郊煤矿建立了矿、区队、班组、个人四级市场主体，并针对不同的市场主体明确了不同考核内容，收入项目主要有产量、进尺、服务、各种奖励等；支出项目主要有材料费、电费、维修费、租赁费、各种服务费、各种罚款等可控费用，内部市场化考核几乎覆盖了所有的经营考核项目。

作者单位：河南煤化永煤集团正龙煤业有限公司

(二)完善内部市场价格体系,保证内部市场运作质量

内部市场价格是市场化运行的关键。为确保内部市场价格的科学、合理,城郊煤矿在各项定额的基础上,以预算管理为手段,通过对采煤相关的各个方面进行价格测算,把每种价格进行了归类汇总,制定了科学合理的采煤综合单价、开拓(掘进)综合单价、钻探人工综合单价、矿车运输综合单价等4 166项,内部市场材料结算单价15 125种,形成了完整的价格体系,并按规定程序进行了发布,保证了内部市场的运作质量。

(三)深化核算体系,确保各级市场主体经营成果真实有效

(1)在核算机构上,一级市场主体配备了7名专职核算人员专门对二级市场主体的生产经营成果进行核算;二级市场主体(27个区队)配备了27名专职核算人员对本单位三级市场(四级市场)生产经营成果进行核算。

(2)在核算内容上,将原煤制造成本中的各项指标全部分解到科室及各单位,明确责任人,层层落实经济责任。形成了人人头上有指标、有压力,全员参与的内部市场管理模式。

(四)构建十大专业市场,满足精细化管理需要

城郊煤矿按照生产、经营管理活动的前后关系和价值链上下游关系,以物资流通、服务提供作为轴线,形成相关活动的买卖关系,构建了十大市场(产品市场、运输市场、电力市场、物资市场、租赁市场、安全市场、加工修理市场、资金市场、科技市场、人力资源市场),将内部市场延伸到了安全、生产、经营管理等各方面,实现了精细化管理。

三、城郊煤矿市场化管理模式的特点及效果

(一)开展区队自主管理建设,深化区队内部市场运作

城郊煤矿建立了区队市场化管理、安全管理、机电管理、煤质管理、工资分配、工作标准等10项区队管理制度模板,并规范统一了区队奖罚台账、三级核算表、班组验收报表等15项区队考核载体,完善区队对班组、班组对个人的考核内容,实现由矿统一监控,区队自主管理的全员、全过程、全覆盖考核。取得的效果:按照"三化"管理理念,通过规范和优化区队管理制度、工作标准和考核流程,做到了各个方面的自主管理和考核,延伸了内部市场覆盖范围,规范了内部市场运作,提高了区队管理效率和管理效果,区队主动管理意识显著增强,矿领导和科室对区队的管理工作量明显减少。

(二)创新安全市场运作,推行"台阶式"正向激励管理

以全矿所有员工为考核对象,考核内容包括安全事故、安全隐患和"三违"等。员工在保证当月无三违、无工伤、无重要隐患的情况下领取安全奖励,并且基数逐月递增。否则,不仅要扣除当月的安全奖励,还要降低奖金基数或收回已发放的安全奖励。

取得的效果:通过"台阶式"正向激励管理,推动了基层的自主管理能力,精细化程度得到加深、自主管理意识得到增强、劳动组织得到优化、工作效率得到提高、矿井安全周期持续延长。

(三)创新推行科室"两维度"绩效考核

城郊煤矿创新科室绩效考核形式,对二级市场主体(科室)实行"两维度"绩效考核,即业绩考核(70%)和素质考核(30%)。将科室绩效考核结果与工资总额的70%挂钩,

每超出 1 分，增加工资总额的 1%；每少 1 分，减少工资总额的 1%。

取得的效果：极大地促进了机关科室“服务、指导、监督”三项职能的发挥，强化了机关科室管理职责的履行，提高了科室管理水平。

（四）以“对标管理”为抓手，促现场管理精细化

以“抓系统、系统抓”的管理思路，梳理形成了“采、掘、机、运、通”五个专业系统，以生产区队为对标主体，在五个专业实施对标评比，并在系统内部组织相互观摩学习、推广，从而达到现场管理精细化的目的。

取得的效果：通过现场对标管理，全面提升了各专业现场管理面貌和质量标准化管理水平，实现了现场精细化管理。

（五）创办《内部市场化信息动态》月报

及时将公司、矿市场化方面的制度、政策或会议精神、基层区队市场化对标管理情况、其他企业市场化好的做法等及时、全面传达到矿各级人员。

取得的效果：通过该报的发行，不但方便各级人员掌握矿市场化工作的开展情况，而且给各级人员学习市场化管理知识提供了一个窗口，营造了市场化管理氛围。

四、推行煤矿企业内部市场化的几点建议

（一）持续推进市场化和信息化融合，以市场管理信息化促进矿井信息化全面升级

持续完善内部市场信息系统模块，以内部市场管理信息化为核心，通过数据耦合、建立接口等方式，实现市场化系统与矿井其他信息管理系统的集成；同时，以矿井信息化为抓手，促使矿井优化管理流程，精简组织机构，达到矿井各项管理和运作的规范化、流程化和透明化的目的，提升矿井内部市场化管理水平。

（二）开展区队自主管理，提高区队自主管理水平

继续拓展区队自主管理内涵，丰富区队自主考核内容，规范区队自主管理标准，实现区队各项自主考核有制度、有流程，达到深化和规范区队内部市场化管理的目的，从而提升区队自主管理、主动管理和精细管理能力。

总之，煤矿企业的内部管理是一个系统的工作，也将影响着企业的生存和发展。在新的形势下，煤矿企业应根据自身情况，以内部市场化项目建设带动管理基础工作精细化、专业管理规范化、经营管理信息化，全面提升内部市场化管理水平。

关于煤炭行业税收制度的几点思考

宫青峰

一、煤炭行业的税收政策的变化及对煤炭企业的影响分析

煤炭行业税费管理制度改革不断深化，将逐步建立起科学合理的煤炭税费制度。近几年是国家和河南省出台煤炭经济政策数量最多、力度最大的时期，涉及面广、政策调整幅度也比较大，煤炭成本增支因素大幅度增加。

（一）已出台的全国性政策

（1）颁布了新《中华人民共和国企业所得税法》、《中华人民共和国企业所得税法实施条例》，统一了内资企业与外资企业所得税法；统一并适当降低了企业所得税税率；统一并规范了税前扣除办法和标准；统一了税收优惠政策，实行了“产业优惠为主、区域优惠为辅”的新税收优惠体系；企业所得税税率降到25%。新企业所得税法及实施条例中规定：企业购置并实际使用符合相关规定的环境保护、节能节水、安全生产等专用设备的，该专用设备的投资额的10%可以从企业当年的应纳税额中抵免；当年不足抵免的，可以在以后5个纳税年度结转抵免。

（2）增值税成功转型，自2009年1月1日起，全国范围内实施增值税转型改革，允许企业抵扣新购入设备所含的增值税，同时，取消进口设备免征增值税和外商投资企业采购国产设备增值税退税政策，将小规模纳税人的增值税征收率统一调低至3%，将矿产品增值税税率恢复到17%。

（3）规范了煤矿生产安全费用及维简费提取标准和使用范围。2004年《关于规范煤矿维简费管理问题的若干规定》和《煤矿生产安全费用提取和使用管理办法》，要求煤矿提取安全费用，加大煤矿安全投入。

2012年《企业安全生产费用提取和使用管理办法》，各类煤矿原煤单位产量安全费用提取标准如下：煤与瓦斯突出矿井、高瓦斯矿井30元/t，其他井工矿15元/t，露天矿5元/t。

（4）调高煤炭资源税额。2010年《财政部国家税务总局关于印发〈新疆原油天然气资源税改革若干问题的规定〉的通知》。通知规定，新疆原油、天然气资源税由过去从量计征，调整为按产品销售额的5%计征。

2011年《国务院关于修改〈中华人民共和国资源税暂行条例〉的决定》，修改后的《中华人民共和国资源税暂行条例实施细则》，对煤炭的资源税进行了调整，调整后为焦煤8～20元/t，其他煤炭0.3～5元/t。

（5）推行煤炭资源有偿使用制度。2006年《关于深化煤炭资源有偿使用制度改革试

作者单位：河南省煤层气开发利用有限公司

点的实施方案》，在山西、内蒙古、黑龙江、安徽、山东、河南、贵州、陕西等 8 个省区进行煤炭资源有偿使用试点，试点范围内煤炭产量占全国煤炭总产量的 70% 以上。

(6) 恢复煤矿未利用采煤沉陷土地使用税。2006 年《关于煤炭企业未利用塌陷地城镇土地使用税政策的通知》，城镇土地使用税采用定额税率，根据土地等级按 0.5 ~ 7.5 元/(m^2 · a) 征收。

(7) 增加煤矿排放煤矸石和矿井水费用。2003 年《排污费征收使用管理条例》，增加了对煤矿企业排放矸石征收排污费；扩大了矿井水排污费征收范围，由原来按矿区排出的污染量计征改为按矿井口排出量计征，未扣除企业利用矿井水量，征收标准为：每一污染当量征收 0.7 元。

(8) 建立煤矿安全生产抵押金制度。2005 年《煤矿安全生产风险抵押金管理暂行办法》，规定按采矿许可证确定的煤矿生产能力，对安全风险抵押金实行专户存储，存储标准为 60 万 ~600 万元。

(9) 取消煤炭出口退税、征收煤炭出口关税。2006 年《关于调整部分商品出口退税率和增补加工贸易禁止类商品目录的通知》，从 2006 年 9 月 15 日起，取消煤炭出口退税。

2011 年《关于 2012 年关税实施方案的通知》将焦炭的出口暂定税率为 40%；对其他烟煤等征收出口暂定税率为 10%。

(10) 统一开征地方教育附加。《关于统一地方教育附加政策有关问题的通知》规定，统一开征地方教育附加。征收标准统一为单位和个人实际缴纳的增值税、营业税及消费税税额的 2%。

(二) 河南省已经出台的地方性政策

(1) 征收煤价格调整基金。出台了豫政〔2011〕54 号，价格调节基金征收标准按品种分类确定为：原煤 20 元/t，洗选煤 30 元/t，焦炭 35 元/t。

(2) 征收矿山环境治理保证金。出台了豫财办建〔2009〕162 号，矿山环境治理保证金计提标准按开采方式分为：地下开采 5 元/t，地表开采 8 元/t。

(3) 征收残疾人保障基金。出台了河南省政府令〔2009〕127 号，残疾人保障基金 = (用人单位职工总数 ×1.6% - 用人单位已安排残疾人职工数) × 统计部门公布的上年度当地职工年平均工资额。

二、煤炭税费制度存在的主要问题

总的来说，煤炭税费结构不合理，税费项目繁多，征收标准不断提高，据不完全统计，煤炭企业负担的各类税费超过 30 项，煤炭企业负担沉重。不利于我国煤炭工业在体制、资源、安全、生态环境、矿工权益保护和煤矿转产发展等方面一系列深层次矛盾和问题的及时、有效解决，一些矛盾和问题日趋严重。具体来说，我国煤炭税费制度存在下列几个方面的突出问题。

(一) 煤炭税费占销售收入比重大，企业盈利水平低

现有煤炭税费结构不合理，税费项目繁多，征收标准不断提高，使成本大幅度上升，经济效益下降。煤炭税费加起来占煤炭企业销售收入的 29.55% ~41.1%，有些地方甚至占到近 50%。

(二)煤炭行业增值税税收负担居高不下

2009年1月1日起增值税转型改革实施后,对煤炭行业最明显的变化有二:一是煤炭增值税率由13%恢复为17%;二是增值税一般纳税人购进或自制的固定资产进项税额可按规定从销项税额中抵扣。煤炭企业普遍反映税负偏高,2009年前11个月,全国大型煤炭企业煤炭产量同比增长12.1%,主营业务收入增长9.26%,而成本同比增长了16.39%,高于收入增长7.13个百分点;实现利润总额同比下降了11.32%;大型煤炭企业实际增值税率8.22%,是全国工业企业平均增值税率的近2倍。煤炭企业税费负担再次增加。

(三)煤炭税费重复征收

煤炭资源费用名目过多,功能重合。实行煤炭资源有偿使用后,煤炭企业获取和开采煤炭资源不仅要缴纳探矿权价款、采矿权价款、探矿权使用费和采矿权使用费,还要缴纳矿产资源补偿费和资源税,名目繁多。且多渠道列支,使资源成本分散,过重的资源成本不仅得不到真实反映,也缺乏进入成本核算的有效途径。

(四)煤炭资源税征收比率和征收方式不合理

(1)煤炭资源税征收比率不合理,如果通盘考虑资源税的作用和功能,特别是考虑到资源税改革乃至对我国煤炭税费制度进行的整体改革,就资源税在全部煤炭税费额中所占的比例来说,则资源税的税率还是偏低了。

(2)资源税征收方式不合理。我国资源税按产量征税而不是按储量征税,导致资源开采中产生采富弃贫、采肥丢瘦的现象,资源浪费和破坏严重。

(五)现有税费制度导致中央和地方在煤炭开发中利益分配格局不合理,资源收益分配不均衡

资源开采过程中的环境污染、生态破坏、地表塌陷、矿工的安全和健康问题以及开采后的土地复垦和产业接续问题,主要责任在地方。相应地,资源开采的收益应当主要留在地方。但从目前的财权划分来看,资源税留在地方,增值税、所得税和其他产业一样按既定比例由中央和地方分成,企业的利润则按企业的权属上缴。

(六)税负不公

税负不公主要体现在两个方面:

(1)行业间的税负不公。根据《中国统计年鉴》数据分析,煤炭工业是目前税负最重的行业之一。以增值税和营业税为例,1993年,煤炭全行业在22个行业中,税负列为第16位。10年后的2003年,煤炭采选业的排序列为第2位,仅次于石油和天然气开采业,高出平均税负95.97%。在全国税率降低1.88个百分点的情况下,煤炭行业反而提高4.64个百分点,相当于高出全国平均税率6.52个百分点。

(2)行业内不同类型企业间的税负不公。2010年8月,国资委发布报告,从2002年到2009年,国有企业的税负明显高于其他类型企业,税负均值为27.3%,是私营企业税负综合平均值的5倍多。

三、对我国煤炭行业税收制度的建议

煤炭税费制度改革是一项事关我国煤炭工业发展的重大改革,针对煤炭税费制度现状和存在的问题，综合考虑煤炭行业实际，改革和健全完善我国煤炭税费制度，给企业发展创造一个稳定有序的税费制度环境，切实减轻煤炭企业负担，促进煤炭工业健康可持续发展。为此，建议采取下列有针对性的对策措施：

(1)尽快研究制定煤炭税费总体改革方案，合理调整和优化煤炭税费结构。要搞好煤炭税费改革，必须坚持整体设计、分步实施的原则，综合评估资源税费改革对煤炭行业的影响，统筹平衡企业负担，尽快研究制订煤炭税费总体改革方案，积极推进煤炭税费整体改革，按照清费立税原则，清除各种不合理收费，特别要抓紧清理各种不合理收费，在此基础上，将性质相同、重复征收的部分煤炭税费或清除取消，或统筹合并，以合理调整和优化煤炭税费结构，减轻煤炭企业负担。

(2)改革完善资源税征收方式。调整资源税的税制结构，改变煤炭资源税计量依据，由根据资源开采量征税改为根据储量征税，将煤炭资源税税率与资源回采率及生态环境保护指标挂钩，按资源回采率和生态环境保护指标确定相应的税收标准，促使企业提高资源开采率，减少矿产品资源浪费，重视矿区生态环境保护。

(3)完善税收优惠政策、降低增值税税率。总的指导思想为前期优惠、鼓励技术革新、鼓励寻找替代能源、鼓励产业集中。在前期勘查及开发阶段应适当鼓励，对勘查和开发支出的税收实行优惠处理(加速折旧、当期摊销等)；采取措施整顿行业，提高产业集中度，通过税收减免等措施扶持那些表现优秀的大型企业。降低增值税税率，减轻煤炭企业的增值税税负在煤炭企业增值税征收中，充分考虑煤炭作为资源性产品所实际存在的进项税额抵扣额度低、抵扣范围小、计税基数不合理等客观因素。

(4)提高地方政府在资源收益中的税收分享比例，合理推进税制改革，提高地方政府在资源收益中的税收分享比例，调动地方政府在消除和解决煤炭开采产生的负外部性问题上的积极性。

贵州税费政策对煤矿企业的影响

彭红召

贵州省地处我国云贵高原，是我国南方最大的产煤省区，也是煤炭输出主要省份之一，煤炭资源远景储量达 2 419 亿 t，目前累计探明储量 587 亿 t，居全国第 5 位，素有“西南煤海”之称，在承担“西电东输”职能的同时，向广东、广西、湖南、重庆、江西、四川等主要煤炭调入省（区、市）就近供煤，平衡区域煤炭需求，调剂煤炭品种具有不可替代的重要作用。

近年来，贵州省通过加强煤矿瓦斯治理、小煤矿整顿关闭和资源整合、大矿带小矿等一系列举措，煤炭产量大幅度提高，2011 年贵州省完成煤炭产量 1.56 亿 t，实现连年持续增长。随着煤炭行业的蓬勃发展，实现的煤炭税费逐年大幅增加，为贵州省的经济发展提供了有力的财政支持。现从煤炭企业税收环境的整体状况，谈一下笔者粗浅的认识。

一、贵州省现行的煤炭税费征收政策

贵州省采取过境验票定额征收政策。增值税采取定额预存，企业月末据实申报缴纳。对于所得税征缴，除了部分地区个别国有煤矿企业实行查账征收外，其他全部按销售量定额征收。煤炭税费构成的比例中，增值税、企业所得税、煤炭价格调节基金占征收总额的比例较大。

二、贵州省煤炭税费征收标准和企业负担情况

与别的省区相比，贵州省煤炭企业的税费负担较重。以黔西南州某县 2011 年 12 月 1 日执行的过验票站煤炭税费预征标准为例：排污费 1.2 元/t，水土保持费 0.5 元/t，煤炭价格调节基金 150 元/t，矿山和谐基金 5 元/t，所得税 33.25 元/t，营业税 7.7 元/t，资源税 2.5 元/t，城建税（营业税附征）3.66 元/t，教育费附加（营业税附征）0.23 元/t，地方教育费附加（营业税附征）0.16 元/t，增值税 21 元/t，共计 225.20 元/t。以上是过境煤炭验票站刷煤卡预征标准，另外按 3 元/t 标准征收的矿产资源补偿费不包含在内。

据测算，如果煤矿企业平均每吨煤炭售价按 510 元（含税）计算，扣除正常的进项税，增值税据实申报，煤炭企业需要缴纳约 54 元/t 的增值税。

同时，根据该县地税局 2011 年 11 月份制定的《关于煤炭税收实行基数定额价税联动管理办法的意见》的具体内容，还需补缴 4.63 元/t 的税款。

依照上述方法，煤炭售价按 510 元/t（含税价）计算，每吨煤税费高达 265.83 元，还不包含煤矿企业按营业收入 3‰缴纳的印花税、1‰缴纳的价格调节基金等税费。

为提高调研的全面性，特对贵州省的黔西南州、毕节地区、安顺市的部分煤矿企业进

作者单位：河南煤化永煤集团永贵能源开发有限公司

行了调研，据统计数据，除了安顺市的大型国企永润煤业经与政府部门协调，没有执行定额税费征收，税负保持在20%左右，其他被调查定额征收税费企业的税费负担率（简称税负，公式为：会计期间应交税费/会计期间营业收入）普遍都在30% ~45%。例如：在抽查的企业中，有紧邻两个县的两个煤矿企业从2009~2011年近三年来的税负分别为46%、42%、43%，37%、43%、41%。

三、贵州省煤炭税费政策具有的特征

据调查，地方税费征收部分的政策，普遍由县级政府研究决定。这就存在政策制定的不规范性。一方面，县级政府会根据地方发展对财政的需求，经常调整煤炭税费征收标准；另一方面，会根据需要自主制定征收如和谐基金这样的费用。这就造成一个普遍的现象，根据县政府的一个会议纪要，或县政府的一个公告，就随时能够调整提高税费征收标准的情况。即使相邻的县市，制定和执行的税费项目与标准都不一样。

即使省政府部门制定的政策，由于理解不一样，每个地区（州、市）执行的都不一样。典型的例子，如在全省范围征收的煤炭价格调节基金，每个地区（州、市）执行的标准都不一样。同时，由于国家及贵州省的政策没有对煤炭价格调节基金是否属于价外费用，应不应该征收增值税没有具体的说明，造成省内的黔西南州等区、市作为价外费用计征增值税，毕节地区、安顺市等区市作为代扣代缴，不计征增值税，形成政府税务部门与煤矿企业长期争议的焦点。

据了解，只有湖南省的相关政策透明度很高。《湖南省煤炭价格调节基金征收使用实施细则》第四条规定："煤炭价格调节基金由用户承担，由省内从事煤炭生产经营的各类企业代收代缴，开具由省财政厅统一印制的非税收入票据。"第十一条规定："煤炭价格调节基金属于政府性基金，由煤炭生产经营企业代收代缴的煤炭价格调节基金，使用省财政厅统一印制的非税收入票据，列入'代收款项'，按规定免征各种税费。"

四、贵州省地方政府对国家政策的执行情况

受地方经济利益驱动因素影响，国家相关政策在贵州省存在一定的棚架现象，主要体现在贵州省对国家相关煤炭税费政策的执行监督乏力。

典型的例子有，根据贵州省《关于开展进一步清理整顿收费秩序工作的通知》（黔价费〔2010〕217号），《贵州省物价局、贵州省财政厅关于公布取消、停止征收部分收费项目和降低部分收费标准的通知》（黔价费〔2011〕96号）等相关文件，要求取消不合理的涉煤收费，停止向煤矿企业征收摊牌的项目。但是，某些县市存在违规征收的煤矿和谐基金没有停止。

五、贵州省税费政策对煤矿企业的影响

鉴于国家政策在贵州省较难得到贯彻落实，加上自主制订的不合理涉税基金和税费征收政策、高额的税负以及政府部门对于电煤供需的过多干预，很大程度上增加了企业的负担，限制了辖内煤炭企业的销售市场，影响了煤炭企业的正常经营。政策不利因素的大量存在，一定程度上降低了煤矿企业投资的积极性，影响了煤炭产业健康持续发展。

2012年以来,全国煤炭市场受下游经济运行持续低迷下行拖累,需求疲软。贵州省煤炭外销的主渠道广西市场,因受经济形势影响和从越南低价进口煤炭冲击,贵州省黔西南州、安顺市严重依赖外销市场,煤炭价格下滑较快,幅度较大,并有滞销迹象,当地财政受到较大影响。4～5月,以上区市暂时停止(计划缓征3个月)了煤炭价格调节基金的征收,以望激活销售市场,促进当地经济平稳发展。

六、贵州省税费政策和执行力情况分析

如果站在地方政府立场,确实也可以理解接受。地方要发展,经济指标要保持高增长,处处都离不开大量的财力支持,税费征收是财政的有力保障。就如某富煤县,2011年实现财政税收12.96亿元,该县有50多万人口,数年前还是国家级贫困县,近几年煤炭资源得到充分开发,经济保持高增长,成为该区域内发展的典范。但是,在发展地方经济的同时,地方政府对企业难免存在杀鸡取卵、涸泽而渔的嫌疑。如何制定合理规范的税费政策,提高地方政府对国家政策的执行力,平衡政府与企业的利益关系,保持地方经济持续健康长远发展,实现政府和企业双赢的格局,是摆在政府面前需要不断研究的课题。

从某种角度上来说,企业与政府之间也是存在着一种博弈关系。如果企业能够做强做大做优,在当地经济发展中起着举足轻重的地位,在社会和当地政府中树立的形象又好,就有可能在与政府各种关系协调中取得一定的话语权,争取到相应的政府支持和财政税收优惠政策。在所调查企业中不乏各种例子,有的争取到政府巨额的项目资金奖励补助(从几十万元到数百万元不等),有的实现所得税查账征收,有的成功申请到销售劣质煤炭累计减免税费数百万元以上。以上成绩的取得,与广大财务工作人员的辛勤劳动密不可分。

2012年1月12日,随着国务院《国务院关于进一步促进贵州经济社会又好又快发展的若干意见》(国发〔2012〕2号)文件的出台,国家对贵州省配套的扶持优惠政策也会很快出台。贵州省贫穷落后的局面将得到很大的改变,政府部门的发展意识和服务观念有可能得到较大的转变,企业的投资经营环境也会逐步得到好转,企业作为与政府博弈弱势方的地位会有所改善,企业也会从地方政府方取得越来越多的话语权。

基于利益相关者的煤炭企业社会责任评价体系研究
——以河南煤炭企业为例

郝晓森　赵庚学　王洪涛　岳俊杰

近年来,煤炭企业频发的安全事故和环境问题引发了人们对煤炭企业履行社会责任的关注,对煤炭企业社会责任进行评价,对促进我国煤炭企业健康和可持续发展具有重要的现实意义。

本文从利益相关者角度出发,结合河南省煤炭企业的实际情况,分析了煤炭企业构建社会责任评价体系的必要性及现实性,并针对实施过程中出现的问题,提出了与之对应的解决办法,以期对煤炭企业的可持续发展提供有效的帮助。

伴随我国煤炭需求量日益增加,我国煤炭安全生产情况也越来越令人担忧,矿难频发、环境问题日益严重等凸显出企业社会责任的缺失,迫切需要建立煤炭企业社会责任评价体系。只有建立煤炭企业社会责任评价指标体系,才能提升煤炭企业的核心竞争能力,减少矿难事故的发生,促进煤炭企业营造良好的生态环境平台。

一、我国煤炭企业社会责任评价指标体系的构建

企业以可持续发展为目的,在追求利润最大化的同时还应承担包括股东在内的利益相关者的经济、法律、伦理责任和自愿责任。企业社会责任存在行业差别,差异可能体现在得到政府的税收优惠等政策扶持的力度不同、职工构成不同、对经济的贡献不同以及投资人对其信心不同等方面。以煤炭企业为例,针对投资者、员工、政府、社区等方面设计企业社会责任评价体系。根据煤炭企业的具体情况,本文主要从以下指标进行分析。

(一)企业对投资者的责任

所采用的指标是“投入资本回报率”。计算公式:投入资本回报率 = 年利润 ÷ 投资总额 × 100%。通过比较,分析投资者投入资本在企业内部运营状况。

(二)企业对员工的责任

企业对员工的责任体现在两个方面:

(1)薪酬待遇,该指标的评价选用“应付职工薪酬 ÷ 营业收入”的比率。这个比率综合反映员工在公司的待遇水平、社会地位、合法权益的保障程度,比率越高显示该企业对员工的责任越高。

(2)对员工的培训教育,该指标的衡量选用“全年投入职工培训费用与营业收入”的

作者单位:平煤股份十三矿

比率，该指标反映企业对员工适应社会可持续就业的重视程度，比率越高，表示企业对员工的发展越重视，企业的社会责任越强。

（三）企业对政府承担的社会责任

主要体现在两个指标上，正向指标为营业利税率，计算公式：营业利税率＝（支付的各项税费－收到的税费返还）÷营业收入，该指标体现了企业对政府的纳税贡献，在收入确定的情况下，分子越大表明对政府的贡献越大；逆向指标为罚项支出比率，计算公式：罚项支出比率＝（罚款支出＋滞纳金＋赔偿金）÷营业收入，该指标反映企业遵纪守法情况，以0.2%为限，指标越高表示该企业的遵纪守法状况越差。

（四）企业对社区与公益事业的责任

该指标通过捐赠收入比率来评价，计算公式：捐赠收入比率＝慈善与公益捐款÷营业收入，该指标反映企业对社会捐助的重视程度，该比率越大，表明该企业在社会慈善方面的投入越多，贡献越大。

二、河南省煤炭企业社会责任分析

以河南省煤炭企业为样本，分析2010年各企业社会责任履行情况。所有数据分别来自神火集团、郑州煤电、平煤股份的企业年度财务报告，汇总报表如表1所示，指标计算结果如表2所示。

表1　2010年河南省煤炭企业上市公司企业部分指标一览表　（单位：元）

指标	神火股份	平煤股份	郑州煤电
本年利润	896 640 178.44	2 365 091 433.66	177 907 726.07
投资总额	3 531 951 506.19	9 361 460 121.95	1 784 137 226.45
营业收入	10 761 908 169.71	22 904 559 924.41	9 775 717 728.67
应付职工薪酬	236 071 847.26	5 815 176 027.20	92 707 897.95
全年职工教育培训费用	28 652 126.78	142 942 878.76	1 082 580.37
罚款支出＋滞纳金＋赔偿金	6 677 877.02	10 243 670.30	1 516 614.58
公益支出	31 400 000.00	2 648 628.00	0
专项储备	181 863 723.60	533 426 572.25	62 373 145.10

表2　2010年河南省煤炭企业上市公司评价指标一览表

指标计算值	神火股份	平煤股份	郑州煤电
投资回报率	25.39%	25.26%	9.97%
应付职工薪酬与营业收入的比值	0.335%	2.539%	0.948%
全年职工教育培训费用与营业收入的比值	0.266%	0.624%	0.011%
罚款支出＋滞纳金＋赔偿金与营业收入的比值	$6.205e^{-4}$	$4.472e^{-4}$	$1.551e^{-4}$
公益支出与营业收入的比值	0.002 9	$1.156e^{-4}$	0
专项储备与营业支出的比值	1.69%	2.33%	0.64%

（一）企业对投资者的责任

通过计算，2010 年神火股份的投资回报率为 25.39%，平煤股份的为 25.26%，郑州煤电的为 9.97%。总体上都能够满足煤炭企业上市公司投资者最基本的投资回报要求，而且神火集团和平煤股份的投资回报率较高，投资者投入资本在企业内部运营状况较好。

（二）企业对员工的责任

企业主要通过为员工支付报酬、福利、培训等各种费用来体现对员工的责任。上述各公司支付给职工以及为职工支付的现金与营业收入的比值分别为神火股份 0.335%、平煤股份 2.539%、郑州煤电 0.948%。从指标上看，虽然平煤股份 2010 年为员工支付现金的比重较大，但是企业规模、员工数量也是影响上述比值的关键性因素，所以还需通过对企业规模考察做深入研究；而对职工培训方面的支出，神火集团为 0.266%，平煤集团为 0.624%，郑州煤电为 0.011%，与应付职工薪酬在营业收入中所占的比例相比，神火股份对员工素质培养的重视度较高，而平煤股份与郑州煤电的重视度明显不够，需加大对员工教育培训的投入力度，从而通过增加有效劳动力为企业创造更大的收益。

（三）企业对政府承担的社会责任

在分析评价企业对政府的责任时，重点选择逆向指标。2010 年神火股份、平煤股份、郑州煤电的罚款支出、滞纳金和赔偿金的加总与营业收入的比值分别为 $6.205e^{-4}$、$4.472e^{-4}$、$1.551e^{-4}$，三个比率均不超过 0.2%，都较好地履行了企业对政府的责任。

（四）企业对社区与公益事业的责任

企业把对社区和公益事业的支出列入营业外支出，对这一指标进行量化可得，神火股份的约为 0.002 9，平煤股份的约为 0.012%，而郑州煤电 2010 年对社区和公益事业的支出为 0，只提取了非公益性支出。企业对社区和公益事业的捐赠及非获利性投资本身就是自愿的，企业对该指标投入的资金比重反映了企业对社会的贡献大小，神火股份在对社区与公益事业上，无疑做出了较大的贡献。

三、完善我国煤炭企业社会责任评价体系的对策

（一）完善社会责任法律法规体系

由于政府对于企业行政手段的管理调控毕竟是有限度的，因此对于企业社会责任的长期良性发展，法律的完善是必不可少的。应当以法律形式规定企业履行社会责任的最低限度的道德义务，并使之上升为强有力的企业行为规范，同时为企业履行道德责任提供法律的支持，通过完备的法律来加强对企业履行社会责任的监管。

（二）加强政府引导，强化社会舆论监督

除了完善法律，保障企业社会责任的执行，发挥社会舆论的监督作用，也是非常必要的。倡导企业积极履行社会责任，充分发挥公共舆论媒介强势宣传的优势，发挥消费者协会、工会、绿色组织等的作用，加强公众对企业社会责任的认识和教育，重视对企业经营行为的道德评价。形成一套由法律强制、行政干预、经济调控、企业自律和社会监督等方式相结合的多层次、多渠道监督体系，促进企业对社会责任的高度重视和履行。

参考文献

[1] 古丽娜，张双武. 公司社会责任、利益相关者和公司绩效研究[J]. 西北民族大学学报（哲学社会科学

版)，2004.
[2] 辛杰. 基于利益相关者的企业社会责任指标与表现评价[J]. 山东社会科学，2008.
[3] 李正，向锐. 中国企业社会信息披露的内容界定、计量方法和现状研究[J]. 会计研究，2007.
[4] 颜剩勇，刘庆华. 企业社会责任财务分析指标研究[J]. 财会通讯(学术版)，2005.
[5] 阳秋林. 中国社会责任会计研究[M]. 北京：中国财政经济出版社，2005.

解决煤炭企业"融资难"的途径

张晓方　刘月华

近年来,河南省内各煤炭企业通过技术创新和升级以及兼并、收购等措施进行产业链整合,纷纷走多元化经营的道路,企业规模不断扩大,企业所需资金不断增加,各企业相继进入资本和金融市场多渠道融资。大家有目共睹的是,资产负债率不断攀升,最低已接近70%左右,接近或已高出了风险警戒水平,经营风险有所上升。再加上近年来银根收缩,银行的信贷额度不足、投放力度弱化,煤炭企业普遍面临"融资难"的问题。正确认识当前煤炭企业融资中存在的问题,探求新时期煤炭企业融资的新途径,对促进煤炭企业发展具有重要的现实意义。

一、煤炭企业融资特点

(一)煤炭行业融资方式单一

无论是投资者还是信贷机构,对于煤炭企业的融资需求都表现得十分谨慎。虽然煤炭企业融资有多种渠道,一些煤炭企业也有不同的选择,但现阶段煤炭企业的主要融资方式依然是银行贷款,企业的融资需求与金融机构信贷管理模式之间缺少有效的对接,融资选择的方式也缺乏多样性,很难适应企业在资金使用上的要求。

(二)煤炭产业本身融资额度大

煤炭资源的勘探和开采需要较大的资金投入,从矿业权的取得,到矿井建设、技术的引进,也需要大量的资金。除此以外,煤炭企业为了自身的发展需要加大技改投入力度,提高煤炭资源综合利用效率。在煤炭生产环节尽快淘汰落后生产工艺、技术和装备设施的使用,提升机械化装备水平和煤炭安全生产水平,提高煤炭生产效益,这也需要大量的资金。因此使得煤炭企业面临着很大的资金压力,资金缺口较大。

(三)煤炭企业融资难度加大

随着河南省加快大型煤炭矿区总体规划工作的推进,继续大力支持大型煤炭企业兼并小型煤矿。为了实现这一目标,各煤炭企业现有资金显然不能满足需求,需要更多的资金进行整合。而由于生产规模小,集中度低,经营管理模式和生产方式滞后,各种权属证照不全,难以满足银行的融资条件,从而造成煤炭企业融资难的问题更加突出。

(四)融资的法律风险逐步加大

不同融资方式,各方的权利、义务不同,所面临的法律风险也不同。在股权融资中,随着投资方的投资入股,融资企业的发展目标、法人治理结构、经营策略、管理方式等都有可能发生变化,有时还会面临着企业控制权的变化或转移,比如上市融资就有可能涉及如何按照上市规则改造重组以及股权变动问题;并购就可能发生债权债务和产权如何合法有

作者单位:义马煤业集团股份有限公司

效处置以及企业经营权的丧失问题。

二、煤炭企业融资原则

(一)围绕企业发展核心,服务企业的发展战略

制定符合企业实际情况的可持续发展战略,企业的发展战略决定了企业融资的方式,煤炭企业首先要清楚“为什么融资”这个问题,才能真正解决好“如何融资”、“如何选择融资项目”、“如何选择融资时机”及“选择什么时候退出”等问题,才能真正将企业的融资与企业发展略有机地结合起来。因此,制定一个符合企业实际情况,既有前瞻性又有可操作的企业发展战略,是企业进行融资、谋求可持续发展成败的关键。

(二)改善融资方式,进行多元化融资

融资方式的选择与资本结构的优化,对企业的生存和发展起着至关重要的作用。选择合理的融资方式,使各种资金来源和资本配比保持合理的比例,优化资本结构。在发挥银行主渠道作用的同时,合理配置资产和分散风险,减少对银行体系的过分依赖。从实际出发,不同层次的企业,采取适合企业的融资方式,以满足企业的融资要求。

(三)根据实际需要,合理确定融资规模

根据需要量力而行,保证融资成本小于未来的融资收益,否则得不偿失,还会带来经营与商业信用风险。不同发展阶段的企业对融资有不同要求,因此要充分认识企业所处发展阶段,明确融资成本和融资规模。煤炭企业在制订融资方案时,应当考虑自身的经营状况、资金拥有状况以及发展需要,及时了解各种法规、政策对融资活动的相关规定。

(四)加强制度建设,防范各种法律风险

随着资本的进入,企业必然面临着权利义务的重新变革、发展的不确定性、新风险的产生等问题。因此,在融资协议中,双方应当就股权结构重构、公司治理结构调整、财务管理制度、资本退出机制等事项作出详细的规定。在银行贷款融资方面,担保方式的选择、资金的用途、还贷期限及续展等问题,应当根据企业的实际情况与贷款银行协商确定。在其他融资方式方面,也都应当作出详细的规定,从而最大限度地防范各种法律风险。

三、解决煤炭企业融资问题的途径

(一)充分利用内部权益资金

根据优序融资的理论,企业在融资时可以首先考虑内部资金,煤炭企业可以尝试内部筹资渠道,利用留存收益解决筹资难题。内部筹资使用的权益资金,没有到期偿本付息的压力,相比负债融资没有财务风险。另外,利用权益资本会增加资本结构中权益的比例,对外部债权人的债权更有保障,对他们的吸引力增强,可为企业筹集到更多的资金。此外,留存收益的资本成本比股票融资的要低,因为在使用内部融资时不需要融资费用。因此,积极尝试使用内部留存收益,是煤炭企业解决融资难题的重要途径。

(二)申请银行固定资产贷款

固定资产贷款融资方式是企业整体融资方式中最为重要的方式之一,相对于债券融资,固定资产贷款的成本较高;但是审批的程序相对简单,对于资金用途的限制较低,项目获得资金的时间较短。目前各煤炭企业普遍存在融资对贷款依存较高的现象。金融政策的变动,尤其是国家对各产业政策信贷政策的调整及利率的变动,都会给融资带来较大的影响。

(三)申请银团贷款

银团贷款是指由一家或几家银行牵头,联合多家银行或非金融机构,采用同一贷款协议,按商定的相同期限和利率等条件向同一借款人提供的贷款。采用银团贷款可以使企业在较短时间内筹措较大金额的资金,因此可以提高一次性获得长期稳定的资金可能性,减少筹资事务,降低筹资风险;同时可以扩大企业影响,进一步增强企业的筹资能力。

(四)发行企业债券

企业债券是公司依照法定程序发行、约定在一定期限还本付息的有价证券。采用发行企业债券筹集资金,与用银行贷款筹集资金相比,具有以下优势:有利于提高企业在社会上的知名度,加强社会对企业的监督,促进企业改善经营管理;筹资成本较低;期限较长,资金来源更加稳定。企业在发行债券的前期,应当进一步加强对拟发行债券项目的研究和对企业盈利水平的规划。发行企业债券对于资金的用途有较严格的管理规定,因此企业要进一步做好发债项目的前期审批工作,使债券资金的用途有明确的项目需求作为支撑。

(五)上市公司再融资

目前我国的资本市场正处于高速成长期,大量的资金涌入资本市场,同时我国为提高证券市场在国际资本市场的地位,将进一步扩大资本市场的规模,增加新的金融品种来满足上市公司融资和投资者的需求。因此,企业应充分利用上市公司融资平台,筹集发展所需资金。上市公司在资本市场上可以选择的融资方式主要有增发、配股、公司债券、可转换公司债券等。

1. 增发和定向增发

若上市公司采用公开增发的方式,可以使上市公司本身获得现金资源并增加所有者权益,可以为上市公司开展债务融资带来更大的空间。但是,公开增发的方式,可能导致集团母公司的控股比例下降,同时公开增发未能使集团母公司获得现金资源,因此单纯采用公开增发的方式对集团公司整体不利。采用定向增发的方式时,上市公司向社会公众股增发采用现金方式,集团母公司采用以现有资产入股。在设计增发方案时,可以采用现金或股份作为对价向集团母公司收购资产方式。采取这种方式一方面母公司通过资产处置获得了现金收入,筹集了项目自筹资金,另一方面,母公司又可保持对上市公司的控制权,获得投资收益,同时,上市公司也筹集了发展所需资金。

2. 配股

上市公司采用配股方式融资,可以获得一定的现金资源,有利于提高上市公司的债务融资能力。但是配股所获的资金量要小于增发所获得的资金。采用配股方式对于集团母公司来讲,需要为获得相应的配股支付一定的资金。对于集团母公司现金资源较为紧张,上市公司相对宽松的现实条件下,不利于整体资源的优化配置。

3. 可转换公司债券

可转债由于具备了股票和债券两者的属性,结合了股票的长期增长潜力和债券所具有的安全及收益固定的优势,从而使其发行的成功率较高。发行可转换公司债券,从集团母公司角度分析,集团母公司没有获得资金的流入,同时可能因为到期后持有人行权,而降低集团母公司在上市公司中的持股比例。因此在采用此种融资方式时,应当对于集团公司在发行后的控股比例作重点研究。

(六)集团公司整体上市

目前国家鼓励上市公司的母公司整体上市。集团公司整体上市的优点:一是可以使集团公司依托资本市场进一步发展壮大,为集团母公司提供了一个重要的筹资渠道;二是可以通过这种方式发展壮大集团公司整体实力,有利于提高上市公司的资本回报水平;三是可以使集团公司法人治理结构能够进一步提升。

集团公司的整体上市可以通过以下三种途径:①集团母公司法人主体上市;②集团公司整体主营业务上市;③将集团公司的优质资产组入上市公司。一般来讲,将集团公司的优质资产注入上市公司方式最具有现实意义。

(七)探索海外上市融资渠道

海外上市融资是煤炭企业走向国际化的最直接的途径。我国的煤炭企业可以尝试以下途径:一是煤炭企业可以在国际资本市场上发行股票,在筹集大量资金的同时,降低企业的资产负债率,加快企业的转型,与国际市场接轨。二是通过独资、合资、股份合作等形式,吸引外来资金对我国煤炭企业进行直接投资,在吸引国外资金的同时,积极引进国外的先进技术和经营管理方法。

另外,企业可利用的融资工具还有组建财务公司、资产证券化、融资租赁、无形资产资本化等。

总之,煤炭企业的融资是煤炭企业生存和发展中的重要课题,政府要大力扶持煤炭行业的发展,完善投资环境,建立稳定可靠的资金保障体系,煤炭企业自身也要积极探索多层次融资渠道,选择有利于企业发展的融资政策,努力降低融资的资本成本,实现企业价值的最大化。

社会经济状况和国家经济政策与会计理论及实务的创新

曹聪会

会计的发展变化主要源于经济因素的不断变化。通常对会计认识的发展水平和完善程度与经济的发展水平成正比,经济水平越高,对会计的认识就越科学、越完善。会计的发展不仅受社会经济状况和国家经济政策的制约,还受到政治环境、法律环境、文化环境等外部环境和其他内部环境的制约。我国要根据实际环境的需要,不断改进会计制度,适应社会经济状况和国家经济政策,并用会计的发展来推动经济的发展。所以说,社会经济状况和国家经济政策与会计的发展是相互促进的,是相互影响对方的形式来相辅相成的。

一、社会经济状况和国家经济政策与会计的关系

会计一定是存在于一定的社会国家环境之下的,会计的存在和发展必然受到本国多种客观因素的影响与制约,客观因素的情况直接决定了会计发展的途径和方向,所以这也就造成了全世界各国会计的不同和差异,这就使得会计这一概念带有非常明显的社会特征。通常,会计的发展水平和经济发展水平成正比,也就是说,经济水平越高,则其会计认识就越完善、越科学。本文主要探讨社会经济状况和国家经济政策对会计发展及财务报告方面的影响,认为会计在经济管理活动中应与社会经济状况和国家经济政策协调发展。

二、社会经济状况和国家经济政策对会计发展的影响

在众多复杂的社会关系和因素当中,能够影响到会计的有很多,例如政治、经济、科技、文化和法律等,其中社会经济状况和国家经济政策是最重要的。社会经济状况和国家经济政策对会计发展的影响主要有以下几方面。

(一)经济体制

综观世界各国的会计准则,其产生和发展的轨迹都与经济体制息息相关,可以这么说,体制的不同导致了会计理论和方法在各国的不同,这也就使得每个国家所指定的会计规范也不尽相同。我国正处于社会主义的初级阶段,整个经济是以公有制为主体、私有制经济为重要组成部分的有中国特色的社会主义市场经济体制。这一体制在宏观上要求市场作为市场的风向标和主体,政府在经济活动中主要利用各种经济杠杆作用来对市场进行引导调节,把好机制关;在微观的层面,就要求无论是公有制还是私有制都应该建立完整的现代企业制度,以市场为导向,遵循市场的规律,独立自主地完成经营活动。为与此种特征相适应,会计计量的客观公正性就显得至关重要,相关财务信息能否及时有效地反馈对企业的发展决策是息息相关的。

作者单位:河南矿业建设(集团)有限责任公司

(二)经济发展水平

会计的发展水平一定是受到本国经济发展水平制约的,会计的发展水平必须与社会的实际经济状况相适应,可以说,商品经济的发展需求就是会计产生和发展的源动力。任何新的会计思想的发生发展和会计准则的确立,都是和国家的经济政策以及社会的经济状况密不可分的,可以说,会计就是经济发展的伴生物。由此,我们可知经济水平的高低、发展速度的快慢是会计制度发展的主动力。

(三)知识经济

经济的发展,科技的进步,知识经济的时代已经到来,在这种"以知识为基础"的经济模式下,对经济发展提出了更高的要求,随着知识经济的发展,会计这一领域也面临着改革和发展的严峻挑战,这种挑战带来的不仅仅是压力,更多的带来的是发展的机遇。知识经济的核心就是经济的发展以知识为核心和依托,摒弃了以往一贯的依赖资源促进经济发展的传统思想。知识经济不断地发展,必将带来新一轮经济发展和增长的契机,当然作为经济伴生物的会计也必将获得巨大的发展机遇。另外知识经济的发展带来了科学技术的迅猛发展,这也为发展会计提供了可能,为其提供诸如计算机、网络等一系列便捷的设备,这些东西在一定程度上确实提高了会计工作的手段。

三、社会经济状况和国家经济政策对财务报告的影响

财务报告是指企业对外提供的反映企业某一特定日期的财务状况和某一会计期间的经营成果、现金流量等会计信息的文件。从这一概念我们不难看出财务报告对企业决策的重要性,对财务报告起到根本影响的因素主要有两项:一是国家的经济状况以及相关的政策法规;二就是使用会计信息的使用者的实际需求。现如今,随着科技和技术的不断发展,人们的认知观、思想观都在发生着深刻而巨大的变化。经济社会的迅猛发展导致传统的会计信息与实际的社会经济严重脱轨,甚至与现实的经济发展需求背道而驰,这种情况的出现和愈演愈烈都已说明传统财务报告制度的改革刻不容缓。

(一)社会经济状况和国家经济政策对会计发展及对财务报告的影响

所谓知识经济,是一种直接依靠知识和信息的生产、分配与使用的经济,由传统的工业经济发展而来,并与其相区别。与传统的农业经济和工业经济相比,它有如下特征:

(1)知识资本取代资本资产的首要地位,提高了无形资产的重要性。它们取代了传统经济形态下资本资产在经济发展中的核心地位,成为促进经济发展的第一要素。

(2)新经济形态是可持续发展的经济,"社会责任观"日益受到重视,它要求经济、高效地利用资源。

(3)信息高速传递,信息产业崛起为改革传统的信息传递手段提供了条件。

(二)知识经济条件下的财务报告的内容

新经济形态对会计的贡献在于它扩大了传统会计的视野,弥补了会计信息系统的不足,它是对传统会计继承基础上的新发展,它把会计特有的确认、计量核算和报告拓展到了知识的领域。一份完整的财务报告在报告之外还应该涵盖和说明与之相关的情况信息以及相关资料。其中,财务报表由报表本身及其附注两部分构成。附注是财务报表的有机组成部分,而报表至少应当包括资产负债表、利润表和现金流量表。

（三）知识经济条件下财务报告的表现形式

在传统的信息传输技术条件下，以报表的方式来交换信息已被实践证明是最有效和最节约成本的方式。这种方式一直沿袭了几千年，成为国际通用的信息传递方式。但这种方式也有其固有的局限性，表现在以下两方面：

（1）以数字为主，只揭示少量的非数字信息，一方面导致许多难以定量的信息不能充分披露；另一方面，这种方式不直观，它要求信息使用者有较高的专业素质。

（2）时效要求严格，会计是否重要主要取决于经济发展的状况，简言之，就是经济发展的水平越高，其会计的作用就越大，在会计界中始终不变的话题就是会计信息的质量问题。在新经济形态下，要提高会计信息质量，我们不但要研究新经济时代的会计环境的特征，完善会计理论，还要加强会计队伍的培训，把现代化的技术应用于财务报告模式之中。

四、结语

会计发展的唯一动力就是国家的经济政策，而反过来会计的发展也会为社会经济政策的制定和社会经济的改善与发展提供有力的保障。世界一体化已经成为了全世界发展的目标和方向，经济的一体化是全世界的共识，在这种大的经济发展趋势面前，会计全球化、国际化自然就成为了会计发展的大趋势和根本要求，也只有这样，会计才能获得更大的发展。会计全球化的最初阶段的方式是进行会计的国际协调，并向国际会计惯例靠拢。

煤炭企业财务文化建设研究

王　清

进入21世纪以来，文化的力量越来越多地在各个领域发挥重要作用。同时，企业管理形态已从经验管理、科学管理过渡到文化管理阶段。煤炭企业要适应经济全球化发展形势，在激烈的市场竞争中提高核心竞争力，必须培育本企业的特色文化。而财务文化作为企业文化的重要组成部分，加强此项建设，是提高企业财务管理水平的内在要求，是建设高素质财会人员队伍、促进财会人员全面发展的迫切需要，也是实现企业经济效益最大化的重要途径。

一、企业文化和财务文化的概念

（一）企业文化的概念

20世纪80年代，一个新的管理理论诞生，一种新的客观规律被人们所认识，一种新的工作思路被越来越多的企业所采用，这就是企业文化理论。其基本含义是指一个企业或一个行业在自己的历史发展中，在长期生产、建设、经营、管理实践中逐步形成的、占据主导地位的、并为全体员工认同和恪守的共同价值观念与行为准则。它反映一个企业特有的、为社会所公认的品格、素质、精神、作风，以及公众形象等文化积淀。

（二）财务文化概念

财务文化是指在长期财务管理活动中，财务群体中逐步形成并为大家认可、遵循，带有财务特色的价值取向、精神、道德、作风、思想意识、行为方式、规范、制度及其具体化的物质实体等因素的总和。广义的财务文化，是人类社会在实践中创造的与财务相关的物质财富和精神财富的总和。从狭义上讲，财务文化是财务人员在长期的财务管理实践中形成的财务意识形态以及与之相适应的财务管理制度和财务组织机构的综合体。企业集团的财务文化，是一种狭义上的财务文化，其精髓是财务精神文化。相对于企业文化而言，企业集团财务文化是一种企业集团内部的亚文化，它是企业文化的具体化和专业化。

二、煤炭企业财务文化建设存在的问题

（一）认识不到位

企业财务文化建设是一项系统工程，需要方方面面的力量共同努力才能完成。在实际操作中，有的煤炭企业领导只顾安全生产，缺乏从参与国际竞争的战略高度来认识企业财务文化建设的重要性，仅是从层面上开展了一些活动，但实质上效果不大。尤其是一些私有煤炭企业对财务文化建设更是不加重视，关注的只是企业盈利能力，而忽略财务文化建设。

作者单位：义煤集团财务部

（二）特色不明显

综观煤炭企业财务文化建设案例，一个比较明显的特点就是千篇一律，缺乏个性和特色，“拿来主义”比比皆是。如许多煤炭企业的财务精神都是“求真务实、精益求精”。再比如，许多煤炭企业提出“以人为本”、“追求卓越”等相同的口号，与自身企业实际和本系统的实际不吻合。

（三）学习力不强

煤炭企业受历史、体制、自然、人文等客观条件的限制，人才缺乏，特别是高层次、高素质、高学历的人才更是稀缺。加之煤炭企业财务人员体制不健全，晋升机制不健全，缺乏有效的激励机制，使从事财务工作的人员缺少学习动力，以至于限于事物中，自身的知识更新周期长，造成部门适应新形势的能力不快、不强。

三、煤炭企业财务文化建设的原则

不同企业的财务文化内容虽然不同，但建设财务文化的所遵循的基本原则、基本框架应该是一致的。煤炭企业财务文化建设应遵循以下基本原则。

（一）不冲突原则

煤炭企业的财务文化不与企业文化发生冲突，分（子）公司的财务文化不与总公司的财务文化发生冲突。

（二）专业化原则

要充分体现财务的专业特色，要充分利用财务的专业表现形式。

（三）目标原则

煤炭企业必须拥有一个明确的企业价值最大化的财务目标，并让每个职工明白其工作与实现这一目标之间的密切联系。

（四）价值观念原则

煤炭企业必须拥有一些共同的价值观念，比如节约观念、成本观念、效率观念、时间观念等，以减少财务人员之间因价值观念冲突而带来的摩擦，使全体人员共同遵守、共同呵护。

（五）普遍参与原则

煤炭企业财务文化的培育，不只是领导或个别人的事情，需要全体财务人员的参与。领导者在率先垂范的同时，应充分发挥每个财务人员的积极性，共同塑造财务文化。

（六）成效原则

煤炭企业财务文化不能只重视形式，而且要重视内容，要在实效上下工夫。要建立科学的激励机制，不但要将利益分配与工作成效挂钩，还要将激励与财务管理中所发挥的作用成效挂钩，激发财务人员形成良好的工作作风。

四、煤炭企业财务文化建设的路径

在推进煤炭企业财务文化建设中，应选好着力点，选准正确方向，采取切实可行的对策，确保财务文化建设工作取得成效。

(一)通过财务物质文化建设,塑造煤炭企业财务文化

财务物质文化是财务文化赖以生存和发展的物质基础,它是财务活动中所应用的方式、工具和实体性的文化性设施和文化环境的总和。由此应狠抓物质基础,研发财务技术,创新财务模式,优化财务功能。充实应用财务软件,落实财务核算"三统一",即统一制证、账簿、会计报表、预算报表,统一应用财务核算软件,统一会计核算。并且要给财务工作人员提供需要的激发、鼓励和发展条件,稳定财务人员队伍。在要求财务人员奉献和付出的同时,也一定考虑到其基本需求,给予合理的物质报酬,营造良好的发展环境,为其价值的实现创造条件。义煤集团在物质文化建设中,大力开发和应用财务软件,推动财务信息化向更高层次发展,使之更好地为财务管理服务。财务管理以实现 ERP 系统在义煤集团的全面实施为目标,通过推广销售管理信息系统、物资管理信息系统、固定资产管理信息系统、工资管理信息系统、全面预算管理信息系统、财务信息管理系统,实现企业管理流程的再造,建立了以财务管理为中心的内控制度体系和内控管理体系。

(二)通过财务制度文化建设,塑造煤炭企业财务文化

煤炭企业财务规章制度是保障煤炭企业生产经营有序运行的法规性文化。它可以规范人的行为,塑造员工良好的形象。财务制度文化建设应包括两方面内容:一是要有一个强有力的财务机构和一个行之有效的财务管理网络体系;二是要有一套科学的财务管理规范制度并切实地贯彻执行,形成一个有效的激励与约束机制。财务文化建设主要应围绕指标考核机制的建立、预算管理体系的完善、资金管理制度的健全、成本控制措施的有效实施、新产品的开发与研究、非生产性开支的严格管理、营销资金的迅速回笼以及建立严格的评估和报批制度等专门来进行。义煤集团财务制度文化建设首先建立富有效率、充满活力、符合现代财务管理要求和母子公司管控的财务组织机构与运行机制,以促使财务管理职能在企业经营管理中发挥最大效能。其次,完善和创新财务制度,包括财务工作制度、财务管理制度、内部控制制度、财会队伍管理制度、岗位责任制度。

(三)通过搭建学习创新平台,塑造煤炭企业财务文化

在塑造企业财务文化的过程中,一方面,煤炭企业财务管理部门的领导和财务管理专家必须首先树立自己的权威性、可信性,以得到下属职工的信任、理解与支持,从而对企业财务文化的建设形成强有力的领导。另一方面,对财务部门领导以及各岗位财务人员,定期要求有一项管理创新成果,并相应给予奖励,鼓励大家积极主动地开展创新理财活动。比如,系统宣传"模拟市场核算,实行成本否决"等办法,从而营造出一个"严"字当头的财务文化管理环境,保证财务管理工作的有效开展。义煤集团以"精细"管理为目标,按照"成本领先、投入精当、管理精细、效益最大"的基本原则,不断拓宽财务管理范围,延伸财务管理触角,着力强化集团公司财务控制,努力把财务文化打造成为精细管理的品牌文化。积极推行岗位价值精细管理,初步建立了岗位价值精细管理的责任体系、内部市场价格测定体系、岗位价值精细管理的执行运行体系、仲裁体系和考核体系。努力实现财务"三表"(指内三表:成本计算表、损益及利润分配表、岗位考核兑现表)到岗位。大力推行 NC 财务信息系统建设,逐步完善全面预算管理,资金的跨区域集中管控,实时监控、数据共享和业务协同,进一步加强集团财务管控,为领导决策、企业管理、防范风险,提供准确、可靠、实时的会计信息,真正实现了给予信息化系统的集团集中管控。集团先后在新安矿、义翔公司召开了“成本管理现场会”和“精细化管理现场会”，推动基层单位创建了各具特色的财务文化体系，形成了多姿多彩的文化管理品牌。

五、结语

煤炭企业财务文化作为一项有效的煤矿财务管理工作模式，需要不断地进行探索和研究，探索其规律性。只有科学找出煤炭企业财务文化的塑造途径，才能形成具有煤矿特色的财务文化，在提高企业经济效益、增强企业核心竞争力中发挥更大的作用，促进煤炭企业可持续健康发展。

煤业集团税收筹划研究

郭子平

税收是国家为实现其职能,凭借政治权力,按照法律规定,通过税收工具强制地、无偿地参与国民收入和社会产品的分配与再分配取得财政收入的一种形式。依法纳税是企业的义务,而合法节税也应是纳税人的权利。税收筹划是企业维护自己权益的一种复杂的决策过程,是依据国家法律选择最优纳税方案的过程。作为煤炭企业,可以通过税收筹划,合理降低税负,实施"阳光节税",从而降低成本、提高竞争力,最终实现企业利润最大化。

一、税收筹划的内涵

由于对税收筹划涵义界定不同,税收筹划有了广义与狭义之分。广义的企业税收筹划,是指纳税人在不违背税法的前提下,运用一定的技巧和手段,对自己的生产经营活动进行科学、合理和周密的安排,以达到少缴税款的目的的一种财务管理活动。这个定义强调:税收筹划的前提是不违背税法,税收筹划的目的是少缴税款。它包括采用合法手段进行的节税筹划、采用非违法手段进行的避税筹划、采用经济手段特别是价格手段进行的税负转嫁筹划。狭义的企业税收筹划,是指纳税人在税法允许的范围内以适应政府税收政策导向为前提,采用税法所赋予的税收优惠或选择机会,对自身经营、投资和分配等财务活动进行科学、合理的事先规划与安排,以达到节税目的的一种财务管理活动。这个定义强调,税收筹划的目的是节税,但节税是在税收法律允许的范围内,以适应政府税收政策导向为前提的。

广义税收筹划包含了狭义税收筹划,是目前社会上接触和使用得最多的。同时也考虑到我国目前在不断完善税法的现实情况,因此选择广义的税收筹划进行研究更有现实意义。

二、税收筹划在煤炭企业管理中的重要作用

(一)有利于煤炭企业自身经济利益最大化

在市场经济体制下,企业是独立核算、自主经营、自负盈亏的市场主体,税收对企业的收益有重大影响:首先税收支出的多少直接影响企业流动资金的周转;其次所支出的税收是否计入企业成本直接影响企业税负;再次,当企业和税务机关在税法理解上发生偏差时,企业的态度常会决定企业所处地位。从宏观上讲,企业在筹资、投资等决定企业未来的发展方向的决策中引入筹划,会对企业决策产生一定影响,使最终收益达到最大化;从狭义上讲,在市场有限的条件下,如此多的企业首先导致的就是竞争,竞争的结果就是成

作者单位:焦作美诚物业公司

本增加,利润呈现下降趋势,而依靠传统方法降低成本如技术革新、降低用工成本等变得越发困难,纳税作为每个企业都必须面对的一项成本,对其进行筹划其效果最为直接和明显。企业在生产经营中对具体到某一产品、税种、税收政策的筹划,对企业将税负降至最低大有裨益。所以企业的税收筹划得当,有利于减轻税负、增强竞争力,有效维护企业权益,使自身经济利益达到最大化。

(二)煤炭企业决策需要税收筹划为之提供依据

现实经济生活中,政府通过税种的设置、课税对象的选择、税目和税率的确定以及课税环节的规定来体现其宏观经济政策。同时通过税收优惠政策,引导企业采取符合政策导向的行为。税收的政策导向使企业在不同纳税期间和不同地区之间存在税负差别,这为企业对其经营、投资和理财活动等纳税事项进行前期策划提供了基础。若企业的涉税活动已经发生,纳税义务也就随之确定,那么企业也就必须依法纳税,即纳税具有相对的滞后性,这样税收筹划便无从谈起。从这个意义上讲,税收筹划是以经济预测为基础,对企业决策项目的不同涉税方案进行分析和决策,为企业的决策项目提供决策依据。

三、税收筹划在煤炭企业中的应用

(一)筹资中的税收筹划

筹集资金是企业开展经营活动的先决条件,企业可以从多种渠道以不同方式筹集所需的资金,这就需要进行筹资决策。在筹资决策中进行税收筹划,有助于企业降低资金成本,优化资金结构,增加所有者收益。一般来说,企业所进行的筹资活动可分为债务筹资与权益筹资两种,前者的资金成本通常较高,且存在偿付风险,但门槛较低,操作简单,可行性较好;后者的资金成本通常较低,但操作较为烦琐,门槛较高,且在一定程度下也存在控制权风险。若将税收筹划的因素纳入其中,则权益筹资的优势又将被减弱;按照现行税法的规定,权益资本以股息形式获得报酬,一般要被征税两次,一次是分配前作为企业的应纳税所得额,需征收企业所得税;另一次是分配后作为权益资本所有者的股息收入,需征收预提所得税。由此可见,权益筹资下这种重复课税模式所产生的税负明显要高于债务筹资,对此企业应统筹考虑。

(二)投资中的税收筹划

企业可直接利用国家税法规定的优惠政策进行税收筹划,以有效地节约投资成本,增加投资收益。从某种程度上说,税收优惠政策是国家宏观政策调控、引导资源流向的一种体现,其必然与国家整体战略规划和构想相符合,企业对此若加以合理利用,必然会深受其益。例如,国家为了鼓励煤炭企业积极实施技术改造,改善安全生产条件,提高资源回收率,在《企业所得税法》中规定:企业购置并实际使用《安全生产专用设备企业所得税优惠目录》规定的安全生产专用设备的,该专用设备投资额的10%可以从企业当年的应纳税额中抵免,当年不足抵免的,可以在以后5个纳税年度结转抵免。因此,企业可以从设备的购置年份、投资额、可抵免期限内各年度的利润等三个方面考虑上述优惠政策的税收筹划。

(三)经营中的税务筹划

企业以不同的方式筹集资金,并按照科学的方法投入企业后,其经营活动进入营运周转阶段,这一阶段集中了企业的主要经济活动。筹资、投资的效益通过这个阶段得以实现,而且自始至终包含着企业税收筹划。企业可以根据实际情况选择合理的财务政策,通过有效的税收筹划,使成本、费用和利润达到最佳值,实现减轻税负的目的。比如:存货计价对企业盈亏有亘大影响的主要是先进先出法,在物价持续下跌时采用,可以加大当期成本,缩小应纳税所得额,从而减轻纳税负担;对税法没有明确规定必须作为固定资产入账的某些工具、器具,应尽可能作为低值易耗品处理,并且采用一次摊销法;煤矿井下生产过程复杂,高温高压,环境恶劣,严重削减了大型煤炭采掘设备的使用寿命。为了提高企业的装备水平,保证煤炭安全生产,更好地反映设备折旧年限的真实水平,企业可以采取加速折旧法,加大企业期初成本而减少利润,从而减轻企业前期所得税负担,将企业缴纳所得税的时间推迟。

(四)资本运作筹划

从目前来看,企业在资本运作过程中可能涉及的税种包括增值税、营业税、城建税、教育费附加、契税、企业所得税等,其中资产转移中的流转税问题和对产权转移形成所得的税务处理是其税务筹划的重点。为此,企业应从实际出发,从税务筹划的角度考虑转移哪类资产、按何种价格转让资产、如何从流转税和所得税综合筹划的角度进行资产转让等,并充分利用各种税收优惠政策,例如以无形资产、不动产投资入股时的优惠政策,关联企业间相互转让资产以进行重组、购并时的优惠政策,对股权转让不征收营业税的优惠政策等。

四、提高煤炭企业税收筹划有效性的措施

(一)提高企业税收筹划的专业性

1. 设立税收筹划机构

虽然税收筹划已经引进多年,对于我国多数企业来说已不是一个陌生的事物,但对于大多数煤炭企业其接受度还不是太高,在企业内部没有设立专门的税收筹划机构,从组织上无法保障税收筹划能长期、有效地开展。企业应该在管理机构的设置上作出调整,在财务机构外还应设置独立的税收筹划部门和人员,负责税收筹划工作,并制定相关的税收筹划管理制度,以充分发挥税收筹划在企业经营管理中的作用。

2. 培养高素质税收筹划专业人才

企业税收筹划是一项专业性和政策性较强的工作,它要求从事这项工作的人员具有较高的素质,包括具备较高的税收理论水平和业务能力。税收筹划的参与者应是具备财税、法律、会计等多方面知识的综合型人才,还要具备严密的逻辑思维、统筹谋划的能力。因为一旦税收筹划失败,将演化为避税乃至逃税行为,不仅要受到税务机关的惩处,还会给企业的声誉带来不良影响,不利于企业的正常生产经营。因此,企业要想降低税收筹划的风险,提高税收筹划的成功率,重视企业内部税收筹划人才的培养势在必行。

(二)注重企业税收筹划方案的综合性

系统论的核心思想是系统的整体观念,任何系统都是一个有机的整体,它不是各个部分的机械组合或简单相加,系统的整体功能是各要素在孤立状态下所没有的。企业在进行税收筹划时也应按此观点进行,必须从整体上考虑和设计,不能单独围绕一个税种或部

门进行。企业在进行税收筹划时还要和企业财务部门、销售部门等其他职能部门进行协调，在企业经营、筹资过程中予以考虑。另外，企业管理的最终目的就是要实现企业整体利益最大化。税收筹划必须围绕这一总体目标进行综合策划，将其纳入企业的整体投资和经营战略，不能局限于个别税种，也不能仅仅着眼于节税。也就是说，税收筹划首先应着眼于整体税负的降低，而不仅仅是个别税种税负的减少。这是由于各税种的税基相互关联，具有此消彼长的关系，某种个税税基的缩减可能会致使其他税种税基的扩张。税收筹划既要考虑某一税种的节税利益，也要考虑多税种之间的利益抵消因素。因此，企业必须从整体角度来进行税收筹划。

（三）加强税收筹划风险管理

企业的管理人员在进行税收筹划时首先考虑的总是税收筹划成功后会对企业带来何种利益，少有考虑如果税收筹划失败将会对企业造成怎样的影响。在现实中，并不是只要进行税收筹划就可以减轻税收负担、增加自身收益，有时反而对企业造成负面影响。所以，税收筹划和其他决策一样存在风险，需要加强风险管理。

1. 树立风险意识，建立有效的风险预警机制

无论是从事税收筹划的专业人员还是接受筹划的纳税人，都应当意识到，由于税收筹划目的的特殊性和企业经营环境的多变性、复杂性，税收筹划的风险是无时不在的，应该给予足够的重视。当然，仅仅意识到风险的存在是远远不够的，各相关企业还应充分利用先进的网络设备，建立一套科学、快捷、方便的税收筹划预警系统，对筹划过程中存在的潜在风险进行实时监控，一旦发现风险，立即向筹划者或经营者示警，并寻找风险产生的根源，使筹划者或经营者能够有的放矢，对症下药，制定有效的措施，及时遏制风险的发生。

2. 把握税收筹划的合法性

税收筹划是合理有效地利用国家的政策，从中寻找符合自身的优惠政策，利用法律本身的不完善，来获得筹划空间。因此，税收政策是纳税规划的主要依据。企业要减少税收筹划风险，必须要以国家的相关政策为准绳，了解和熟悉税收、会计、证券及其他相关的法律法规，甚至要深入研究达到精通的地步。因为只有这样，才能找到符合企业自身税收筹划的政策点并加以利用，从而做到既不违法又能获得筹划收益。需要注意的是，关注政策的变化既要看企业适合的法律法规，也不能忽视不适合的政策和不相称的条款，避免在避税节税的过程中产生政策选择风险。

（四）建立有效的内部控制制度

1. 完善内部控制制度

与税收筹划相关的内部控制制度主要包括税收筹划控制责任制度、与税收筹划相关的法律顾问制度、税收筹划内控的岗位授权制度、方案的审批制度、相关内容的报告制度、方案实施的考核制度、与税收筹划相关的岗位的权力制衡制度等。作为企业管理者，要保证企业税收筹划的顺利进行，就必须对这些相关的内部控制制度进行完善，从而尽量避免和有针对性地解决因企业税收筹划的组织结构或运作流程而出现的一系列问题。

2. 加强各部门间的协作、沟通与配合

在内部控制制度中，税收筹划人员与企业的各个部门都密切相关。税收筹划人员应该定期与企业的各个业务部门进行交流，了解其业务信息，尤其是与税负相关的信息，并

根据各自掌握的信息进行讨论和协调可能与其他别的领域有关联的管理活动，从而为管理提供科学、合理的建议，分享自身的经验。加强税收筹划与各部门之间的协作、沟通，能够为达到企业的最终目的提供有力保证。

年产 45 万 t 电石项目建设工作薪酬制度及考核办法应用

杜静霞

为确保年产 45 万 t 电石项目顺利完成，规范基建期间薪酬管理，发挥薪酬激励导向作用，调动员工工作积极性，确保项目安全、优质、高效完成。现依据河南煤化和鹤煤集团薪酬文件及规定，结合筹建处实际，制定薪酬制度及考核办法，并在工作中得以实践和应用。

一、实施的背景

为了提高竞争能力，许多企业都在探索提高生产力和改善组织绩效的有效途径。在实际操作中，忽略了实施绩效管理所需要的管理基础，导致了实施效果大打折扣，最终要么流于形式，大家互相应付，机械地填写表格；要么干脆重新回到老路，搞平均主义，吃大锅饭。在企业绩效管理中，主要存在的问题是：绩效考核的简单替代、绩效目标、考核主体、绩效沟通、考核实施艺术、轻考核重形式等问题。

二、实施年产 45 万 t 电石项目建设工作薪酬制度及考核办法的意义和目的

(1)绩效管理的模糊性为其管理艺术的实现提供了可能。

(2)绩效管理是艺术演绎科学的具体发挥。

(3)绩效管理的艺术性是留住人才的关键。

(4)绩效管理是部门负责人和员工职位升降的主要参考依据。

三、实施的基本内容

(一)实施项目的组织保证

为保证年产 45 万 t 电石项目建设工作薪酬制度及考核办法应用的顺利开展和实施，筹建处成立了项目组织。

1. 项目组织机构

项目组织总负责人为行政一把手和分管考核的领导。项目成员为各分管领导；项目协作单位为筹建处安全部、工程部、设备部、工艺部、电仪部、计经部、综合办(以下简称六部一室)。

2. 项目内部分工

行政一把手为项目总负责人，分管考核的领导为项目实施负责人，项目成员为项目具体落实负责人。六部一室为项目实施落实的直接责任部门。

作者单位：鹤煤电石厂

3. 组织实施方式

全方位绩效考核方式(360度考核法)。考核形式:采用百分制考核。全方位绩效考核法,即采用上下结合、左右结合,共性考核和个性考核、岗位责任制考核相结合的原则;采用部门考核和员工考核相结合,调动员工协作配合团队精神。

全方位绩效考核法的操作流程如图1所示:

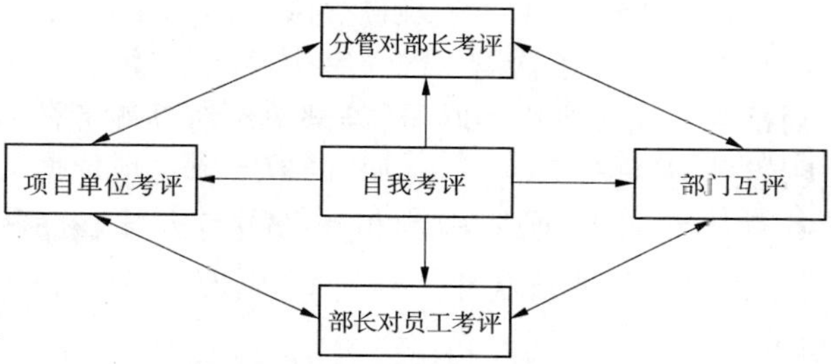

图1　全方位绩效考核法操作流程

(二)项目研究内容

年产45万t电石项目建设工作薪酬制度及考核办法应用。

四、项目实施方案

(一)以项目建设进度完成为考核重点

具体包括:项目月形象进度、项目月投资进度、项目工程质量指标的完成情况、绩效改善的情况、工作创新的情况等。薪酬考核部门类别分为两类,包括一类部室:安全部、工程部、设备部、工艺部、电仪部。二类部室,包括计经部、综合办。

(二)薪酬考核对象

筹建处副总工程师,筹建处六部一室部长、副部长,筹建处主管,筹建处科员,筹建处工勤岗员工,筹建处选聘的技术骨干紧缺人才。

(三)考核原则

(1)坚持淡化"级别"管理层次,强化"管理"岗位责任的原则。实行以岗定薪级,以绩效取酬的分配办法。坚持"效益效率优先、兼顾公平"的原则。实行激励与约束相统一,贡献与薪酬相对应,绩效与考核得分相结合。

(2)依据各部门职责、员工岗位职责和任职资格,实事求是、全面考核评估部门和员工,以考核实际业绩为主。在考核内容、考核方法和考核标准上力求合理、科学,严格、客观、公平地进行考核评估,增强考核工作的透明度。

(3)考核周期:每月进行一次。

(四)项目研究的方法

(1)查询记录法:对部门、员工工作记录档案、文件、出勤情况等进行整理统计。

(2)共性考核法:筹建处行为规范,即工作态度、工作能力、安全、卫生、行为准则、项目单位评价、员工自评、部门互评、分管领导评价等指标的考核。将考核指标按考核要素进行分解,按不同标准进行考核评分。

(3)个性考核法:部门每月的重点工作,每周考核会安排的工作,部门年度、月度工作目标分解;项目完成的质量和数量。将关键量化考核指标按考核要素进行分解,按不同标准进行考核评分。

(4)工作述职法:考核办在对部门考核打分的同时,各部门总结、个人月度总结于次月8日报送一并考核。

(五)采取的关键技术

共性考核条款30分(适用于部门和员工的考核),部门个性考核条款70分,员工个性考核条款70分。考核办对共性条款及六部一室个性条款考核;六部一室部长对副职及员工考核;分管领导对部室负责人考核100分;外部单位对部室考核100分。

1.得分计算办法,员工得分计算

共性考核条款30分,部室个性考核条款70分,员工个性考核条款70分。

副部长及员工考核得分=共性条款考核得分+(副部长及员工个性条款考核得分+部室个性条款考核得分)/2

副部长及员工应得绩效工资=副部长及员工绩效工资×副部长及员工考核得分

2.部长考核得分计算

(1)共性条款30分,部长个性条款70分,部室个性条款70分。

部长部室考核得分=共性条款考核得分+(部长个性条款考核得分+部室个性条款考核得分)/2

(2)筹建处分管对部室负责人考核100分,外部单位对部室考核100分。

部长考核最终得分=(筹建处分管对部室负责人考核得分+外部单位对部室考核得分+部长部室考核得分)/3

部长应得绩效工资=部长绩效工资×部长考核最终得分

3.绩效考核得分与工资挂钩

(1)筹建处对部门、部门负责人和员工的绩效考核采用百分制为基础考核,得分系数实行"下不保底,上浮系数1.2封顶"的加权平均得分机制。

(2)薪酬考核采用"基本薪酬加效薪薪酬"原则。薪酬发放采用"月考核,月发放"原则。

(六)考核等级

(1)考核结果分为优秀、良好、合格、较差4个等级。考核办根据考评综合得分半年对被考评部门进行排序,每半年评出优秀(90~100分)、良好(76~89分)、合格(61~75分)、较差(60分以下)4个等级。其中:对90分以上部室进行强制分布,优秀30%、良好60%、合格10%。

(2)以激励、调动积极性为导向,半年总评一次,考核结果与各部门绩效工资挂钩,做好二次分配半年奖罚兑现。

(3)由于筹建期间时间紧、任务重,为了保勤,考核结果应用:按制度实际出勤列入绩效常态系数0.8,超制度出满勤列入绩效常态系数0.2,月双休日出勤列入考核。

(七)考核结果运用

(1)考核最终结果由考核领导小组确定。

(2)考核领导小组保证考核结果客观公正。

(3)部门负责人和员工职位升降的主要参考依据。

(4)与部门负责人和员工的绩效待遇直接挂钩。

(5)给予部门负责人和员工奖惩的依据。

五、项目目标

(1)确保年产45万t电石项目投资进度节点按计划完成。

(2)使部门和员工在工作计划的基础上客观地全方位开展考核,增强员工的公平感。

(3)达到绩效改善的效果。

(4)使部门和员工更好地完成工作任务,使员工整体素质得到提升。

六、项目实施的主要做法

筹建处为新基建单位,为确保薪酬制度及考核办法的顺利开展。项目实施主要分为四个阶段,做法如下:

(1)薪酬绩效管理考核办法启动试点阶段(1~3月)。

(2)薪酬绩效管理考核总结、找问题、找差距、完善修订考核办法阶段(4~6月)。

(3)薪酬绩效考核办法考核落实关键阶段(7~9月)。

(4)为薪酬绩效考核办法考核巩固成果阶段(10~12月)。

七、项目亮点

(1)基本建设财务工作被河南煤化评为财会升级创优优秀单位,财务资料作为展评单位在鹤煤集团进行展评。

(2)统计基础工作,从厂部到各部门基本做到了资料整齐划一,即收集数据、收集资料时间统一,报送厂部报表时间统一,资料归档、装订规范完整统一。统计工作被河南煤化评为统计工作先进单位。

(3)土建工程、设备购置、安装等大的节点按计划提前完成。

(4)对部门及员工设定目标进行考核,实现影响个人工作表现的目的,进而达到了基建期间绩效改善的效果。

(5)强化了员工对达成工作成果的愿望,调动了员工工作的积极性和创造性,使部门和员工较好地完成了工作任务。

八、结语

通过项目建设工作薪酬制度及考核得出如下结论:

(1)薪酬制度及绩效考核在工作中起到很好的激励作用。

(2)实施薪酬制度及绩效考核工作是一个长期的工程。

(3)薪酬制度及绩效考核工作是服务于企业生产经营、实现生产经营指标的重要手段。

(4)薪酬制度及绩效考核工作还需要创新、提高、完善,还有待于深化。

企业并购中的税收筹划

翟凯丽

并购是指一个公司通过产权交易取得其他公司一定程度的控股权,以增强自身经济实力,实现自身经济目标的一种经济行为。并购是企业实现快速扩张的重要途径。国家对企业的并购在某些情况下提供税收优惠政策,并购的企业依法进行税收筹划,可以享受税收政策的种种好处,从而减轻企业税收负担,提高企业效益,有利于提高企业财务管理水平,有利于增强国家经济政策的运行效果。因此在公司并购过程中,税收问题虽然不是最终的决定因素,但是它贯穿于并购活动的始终,并且影响到并购的成败,在此对企业并购中的税收问题进行简要分析。

一、企业并购中的税收筹划动因

企业并购是企业对外扩张、实现发展的重要方式,并购一个现行企业,比重新投资办成一个同样规模的企业,速度快得多,费用少得多,效益也许会好得多。并购是企业发展最简便而有效的办法。而最主要还是为了节税,获得税收收益。

企业并购的税收筹划是指在税法要求的范围内,并购双方从税收角度对并购方案进行科学、合理的事先筹划和安排,尽可能减轻企业税负,从而达到降低合并成本,实现企业整体价值最大化的目的。

企业并购的税收筹划可获得以下几方面的税收收益。

(一)税收优惠的继承

"通过并购目标企业原来享受的一些税收优惠政策可能会转移到并购企业中去,如未使用完或无法使用的净经营损失以及税收抵免等的结转。"通过兼并,利用目标企业可用的亏损结转以逃避部分或全部的所得税。

(二)可折旧资产的市场价值高于账面价值产生折旧避税

目标企业资产价值的改变是促使企业发生并购的一个强有力的动机。资产折旧的提取可以作为税前扣除而减少企业的利润,以此减少企业的纳税义务。按会计惯例,折旧的提取以资产的历史成本为依据,但如果资产当前的市场价值大大超过其历史成本,则通过并购交易将资产重新估计,在新的资产基础上计提折旧,就可产生更大的税收节省额。

(三)为并购进行融资产生利息节税效应

这种情况主要发生在杠杆收购中。在杠杆收购中,购买价格主要是通过债务融资来支付的,在税收规定中,一般利息支出在税前扣除,所以利息可以带来税款节省的利益。高的杠杆率就会带来大量的税款节省利益。

作者单位:神火集团机关会计科

二、企业并购中的税收筹划策略分析

由于并购带来的以上好处，有些企业甚至将获得税收优惠作为实施并购行为的直接动机之一。企业并购已成为企业对外扩张、实现发展的重要方式，而并购中如何进行税收筹划就尤为重要，下面从几个方面进行简单分析。

（一）选择并购对象中的税收筹划

1. 选择主并企业的上下游企业为并购对象

增值税税法的有关规定：设有两个机构并实行统一核算的纳税人，将货物从一个机构移送到其他机构用于销售的行为，视同销售货物，但相关机构设在同一县、市的除外。根据此规定，如果主并企业和并购对象在同一县、市，而且双方存在相互联系的供应链关系，则实施并购后，并购前需要缴纳增值税的业务在并购后则被视为货物在企业的内部移送，不被视同销售货物，无需缴纳增值税。虽然由于增值税的环环相扣特征，无论企业各期缴纳多少增值税，其总体税负是不变的；但考虑到货币时间价值，如果能使企业纳税时间推迟，也能使企业获得节税利益。

2. 选择累计亏损的企业为被并购对象

企业所得税法规定，纳税人发生年度亏损的，可以用下一纳税年度的所得税弥补；下一纳税年度的所得不足弥补的，可以逐年延续弥补，但是延续弥补期最长不得超过 5 年。5 年内不论是盈利或亏损，都作为实际弥补期计算。

新税法规定，内外资企业统一按税前利润 25% 的税率缴纳企业所得税，实现“合二为一”，亏损企业不缴税，这样，甲公司通过将乙公司吸收合并，整体的纳税地位会显著改变，通过并购，亏损企业成为并购企业合并纳税的一部分，其亏损可以抵减并购企业的应纳税所得额，并购企业还可以享受减免税的好处。如果合并纳税中出现亏损，采用吸收合并或控股兼并的方式的并购企业还可以享受延缓纳税的好处。

3. 并购有税收优惠的企业

我国现行税制对同一经济行为在不同纳税主体上实行差别待遇，尤其是在所得税制度上，因而不同主体的税收收益不同。

我国对在经济特区、经济技术开发区注册经营的企业和促进技术创新与技术进步的企业实行一系列的所得税优惠政策。比如，我国对设在西部地区鼓励类产业的内资和外商投资企业，在一定期限内，减按 15% 的税率征收企业所得税，而大多数地区外商投资企业适用 25% 的所得税税率。国家需要重点扶持的高新技术企业，减按 15% 的税率征收企业所得税。企业开发新技术、新产品、新工艺发生的研究开发费用，可以在计算应纳税所得额时再加计扣除 50%，创业投资企业采取股权投资方式投资于未上市的中小高新技术企业 2 年以上的，可以按照其投资额的 70% 在股权持有满 2 年的当年抵扣该创业投资企业的应纳税所得额。因此，通过对企业进行并购，因为税收主体的变化而使得企业享受了种种税收优惠，减轻了企业的整体税负，降低了税收成本。

4. 选择税率较低的关联企业

新税法明确规定，实行鼓励以节约资源能源、保护环境以及发展高新技术等产业为主的税收优惠政策，尤其是对国家重点扶持和鼓励发展的高新技术、环保等企业给予税收优惠,根据规定,符合条件的小型微利企业,减按 20% 的税率征收企业所得税。国家需要重点扶持的高新技术企业,减按 15% 的税率征收企业所得税。因此,关联企业之间的税收待遇存在区别。企业可选择这些税率较低的企业进行并购,通过转让定价,享受税收优惠政策,实现节税效益。

(二)并购出资方式的税收筹划

企业并购按出资方式可分为以现金购买资产式并购、以现金购买股票式并购、以股票换取资产式并购、以股票换取股票式并购等。从税收角度考虑,企业并购选择哪种出资方式是大有学问的,选择不同的出资方式,就会带来不同的税负结果。

以股票换取资产式并购、以股票换取股票式并购属企业产权交易行为,相关税负如下。

1. 营业税

根据国家税收总局《关于股权转让有关营业税问题的通知》(财税[2002]191 号)税收法规的规定,企业产权交易行为不缴纳营业税。

2. 企业所得税

企业所得税方面,国家税收总局《关于企业合并分立业务有关所得税问题的通知》(国税发[2000]119 号)规定,企业合并,通常情况下,被合并企业应视为按公允价值转让、处置全部资产,计算资产的转让所得,依法缴纳所得税。合并企业支付给被合并企业或其股东的并购价款中,除合并企业股权以外的现金、有价证券和其他资产(简称非股权支付额),不高于所支付的股权票面价值(或支付的股本的账面价值)20% 的,经税收机关审核确认,当事各方可选择按下列规定进行所得税处理:被合并企业不确认全部资产的转让所得或损失,不计算缴纳企业所得税;被合并企业的股东以其持有的原被合并企业的股权(简称旧股)交换合并企业的股权(简称新股),不视为出售旧股、购买新股处理,不缴纳所得税。但未交换新股的被合并企业的股东取得的全部非股权支付额,应视为其持有的旧股的转让收入,按规定计算确认财产转让所得或损失,依法缴纳所得税。

企业在进行并购税收筹划时,应该根据公司本身的出发点,遵守成本效益的原则,通过分析比较,找出最佳的收购途径,以降低税收成本,实现并购双方最大利益。

(三)并购融资方式的税收筹划

企业因负债而产生的利息费用可以抵减当期利润,从而减少所得税额的支出。因此,并购企业在进行并购所需资金的融资规划时,可以结合企业本身的财务杠杆强度,通过负债融资的方式筹集并购所需资金,一般而言,如果企业息税前投资收益率高于负债成本率,提高负债比重可以增加权益资本的收益水平,其节税效果显著。并购企业在进行并购所需资金的融资规划时,可以结合企业目前的状况,通过负债融资的方式筹集并购所需资金,提高整体负债水平,以获得更大的利息避税效应。在并购融资方式的税收筹划过程中,企业必须正确把握和处理权益融资与负债融资的度,将税收成本的降低与财务风险的控制相结合,寻求企业的最优负债率,最大限度降低税收成本,同时也确立了使股东财富最大化的公司资本结构。

三、企业并购中的税收筹划应注意的问题

企业在其并购过程中出于税收筹划的目标,也许会作出相互矛盾的税收方案安排。

此时,企业应该明了,税收筹划作为企业理财的重要内容,其根本目标是减少企业总成本费用,提高经济效益,实现企业价值最大化。因此,企业在进行税收筹划时,要注意以下几个问题。

(一)税收筹划要树立整体经济效益最大化概念

企业在并购的税收筹划实际操作中应综合考虑,除了要考虑充分利用税法中的税收优惠、纳税递延来获取税收收益外,同时还要考虑这种税收收益对其他相关效益的影响,在所有相关利益中寻找均衡点,以获取整体利益最大化。税负最轻的方案不一定就是税收筹划的最佳方案,只有考虑了企业总体利益最大的税收筹划方案才是最优的。

(二)立足企业全局性,考虑利益长远性

并购行为是否最终成功,关键更在于并购后对目标企业的整合与战略重组。税负的减少只是理财手段之一,要与企业其他理财措施结合使用,才能发挥对企业整体的积极作用。不能过分依赖于企业并购行为中的税收筹划这种单一理财措施。

(三)把握好税收筹划与避税、偷税的界限

税收筹划与避税、偷税有着本质的区别。避税、偷税与税法精神相违背,是国家法规政策所不允许的。而税收筹划是企业在税法规定范围内进行的一种正当活动,是企业对税法进行精心研究和比较后进行纳税最优方案的选择,这是税法政策所引导和鼓励的。税收筹划是一种合理、合法的节税行为,不是利用税法漏洞和措辞上的缺陷来避税,更不是违法的偷税。企业在进行税收筹划中,应该充分了解税法的规定,严格按税法规定办事,自觉维护税法的严肃性,防止因疏忽或故意而将正当的税收筹划引入避税、偷税的歧途。

企业采购与库存管理

赵　龙

现今，采购在企业降低成本和提高质量中发挥的作用越来越重要。采购成本是企业成本控制中的主体和核心部分，采购成本控制是企业成本控制中最有价值的部分。因此，要充分认识采购资金管理在企业管理中所处的地位和作用，查明企业采购资金管理上存在的问题，找出盘活企业资金的对策，才能保证企业资金正常运行。

一、采购与库存管理理论基础

采购管理是指为了维护企业利益、实现企业的经营目标，对企业的采购活动和过程进行的计划、组织、协调和控制等，它包括管理供应商关系所必需的所有活动。采购管理是企业管理系统的一个重要子系统，是企业战略管理的重要组成部分。采购管理不能够只管采购，还要关注库存，因为库存是由采购形成的，对企业的生产成本的增长有着很大的影响，所以采购管理的一个重要原则，就是要实行库存控制，做好库存管理。

二、我国现代企业采购与库存管理现状及存在的问题

随着现代信息技术飞速发展，采购与库存管理技术的发展经历了最初的人工管理阶段，到机械化、自动化和智能化库存管理阶段，库存管理技术不断上升。我国的库存管理（仓储）业在国家实施宏观调控政策的推动下，提升了其运作效率和管理水平，凸显了其良好的发展势头。

但是，我国现代企业的采购与库存管理仍存在许多亟待解决的问题。

（一）库存技术发展不平衡，信息化状况不容乐观

很多企业对提高库存作业自动化、机械化的认识不足。一些大型企业的现代化库存拥有非常先进的库存仓储设备，包括各种先进的装卸搬运设备、高层货架仓库、自动化立体仓库等。而很多企业的仓库作业仍旧靠人工操作。

（二）自动化仓储资源利用率不高

当前我国现代企业采购与库存管理在自动化仓库使用中存在的主要问题是利用率低、效果不明显、规模不确定、优势不突出，造成许多库场资源闲置，特别是一些产品批量小而单一的生产企业实现仓库自动化，库场设施设备资源闲置与重复配置矛盾突出。

（三）仓库数量大，但布局不够合理

由于各企业为了满足各自的需要纷纷建立自己的仓库，导致仓库数量众多。他们都在经济集中地区和交通便利的地方建设仓库，以至于仓储布局极不合理，造成了部分地区仓储大量剩余和部分地区仓储能力不足的两极分化局面。

作者单位：焦作煤业（集团）白云煤业有限公司

(四)库存管理人才缺乏

提高我国现代企业采购与库存管理水平,既需要掌握一定专业技术的人才,也需要操作型人才,更需要采购与库存管理型人才,而我国目前这几方面的人才都很匮乏。

三、提高我国现代企业采购与库存管理水平的措施

(一)加强存货管理人员的培训

必须从加强存货管理人员的培训入手。具体包括对采购人员、保管员、销售人员、核算人员及部门负责人的培训。通过培训,使存货管理人员树立起存货的“实物与价值管理并重”、“形式与效果相统一”、“保证重点兼顾一般”的观念。采购人员能运用经济批量法,降低采购成本和订货成本;仓储保管员能运用定货点法,确定订货的时间和数量,在保证供应的前提下,降低储备成本等。

(二)实行存货内部控制

1. 签订存货采购合同内部控制

要保证存货采购在授权下按合同进行。要求主管领导对采购人员进行授权委托,授权的内容一定是经过有关部门批准的内容;采购人员按计划签订合同,无权在授权之外签订合同和变更合同的内容,合同的副本应送会计和计划部门审核价格与留存。

2. 存货采购资金支付结算内部控制

要保证货款支付正确、合法。财会部门接库房通知承付货款,应审核合同的签订是否符合规定;验收单、入库单是否真实可靠,是否与合同一致;进货发票是否合法,是否与合同、验收单、入库单、付款通知单的品名、数量和价格相符。审核无误后,办理付款手续,进行货款支付结算。

3. 存货内部审计

应保证存货业务合同有效,保管安全,付款正确,会计核算准确,各部门资料反映真实可靠。由内部审计人员抽查存货采购合同,审查合同是否经过授权、是否有效,同时审查在途存货,审核各部门核算是否正确,各部门反映的数据是否相符,有无违反规定程序和舞弊行为,还要对存货的内控措施进行评价。

4. 存货盘点及处理内部控制

应保证存货账实相符。仓库保管员应定期盘点库存存货,编制存货盘点表,并提出处理意见。财会人员年底应抽查存货盘点表,对于生产中已无转让价值的存货及其他足以证明已无实用价值和转让价值的存货,根据主管领导和相关部门批准的处理意见,同仓库保管员共同调整存货账务,以确保账实相符。

(三)实施源头控制,优化供应厂商,确保原料的优质、优价

1. 计划员要有较高的业务素质

计划员要有较高的业务素质,对生产工艺流程及设备运行情况要有充分的了解,掌握设备维修、备件消耗情况及生产耗用材料情况,进而作出科学合理的存货采购计划。

2. 要规范采购行为,增加采购的透明度

本着节约的原则,采购员要对供货单位的品质、价格、财务信誉动态监控;收集各种信息,同类产品货比多家,以求价格最低、质量最优。可以采用招投标的方式进行采购,可规

范采购行为，降低采购成本，同时，可掌握供应商方面尽可能翔实的资料，为了解供应商的信用提供资料，降低采购风险。这样，既确保了生产的正常进行，又有效地控制了采购成本，加速了资金周转、提高了资金的使用效果。

（四）狠抓存货管理制度的落实

有的企业虽然制定了较完善的存货管理制度，但是由于管理当局重视程度不够、员工素质不高等导致制度未能起到应有的监管作用。所以企业领导应充分认识到加强存货管理的重要性，定期深入到存货管理部门检查各项制度的落实情况。在采购制度的落实方面，应重点检查有无未经批准的采购，有无质次价高、吃回扣的现象。

（五）加强和改善企业采购资金管理的措施

1. 强化财权、采购权的集中管理

公司原有一部分车间和部门有独立的采购权和独立的财务核算体系，这些基层单位的管理者是从生产型转变为经营型的管理者，导致个别单位资金使用不当，欠账较多。财务核算不严密、不规范，为进一步规范财务行为，将这些部门的财权收回，从体制上杜绝了违纪事项的发生。财权集中在财务处，采购权集中在供应公司。

2. 强化采购资金的预算管理

采购资金预算是全面预算管理的一个重要部分。年末由财务处组织销售、生产、技术、采购等部门对下一年度的生产经营进行计划、预测，依据预测的经营目标并结合公司的实际情况，对下一年度的生产经营进行全面的预算，并为公司的全年生产经营计划提供可靠的依据。根据生产量和期初库存及期末库存量，确定采购量，编制采购资金预算。

3. 采购过程控制

采购过程是控制材料成本的关键，企业的领导要高度重视。只有堵住材料采购过程的漏洞，才能进一步降低采购成本。为此企业应将物资材料采购过程分为计划、调研、招标、检验四个阶段，并严格按程序规定操作。

四、结语

企业采购与库存管理是一个长期的研究课题，每个企业都应树立采购与库存的系统管理观念，将企业的采购与库存管理工作视为一项系统工程，强调整体与全局，对企业采购与库存管理的对象、内容、方法进行全方位的分析研究，从而达到降低企业综合成本的目标，有效地保证企业生产经营活动的连续正常进行，从而提高产品的竞争能力，确保企业持续、稳定、健康发展。

参考文献

[1] 张汉国. 加强供应商管理、提高物资采购质量，2009.
[2] 向美英. 企业零库存管理浅议，2009.
[3] 董雪燕. 浅谈存货管理，2009.
[4] 康铁兰. 物资采购过程中对供方的管理，2010.
[5] 曹键. 供应链环境下我国企业采购成本管理研究，2009.

企业融资策略论析

李　娟

融资决策是一项以公司为资金融入者的融资活动。它具体是指公司从自身生产经营状况及资金运用情况出发，根据公司未来经营与发展策略要求，通过一定的渠道和方式、利用内部积累或向公司的投资者及债权人筹集生产经营所需资金的一种经济活动。

一、基本理论与概念

(一)债权融资

债权融资是指企业通过举债形式筹措资金的融资方式，资金供给者作为债权人享受到期收回本金，并获取相应利息收入的权利。上市公司获得债权融资一般是通过借款和发行公司债券等方式实现的。其中，借款主要是向商业银行等借入长期或短期资金；发行公司债券则是通过我国或国外的债券市场实现融资。

(二)股权融资

股权融资是指资金的筹集不通过金融中介机构，而是借助股票市场实现资金从相对盈余的部门向相对短缺的部门进行流动完成的。股权融资主要是通过上市公司在股票市场上发行股票或者进行配股、债转股方式实现的。

二、债权融资与股权融资的财务效应对比分析

(一)财务资金成本比较

上市公司通过债权融资获得的资金到期时需要归还本金，并支付一定利息，即投资者供给资金到期时获得的收入是一定的，从而对投资者投入资金的收益提供了坚实保障；同时，当公司出现经营困难等情况时，上市公司也会首先对债权人债务进行偿还，这在一定程度上保障了投资者的利益。由于在债权债务关系下，投资者的风险相对来说是比较小的，相应投资者对资金使用权的转让所要求的报酬也会相对低一些，所以上市公司通过债权融资方式获得资金的使用成本也较小。

然而，上市公司通过股权融资获得的资金是没有到期日的，并且是否支付股息、股息支付的多少也是根据上市公司自身的经营状况和利润水平来确定的，这使得投资者的股息收入具有很大不确定性；同时，当投资者所投资的上市公司经营状况不理想或是利润水平持续较低时，股票价格便会随着公司业绩呈现下降趋势，此时，投资者通过在流通市场上转让所持股票回收资金难免会承受一定的损失；此外，在公司出现破产清算时，所有权人的偿还次序与债权人相比而言靠后。以上分析表明，投资者投资股权的风险与投资债权相比风险要大一些，根据风险与收益匹配原则，投资者要求的资金使用价格也会相应较

作者单位：河南大有能源公司财务资产部

高一些,即股权融资的资金使用成本较高一些。

由以上分析可以看出,上市公司通过债权融资方式筹集的资金使用成本与股权融资相比要低一些,这也是由于其本身的风险较小决定的。

(二)财务风险比较

虽然债权融资的成本较低,但是财务杠杆作用在放大企业收益、减小成本的同时,也放大了企业的偿债风险,无论企业的经营状况如何,债权融资获得的资金在到期时需要归还本金,还需要支付相应的利息。当上市公司经营状况不乐观时,公司内部资金较为紧缺,同时还需要支付这部分利息,会使得企业财务负担增加,形成较大的财务风险。

股权融资获得的资金没有到期期限,也不存在归还本金问题,并且支付股息是根据上市公司自身经营状况而定的,当上市公司经营状况良好时,支付的股息要多一些;反之,当上市公司经营状况不好时,支付的股息会少些甚至不需要支付,从而为其发展提供较充裕的资金支持。这表明股权融资的财务风险要小一些。

由以上分析可以看出,上市公司通过债权融资的财务风险比股权融资要大一些,所以在进行融资决策时,要认真权衡成本及其风险大小。

(三)税收效应比较

债权融资主要是通过向金融机构借款或者向公众发行公司债券实现的。在债权融资方式下,上市公司的银行借款和发行债券所支付的利息可以按照税法规定,在税前进行扣除,即债权融资方式具有"节税效应",这在一定程度上具有减少资金财务成本的效应。

股权融资主要是通过发行股票、配股、债转股等方式实现的,当上市公司在支付股息时需缴纳个人所得税和公司所得税,因此股权融资方式具有"双重税负效应",这在一定程度上增加了上市公司资金财务成本。

由以上分析可以看出,上市公司通过债权融资具有"节税效应",从而可以降低资金的使用成本;股权融资具有"双重税负效应",从而增加资金的使用成本。从税收角度来说,债权融资的财务效应优于股权融资模式。

(四)其他财务效应比较

债权融资与股权融资规模的相对关系影响着上市公司的资本结构,一些上市公司偏好于选择股权融资的一个重要原因在于股权融资的长期性、不可逆性和无负担性。然而,如果权益资本比率过高,公司偿债压力较小,这不会对管理层形成一定的压力,其工作积极性就不易调动起来,将对公司资源形成一定的浪费,影响上市公司业绩,最终对财务状况进一步优化造成负面影响。

三、制定合理融资决策的建议

企业在日常财务活动中必须居安思危,树立风险观念,强化风险意识。认真分析财务管理的宏观环境变化情况,使企业在生产经营和理财活动中能保持灵活的适应能力,提高风险价值观念;设置高效的财务管理机构,配置高素质的财务管理人员,健全财务管理规章制度,理顺企业内部财务关系,强化财务管理的各项工作;确定一个最优资本结构,在融资风险和融资成本之间进行权衡。只有恰当的融资风险与融资成本相配合,才能使企业价值最大化。

（一）建立有效的风险防范机制

企业必须树立风险意识，即正确承认风险、科学估测风险、预防发生风险、有效应付风险，要明确风险是不可避免的，勇于承担和面对风险，并采取有效措施降低和防范风险。企业必须立足市场，建立一套完善的风险预防机制和财务信息网络，及时对财务风险进行预测和防范，对事态发展的形式、状态进行监测，定量测算财务风险临界点，对可能发生的或已发生的与预期不符的变化进行反映。制订适合企业实际情况的风险规避方案，通过合理的筹资结构来分散风险。如充分利用财务杠杆原理来控制负债比率，从而控制投资风险；采用总资本成本比较法选择总资本成本最小的融资组合，进行现金流量分析，保证偿还债务所需资金的充足；通过控制经营风险来减少筹资风险，使企业按市场需要组织生产经营，不断提高企业的盈利水平，避免由于决策失误造成的财务危机，把风险降低到最低限度。

（二）确定最佳资本结构

无论公司的融资活动受何种动机驱使，公司财务人员必须认真分析和评价影响融资的各种因素，力求使自己所进行的融资活动在力所能及的范围内达到最高的效率和最好的综合经济效益，确定最佳资本结构。所谓最佳资本结构，是指在企业可接受的最大筹资风险以内，总资本成本最低的资本结构。

（三）合理安排公司融资数量和期限

确定适度的负债数额，保持合理的负债比率。负债经营能获得财务杠杆利益，同时企业还要承担由负债带来的筹资风险损失。为了在获取财务杠杆利益的同时避免筹资风险，企业一定要做到适度负债经营。企业负债经营是否适度，是指企业的资金结构是否合理，即企业负债比率是否与企业的具体情况相适应，以实现风险与报酬的最优组合。在实际工作中，如何选择最优化的资金结构，是复杂和困难的，对一些生产经营好、产品适销对路、资金周转快的企业，负债比率可以适当高些；对于经营不理想、产销不畅、资金周转缓慢的企业，其负债比率应适当低些，否则就会使企业在原来经营风险的基础上，再增加筹资风险。筹措长期资本，成本较大、弹性小、风险小，尽量用所有者权益和长期负债来满足企业永久性流动资产及固定资产的需要，而短期资本则与之相反。即临时性流动资产的需要最好通过短期负债来满足。企业在安排长、短期筹资比例时，必须在风险与收益之间进行权衡。按资金运用期限长短来安排和筹集相应期限的负债资金，这样既避免了冒险型政策下的高风险压力，又避免了稳健型政策下的资金闲置和浪费，是规避风险的对策之一。

（四）谨慎利用债权融资

在公司负债的情况下，经营者必须按时向债权人缴纳负债的利息和本金，否则，将受到惩罚。在这种潜在损失的威胁下，如果公司面临足够多的债务，公司的管理者会致力于改善公司经营，减少挥霍浪费，能起到一定的督促作用。但是，债务的过度增加可能产生股东侵蚀债权人利益的问题，而且由于目前债务市场的种种限制使得债权人不能运用利率机制来有效控制资金借入者的借入数量，这样很容易导致其过度负债，遇上财务困难会使公司不堪重负，效益下滑。企业的偿债能力直接取决于其债务总额及资产的流动性。企业可以根据自身的经营需要和生产特点来决定流动资产规模。企业在合理安排流动资产结构时，不仅要确定理想的现金余额，还要提高资产质量。

（五）加强宏观建设，促进公司作出正确的融资决策，优化公司财务管理

大力发展和有效规范包括股权市场、债券市场在内的资本市场，不断推出和创新金融工具，拓宽公司融资渠道。通过一些较为有效的措施推动我国金融市场的快速和健康发展，为参与者提供一个完善的融资和投资环境；以资本市场为基础，大力发展金融投资，建立金融资本与产业资本相融合的市场化机制，这既有利于壮大上市公司的资本实力，优化资本结构，也有利于改善上市公司的产权结构，提高公司治理效率；逐步实现利率市场化，使之达到体现信贷资金价格、促进资源优化配置的目的。

针对由利率变动带来的筹资风险，应认真研究资金市场供求情况，当利率处于高水平时或处于由高向低过渡时期，应尽量少筹资，对必须筹措的资金，应尽量采取浮动利率计息方式。当利率处于低水平时，筹资较为有利，但应避免筹资过度；当筹资不利时，应尽量少筹资或只筹措经营急需的短期资金。当利率处于由低向高过渡时期，应根据资金需求量筹措长期资金，尽量采用固定利率的计息方式来保持较低的资金成本。另外，因经济全球化，资金在国际间自由流动，国际间的经济交往日益增多，汇率变动对企业财务风险的影响也越来越大。

企业要发展就必须筹集到与其发展规模相适应的资金。企业在筹集资金时，要选择正确合理的方案，既达到资金成本最低，又将风险控制在可以接受的范围之内。企业融资管理是一个动态管理的过程，企业决策层要用战略发展的眼光对其进行调控，扬长避短，通过优化管理程序，不断化解融资管理中出现的各种问题，进而促进企业良性循环发展目标的实现。

企业社会资本体系研究

李　洋

随着社会资本研究的不断深入,诸多专家和学者越来越多地把社会资本纳入到企业中进行研究。社会资本作为企业资本的重要组成部分,对企业的发展和竞争力的提升有深远影响。

一、企业社会资本的概念

"社会资本"这一概念最早由社会改革家 Hanifan 于 1916 年提出,他用社会资本来描述那些和人民日常生活关系重大的无形的东西。Cabbay 以企业作为研究主体,分析了社会资本结构如何与企业以及企业内部成员目标的实现相关联,并认为企业社会资本的载体是社会结构。Baker(2002)将企业社会资本看做是存在于企业关系网络中以及通过关系网络所能得到的资源。

目前国内学者关于企业社会资本的概念有以下见解:宇红、韦影(2005)认为企业社会资本是建立在信任、规范和网络基础上的,嵌入在企业现有稳定社会关系网络和结构中的,通过社会结构使组织不断增长,促使目标达成的各种实际或者潜在资源的集合。王勇(2006)则从宽泛的角度界定企业社会资本内涵,企业社会资本为反映企业内外部社会关系特征的有助于目标实现的生产性经济资源,这些资源包括企业关系网络中的信任、承诺、规范、结构位置等。徐萍(2007)认为企业社会资本是指企业为了实现自身目标而从组织成员所处的社会联系以及组织整体所处的社会联系中获取资源的能力。

综上所述,企业社会资本是指企业通过一定的社会行为建立起社会关系网络,并从这个网络中衍生出来的现实的和潜在的资源总和。它是一种能够促进企业行为者之间合作的重要资源,是解释企业经济与发展的重要变量。

二、企业社会资本的构成

根据企业内部网络和外部网络的不同,可以将企业社会资本分为企业内部社会资本和企业外部社会资本。

(一)企业内部社会资本

企业内部社会资本是指建立在规范和信任基础上的,通过内部网络摄取稀缺资源的能力。企业的内部社会资本包括:

(1)存在于员工之间的社会资本。员工之间亲切友好的关系可以增强员工对企业的认同感、归属感,从而产生相互合作的积极性,进而提高企业的工作效率和经济效率。

(2)存在于员工与管理者之间的社会资本。员工与管理者良好的人际关系,使员工

作者单位:中国平煤神马集团八矿选煤厂

满足了受尊重、信任的心理需求，自愿提供友好合作，以有利于企业整体目标的实现。

(3)存在于管理者之间的社会资本。管理者之间关系融洽，就会相互合作，作出正确的决策，提高工作效率，从而提高企业的经济效益。

(二)企业外部社会资本

企业外部社会资本是指企业建立在规范和信任基础上的，通过外部网络摄取稀缺资源的能力。企业与政府、社会组织或其他企业建立各种社会关系，通过这些关系，企业可以更快获取包括国家政策、技术创新和研发动态等信息，这样企业对变化的环境就能更快作出反应并采取有效措施。

企业所拥有的稀缺资源是企业竞争优势的源泉和基础，它包括企业所有的资产、权力、地位、信息、声望、知识等。而这些资源的获取必须依靠企业外部的社会资本。拥有良好的外部社会资本，能为企业搜集外部信息、获得外部资源提供基础。

三、企业社会资本的作用

(一)企业社会资本的企业管理功效

企业的产生和发展与一定的企业社会资本及其变迁是紧密相连的，即企业成长的规模越大，越有利于其获取社会资本；企业获取的社会资本越多，越有利于企业的成长。美国、日本、意大利以及中国企业发展史的实证表明，信任可以有效降低管理事务的处理成本，防范投机行为，降低对未来的不确定性，合理配置组织内部的资源，维系组织的生存，提高组织的效能。

(二)企业社会资本的经济效益功效

社会资本积累丰厚的企业，可以从外部组织或部门获得更真实迅捷的信息，而且在企业内部也更可能实现信息的有效沟通与传播。拥有较多社会资本的企业可通过其社会关系网络获取更多信息和资源的优先使用权，提高企业的竞争力和经营业绩。

同时，在市场交易的过程中，由于信息不对称，机会主义行为等的存在，不可避免地存在着交易成本。如果企业拥有建立在长期信任与合作基础上的社会关系网络，各方都以一种信任、合作与承诺的精神将各自的资源结合起来，就可以缩短交易链条，减少由谈判、契约制定和执行所带来的费用，机会主义行为发生的概率也较小。而企业社会资本，特别是企业外部社会资本还有助于企业获取更多市场信息，增加企业竞争机遇，减少企业的搜寻成本，从而使企业获取更多经济效益。

(三)企业社会资本的技术创新功效

随着全球经济的一体化和国际竞争日趋激烈，创新是企业保持竞争优势的基础和根本动力。企业为了有效地利用内、外部资源，需要打破原有的生产组织形式和资源配置方式，进而朝着开放、合作、网络、动态整合的方向前进，才能长期获取战略竞争优势。因此，创新的跨边界形式，如技术合作、技术联盟及网络组织等相继出现。国内外的企业都十分注重与政府、供应商、客户、大学及科研机构等外部实体之间的合作和交流，企业与外部环境的联系已经成为了一种具有建设意义的活动。所以企业必须在充分发挥其自身创造能力的同时，积极与外界合作，才能够不断地创新和发展。

四、企业社会资本的积累途径

（一）提高诚信度，建立良好信任机制

提高诚信度，建立良好信任机制是企业社会资本增长的基本条件。对企业内部网络来说，提高企业诚信度，建立良好信任机制可以有效降低不确定性，缩减企业管理和交易成本，防范投机行为；提高组织信任度，促进人际间的沟通，强化员工对组织目标的认同；提升组织的凝聚力，提高组织效能。从企业的外部网络来讲，提高企业的诚信度，建立良好信任机制对建立企业战略联盟，拓展企业间的合作具有重要作用。企业间的合作可以使企业更好地开发和利用规模经济与范围经济，降低企业的交易费用，有效地管理风险和分担成本，成功地在多变的市场中定位。

（二）积极履行社会责任，树立良好企业形象

在企业外部，企业要不断同政府、顾客、供应商和经销商、其他企业等利益相关者打交道。企业对政府履行社会责任表现为要遵纪守法、照章纳税，企业因此而赢得政府的信任。政府信任的表现形式为政府对企业发展在政策及物质资源方面的大力支持。企业对顾客的社会责任是为顾客提供品质优良、功能完备、价格合理的产品和服务，不断增加顾客价值，从而赢得顾客的信任与忠诚。顾客忠诚的表现形式为购买并宣传公司产品，确保企业的市场份额并主动为企业产品、服务等提供有益的建议。企业对供应商和销售商的社会责任表现为真诚的合作、利益的相互关照，从而使企业享有资源和渠道优势，最大程度地避免经营风险。企业间的社会责任表现为彼此尊重、公平竞争，为有可能的企业间合作与协调打下基础，同时也为企业进一步发展，共同抵御市场风险创造条件。

（三）改善社会关系，再造社会资本

1. 改造现有社会关系

对于失去效用或妨碍发展的社会关系，要对其进行适应性改造，有效降低可能的损失和维护成本。规避社会关系的损害只是消极措施，企业应积极主动寻求其新的利用价值，因为社会关系具有通用性，为某种目的建立的社会关系可传递其他内容。

2. 提高企业关系网络的中心性

中心性是表示个体或组织在关系网络中与其他成员直接关联的情况，一个行动者与许多其他成员有直接联系，他的中心性就越高。社会网成员之间关系间断的现象称之为“结构洞”，它为中间者提供了保持和控制信息的竞争优势。企业要利用各种机会，在关系网络的互动、交往中建立更多的直接联系，减少“结构洞”，加快网络传递信息的速度和增强信息的可靠性、准确性，降低中间人机会主义的风险，不断加强关系网内互惠规范，集体合作的价值得到充分发挥，所有成员共享网络带来的社会资源。

3. 积极构建新型关系网络

随着企业实力的不断增强，活动范围和活动能力随之提高，企业要借助于丰富的业务交往、信贷交往和互助协作等，构建新的社会关系；企业家应在广泛的社会活动中传递信息和信任，积极宣传自我，建立更多的人际关系，从而增强企业关系网络的异质性，提高社会资源的数量和质量。

浅谈住房公积金的管理措施

贾永华

住房公积金使得住房供应体系更加完善,但是在实施相关政策的过程当中还有问题存在。通过实施完善的法律体系进行监督,并且发放贷款等方式就可以解决住房公积金的使用效率等问题。

住房公积金指的是国家的机关、事业单位、国有企业以及在职职工缴存的长期的住房储金。实施住房公积金的管理制度,能够有效深化住房制度的改革,改善职工的生活条件,实现社会的建设,促进经济发展和社会的进步。实行住房公积金的制度能够转变住房分配的机制,把住房的分配通过公积金的形式转换成为资金分配的形式;有利于积累住房基金,可以解决住房的筹资机制问题。住房公积金制度能够建立政策性的抵押贷款的制度,使得住房贷款的资金来源更加可靠,通过贷款的方式,可以降低职工购房的经济负担,还能够提高职工购房的能力。通过长期积累住房公积金,可以提高住房的消费,增强职工购房的概率。我国的住房公积金的事业虽然有了发展,但是发展的不够平衡,一些政策不能够严厉执行,所以应该把制度规范化。

一、住房公积金制度存在的问题

(一)管理制度不完善

当前我国住房公积金的管理制度不够完善,管理委员会也只是一种形式。我国有规定:要实行中心运作、管理委员会决策,并且进行日常的监督。但是在实际的工作过程当中,管理委员会名存实亡,管理中心把所有的职责都包揽了过来。我国各个地区的住房公积金的管理中心的上下级管理比较复杂,有些地方的管理中心属于财政局,还有一些地方的管理中心属于房地产管理局。所以,这就造成了管理机制不够统一,也不完善,不能够做到统一管理和统一进行监督,在执行相关政策的时候也会遇到很多阻碍,各个地方的标准不同,这使得住房公积金出现了很多的问题。

(二)贷款手续复杂,员工素质不高

公积金的贷款手续很复杂,有很多的步骤和流程,而且拖延的时间也会比较长,具有一定的风险,包括欺诈的风险、运作的风险以及法律风险等。而且,企业对于住房公积金的管理方式比较传统,员工的素质也不高,很多企业在管理工作当中实现了现代化信息管理,但是软件的功能不全,尤其是一些不发达的地区,远远落后于现代社会经济的快速发展。在各个地区的住房公积金管理当中,有些员工的综合素质比较低,而且人员的职称和学历等也不合理。所以,管理干部要转变传统的观念,加强金融意识,还要给自己充电,多多学习新知识,了解新法律和政策,拓宽自己的思维。

作者单位:河南煤化焦煤集团住房公积金管理中心

二、住房公积金的管理措施

（一）加快住房公积金的法律建设

针对我国住房公积金的现状，我国企业要规范住房国家级的管理，要严格按照法律来进行检查，并且有违纪的现象就要进行处理。只靠几次拨款不能满足人们的需求，要想彻底解决问题，就要加快相关法律法规的建设，用法律的措施来保障制度的顺利实施，所有部门都要按照规章制度来处理各种事情，确保住房公积金在使用过程中有法可依。

加强和改进住房公积金管理，是维护职工合法权益的要求，要坚决查处和纠正住房公积金管理与使用过程中出现的违法违纪行为。对已被违规挤占、挪用的住房资金，要采取有效措施，加大追缴力度限期收回，确保公积金安全。对因违规使用住房公积金而造成资金损失的，要依法追究直接责任人及有关领导的责任，构成犯罪的，依法追究其刑事责任。

（二）加强管理和监督

要加强规范化管理，住房公积金具有保障性和互助性的特点，各个地区要严格按照法律条文执行，要进行规范化管理，还要能够充分利用银行等各种资源来降低管理成本。住房公积金管理中心要加强监督的力度，明确管理中心职工的责任以及权利，资金的流向一定要通过委员会的签字，还要能够及时给财政部门汇报财务情况。要充分发挥住房公积金管理委员会的作用，让全社会来监督住房公积金的具体使用情况。住房公积金是政府强制实行的长期住房储备金，是关系到职工利益的，所以职工一定要有知情权。如果不能妥善管理住房公积金，就会损害职工的利益，影响地方的财政，造成很大的风险。

（三）加强宣传

凡用人单位招聘职工，单位和职工个人都须承担缴存住房公积金的义务。对不办理住房公积金缴存登记或不为本单位职工办理住房公积金账户设立手续、不缴或少缴住房公积金的单位，住房公积金管理机构要根据有关规定进行处罚，并可申请人民法院强制执行。要严格执法和监督，采取多种措施，努力提高住房公积金的归集率，督促有关单位按时足额缴存住房公积金，维护职工合法权益。

（四）实现大众化

要扩大公积金使用方向，除用于房屋购买、自建和维修外，还应加大对低收入家庭的支持力度，包括按月按年支取支付房屋租金等。降低公积金贷款利率，或实行差别利率，对于购买自住、小户型、低总价的低收入家庭，应提供更加优惠的贷款利率，要进一步创新、丰富贷款品种，使其充分发挥政策性、保障性金融的作用。要简化贷款手续，提高服务水平，提高住房公积金运营效率和服务水平，加强宣传，用足用好住房公积金。加大公积金抵押贷款力度，重点支持经济适用住房建设，着重解决广大中低收入居民的住房困难。

浅析企业财务风险的来源与防范

王志敏

财务风险伴随着企业的出现而产生，无时无刻处处存在于企业经营管理活动中，我们既不可能消除它，也不可能完全回避它。企业的财务风险一方面给企业带来损失，威胁企业的生存和发展，但另一方面也在瞬息万变的市场经济大环境中为一部分企业的发展创造了空间、带来了机遇，这是市场竞争的结果，是优胜劣汰法则在工商业领域的具体体现。企业财务风险的管理和防范是一个系统工程，同时涉及资金运动的各个方面，具有很强的复杂性。企业财务管理人员的职责就是提前识别财务风险，把风险管理提高到企业管理的高度，发挥财务风险管理的职能，将危机消灭于萌芽状态，保证企业获得安全、稳定、长期的经济效益。

一、企业财务风险的基本特征

企业财务风险是指企业在整个财务活动过程中，由于各种不确定性所导致企业蒙受损失的机会和可能。企业的财务风险贯穿于生产经营的整个过程中，可将其划分为筹资风险、投资风险、资金回收风险和收益分配风险四个方面。主要特征表现在：一是客观性。即风险处处存在，时时存在。也就是说，财务风险不以人的意志为转移，人们无法回避它，也无法消除它，只能通过各种技术手段来应对风险，进而避免风险。二是全面性。即财务风险存在于企业财务管理工作的各个环节，在资金筹集、资金运用、资金积累和分配等财务活动中均会产生财务风险。三是不确定性。即财务风险在一定条件下、一定时期内有可能发生，也有可能不发生。四是收益与损失共存性。即风险与收益成正比，风险越大收益越高，反之收益就越低。

二、企业财务风险的来源

企业的财务风险来源多样，而且不同的财务风险形成的具体原因也不尽相同。总体来看，主要有以下几个方面的原因。

（一）企业的财务管理系统跟不上企业所处外部环境的变化

企业所处的外部环境包括经济环境、法律环境、市场环境、社会人文环境、世界政治和经济形势的变化等众多因素。外部环境的变化可能为企业带来新的机会，但也可能是某种威胁。如果企业财务管理系统不能快速适应企业外部环境的变化，必然会给企业带来某种风险。目前我国企业财务管理面临的问题在于：许多企业建立的财务管理系统在应对外部环境变化时，没有预见性，反应滞后，应对措施不力，由此产生了企业财务风险。

（二）企业财务管理人员对财务风险存在的客观性认识不足

许多企业的财务管理人员缺乏风险意识，认为只要管理好资金就不会产生财务风险。

作者单位：郑州煤炭工业（集团）有限责任公司超化煤矿

但在现实工作中，只要企业有经营活动、财务活动，就一定会存在财务风险。

（三）财务决策缺乏科学性导致决策失误

财务决策失误是产生财务风险的又一重要原因。目前，我国企业的财务决策普遍存在着经验决策及主观决策现象，由此而导致决策失误的经常发生，从而导致财务风险。

（四）资本结构不合理

企业的资本结构一般有三种类型：第一类是正常的资本结构类型，也就是流动资产的购置大部分由流动负债筹集，小部分由长期负债筹集；固定资产由长期自有资金和大部分长期负债筹集，也就是流动负债全部用来筹集流动资产，自有资本全部用来筹措固定资产，这种资本结构型，财务风险很小。第二类是资产负债表中累计结余出现了赤字，表明一部分自有资本被亏损侵蚀，从而总资本中自有资本比重下降，说明出现财务危机，必须引起警惕。第三类是亏损侵蚀了全部自有资本，而且负债也被亏掉了一部分，这种情况属于资不抵债，属于高度风险，必须采取有效措施以防范这种情况的出现。

三、企业财务风险的防范

在市场条件下，财务风险是客观存在的，要完全消除风险是不现实的。所以，企业在确定财务风险控制目标时不能一味追求低风险甚至零风险，而应本着成本效益原则把财务风险控制在一个合理的、可接受的范围之内。因此，要加强企业财务风险防范，如何防范企业财务风险，化解财务风险，以实现财务管理目标，是企业财务管理工作的重点。现着重从以下几点来谈谈如何防范企业财务风险。

（一）以指标分析为基础，确立完善财务预警系统

企业要想获得长远发展，就必须有一个完善的财务管理系统。这其中，财务预警系统是必不可少的组成部分。在财务预警系统中，获利能力、偿债能力等指标最具有代表性。资产获利能力指标有总资产报酬率和成本费用利润率。前者表示每一元资本的获利水平，反映企业运用资产的获利水平；后者反映每耗费一元支出所得的利润，该指标越高，企业的获利能力越强。偿债能力指标有流动比率和资产负债率。如果流动比率过高，则会使流动资金丧失再投资机会，在投资报酬率大于借款利率时，借款越多，利润越多，同时财务风险越大。

（二）加强资产管理，提高营运能力是防范企业财务风险的保证

企业资产对负债能力的影响，从短期看，企业资产的变现能力，尤其是企业流动资产的变现能力，直接影响企业可用现金流量的多少，决定企业负债能力的高低。因此，加强企业资产管理，防止不良资产产生，提高资产的变现能力是防范财务风险重要的管理手段；从长期看，企业资产的盈利能力直接影响到企业的整体盈利水平，而保持高盈利水平的企业往往是其负债能力高、财务风险相对低的有效保证和标志，一个健康企业的偿债资金一般来源于其盈利，而非负债资金。因此，企业应通过合理配置资产、加速资产周转等措施，促进企业盈利能力的提升，同时，较高盈利能力的企业往往享有较高的信誉和良好的企业形象，这也使得企业有较强的融资能力，相应使企业有较强的抵御财务风险的能力。

（三）加强资金管理

1. 合理调动使用资金

防范财务风险，需要财务人员进行货币资金的合理调度。根据企业自身资金运动的规模和生产特点，妥善安排货币资金收支活动，使企业能保证日常的生产经营需要，并且在还款和分红付息期到来时，及时筹措和调度资金，以避免出现无力支付的情况。

2. 细化应收账款管理

应收账款管理是企业日常经营管理的重要内容，企业在赊销商品之前应该确立信用政策，同时，加强对应收账款的追踪分析，控制好日常管理，有利于确保信用政策的全面落实。日常管理中，主要做好以下工作：第一，建立信用限额管理制度。信用额度是指企业给予某客户赊购商品的最高额度，是根据客户的经济实力和企业愿意承担风险的大小决定的，这有利于降低企业风险水平。第二，做好账龄分析。这样有助于明确目前的收账重点和程序，从而提高应收账款的收现效率。第三，加强对坏账的管理。严格审批坏账损失，防止各种弊端的发生，积极参与客户破产善后事宜，尽量减少损失，仍然要关注逾期未收回的已作坏账核销的应收账款。

（四）根据实际情况采取合适策略

企业在建立了财务管理系统尤其是拥有了风险预警指标体系后，要及时分析产品积压、应收账款增大、成本上升等风险信号，并根据其形成的原因及过程，制定相应的风险管理策略，如回避风险、控制风险、接受风险、分散风险等，以降低危害程度。

（五）加强财务活动的风险管理

（1）筹资活动是企业发展壮大不可或缺的过程，对筹集资金的使用、管理措施失当会使筹集资金的使用效益具有很大的不确定性，由此产生筹资风险。企业筹集资金渠道包括企业所有者投资和借入资金两类。对于所有者投资而言，不存在还本付息问题，资金可长期使用、自由支配，其风险只存在于使用效益的不确定性上。而对于借入资金而言，企业在取得财务杠杆利益时，实行负债经营而借入资金，将给企业带来丧失偿债能力的可能和收益的不确定性。因此，在使用筹集资金投资时，一个重要原则是既要敢于进行风险投资以获取超额利润，又要克服盲目乐观和冒险主义，尽可能避免或降低投资风险，追求收益性、风险性、稳健性的最佳组合。

（2）收益分配是企业财务循环的最终环节，企业应根据自身发展的需要，合理分配收益。如果企业正处在发展和扩张中，需要购置大量资产，那么税后利润应大部分留用；如果企业利润率很高，就应该以一部分收益作为分红或股息派发，防止形成收益分配上的风险。

综上所述，企业在经营管理中，要树立风险意识，建立有效的风险防范处理机制，加强企业财务风险控制，防范财务危机，建立财务风险预警指标体系，加强筹资、投资、资金回收及收益分配的风险控制，加强资产和资金管理，实现企业效益最大化。

增值税转型改革对煤炭企业的影响研究

杨喜华

煤炭行业是我国重要的资源型基础产业，税收制度对煤炭工业的健康发展具有重要作用。

2008 年 11 月 5 日，国务院第 34 次常务会议决定自 2009 年 1 月 1 日起在全国范围内实施增值税转型改革。作为我国重要的资源类行业的煤炭行业主要受两个增值税政策的影响：一是新购入设备所含增值税的抵扣；二是矿产品增值税从 13% 恢复到 17%。

一、增值税的内涵

增值税是以单位和个人生产经营过程中取得的增值额为课税对象征收的一种税，现实经济生活中可从两个方面理解：第一，从一个生产经营单位来看，增值额是指该单位销售货物或提供劳务的收入额扣除为生产经营这种货物而外购的那部分货物价款后的余额；第二，从一项货物来看，增值额是该货物经历的生产和流通的各个环节所创造的增值额之和，也就是该项货物的最终销售价格。

据以征税的增值额都是一种法定增值额，法定增值额可以等于理论上的增值额，也可以大于或小于理论上的增值额。然而，造成法定增值额与理论增值额不一致的一个重要原因，是各国在规定扣除范围时，对外购固定资产处理办法不同。

假定某企业报告期货物销售额为 80 万元，从外单位购入的原材料等流动资产价款为 30 万元，购入机器设备等固定资产价款为 50 万元，当期计入成本的折旧费为 6 万元。根据上述条件计算该企业的理论增值额及在不同增值税类型制度下的法定增值额见表 1。

表 1　不同增值税类型的法定增值额　（单位：万元）

类型	货物销售额	允许扣除的外购流动资产价款	允许扣除的外购固定资产价款	法定增值额	法定同理论增值额的差额
生产型增值税	80	30	0	50	+6
收入型增值税	80	30	6	44	0
消费型增值税	80	30	50	0	-44

由表 1 可以看出，在同一纳税期内，允许扣除的数额越多，法定增值额则越少，相应的计算增值税的基数就越小。

作者单位：河南煤化焦煤集团方庄二矿

二、增值税的类型

增值税按对外购固定资产处理方式的不同,可划分为生产型增值税、收入型增值税和消费型增值税。

(1)生产型增值税:指计算增值税时,不允许扣除任何外购固定资产的价款,作为课税基数的法定增值额除包括纳税人新创造的价值外,还包括当期计入成本的外购固定资产价款部分,即法定增值额相当于当期工资、利息、租金、利润等理论增值额和折旧额之和,此种类型的增值税对固定资产存在重复征税,而且越是资本有机构成高的行业,重复征税就越严重,这种类型的增值税虽然不利于鼓励投资,但可以保证财政收入。

(2)收入型增值税:指计算增值税时,对外购固定资产价款只允许扣除当期计入产品价值的折旧费部分,作为课税基数的法定增值额相当于当期工资、利息、租金和利润等各增值项目之和,此种类型的增值税从理论上讲是一种标准的增值税,但由于给凭发票扣税的计算方法带来困难,从而影响了这种方法的广泛采用。

(3)消费型增值税:指计算增值税时,允许将当期购入的固定资产价款一次全部扣除,作为课税基数的法定增值额相当于纳税人当期的全部销售额扣除外购的全部生产资料价款后的余额,此种类型的增值税在购进固定资产的当期因扣除额大大增加,会减少财政收入,既便于操作,也便于管理,所以是三种类型中最简便、最能体现增值税优越性的一种类型。

三、2009 年以来增值税转型的主要内容

为了进一步消除重复征税因素,降低企业设备投资税收负担,鼓励企业技术进步和促进产业结构调整,保持我国经济平稳较快增长,2009 年 1 月 1 日起在全国推开增值税转型改革。即由原来的生产型增值税类型转变为消费型增值税类型。《增值税暂行条例》修订的主要内容如下:

(1)允许抵扣固定资产进项税额,实现增值税由生产型向消费型转换。

(2)为堵塞因转型可能带来的一些税收漏洞,与企业技术更新无关且容易混为个人消费的小汽车、摩托车和游艇不得抵扣进项税。

(3)煤炭增值税由以前的 13% 恢复到 17%。

(4)小规模纳税人征收率降低为 3%。

(5)补充了有关农产品和运输费用扣除率等。

(6)为进一步解决货物和劳务税制中重复征税问题,完善税收制度,支持现代服务业发展,从 2012 年 1 月 1 日起,在部分地区和行业开展深化增值税制度改革试点,逐步将目前征收营业税的行业改为征收增值税。

四、增值税转型改革的意义

实施消费型增值税,消除了我国过去生产型增值税制产生的重复征税因素,直接降低了企业设备投资的税收负担,国家财政预计每年将减少税收超过 1 200 亿元,从整体上说,这无疑是一项重大的减税政策。可避免企业设备购置的重复征税,有利于鼓励投资和

扩大内需,促进企业技术进步、产业结构调整和经济增长方式的转变,增强企业发展后劲,提高我国企业竞争力和抗风险能力,尤其是对于克服当前国际金融危机对我国实体经济带来的不利影响具有十分重要的现实意义。

五、增值税转型中煤炭行业面临的境况

(1)煤炭行业税收负担居高不下。2009 年 1 月 1 日起增值税转型改革实施后,煤炭行业最明显的变化是煤炭增值税率由 13% 恢复为 17%,煤炭企业普遍反映税负偏高。

(2)随着外购固定资产的进项税额能够全额抵扣,以及对于农产品和运输费用规定的扣除率,增加了煤炭行业的现金流入量,对税负的提高有所缓解。

(3)2012 年 1 月 1 日部分地区实施的营改增条例,在这一政策广泛实施的情况下,将会加大煤炭行业的抵扣范围,将进一步缓解高税率为企业带来的负担。

六、应对增值税转型采取的措施

虽然煤炭产品的增值税税率由 13% 恢复至 17%,从而将税负向煤炭企业有所转移,但允许抵扣新购进设备所含的进项税额也是煤炭企业的减税政策,企业应抓住这次历史性机遇,充分享受增值税转型带来的税收优惠。笔者认为,在这次增值税转型过程中,煤炭企业应采取以下对策:

(1)煤炭行业的各项支出,包括生产用材料、外购生产用设备、工具等固定资产以及地面各科室的办公消耗等发票,要求经办人员提供增值税专用发票,强化税务管理意识,加大税务知识的宣传力度,保证日常支出的增值税抵扣,努力不使企业资金外流,将企业的税负降到最低。

(2)煤炭行业的外包工程,应采取包工包料的方式,会计制度规定:企业购进的货物发生非常损失,以及将购进的货物改变用途(如用于非应税项目、集体福利或个人消费等),其进项税额应作转出处理,为减少企业的资金流出,包工包料不失为很好的举措,况且建筑行业的营业税率为 3%,再加上附加税等也远远低于 17%,企业在不违反税务规定的同时,又减少了税费的支出。

(3)认真界定收入的范围,属于费用的贷方项目,不要盲目列入收入范畴,会计制度规定:收入是指企业在日常活动中形成的、会导致所有者权益增加的、与所有者投入资本无关的经济利益的总流入,分为销售商品收入、提供劳务收入和让渡资产使用权收入。在日常的经济业务处理过程中,收入的界定非常重要,如果不假思索列入收入,就要缴纳或多或少的税款,但若列入费用的贷方科目,就会免于税务的困扰。提高企业会计的业务素质,丰富在职会计的税务知识,增强企业会计的职业判断,提升会计的综合素质,无疑也是减少企业税收负担的一条途径。

(4)加强增值税票据抵扣联的审核管理,在日常经营活动中,收到增值税票时,要仔细审核票据的合法性,审核增值税票必要元素的有效性,比如发票的日期监控,增值税专用发票的有效抵扣期限为 6 个月,如不能及时发现,将会给企业带来不必要的损失。因此,加强增值税专用发票的审核是不可或缺的。